自然博物馆系列

拉丁文、英文专有名词标注

近2000幅精美珍藏图片

世界珍奇兽类唯美、温情瞬间

种类最多、图片最全、可读性最强

兽类博物馆

SHOULEIBOWUGUAN

李湘涛 主编

时事出版社

前 言

地球上的自然界是一个充满生机的世界。在这个世界里，生活着种类繁多、形态各异的动物，而兽类则是其中躯体结构、生理功能和行为最复杂、最高等的一个群类。兽类的进步性主要表现在其各种器官系统都有高度的分化和集中，能对外界环境的变化做出十分敏捷的反应，并适应地球上多种多样的自然环境。

兽类又叫哺乳动物，起源于距今约一亿八千万年的中生代三叠纪末期，由已绝灭的兽齿类爬行动物演化而来。原始兽类经过中生代时期的孕育，到距今约一亿三千万年的白垩纪大量出现，随后在新生代得到空前的繁盛和大发展。

我们的祖先很早就对兽类有所认识，例如我国最早解释词义的专著《尔雅》中，就有“两足而羽谓之禽，四足而毛谓之兽”的描述，可见当时人们已经知道到兽类通常具有四只足，并且身上披有毛发的基本特征。虽然后来有些兽类的四肢发生了变化，如翼手类的前肢特化为翼，鲸类的后肢退化等，但利用有“有毛”这个动物外表的特征则足以鉴别动物是否属于兽类。毛发是兽类所特有的皮肤衍生物，具有保温、感觉、适应环境等功能。有些兽类，如生活在海洋中的鲸类、鳍足类等海兽，以及陆地上的象、河马等厚皮动物，皮肤基本上是裸露无毛的，但其体表的某些部位仍有毛发的痕迹，只是由于生活环境的变化而使毛发退化了。

在漫长的进化过程中，随着兽类的躯体结构、功能和行为的复杂化，神经系统得到了进一步的发展，主要表现在：大脑和小脑体积增大，神经细胞所聚集的大脑皮层加厚，表面出现了皱褶（沟和回），增强了分析、综合、发布信息的功能，具有了较高的智能，能够有效地协调机体内部的统一，并对复杂的外界条件变化做出迅速反应。兽类的感觉器官十分发达，尤其表现在视觉、听觉、嗅觉等方面的高度灵敏，这对于远距离定向、走位等都有很重要的作用。

食物是兽类赖以生存的基础，也是进行新陈代谢的基础。牙齿则是它们摄取食物的主要工具。除了鲸类、单孔类和鳞甲类外，大多数兽类都具有生长在齿槽里的牙齿，乳齿脱落后即代以恒齿，恒齿终生不再更换。牙齿间也出现了分工，分化为门齿、犬齿、前臼齿和臼齿。除门齿和犬齿外，臼齿出现了多尖型，形成了种种复杂的齿型。这样的结构保证了上下臼齿间准确的咬合关系，以便于它们作切割、咀嚼、研磨等各种攫取和加工食物的动作。

牙齿的数目和类型与兽类动物的食性关系十分密切，不同种类的兽类牙齿的形状和数目都有很大的差异，因此牙齿也是兽类分类的重要依据。以植物为食的兽类，门齿和臼齿特别发达；而食肉的兽类，犬齿则特别发达。有些兽类的牙齿还会发生特别的

变形，例如象牙和野猪的獠牙。兽类的下颌仅由一对齿骨构成，与头骨直接联结，加强了下颌的作用，增强了摄食的能力。

由于牙齿的进化，食物在进入口腔后即被咀嚼，在唾液腺的协助下进行消化，提高了消化能力。此外，兽类在鼻腔与口腔之间还形成硬腭，这样消化系统和呼吸系统就被分开，使它们在咀嚼的同时能够正常呼吸。

颈椎最前面的两个脊椎——环椎和枢椎之间的特殊连接关系，提高了兽类头部的活动范围，这对于充分利用感官、寻找食物和防范敌害都十分有利。兽类的灵活性也表现在四肢上。除了前肢特化为翼的翼手类、后肢退化的鲸类等海兽外，兽类的四肢基本上是直立的，位于身体下方，并与躯体相垂直。这样不仅使身体离开地面，而且肘向后、膝向前的姿态也大大地有利于动物快速奔跑。

横膈膜是兽类独有的构造，位于胸部和腹部之间，是增强呼吸功能的有效工具，因为兽类是利用胸廓的扩张和收缩来进行呼吸的，横膈膜的上下活动，促使肺部能吸入更多的氧气和加强气体交流。

兽类的心脏具有二心耳二心室，使心脏左右两半得到了完全的隔离，从而完全实现了两个循环过程——体循环和肺循环。这样动脉血和静脉血就不再是混合的了。从大动脉带出去的纯动脉血送至全身，使各器官组织能在新鲜血液的供应下进行代谢作用。

随着身体各器官系统的进一步完善，兽类在新陈代谢水平全面提高的基础上，获得了大约为36-39℃的高而恒定的体温。恒温机制的建立，可以保证它们的新陈代谢能稳定地进行，从而减少了对环境的依赖性。

在物种的繁衍方面，生殖方式的改进是很重要的一环，胎生、哺乳使兽类摆脱了卵、巢和成体易受敌害攻击的局面，使繁殖能力进一步完善。除单孔类外，兽类都是胎生的动物，就是从受精卵开始，直到幼体基本形成，整个胚胎发育过程部在母体内进行。除单孔类、有袋类等极低等的类型外，其余兽类均属有胎盘类。胎盘是母体和胚胎之间的纽带，胚胎通过胎盘上的血管从母体直接吸取养料，一直到发育成熟后才脱离母体。兽类自卵受精到幼仔出生的期限为怀孕期。相同种类的兽类怀孕期在时间长短上都差不多，所以怀孕期也可作为兽类分类的依据之一。胎儿发育完成后产出，称为分娩。不同种类的兽类，每胎的产仔数是不同的。一般来说，动物个体越大，产仔数越少；后代成活率高的种类，产仔数也较少；后代成活率低的，产仔数就相对较高。胎生方式对于兽类胚胎提供了保护、营养以及稳定的恒温发育条件，这是保证体内酶活动和代谢活动正常进行的有利因素，使外界环境条件对胚胎发育的不利影响大大减少。

兽类初生的幼体都是由雌兽以乳汁进行哺育的。兽类不仅具有独特的能分泌乳汁的腺体——乳腺，而且具有肉质的口唇和舌，以适应吮乳。以乳汁来哺育幼仔是使后代在较为优越的营养条件和安全保护下迅速成长的一种生物学适应，可以保证后代有较高的成活率。

由于兽类所具有的这些进步特征，使它们能够适应地球上各种各样的环境条件，分布范围极为广泛，栖息地也十分多样，从水中到陆地、从平地到高山、从地下到空中、从赤道到南北两极，无论是森林、草原、沙漠、苔原，还是江河、湖泊、海洋，到处都有它们生活的踪迹。除大量已经灭绝的物种外，世界上现生的兽类大约有4000种左右，在动物分类学上隶属于脊索动物门、兽纲，共分为20目、136科。

我国是兽类资源最为丰富的国家之一，迄今为止已经记录有兽类500种左右，隶属于14目、52科。我国地大物博，幅员辽阔，地形复杂，气候多样，植被类型丰富，拥有独特的自然条件和自然资源，其生物物种的多样性在全世界居第八位，在北半球居第一位。我国南北跨纬度49°以上，包括寒温带、温带、暖温带、亚热带和热带；东西跨经度62°，由东部海洋性湿润气候过渡到西部大陆性干旱气候。山地、平原、湿地、荒漠，以及辽阔的海洋等环境都是兽类赖以生存的栖息环境，不仅为它们提供了丰富的食物来源，而且为它们提供了栖息、繁衍所需要的天然隐蔽场所。在动物地理学上，全世界共分为六个动物地理界，即古北界、新北界、东洋界、热带界、澳洲界和新热带界，而我国具有生活于古北界和东洋界两大动物界的兽类，其中不少种类是闻名中外的珍贵特产种类，如大熊猫、金丝猴、扭角羚、白唇鹿、白鳍豚等。

在所有的动物当中，兽类可能是人类最熟悉，也是与人类关系最密切的一类动物。从某种意义上来说，人类祖先的进化发展过程就主要是同兽类进行竞争与搏斗的过程。他们一方面需要狩猎兽类以取得衣食来源，一方面还有防御各种猛兽的侵袭。人类就是在同兽类的斗争中，通过战胜竞争对手而发展了自己。随着人类经济活动的发展，人类对一些野生兽类进行了驯养，使它们成为家畜，供人类役用、食用、药用等，很多种类被驯养为宠物，给人类带来了欢乐和福音，成为我们生活中须臾不离的伙伴。畜牧业的迅速发展，使人类对野生兽类需求的比例逐步下降。但是迄今为止，人类的衣食住行，以及工业、医学、仿生学等很多方面，仍然依赖于野生兽类资源。

另一方面，有些兽类，如一些鼠类等，却危害农作物、林木和草场，盗食仓储粮食物资，甚至传播疾病，伤害人畜，给人类的生命财产造成直接或间接的损失，迫使人类花费大量的精力和资金去控制鼠害，却往往收效甚微。事实上，鼠类作为食肉动物的主要食物，在保持自然界的生态平衡中起着重要的作用。即使从人类的经济意义上来说，它们也是益害参半。例如它们虽然咬毁植物的根系，但其挖掘活动也使土壤疏松，使矿物质等营养物质进入土壤里层；有些鼠类嗜食蝗虫，可以减轻它们对经济作物的危害；很多鼠类都是非常理想的实验动物，在医学和生物学研究方面起着很重要的作用。

长期以来，人类大规模的灭鼠活动不仅很难收到实效，而且还使鼠类逐渐产生抗药性。更主要的是许多鼠类的天敌吃了被药死的鼠类之后，造成中毒死亡。结果是，鼠类愈灭愈多，愈灭愈难灭，而它们的天敌却愈来愈少。并且由于有毒的鼠药污染了环境，贻患无穷。这充分说明：人类如果不尊重客观的自然法则，将会受到自然的报复。

随着社会的进步，科学的发展，人们逐渐认识到，将这些“有害”兽类赶尽杀绝是不可能的，也是错误的。这样做的结果不仅对大自然，而且对于人类自己最终都

不会有真正的益处。因此，必须用生态学的观点全面辨证地认识某些兽类对人类的危害。科学的防治策略应该是深入了解它们的生物学特性，采取相应的手段，直接或间接地达到控制它们数量增长的效果，尽可能降低它们的危害程度，维持自然界正常的生态平衡。

野生动物是自然历史的遗产、生物圈的重要组成部分、全人类的宝贵资源和共同财富。但是，由于森林的破坏、环境的污染、竭泽而渔式的乱砍滥伐和乱捕滥猎，使包括兽类在内的很多野生动物遭到了灭顶之灾，正在以惊人的速度从世界上消失，已经达到历史上最严重的程度。野生动物的灭绝和造成的危机警示人们要保护自然环境，因为一个不能适合野生动物生存的环境也许很快有一天就不再适合人类的生存了。如何有效地保护兽类和其他野生动物，全力拯救珍稀濒危物种，已是摆在人类面前的一个刻不容缓的紧迫任务。

野生动物的保护工作，反映了一个国家、一个民族的科学文化素养。了解和认识野生动物的形态、习性和价值，是使人们了解保护野生动物的意义、提高人们保护野生动物的自觉性的一个重要途径。本书通过 1200 多种兽类的照片和文字说明，介绍了它们的分类地位、形态特点、生活习性、繁殖规律等内容。我们希望通过本书的介绍，使读者对兽类有一个更全面、更深刻的认识，同时也通过对这些动物图片的欣赏，得到美好的享受。

目　录

十七、啮齿目 RODENTIA........................257

一、食肉目 CARNIVORA

食肉目动物一般是以肉类为食的兽类，大多较为凶猛。其体形的大小很悬殊，但它们都具有共同的起源和一系列共同的形态特征和生活习性。

食肉目动物起源于原始食虫目动物，其进化史最早可以追溯至第三纪初期。由于自然历史的变迁，原始食虫目动物沿着不同的方向发展。一些类群改变了其祖先吃虫的特点，演变为植物性或杂食性动物。另一些类群却继续朝着肉食性的方向发展，以捕捉其他动物或寻觅其他动物的尸体为食，进而演化为食肉目动物。但值得注意的是，在食肉目动物中却有少数种类是以植物为主要食物或杂食的，如：大熊猫、小熊猫等以竹子等植物为主要食物，熊类、貂类等为杂食性。

由于大多数食肉目动物以捕杀其他动物为食，所以在体形、器官和机能上具有一系列与这种捕食习性相适应的形态。其中首先表现在牙齿上，它们牙齿的构造与食草性动物有着明显的不同：门齿一般为尖锐的凿状；犬齿十分强大，为圆锥形，就像匕首一样，用于刺戳捕食对象，其长度、粗细和弯曲程度随种类不同而异；前臼齿和臼齿的咀嚼面构造较原始食虫目动物变化极大，数目均有不同程度的减少；上下颚各有 3 对（只有海獭类的下颚为 2 对），用于切割食物。与食虫类动物由上牙后缘与下牙前缘担负切割作用的方式不同，食肉目动物具有特化的裂齿（或称为食肉齿），由非常发达的上颌最后一枚前臼齿和下颌第一枚臼齿构成，上裂齿内侧的前后两个齿尖和下裂齿外侧的两个齿尖均高而粗大，呈剪刀状。咬合时，呈铡刀样对切，以撕裂韧带、切碎软骨等。在进食的时候，可以把衔在口内的肉，慢慢移向嘴角，用裂齿侧切开。这是食肉目动物区别于其他目动物的主要特点之一。

食肉目动物的咀嚼肌也比较发达而粗大，颌关节紧密，下颚骨（齿骨）强大。其关节突和鳞骨的横向关节窝构成关节，使下颌限制在上、下直线范围内，不能前后移动，左右活动也极其有限。这有利于用力咬合、切割肉类，但也抑制了牙齿的研磨作用。

与捕食动物的习性相适应，食肉目动物的头骨脑盒大、大脑发达，具有纹回的表面、三条脑沟和许多脑回，属于大嗅叶型脑。眼眶一般与颞窝相通。鼻甲骨发达，结构复杂，表面积大，为嗅觉上皮的附着提供了必要的条件。感官十分发达，嗅觉、视觉和听觉均很敏锐，身体和四肢一般也很强壮，能够作柔韧而有力的动作。食肉目动物主要分陆栖型和半水栖型两类。其中绝大多数种类为陆栖型，主要在地面上生活，但营穴居者较少，仅有獾等少数种类掘洞而居；许多种类善于攀缘，但比较典型的树栖类物种也很少。半水栖型主要有水獭类等善于游泳、以鱼类为食的物种。

食肉目动物的锁骨均退化或消失，使其前肢具有较大的活动性。在腕骨部位没有中央骨，由舟状骨和月骨愈合成舟月骨（又叫桡腕骨），从而增强了腕部的稳固性，有利于奔驰活动。各肢上至少有4趾，熊类与犬类的前后肢均有5趾。趾上的爪非常尖锐和发达，有的具钩，适于捕捉和撕裂动物，其中猫类的爪子更具有可伸缩性。行走方式为四肢跖行、半跖行或趾行。多数种类为趾行性，仅以足趾着地而行。熊类和大熊猫等种类为跖行性，以整个足掌（跖）面着地。大多数善于奔跑。

食肉目动物的胃构造比较简单，仅有一个室，肠道也比较短，盲肠通常很小或退化。雄兽均有阴茎骨，睾丸位于腹腔外的阴囊内。除鬣狗外，很多种类具有肛门腺。雌兽为双角子宫，盘状蜕膜胎盘，乳头位于腹部。

食肉目动物发展的历史很长，从古新世到现代都有它的代表。在化石记录上，最古老的食肉目动物被称为古食肉类，是最原始的掠夺性兽类，出现于白垩纪末期，构造也比较原始。新生代以后，食肉目动物在始新世时期发展为更多的种类。古食肉类到渐新世的时候逐渐衰亡，为新兴的新食肉类所代替。

新食肉类是在始新世晚期的古食肉类中发展出来的一支，它们体形较小，属于新食肉类中的小古猫类，但构造已经比较高级，大脑比较发达，具有一对发育较为正常的裂齿。新食肉类从渐新世以后非常繁盛，一直繁衍到现代，除南极大陆、新西兰、马达加斯加以及一些海洋上的岛屿外，几乎遍及全世界，而且占据了各种各样的生境。

食肉目共有8科，即：犬科（Canidae）、熊科（Ursidae）、大熊猫科（Ailuropodidae）、浣熊科（Procyonidae）、鼬科（Mustelidae）、灵猫科（Viverridae）、鬣狗科（Hyaenidae）和猫科（Felidae）。

鬃狼 *Chrysocyon brachyurus*（Maned wolf）

隶属于食肉目犬科。体长105-125厘米，尾长30-45厘米，体重23千克。吻部长而尖。背面体毛主要为红褐色，有黑色长鬣毛，腹面较浅。四肢下部为黑色。尾巴较粗，末端白色。

分布于巴西、玻利维亚东部、巴拉圭和阿根廷北部等地。栖息于灌丛林地、草原等地带。夜行性。单独或成对活动。善于奔跑。以鼠、鸟、蜥蜴、昆虫等动物为食，也吃植物果实等。怀孕期为65天。每胎产2仔。

鬃 狼

食蟹胡狼

食蟹胡狼

Dusicyon thous （Common zorro）

隶属于食肉目犬科。体长60-86厘米，尾长28-30厘米，体重5-8千克。吻部长而尖。背面体毛主要为灰褐色，有黑色斑纹，腹面较浅。尾巴较粗。

分布于巴西、玻利维亚、巴拉圭、乌拉圭、委内瑞拉、哥伦比亚和阿根廷等地。栖息于开阔林地、草原等地带。夜行性。单独或成对活动。白天在地洞中休息。以鼠、蛙、蜥蜴、昆虫等动物为食，也吃植物果实等。一般在3-8月生产。每胎产2-5仔。

阿根廷胡狼 *Dusicyon griseus*（Argentine grey fox）

隶属于食肉目犬科。体长42-68厘米，尾长30-36厘米，体重4.4千克。吻部长而尖。背面体毛主要为灰褐色，有黑色斑纹，腹面较浅。尾巴较粗，为黑色。

分布于阿根廷、智利等地。栖息于海滨、平原或低山的草原地带。以鼠、兔、鸟、蛙、蜥蜴和昆虫等动物为食，也吃植物果实等。

阿根廷胡狼

福岛胡狼 *Dusicyon australis*（Falkland island wolf）

福岛胡狼

隶属于食肉目犬科。体长92-97厘米，尾长25-30厘米。吻部长而尖，嘴较为宽阔。背面体毛为赤褐色，有黑色斑纹。四肢的后面有暗褐色的斑点。尾巴较粗，中段为暗褐色，末端为白色。

分布于南美洲南部的福克兰群岛上。栖息于沿海地带。在沙丘上筑巢。以企鹅、海鸟和海豹的幼体等为食 。

福岛胡狼并不十分凶猛，但后来到岛上定居的牧羊人还是担心福岛胡狼会偷袭他们的羊群，于是进行了大范围的猎捕，终于使其在1876年灭绝。

侧纹胡狼 *Canis adustus*（Side-striped jackal）

隶属于食肉目犬科。体长65-80厘米，尾长30-40厘米，身高40-50厘米，体重7-12千克。体毛主要为皮黄灰色，背部较深，胁部有白色条纹，下方为黑色斑纹。尾部黑色毛较多，末端白色。

分布于非洲从埃塞俄比亚、加蓬到南非东北部的广大地区。栖息于草原、农田等地带。单独、成对或呈小群活动。夜行性。以鼠类、植物果实等为食。6-7月发情交配。雌兽的怀孕期为57-64天。一般在8-11月间产仔，每胎4-6仔。

侧纹胡狼

亚洲胡狼 *Canis aureus*（Golden jackal）

亚洲胡狼

隶属于食肉目犬科。体长60-100厘米，尾长20-30厘米，身高38-50厘米，体重7-15千克。体毛主要为金褐色，腹面较浅。头部、耳、胁部近红色。尾巴为褐色、灰色或黑色，末端黑色。

分布于亚洲中部、西部、南部和非洲北部、东部的广大地区。栖息于旷野地带。呈小群活动。夜行性。以植物果实，以及羚羊幼仔、鸟、爬行动物、无脊椎动物和动物尸体等为食。雌兽的怀孕期为63天。每胎1-9仔。

黑背胡狼 *Canis mesomelas*（Black-backed jackal）

隶属于食肉目犬科。体长70-100厘米，尾长30-35厘米，体重6.5-13.5千克。耳大。四肢较长。体毛棕黄色，背面有黑色毛。尾尖黑色。

分布于非洲东部和南部。栖息于平原、山地和海岸附近的荒野中。单独、成对或结小群活动。夜行性。白天隐藏在矮树丛或高草丛中。性情凶猛。以体型较小的动物为食，也吃动物尸体和植物性食物。怀孕期为57-70天。每胎产2-7仔。

黑背胡狼

草原胡狼

草原胡狼 *Canis simensis*（Simien jackal）

隶属于食肉目犬科。体长100厘米，尾长33厘米，体重11-19千克。耳大。四肢较长。背面体毛主要为棕色至红褐色，腹面为白色。颊部、喉部有白斑。尾巴基部为白色，末端为黑色。

分布于非洲埃塞俄比亚。栖息于海拔3000-4000米的高山草甸地带。单独或结小群活动。昼行性。以鼠类为食，也吃其他小动物和植物性食物。8-12月发情交配。怀孕期为60-62天。每胎产2-6仔。

丛林狼 *Canis latrans*（Coyote）

隶属于食肉目犬科。体长75-100厘米，尾长30-40厘米，体重7-20千克。体毛主要为红褐色至灰黑色，腹面较浅。

分布于阿拉斯加、加拿大、美国、墨西哥、哥斯达黎加等地。栖息于草原等地带。单独、成对或呈小群活动。夜行性。以野兔、野鼠、羊、鹿和动物尸体等为食。雌兽的怀孕期为58-65天。一般在4-6月生产，每胎产5-10仔。1岁达到性成熟。寿命为18年。

丛林狼

红　狼

红狼 *Canis rufus*（Red wolf）

隶属于食肉目犬科。体长100-130厘米，尾长30-42厘米，体重18-38千克。耳大。四肢较长。背面体毛主要为红褐色，杂有肉桂色、茶黄色、灰色和黑色。腹面为白色。尾巴为黑色。

分布于美国东部、东南部一带。栖息于山地森林等地带。单独或结小群活动。夜行性。以各种小型动物为食。1-3月发情交配。怀孕期为60-63天。每胎产3-6仔。寿命为14年。

狼 *Canis lupus*（Wolf）

狼

隶属于食肉目犬科。体长100-230厘米，尾长30-50厘米，体重30-50千克。体色主要为黄灰色，背部杂以毛基为棕色、毛尖为黑色的毛，也间有黑褐色、黄色以及乳白色的杂毛，尾部黑色毛较多，腹部及四肢内侧为乳白色。吻部长而尖，口较为宽阔，眼向上倾斜。四肢长而强健，脚掌上具有膨大的肉垫。尾巴短而粗，毛较为蓬松。

分布于加拿大、美国、中国、朝鲜、俄罗斯、印度和欧洲北部、东部等地。栖息于草原、荒漠、丘陵、山地、森林以及冻土带等地带。独栖或群居。夜行性。机警多疑，行动敏捷。奔跑的速度很快，耐力也很强。以狍子、鹿、鱼、蟹、蜥蜴、松鼠、兔、海狸等动物和动物的尸体为食。1-3月繁殖。怀孕期为61-63天，3-4月产仔，每胎产4-7仔。2-3岁性成熟，寿命为15-20年。

日本狼 *Canis lupus hodophylax*（Japanese wolf）

隶属于食肉目犬科。体长100-110厘米，尾长28-30厘米。吻部长而尖，嘴较为宽阔，眼向上倾斜。四肢细长。体色为黄灰色，背部杂以棕色、黑色和白色毛。尾巴短而粗，毛较为蓬松。

分布于日本的本州、四国、九州等地。栖息于山地森林中。结群活动。善于奔跑和跳跃。以鹿、野兔等为食。

日本狼是狼的一个亚种，从前数量很多。18世纪初期，由于狂犬病传入日本，使日本狼的数量急剧减少。19世纪，政府又鼓励人们进行森林砍伐和开发，并用狗来进行狩猎，终于使日本狼于1905年灭绝 。

日本狼

家犬 *Canis familiaris*（Domestic dog）

隶属于食肉目犬科。体形变异很大，体长一般小于100厘米，体重3-20千克。颜面部较长，向前突出成口鼻。耳短，直立或因长大而下垂。尾巴常向上卷。体毛颜色有黑色、灰色、黄色、白色、黄褐色，以及带有各种斑纹的花色等。

由狼驯化培育而成的家畜，现在世界各地均有饲养。性情机警。易受训练。以肉类为食。春季和秋季发情。雌兽怀孕期大约为60天。每胎2-8仔。1年达到性成熟。寿命为15-20年。

吉娃娃（Chihuahua）

身高16-22厘米，体重900-2600克。头部呈苹果状，耳朵直立，眼圆而呈黑色，尾巴是稍卷的剑状尾。体毛有短毛和卷毛(或称长毛)两种，大部分是淡褐色、沙色、栗色、银色及浅蓝色的单一色，也有多种毛色混杂的色彩

起源于墨西哥，是一种相当古老的犬种。性情活泼、伶俐，对主人忠心，是聪明的玩赏和伴侣犬。

吉娃娃

博美犬 (Pomeranian)

身高30厘米，体重5千克。头部楔形，略似狐狸，吻部较大稍上翘，耳小而直立，眼呈杏仁状，尾巴被毛上卷，似乎与头部相连。体毛粗厚而长，有白色、红色、桔色、黑色及灰色等。

起源于北极圈一带。性情活泼，较为敏感。原来扮演牧羊犬和看护犬的角色，后来成了标准的玩赏犬和伴侣犬。

博美犬

西施犬 (Shih tzn)

身高27厘米，体重7千克。体毛长而蓬松。头上的被毛呈放射状生长。双耳下垂，尾巴紧紧地靠背脊卷起，但都被长毛所掩盖。

起源于中国西藏的古老犬种，其祖先为西藏拉萨犬。行动敏捷且胆大心细。既是一种极好的玩赏犬，又是一种适合家居生活的典型伴侣犬。

西施犬

沙皮狗 (Shar pei)

身高41-51厘米，体重16-25千克。头部有许多皱纹，吻部呈四方形。小型半垂耳，浮贴在头部的两侧。眼睛深陷，眼皮下垂。尾巴高高扬起并卷曲。体毛柔顺，有红、黑、奶油及淡褐色等。头颅大，嘴大而阔，全身有许多皱纹，皮较为粗糙。

可能是中国松狮犬的后代，已有2000年的历史。性情开朗。早年作为狩猎之用，后来变成了伴侣犬。

沙皮狗

巴哥犬

巴哥犬 (Pug)

身高25-28厘米，体重6-8千克。头圆而有力，吻部短，呈方形，前额有很深的皱纹，耳朵薄小，半下垂。眼睛突出。体躯粗壮，四肢短而壮，尾巴卷曲成环状。体毛短而柔软，滑润而有光泽，颜色有银色、杏黄色、金黄色和黑色等。

起源于中国，与北京犬可能有共同的祖先。性情沉着、驯服、感情深厚。

喜乐蒂帝牧羊犬 (Shetland sheepdog)

身高31-41厘米，体重6-7千克。头部呈细长的楔状。耳朵半直立。眼睛为深色的杏仁眼。尾巴被有长毛，呈旗状，兴奋时会翘起。体毛分两层：外层长而粗，内层则柔软、细密，以颈脖上的被毛最多。毛色有淡黄褐，黑白，黑、栗、白三色混杂等。

起源于苏格兰的设得兰群岛，可能由长毛牧羊犬、边界牧羊犬和当地一些土产犬种繁殖而成。伶俐活跃，但比较固执，有点胆怯，警觉性很高，是一种特别聪明的牧羊犬，也是出色的伴侣犬。

喜乐蒂帝牧羊犬

藏獒 (Tibetan mastiff)

身高80厘米，体重100千克。身体强健。头部宽大。眼睛适中，呈棕色。耳朵下垂，呈心形。尾巴上扬，呈放射状的卷尾。体毛长而丰厚，毛色为黑底杂有鲜明的黄褐色或金黄色。

起源于喜马拉雅山地区，是现今许多重要犬种的祖先。性情凶猛残忍，具有强烈的攻击性，经过训练后变得较为温顺而且依恋主人。早期是优秀的牧羊犬，现在是杰出的护卫犬。

藏 獒

贵宾犬 (Poodle)

有三种体型。标准贵宾犬身高38厘米，体重22千克；迷你贵宾犬身高25-38厘米，体重12千克；玩赏贵宾犬身高25厘米，体重7千克。头部成直线条。鼻子颜色有黑、白、蓝、灰、银五种，黑鼻子配白色、银色、黑色及蓝色体毛。褐色体毛者鼻子呈褐色，奶油体色者鼻子呈黑色。耳下垂，饰毛密布。眼睛椭圆形，颜色与体毛相关，常为暗色。尾巴是剑状尾。体毛长、卷曲而丰厚，质柔软似羊毛；毛色有黑、白、乳白、褐、银、蓝和杏黄等颜色。

起源于法国的水狗。性情警觉、活泼、开朗、勇敢，善于学习，容易训练。早期为沼泽地区的杰出牧羊犬，现在为伴侣犬。

贵宾犬

圣伯纳犬 (Saint bernard)

身高65-70厘米，体重50-55千克。头大魁伟，头盖骨宽；鼻梁平直，鼻尖黑色，呈方形；吻部的高度大于宽度；上唇下垂，牙齿强健有力。颈部粗壮，喉部有许有垂肉。耳朵下垂，紧贴颊部；眼睛很小，稍凹陷，呈棕黑色。尾巴粗长而下垂，呈旗状。体毛稠密，呈波浪形但不卷曲，颈部周围的毛特别丰厚。毛色为红棕色杂白色斑纹，或是白色带红棕斑纹。

起源于瑞士阿尔卑斯山，由藏獒融入大丹犬、大白熊犬的血统繁殖而成。体大魁梧，稳静而反应灵敏，行动轻松有力。对人友好、温驯、忠心。早期用来做救助工作，现在作为护卫犬和伴侣犬 。

圣伯纳犬

西藏狮 (Tibetan terrier)

身高30-40厘米，体重8-14千克。头顶略呈圆形，前额饱满，吻部较短，鼻尖呈黑色。耳小而厚，下垂。眼大而圆、暗黑色。尾巴布满长饰毛，形如旗帜。体毛长而茂密。毛色为白色、黑色和金黄色。

起源于西藏，是土产的、十分古老的犬种，而且是当地许多犬种的祖先。性情活泼、愉快、温和。主要用做家庭宠物。

西藏狮

曼彻斯特狮

曼彻斯特狮 (Manchester terrier)

身体高38-41厘米，体重8千克。头部较长，略呈楔形。吻长。鼻梁挺直，鼻尖为黑色。耳朵较小，垂于前方，呈V形。眼小，椭圆形，色暗。尾根宽，尾端细，不卷曲。体毛短而细密，滑润，富有光泽。毛色为赤褐色、黑色，眼上方、颊部和胸的两侧呈黄褐色。

起源于英格兰西部曼彻斯特，是由黑褐色狮与意大利灰猎犬交配产生的。聪明、机警、活泼、敏捷，爱清洁卫生，对主人忠心。过去主要用于灭鼠，现在大多作为伴侣犬和小护卫犬。

澳洲野犬 *Canis dingo* (Dingo)

隶属于食肉目犬科。体长70-150厘米，尾长35厘米，体重20千克。体毛主要为浅红褐色，背部、喉部等有白色斑，腹面较浅。足、尾巴末端为白色。

分布于澳大利亚，是9000年前人类带入大洋州的家犬的野化后裔。栖息于森林或半干旱地带。以袋鼠和其他小型动物等为食。雌兽的怀孕期为65天。每胎最多产9仔。

澳洲野犬

非洲野犬 *Lycaon pictus* (Hunting dog)

隶属于食肉目犬科。体长80-90厘米，尾长70-80厘米，体重2.5-3.5千克。身上有鲜艳的黑棕色、黄色和白色斑块。吻通常为黑色，头部中间有一黑带，颈背有一块浅黄色斑。尾基呈浅黄色，中段呈黑色，末端为白色。

分布于非洲东部、中部、南部和西南部一带。栖息于开阔的热带疏林、草原或稠密的森林附近，有时也到高山地区活动。一般为6-20只结群生活。昼行性。没有固定的“地盘”，过着到处游荡的生活，但一般在一个较大的范围内逗留较长时间。性情凶猛。以各种羚羊、斑马、啮齿类等为食。没有固定的繁殖期。雌兽的怀孕期为2个月，每胎产5-12仔。1-1.5岁性成熟。寿命为10-12年。

非洲野犬

薮 犬

薮犬 *Speothos venaticus*（Bush dog）

隶属于食肉目犬科。体长57-75厘米，尾长12-15厘米，体重5-7千克。躯体粗状。四肢较短。头部为浅茶黄色。体毛主要为暗褐色，腹面较浅。尾巴较短。

分布于巴西、委内瑞拉、巴拉圭、圭亚那、秘鲁、玻利维亚和巴拿马等地。栖息于森林和林缘草地等地带。结群生活。夜行性，白天在洞穴中休息。善于游泳。以啮齿类等动物为食。怀孕期为80天。

大耳狐 *Otocyon megalotis*（Big-eared dog）

隶属于食肉目犬科。体长46-70厘米，尾长23-35厘米，体重3-4.5千克。耳大。体毛主要为灰色至皮黄色。耳尖、四肢以及背和尾巴的中线为黑色。

分布于非洲苏丹、索马里、埃塞俄比亚、坦桑尼亚、赞比亚、津巴布韦和南非等地。栖息于干旱的荒漠地带。单独、成对或小群生活。夜行性，白天在岩石或灌丛下休息。性情温和。以昆虫以及植物果实、块根等为食。怀孕期为60-70天。每胎产2-5仔。

大耳狐

北极狐

北极狐 *Alopex lagopus*（Arctic fox）

隶属于食肉目犬科。体长50-60厘米，尾长20-25厘米，体重2.5-4千克。体型较小。耳短小，略呈圆形。冬季全身体毛为白色，仅鼻尖为黑色。夏季体毛为灰黑色，腹面颜色较浅。

分布于俄罗斯极北部、格陵兰、挪威、芬兰、丹麦、冰岛、美国阿拉斯加和加拿大极北部等地。栖息于北极圈内外的北冰洋沿岸地带及一些岛屿上。结群活动。在岸边向阳的山坡下掘穴居住。耐寒冷。以鸟类、北极兔、旅鼠等为食。2-5月发情交配。怀孕期为51-52天。每胎产6-8仔。

南非狐 *Vulpes chama*（Cape fox）

隶属于食肉目犬科。身高35厘米，体重2.5-3千克。体毛主要为银灰色。耳大而尖。吻部下方为深褐色。

分布于安哥拉南部、纳米比亚、博茨瓦纳和南非等地。栖息于旷野、草原等地带。以鼠、昆虫等小型动物为食，也吃植物果实等。怀孕期为51-52天。一般在初夏产仔。

南非狐

沙 狐

沙狐 *Vulpes corsac*（Corsac fox）

隶属于食肉目犬科。体长50-60厘米，尾长25-35厘米，体重2-3千克。身体背部体毛为浅棕灰色或浅红褐色。耳背面上部及四肢外面为灰棕色。腹面为白色或淡黄色。尾端暗褐色或黑色。

分布于中国西北、华北北部，以及俄罗斯、蒙古、伊朗和阿富汗等地。栖息于草原、荒漠和半荒漠地带。夜行性。行动敏捷。以鼠、鸟、蜥蜴和昆虫等为食。1-3月发情。怀孕期为50-60天，4月产仔，每胎产3-6仔。2岁达到性成熟，寿命为6年。

吕氏狐 *Vulpes ruppelli*（Sand fox）

隶属于食肉目犬科。体长40-50厘米，尾长25-39厘米，体重1.2-3.6千克。耳大。背部体毛为浅茶黄色，腹、面部较浅。脸部有黑色斑。尾巴末端为白色。

分布于亚洲阿富汗西部至阿拉伯半岛南部和非洲埃及、苏丹、索马里、利比亚、阿尔及利亚等地。栖息于沙漠及多岩石地带。结小群活动。夜行性。以无脊椎动物及植物果实等为食。每胎产2-3仔。

吕氏狐

草原狐

草原狐 *Vulpes velox*（Swift fox）

隶属于食肉目犬科。体长45-49厘米，尾长27-33厘米，体重1.4-3千克。耳大。体毛主要为茶黄褐色，杂有灰色，腹面杂有白色。尾巴末端为黑色。

分布于加拿大西南部、美国西部、墨西哥北部等地。栖息于干旱、半干旱地区的草原、荒漠等地带。单独或成对活动。夜行性。以鼠、爬行动物、昆虫等为食。12-3月发情交配。怀孕期为49-55天，2-4月产仔，每胎产3-6仔。

赤狐 *Vulpes vulpes*（Red fox）

隶属于食肉目犬科。体长45-90厘米，尾长35-55厘米，体重5-7千克。背部体毛为浅红棕色至深褐色。耳背面上部及四肢外面近黑色。腹面为污白色。

分布于欧洲、亚洲和非洲北部的大部分地区。栖息于草原、荒漠、丘陵、山地、森林以及村庄附近等地带。独栖或成对活动。傍晚和夜间活动。性狡猾。以鼠、兔、鸟、蛇、蛙及昆虫等为食。12-3月发情。雌兽的怀孕期为51-53天，3-5月产仔，每胎产1-10仔。哺乳期56-70天。10月龄达到性成熟，寿命为12年。

赤 狐

耳廓狐 *Vulpes zerda*（Fennec fox）

隶隶属于于食肉目犬科。体长35-45厘米，尾长17-30厘米，体重1-1.5千克。吻短。耳廓呈三角形，耳内侧为纯白色，外侧为浅黄色。眼大。眼前部有一块清晰的褐色斑纹。体毛近乎白色，略带浅黄色，毛长而蓬松、柔软，背中线为肉桂褐色，腹部及四肢内侧为白色。尾毛厚密，为赤褐色，近尾基部有一块黑斑，尾尖呈黑褐色。

分布于非洲埃及、利比亚、阿尔及利亚、突尼斯、苏丹、摩洛哥、埃塞俄比亚和亚洲阿拉伯半岛一带。栖息于沙丘地带。白天隐藏在洞穴中睡觉，傍晚以后出来活动。结小群生活，一般6-10只为一群。以昆虫、蜥蜴、啮齿类及鸟类为食，也吃少量植物性食物。听觉和视觉很敏锐。繁殖期不固定。雌兽的怀孕期为2个月。每胎产2-5仔。10-11个月性成熟。寿命为14年。

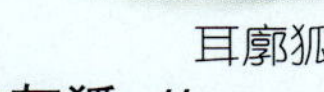

耳廓狐

岛灰狐 *Urocyon littoralis*（Island grey fox）

岛灰狐

隶属于食肉目犬科。体长48-50厘米，尾长11-29厘米，体重1.5-2.5千克。背部体毛主要为灰色，有黑色、白色和肉桂色斑纹。颈部、体侧和四肢有肉桂色斑。喉部、胸部和腹部为白色。尾巴末端为黑色。

分布于靠近美国加州的6个岛屿上。栖息于岛上的各种环境中。昼夜均活动。以小型哺乳动物、鸟类、蜥蜴和各种无脊椎动物等为食。1-3月发情交配。怀孕期为50天，4-5月产仔，每胎产2仔。

灰 狐

灰狐 *Urocyon cinereoargenteus*（Grey fox）

隶属于食肉目犬科。体长53-70厘米，尾长28-43厘米，体重3-7千克。背部体毛主要为灰色，有黑色、白色和肉桂色斑纹。颈部、体侧和四肢有肉桂色斑。喉部、胸部和腹部为白色。尾巴末端为黑色。

分布于从加拿大南部、美国、墨西哥至南美洲。栖息于森林或多岩石地带。成小群活动。夜行性。善于爬树。以小型哺乳动物、各种无脊椎动物以及植物果实等为食。12-3月发情。怀孕期为51-53天，3-5月产仔，每胎产2-7仔。

豺 *Cuon alpinus*（Dhole）

豺

隶属于食肉目犬科。体长95-103厘米，尾长45-50厘米，体重13-20千克。头宽，额扁平而低，吻部较短，耳短而圆。四肢较短，尾较粗，毛蓬松而下垂。体毛厚密而粗糙，头部、颈部、肩部、背部，以及四肢外侧等处的毛色为棕褐色，腹部及四肢内侧为淡白色、黄色或浅棕色，尾巴为灰褐色，尖端为黑色。

分布于俄罗斯、克什米尔、不丹、尼泊尔、缅甸、印度、马来西亚、泰国、印度尼西亚和中国的大部分地区。栖息于热带森林、丛林、丘陵、山地、亚高山林地、高山草甸、高山裸岩等各种地带。群居。性情沉默而警觉。多在清晨和黄昏活动。行动敏捷，善于跳跃。以鼠、兔、牛、马、鹿、羊、野猪等动物为食，也吃少量植物性食物。秋季交配、繁殖。怀孕期为60-65天。冬季产仔，每胎产3—6仔。1-1.5岁性成熟。寿命为15-16年。

貉 *Nyctereutes procyonoides*（Racoon dog）

隶属于食肉目犬科。体长50-68厘米，尾长13-25厘米，体重4-6千克。背部体毛为青灰色或青黄色。腹面毛色较淡。面颊上有灰白色的长毛。眼周及眼下部黑色，形成倒“八”字的黑纹。

分布于中国华东、华中、华南和西南地区，以及俄罗斯东部、日本和朝鲜等地。栖息于平原、丘陵地带的河谷、草地等环境中。夜行性。单独或小群活动。以鼠、鱼、蛙，以及植物果实、根茎等为食。2-3月发情。怀孕期59-64天。每胎产5-8仔。哺乳期2个月。9-11个月性成熟。寿命为10年。

貉

美洲黑熊

美洲黑熊 *Ursus americanus*（American black bear）

隶属于食肉目熊科。体长150-180厘米，体重120-150千克。头宽，吻短，鼻端裸露。眼小。尾巴很短。四肢粗壮。体毛主要为黑色或暗褐色，也有灰色、白色、褐色和黄褐色等不同的色型。

分布于美国、加拿大和墨西哥北部一带。栖息于山地森林、沼泽等地带。行动灵活，善于奔走。昼行性。单独活动。有冬眠习性。以小型兽类、鱼类、蜂蜜，以及植物的嫩芽、果实、种子等为食。每胎产1-4仔。

棕熊 *Ursus arctos*（Brown bear）

隶属于食肉目熊科。体长为150-200厘米，尾长13-16厘米，体重150-250千克。体形浑圆，头圆而宽，吻部较长而向前突出，眼睛较小，耳朵短圆。肩部向上隆起，四肢粗壮，前后肢上各具5趾。身体的背部以及四肢的外侧均为栗棕色或黑棕色，腹部的毛色较淡。

分布于中国东北、西北和西南地区，以及欧亚大陆、北美洲大陆和非洲北部的大部分地区。栖息于山地的针叶林或针阔混交林等森林地带。白天活动。性情孤独。奔跑的速度很快。以野菜、嫩草、水果、坚果等植物性食物为食，也吃昆虫、蜂蜜、鱼、小型鸟类、野兔、土拨鼠、驼鹿、驯鹿、野牛、野猪等动物。5-7月发情交配，怀孕期约为7-8个月，初春时生产，每胎产2-4仔。4-5岁性成熟，寿命为30年。

棕 熊

马 熊

马熊 *Ursus pruinosus*（Tibetan grizzly）

隶属于食肉目熊科。体长为130厘米，体重250千克。体形浑圆，头圆而宽，吻部较长而向前突出，眼睛较小，耳朵短圆。四肢粗壮，为黑色，前后肢上各具5趾。身体的背部为淡黄褐色、棕褐色、黑褐色或红棕色，腹部的毛色较淡。颈部、胸部有显著的白色或黄白色斑纹。

分布于中国甘肃、青海、四川、西藏、贵州和云南等地。栖息于高山针叶林、草原草甸等地带。白天活动。性情孤独，单独行动。善于攀爬和游泳。有冬眠习性。以植物果实、鼠类等为食。

黑熊 *Selenarctos thibetanus* （Asiatic black bear）

黑 熊

隶属于于食肉目熊科。体长为120-170厘米，尾长7-8厘米，体重为140-200千克。头部较宽，吻部较短，鼻端裸露，眼睛较小，耳壳大而圆。通体毛色漆黑，吻部和鼻子为棕黄色，颏为白色，颈下胸前有一条白色月牙状斑纹。肩部较平，臀部较高，尾巴很短。四肢粗壮，前后肢均具5趾，趾端具尖锐的爪。

分布于中国、日本、朝鲜、俄罗斯、越南、缅甸、泰国、印度、巴基斯坦、克什米尔、阿富汗、尼泊尔等地。栖息于山地森林地带。行动灵活，奔跑速度也很快。秉性孤僻。单独活动。昼行性。以植物的根、茎、嫩芽、叶子、果实、种子等为食，也吃蠕虫、昆虫、虫卵、鸟卵、雏鸟、鱼虾和小型兽类等动物。每年7-8月交配。雌兽的怀孕期大约为7个月，一般在1-2月产仔，每胎产1-2仔。4-5岁性成熟，寿命为30年左右。

马来熊

马来熊 *Helarctos malayanus*（Sun bear）

隶属于食肉目熊科。体长110-140厘米，尾长3-7厘米，体重为40-45千克。吻部极短，耳朵也较短。全身的毛色乌黑光滑，吻鼻部为棕黄色，眼圈为褐灰色，毛短绒稀，肩部有2个毛漩，右侧马蹄形的白色胸斑略宽于左侧，胸斑环抱的中央也有一个毛漩。

分布于中南半岛、缅甸、泰国、马来西亚、印度尼西亚和中国云南南部一带。栖息在热带和亚热带雨林、季雨林或山地阔叶林中。半树栖。夜行性。以果实、嫩芽和昆虫、小鸟、鸟卵等为食。每年6-8月发情。怀孕期为240天。每胎产1-2仔。2-3岁达到性成熟。

眼镜熊 *Tremarctos ornatus*（Spectacled bear）

隶属于食肉目熊科。体长150-180厘米，身高70-90厘米，体重100-155千克。头宽、 眼小、吻短、尾短、鼻端裸露、四肢粗壮。体毛主要为黑色或暗褐色。脸部灰白色。眼睛周围有环状斑。

分布于秘鲁、玻利维亚、厄瓜多尔、哥伦比亚和委内瑞拉等地。栖息于山地森林等地带。交配多在4-6月。怀孕期为8个月，多在11-2月生产。每胎产1-3仔。寿命为20-25年。

眼镜熊

懒熊 *Melursus ursinus*（Sloth bear）

隶属于食肉目熊科。体长150-190厘米，身高60-90厘米，体重80-140千克。头宽、眼小、吻短、尾短、鼻端裸露、四肢粗壮。体毛主要为黑色。脸部灰色。额部有“U”型或“Y”型斑纹。

分布于印度、孟加拉国、尼泊尔、不丹和斯里兰卡等地。交配多在5-7月。怀孕期为6-7个月。每胎产1-3仔。

懒　熊

北极熊 *Thalarctos maritimus*（Polar bear）

北极熊

隶属于食肉目熊科。体长为220-300厘米，尾长7-13厘米，体重500-800千克。全身体毛长而厚密，冬季呈乳白色，其他季节为淡黄白色，只有鼻子是黑色的。头部、吻部和颈部细而长。头小而扁。身躯肥胖。耳圆而短小。尾巴很短。四肢粗壮，均具5趾，趾端具黑爪，足掌肥大具蹼，掌下生有多而密的毛。

分布于俄罗斯极北部、格陵兰、挪威、芬兰、丹麦、冰岛、美国阿拉斯加和加拿大极北部等地。栖息于北极圈内外的沿岸、岛屿和河口附近。非常耐寒。善于游泳和潜水。单独活动。性情机警、凶猛。以海鸟、旅鼠、北极狐、海豹及幼仔、海象幼仔、海洋鱼类等为食。早春发情交配。怀孕期为8个月。每胎产1-3仔。5-6岁达到性成熟。寿命为30年。

大熊猫 *Ailuropoda melanoleuca*（Giant panda）

隶属于食肉目大熊猫科。体长120-180厘米，尾长10-12厘米，体重60-73千克。身体肥胖，四肢粗壮。头圆，耳小，吻部短，尾巴也很短。白色的脸上长着黑色的吻鼻端部和眼圈，耳朵黑色。一条黑色的带子从肩部伸展到整个前肢，并且逐渐变宽，后肢也是黑色，身体其余的部分除了胸部有一点淡棕或灰黑色的毛以外，都是白色。

分布于中国四川、陕西南部和甘肃东南部等地。单独活动。以竹子等为食。一般在3-4月发情交配。每胎产1-2仔。6-7岁

性成熟。寿命为20-30年。

大熊猫

食蟹浣熊

食蟹浣熊 *Procyon cancrivorus*（Crab-eating racoon）

隶属于食肉目浣熊科。体形肥圆。体色主要为红棕色至灰色，腹部颜色较淡。吻狭长呈白色。眼上方为白色，眼周围及裸鼻、面颊为黑色。四肢粗短，具长爪。尾巴粗而长，有白色和黑色的环节。

分布于巴西、哥伦比亚、巴拉圭、委内瑞拉和巴拿马等地。栖息于靠近水域的树林地带。善于爬树。以植物果实，以及昆虫等动物为食。

浣　熊

浣熊 *Procyon lotor*（Common racoon）

隶属于食肉目浣熊科。体长46-80厘米，尾长20-30厘米，体重5-14千克。体形肥圆。体色主要为棕色、黄色和灰色，腹部颜色较淡。头部略呈三角形，口边具长胡须，吻狭长呈白色，眼小，其上方为白色，眼周围及裸鼻、面颊为黑色。四肢粗短，具长爪。尾巴粗而长，有白色和棕色的环节。

分布于加拿大南部、美国、墨西哥和中美洲大部分地区。栖息于海拔较低靠近溪流、湖、河的树林地带。常用现成的树洞当“卧室”，也栖于其他动物遗弃的旧穴中。单独或呈小群活动。夜行性。喜欢游泳，常到河溪中玩耍。性情凶猛。以植物果实、叶，以及昆虫、软体动物、鱼、蛙、小型爬行类、小型啮齿类、鸟及鸟卵等为食，尤其爱吃蜂蜜。吃食物之前，都要将食物放在水里洗洗再吃。1-3月发情交配。怀孕期为2个月，每胎产3-5仔。1-1.5岁达到性成熟。寿命为13-15年。

南浣熊 *Nasua nasua*（Southern coati）

隶属于食肉目浣熊科。体长为55-75厘米，尾长30-50厘米。头部扁平。吻部很长。耳短而圆。体毛主要为灰色至褐色，腹面较浅。眼周、吻端有白斑。尾巴很长，有黑白相间的环纹。

分布于从中美洲巴拿马到南美洲巴西西南部一带。栖息于森林地带。主要在白天单独或呈小群活动。善于爬树。怀孕期为77天。每胎产仔2-6仔。

南浣熊

白鼻浣熊

白鼻浣熊 *Nasua narica*（White-nosed coati）

隶属于食肉目浣熊科。体长为40-67厘米，尾长35-68厘米，体重2.5-5.5千克。耳圆。体毛主要为褐色。眼周、鼻子上方有白色斑块。尾巴很长。

分布于从美国西南部、墨西哥到南美洲哥伦比亚、秘鲁北部等地。栖息于森林等地带。昼行性。单独活动。行动非常灵敏。以植物果实和昆虫、蜥蜴等为食。怀孕期为10-11周。每胎产仔1-6仔。

蓬尾浣熊 *Bassariscus astutus*（Ring-tailed cat）

隶属于食肉目浣熊科。体长为30-37厘米，尾长31-44厘米，体重0.8-1.4千克。耳圆。体毛主要为浅黄色至茶红色，腹面较浅。尾巴有14-16个暗色环纹。

分布于美国西南部、墨西哥等地。栖息于森林等地带。夜行性。单独活动。行动非常灵敏，善于攀树。以植物果实和昆虫、鸟卵、小鸟、小兽等为食。产仔多在5-6月，每胎产仔1-5仔。

蓬尾浣熊

中美蓬尾浣熊 *Bassariscus sumichrasti*（Central American cacomistle）

隶属于食肉目浣熊科。体长为38-50厘米，尾长39-53厘米，体重0.9千克。耳尖。体毛主要为浅黄色至茶红色，腹面较浅。眼周有白色斑。尾巴长，有暗色环纹。

分布于墨西哥南部至中美洲一带。栖息于热带森林中。平时隐藏在树洞或岩石缝中。以昆虫、鸟卵、小鸟、小兽和植物果实等为食。

中美蓬尾浣熊

蜜 熊

蜜熊 *Potos flavus*（Honey bear）

隶属于食肉目浣熊科。体长为42-58厘米，尾长39-56厘米，体重1.4-2.7千克。体毛主要为褐色。尾巴长，具缠绕性。

分布于从墨西哥、中美洲至南美洲北部一带。栖息于热带森林中。树栖。夜行性。白天在树洞或树枝上睡觉。以蜂蜜和植物果实等为食。怀孕期为112-118天。每胎产1-2仔。一般在春、夏季生产。

小熊猫 *Ailurus fulgens*（Red panda）

隶属于食肉目浣熊科。体长为50-64厘米，尾长28-49厘米，体重5-10千克。头短而宽，颊部呈圆形，耳朵大而直立，边缘白色，内侧黑褐色。两眼上方各有一块白斑。鼻尖上有黑色颗粒状的皮肤，四周乳白色。体毛主要为棕红色，胸、腹部及四肢为黑褐色。四肢粗壮，爪很锐利。尾巴有9个赤红色与黄白色相间的环纹。

分布于尼泊尔、不丹、锡金、缅甸北部和中国陕西南部、青海东南部、甘肃东南部、四川、云南、西藏等地。栖息于山地混交林和竹林中。结群活动。行动非常灵敏，善于攀树。活动多在清晨和傍晚。以竹叶、竹笋，以及其他植物的根、茎、嫩芽、嫩叶、野果和昆虫、鸟卵、小鸟、小兽、蜂蜜等为食。发情期多在2-3月间。怀孕期为3-4个月，产仔多在6-7月，每胎产仔1-3个。2岁性成熟。寿命为12年。

小熊猫

貂熊 *Gulo gulo*（Wolverine）

隶属于食肉目鼬科。体长为65-105厘米，尾长17-26厘米，体重7-32千克。体形略扁，体毛蓬松，全身大多为棕褐色，吻部、眼周、背部的中央、四肢、腹部和尾巴上的毛近似于黑色，但背部的毛中散布着少量灰白色的针毛，沿体侧至后臀部具有淡色宽环条纹。

分布于中国东北、西北，以及欧洲北部、亚洲北部、加拿大和美国北部等地。栖息于亚寒带针叶林和冻土草原地带。主要在夜间觅食。性狡猾。以马鹿、驯鹿、狍子、麝、小驼鹿、狐狸、水獭、松鸡、榛鸡、鼠类等动物为食，也吃蘑菇、松籽或各种浆果等植物性食物。秋季交配，妊娠期为

貂 熊

121-272 天，翌年 2-4 月产仔。每胎产 2-5 仔。哺乳期为 2-3 个月。2-3 年达到性成熟。寿命为 16 年左右。

美洲貂 *Martes americana*（American marten）

隶属于食肉目鼬科。体长 32-45 厘米，尾长 18-23 厘米，体重 280-1250 克。身体细长，呈圆筒状。四肢短小。体毛主要为茶褐色至黑色，腹部呈皮黄色。有明显的橙色喉斑。

分布于阿拉斯加、加拿大、美国等地。栖息于森林地带。单独或成对活动。行动快速而敏捷。昼夜均活动。性情凶猛。以小型哺乳动物、鸟、昆虫，以及植物的果实、种子等为食。每胎产 1-5 仔。15 个月达到性成熟。寿命为 15 年。

美洲貂

黄喉貂 *Martes flavigula*（Yellow-throated marten）

隶属于食肉目鼬科。体长 42-63 厘米，尾长 37-45 厘米，体重 1.5-2 千克。头部较为尖细，略呈三角形，身体细长，呈圆筒状。四肢短小，前后肢上各具 5 趾，趾爪弯曲而锐利。毛色为棕褐色或黄褐色，腹部呈灰褐色，尾长，为黑色。前胸部有明显的黄色、橙色的喉斑，其上缘还有一条明显的黑线。

分布于中国、俄罗斯东南部、朝鲜、克什米尔、印度、中南半岛、马来西亚和印度尼西亚等地。栖息于丘陵或山地森林中。居于树洞中，单独或成对活动，行动快速而敏捷。性情凶猛。以鼠、獾、狸、鸟和鸟卵、鱼，以及植物的果实等为食。春季繁殖，每胎产 2 仔。

黄喉貂

石貂 *Martes foina*（Beech marten）

隶属于食肉目鼬科。体长为 43-54 厘米，尾长 22-30 厘米，体重为 1.1-2.3 千克。体毛为灰褐色或淡棕色，喉部、胸部有一个鲜明的纯白色“V”形斑纹或茧黄色斑点，向后分叉。尾巴长，尾毛蓬松。

分布于从欧洲西部至亚洲中部、伊朗、阿富汗、蒙古和中国西北、西南、华北等地。栖息于多岩石的山林环境、草原和黄土高原的沟谷等地。夜行性。行动迅捷，善于攀缘。以鼠类、小鸟、野兔、旱獭、两栖动物和小型爬行动物等为食，也吃野果等。每年 7 月发情交配。妊娠期为 8 个月左右，翌年 3-4 月产仔，每胎产 2-6 仔。

石　貂

松貂 *Martes martes*（Pine marten）

隶属于食肉目鼬科。体长 42-58 厘米，尾长 16-28 厘米，体重 900-2500 克。体毛主要为巧克力褐色至深褐色。喉部、前胸乳白色。

分布于欧洲、亚洲西部等地。栖息于针叶林、混交林等森林地带。主要在黄昏和夜晚活动，有时白天也出来。单独行动。性情凶猛。善于攀爬。以各种小型动物以及植物果实等为食。每胎产 1-4 仔。一般在 4-5 月生产。

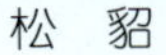

松　貂

渔貂 *Martes pennanti*（Fisher）

隶属于食肉目鼬科。体长44-79厘米，尾长31-41厘米，体重2-5.5千克。身体细长，呈圆筒状。四肢短小。体毛主要为深褐色，腰部、四肢和尾巴为黑色。脸部、颈部杂有金黄色或银白色。

分布于加拿大、美国等地。栖息于森林地带。昼夜均活动。性情凶猛。以各种小型动物、动物尸体，以及植物果实等为食。

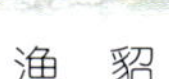

渔　貂

紫　貂

紫貂 *Martes zibellina*（Sable）

隶属于食肉目鼬科。体长40厘米，尾长13厘米，体重650-910克。脸和鼻部较尖，眼睛大，耳壳大且直立，略呈三角形。四肢短健，均具五趾。身躯细长，尾巴粗大而尾毛蓬松。全身毛色有乌黑、紫褐、灰褐等颜色，脸部颜色略浅，喉部有的无斑，有的有黄白色或橙黄色的喉斑，呈不规则形。

分布于中国东北、西北和欧亚大陆北部及其邻近的岛屿上。栖息于山地针叶、阔叶混交林和亚寒带针叶林中。单独活动，性情孤僻，昼夜均能活动觅食，但以夜间居多。行动敏捷。以松鼠、花鼠、田鼠、姬鼠、鼠兔、野兔、雉鸡、松鸡、小鸟、鸟卵和昆虫等为食，也吃松籽和浆果等。繁殖期为每年6-8月，雌兽妊娠期为244-270天，翌年3月底到4月中旬产仔，每胎产2-4仔。哺乳期为6-8个星期。3岁达到性成熟。寿命为10-20年。

香鼬 *Mustela altaica*（Mountain weasel）

隶属于食肉目鼬科。体长20-28厘米，尾长11-15厘米，体重80-350克。夏季体毛为暗棕黄色，颜面部为棕黑色，上唇和喉的前部白色。腹部为淡黄色或橘黄色。腹背之间形成明显的分界。

分布于中国东北、西北和西南地区，以及俄罗斯、亚洲中部、锡金等地。栖息于草原、草甸和森林等地带。穴居。单独活动。以鼠、鸟、鱼和昆虫等为食。每年2-3月发情。每年产1胎。怀孕期为40天。4月产仔，每胎产2-8仔。1岁达到性成熟。

香　鼬

白　鼬

白鼬 *Mustela erminea*（Stoat）

隶属于食肉目鼬科。体长17-32厘米，尾长4-12厘米，体重42-260克。夏季背部和体侧为灰棕色，腹部乳黄色，尾尖黑色。冬季全身体毛为白色，尾尖黑色。

分布于中国东北、西北地区，以及欧洲、俄罗斯、日本、印度北部、北美洲北部等地。栖息于苔原、平原森林、沼泽和农田等地带。夜行性。以鼠、鸟、两栖动物、爬行动物、鱼和昆虫等为食。每年2-4月发情。雌兽妊娠期为10个月。翌年3-4月产仔，每胎产3-9仔。哺乳期42天。2月龄-1岁达到性成熟。

艾　鼬

艾鼬 *Mustela eversmanni*（Steppe polecat）

隶属于食肉目鼬科。体长31-56厘米，尾长11-15厘米，体重500-1000克。身体背部毛色为棕黄色或沙黄色，后部有黑褐色混杂。体侧呈淡棕色。鼻子四周和下颌为白色。鼻子中部、眼周为棕黑色。额部灰棕色。腹面、四肢为黑褐色。

分布于中国长江流域以北地区，以及俄罗斯、蒙古和克什米尔等地。栖息于开阔草原、半荒漠地区等地带。穴居。夜行性。单独活动。以鼠、鸟、蛙、鱼，以及植物果实等为食。每年1-3月发情。妊娠期为38-41天。4-5月产仔。每胎产3-5仔。9月龄达到性成熟。

长尾鼬 *Mustela frenata*（Long-tailed weasel）

隶属于食肉目鼬科。体长28-42厘米，尾长11-29厘米，体重80-450克。体毛主要为褐色，颈部、腹面为黄白色。尾巴为褐色，末端黑色。

分布于加拿大西南部、美国、墨西哥和中美洲各地。栖息于草原、森林等多种环境中。穴居。昼夜均活动。单独活动。以鼠、鸟、蛇、蛙，以及动物尸体等为食。4-5月产仔。每胎产4-5仔。

长尾鼬

黄腹鼬

黄腹鼬 *Mustela kathiah*（Yellow-bellied weasel）

隶属于食肉目鼬科。体长21-33厘米，尾长11厘米，体重146-300克。身体细长，四肢较短。背部体毛为深咖啡褐色，腹面自喉部以下至尾巴基部为亮金黄色或橙黄色。

分布于中国长江流域以南地区、印度东北部、缅甸、尼泊尔、中南半岛等地。栖息于山地森林、灌丛、草丛、农田等地带。穴居。黄昏活动。单独或成对活动。行动敏捷。性情凶猛。会游泳。以鼠、鸟和昆虫等为食。

黑足鼬 *Mustela nigripes*（Black-footed ferret）

隶属于食肉目鼬科。体长37-46厘米，尾长11-14厘米，体重645-1125克。体毛主要为浅黄色。两眼间有一条黑色斑。四肢黑色。尾巴末端黑色。

分布于加拿大南部、美国、墨西哥北部等地。栖息于草原等地带。穴居。夜行性。单独活动。以草原犬鼠等为食。怀孕期为42-45天。每胎产3-4仔。1岁达到性成熟。

黑足鼬

伶鼬 *Mustela nivalis*（Least weasel）

隶属于食肉目鼬科。体长14-21厘米，尾长3-7厘米，体重35-130克。夏季背部体毛为棕色，腹部为白色。冬季全身体毛为白色，尾尖为棕黑色。

分布于中国东北、西北和西南地区，以及欧洲、亚洲西部、东部和东南部等地。栖息于苔原、平原、山地森林、沼泽、草原和农田等地带。夜行性。以鼠、鸟、蛙和昆虫等为食。全年均可发情。每年产1-3胎。妊娠期为35-37天。每胎产3-7仔。哺乳期50天。4月龄达到性成熟。

伶鼬

林鼬

林鼬 *Mustela putorius*（Polecat）

隶属于食肉目鼬科。体长35-51厘米，尾长12-19厘米，体重700-1400克。头部、喉部近白色。吻端部为肉红色。体毛主要为皮黄色至黑色。

分布于欧洲、俄罗斯西部、非洲北部、亚洲西部等地。栖息于森林地带。以小型动物等为食。雌兽的怀孕期为40-43天。每胎产5-8仔。

黄鼬 *Mustela sibirica*（Siberian weasel）

隶属于食肉目鼬科。体长28-40厘米，尾长12-25厘米，体重210-1200克。身体细长，四肢较短。体毛为浅棕黄色至棕色。

分布于中国、俄罗斯、朝鲜、蒙古、日本、印度北部、缅甸北部和尼泊尔等地。栖息于平原耕作区、水网区、沼泽、山地和高原等环境中。单独活动。行动敏捷。以鼠、蛙、蟾蜍、泥鳅和昆虫等为食。每年3-4月发情。妊娠期为33-37天。5月产仔，每胎产2-8仔。9-10月龄达到性成熟。寿命为10-20年。

黄鼬

北美水貂

北美水貂 *Mustela vison*（American mink）

隶属于食肉目鼬科。体长38-42厘米，尾长18-20厘米，体重1.6-2.2千克。体形细长。体毛为深棕色，颌部有白斑。头小。眼圆。耳呈半圆形，稍高出头部并倾向前方。颈部粗短。四肢粗壮，前肢比后肢略短，趾间具蹼，足底有肉垫。尾细长，毛蓬松。

分布于美国、加拿大等地。栖息于河边及湖边等地带。居住在岸边的天然洞穴中。夜行性。行动敏捷，善于游泳和潜水。性情凶猛。单独活动。以鼠、兔、蛙、鱼，以及植物果实等为食。每年春季发情交配。怀孕期为46天。每胎产5-6仔。9-10个月达到性成熟。寿命为15-20年。

虎鼬 *Vormela peregusna*（Marbled polecat）

虎 鼬

隶属于食肉目鼬科。体长33-39厘米，尾长16-21厘米，体重285-700克。身体背部为黄白色，散布许多褐色或粉棕色斑纹。头部自吻部到两耳之间为黑褐色，横过颜面部经眼上沿、颊、耳下到喉部，有一条宽的白纹几乎成环状，但不相连。唇和前额为白色。颈部、背部和肩部为淡黄色。喉部、胸部、腹部和四肢为黑褐色。尾巴棕色，尾尖浅黑褐色。

分布于中国新疆、青海、甘肃、宁夏、山西北部、陕西北部、内蒙古，以及欧洲东部、俄罗斯、蒙古、伊拉克和阿富汗等地。栖息于荒漠、半荒漠草原等地带。穴居。夜行性。以鼠、鸟、蜥蜴等为食。每年春季发情。妊娠期为2个月。4月产仔。每胎产4-8仔。

白颈鼬 *Poecilogale albinucha*（White-naped weasel）

隶属于食肉目鼬科。体长30厘米，尾长18厘米，体重250-350克。体毛主要为黑色，背部有四条白色纵条纹。头顶白色。尾巴白色。

分布于非洲中部、南部和东南部等地。栖息于灌丛、草原等地带。单独或呈小群活动。以鼠、鸟、昆虫等为食。雌兽的怀孕期为32天。每胎产1-3仔。

白颈鼬

非洲艾鼬 *Ictonyx striatus*（Striped polecat）

非洲艾鼬

隶属于食肉目鼬科。体长35厘米，尾长20厘米，体重640-1000克。体毛主要为黑色，背部有四条宽的白色纵条纹。额部、两眼上方共有3个大的白色斑块。

分布于非洲东部、西部、南部以及苏丹、埃塞俄比亚等地。栖息于除茂密森林外的各种环境中。单独活动。以鼠类、昆虫等为食。雌兽的怀孕期为36天。每胎产1-3仔。

狐鼬 *Eira barbara*（Tayra）

隶属于食肉目鼬科。体长60-115厘米，尾长35-45厘米，体重4-6千克。身体细长，四肢短。头部为灰色、褐色至黑色。体毛主要为暗褐色至黑色，喉部有黄色或白色斑。

分布于从墨西哥、中美洲至南美洲阿根廷一带。栖息于森林地带。日夜均活动。成对或结成小群。善于攀爬和游泳。以小型动物和植物果实等为食。怀孕期为63-67天。每胎产3仔。一般在5月生产。

狐 鼬

大尾臭鼬

大尾臭鼬 *Mephitis macroura*（Hooded skunk）

隶属于食肉目鼬科。体长21-39厘米，尾长35-40厘米，体重820-1200克。体毛主要为黑色，背部有2条宽的白色纵条纹。额部有1个细的白色纵条纹。

分布于美国西南部、墨西哥和中美洲各地。栖息于灌丛、草地等地带。夜行性。穴居。以鼠类、昆虫等为食，也吃植物性食物。

加拿大臭鼬 *Mephitis mephitis*（Striped skunk）

隶属于食肉目鼬科。体长40-49厘米，尾长17-30厘米，体重1.2-5.3千克。体毛主要为黑色，背部有2条宽的白色纵条纹，从颈部呈"V"字型向后延伸。额部有1个细的白色纵条纹。

分布于加拿大、美国、墨西哥北部等地。栖息于灌丛、草地等多种环境中。夜行性。穴居。以鼠类、鸟、昆虫、动物尸体等为食，也吃植物果实等。怀孕期为59-77天。每胎产1-10仔。

加拿大臭鼬

斑臭鼬 *Spilogale gracilis*（Western spotted skunk）

隶属于食肉目鼬科。体长24-37厘米，尾长9-21厘米，体重200-900克。体毛主要为黑色，背部有四条宽的白色条纹。额部、两眼上方共有3个大的白色斑块。尾巴黑色，末端白色。

分布于加拿大西南部、美国、墨西哥等地。栖息于丛林、草地等多种环境中。以鼠类、鸟、蜥蜴、昆虫以及动物尸体等为食，也吃植物性食物。每胎产2-6仔。

斑臭鼬

獾臭鼬 *Conepatus mesoleucus*（Hog-nosed skunk）

隶属于食肉目鼬科。体长27-49厘米，尾长13-35厘米，体重1.1-2.8千克。鼻子长而裸露。头部黑色。背部体毛主要为白色，体侧、腹面为黑色。尾巴为白色。

分布于从美国西南部、墨西哥到中美洲各地。栖息于灌丛、草地等多种环境中。夜行性。以小型动物等为食。怀孕期为60天。每胎产2-4仔。

獾臭鼬

狗獾 *Meles meles* (Eurasian badger)

隶属于食肉目鼬科。体长49-61厘米，尾长15-19厘米，体重5-10千克。头部有3条白色纵纹。背面体毛为暗褐色与白色混杂。喉部、腹面为黑褐色。尾毛黑棕色。

分布于欧洲、亚洲。栖息于森林、灌丛、荒野、草丛等地带。穴居。夜行性。以植物的根、茎、果实，以及蛙、蜥蜴、蚯蚓、昆虫等为食。每年9-10月发情。妊娠期为10个月。翌年4-5月产仔。每胎产2-6仔。1-3岁达到性成熟。寿命为16年。

狗　獾

猪獾 *Arctonyx collaris* (Hog-badger)

隶属于食肉目鼬科。体长65-70厘米，尾长14-17厘米，体重7-14千克。吻尖。眼小。耳小。头部至鼻尖沿额中线到颈部有一条白纹，眼下也有短纹，耳、喉呈白色，背部为黑褐色，并杂有灰白色毛，腹中部及四肢呈黑色。四肢短小，具5趾。尾较长，呈白色。

分布于中国、中南半岛、印度尼西亚的苏门答腊、不丹、锡金、印度东北部等地。栖息于平原以及海拔3000米左右的高山上。挖穴而居或在岩洞中居住。昼伏夜出，傍晚、拂晓前最为活跃。警惕性很高。视觉弱，但嗅觉灵敏。以蚯蚓、昆虫、蛙、鸟、鼠等为食，有时也吃植物的嫩茎、叶、果实等。有冬眠习性。春季发情交配。怀孕期为3个月，每胎产3-4仔。2岁性成熟。寿命约12年。

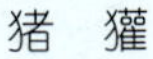

猪　獾

鼬獾 *Melogale moschata*（Chinese ferret-badger）

隶属于食肉目鼬科。体长31-43厘米，尾长15-23厘米，体重1-1.5千克。体毛为棕灰色，两眼之间有一个方形白斑，眼下和耳下白色，头后部也有一个白斑，并有一条白纹沿背脊向下延伸。腹部白色或略带黄色。

分布于中国长江流域以南地区，以及缅甸、尼泊尔、越南北部和印度东北部等地。栖息于山地林缘、沟谷和农田等地带。穴居。夜行性。以植物的根茎、块茎、果实，以及鼠、蛙、泥鳅、蚯蚓、昆虫等为食。每年2-3月发情。4-5月产仔。每胎产2-4仔。1岁达到性成熟。

鼬　獾

美洲獾 *Taxidea taxus*（American badger）

隶属于食肉目鼬科。体长50-66厘米，尾长11-14厘米，体重12-18千克。头部中央有1条白色纵纹一直延伸到颈部。背面体毛为灰褐色，混杂有白色、皮黄色、橙色等。腹面为白色。颊部白色，有黑褐色斑块。

分布于加拿大西南部、美国西部、墨西哥等地。栖息于荒野、草丛等地带。穴居。单独活动。以鼠、鸟、蛇、蛙、蜥蜴、蚯蚓、昆虫等为食，也吃一些植物性食物。每胎产1-5仔。寿命为12-14年。

美洲獾

蜜　獾

蜜獾 *Mellivora capensis*（Honey badger）

隶属于食肉目鼬科。体长60-77厘米，身高25-30厘米，体重12千克。背面体毛为灰色、浅黄色或白色，腹面为深棕色或黑色。

分布于亚洲南部、西南部和非洲大部分地区。栖息于森林、草原等地带。穴居。单独活动。夜行性。以植物果实，以及鸟、小型哺乳动物、蛙、蜥蜴、蚯蚓、昆虫等为食。雌兽的怀孕期为6个月。每胎产1-4仔。

加拿大水獭 *Lutra candensis*（Canadian otter）

隶属于食肉目鼬科。体长59-81厘米，尾长30-51厘米，体重5-14千克。背部为暗褐色，腹部近白色。身体细长，呈圆筒状，头部宽扁，鼻子小而呈圆形。眼小，耳也较小，呈圆形。四肢粗短，后足趾间具蹼。

分布于阿拉斯加、加拿大和美国等地。栖息于河流、沼泽、池塘、湖泊等淡水水域。半水栖。掘洞而居。善于游泳和潜水。以鱼类、小鸟、小兽、青蛙、虾、蟹及甲壳类动物等为食，也吃少量植物。每胎产1-6仔。2-3岁达到性成熟。寿命为21年。

加拿大水獭

水獭 *Lutra lutra*（European otter）

隶属于食肉目鼬科。体长55-82厘米，尾长30-55厘米，体重5-14千克。背部为暗褐色，腹部呈淡棕色，喉、颈、胸部近白色。身体细长，呈圆筒状，头部宽扁，鼻子小而呈圆形，裸露的小鼻垫上缘呈“W”形。上唇为白色，嘴角生有发达的触须。眼小，耳也较小，呈圆形。四肢粗短，趾爪长而稍锐利，爪较大而明显，伸出趾端，后足趾间具蹼。尾长而扁平，基部粗，至尾端渐渐变细。

分布于中国华北、华中、中南、西北、西南等地区，以及欧亚大陆北部的大部分地区和非洲北部等地。栖息于河流、沼泽、池塘、湖泊等淡水水域。半水栖。掘洞而居。善于游泳和潜水。以鱼类、小鸟、小兽、青蛙、虾、蟹及甲壳类动物等为食，也吃少量植物。一年四季都能交配。雌兽的怀孕期为2个月，一般在冬季产仔，每胎产1-5仔。哺乳期50天。3岁性成熟。寿命为15-20年。

水　獭

斑颈水獭 *Lutra maculicollis*（Spotted-necked otter）

隶属于食肉目鼬科。体长60厘米，尾长35厘米，体重4-6千克。体毛主要为暗褐色，喉部、胸部有大块白色斑。身体细长，呈圆筒状。头部宽扁，眼小，耳小而圆。后足趾间具蹼。尾长而扁平，基部粗，至尾端渐渐变细。

分布于非洲东部、西部、中部和南部的广大地区。栖息于河流、溪流、湖泊等淡水水域。半水栖。掘洞而居。善于游泳和潜水。呈小群活动。以鱼类、蛙、蟹及小型昆虫等为食。怀孕期为60-63天。一般在春季产仔，每胎产2仔。

斑颈水獭

大水獭 *Pteronura brasiliensis*（Giant otter）

隶属于食肉目鼬科。体长96-150厘米，尾长45-70厘米，体重24-34千克。体毛主要为棕色。颊部、喉部、前胸有白色斑。身体细长，呈圆筒状。头部宽扁。眼小，耳小而圆。尾长。

分布于巴西、秘鲁、哥伦比亚、厄瓜多尔等地。栖息于水流缓慢的河流及附近地带。昼夜均活动。掘洞而居。善于游泳和潜水。呈小群活动。以鱼类等动物为食。雌兽的怀孕期为65-70天。每胎产1-5仔。

大水獭

海獭 *Enhydra lutris*（Sea otter）

隶属于食肉目鼬科。体长为100-150厘米，尾长为26-36厘米，体重20-40千克。整个身体粗厚似圆筒形，尾巴较短。体毛为深褐色或黑褐色，只有头颈部呈现浅褐色。吻部短而钝，触须发达，短而粗，呈白色。没有耳屏。前后足的第5趾特别长，前足5趾连在一起，跖上具毛，后足特别发达，又短又宽，趾间有蹼，外侧长成鳍状。

海　獭

分布于北太平洋的北美洲西海岸和亚洲东北海岸附近。栖息于海洋中，很少上陆，主要在白天活动。结成小群。善于游泳和潜水。以海胆、海蛤、贻贝、螺纹蜗牛、石鳖、鲍鱼、乌贼，以及甲壳类动物等为食，也吃一些海藻。妊娠期为7-9个月。每胎产1-2仔。4一5岁性成熟。寿命为20年。

小爪水獭 *Aonyx cinerea*（Oriental small-clawed otter）

隶属于食肉目鼬科。体长42-54厘米，尾长23-33厘米，体重2.7-5.4千克。背部体毛主要为棕色，腹部为灰白色。身体细长，呈圆筒状。头部宽扁，眼小，耳小而圆。后足趾间具蹼。爪小，不突出于趾尖。尾长而扁平，基部粗，至尾端渐渐变细。

分布于中国华南、西南地区，以及印度东北部、亚洲东南部一带。栖息于河流及沿岸地带。半水栖。掘洞而居。善于游泳和潜水。呈小群活动。以鱼类、软体动物、甲壳动物等为食。怀孕期为60-64天。每胎产1-6仔。1岁达到性成熟。寿命为11年。

小爪水獭

非洲小爪水獭 *Aonyx capensis*（African clawless otter）

隶属于食肉目鼬科。体长130厘米，体重13千克。体毛主要为暗褐色，颊部、下唇、喉部、颈部和腹部为白色。身体细长，呈圆筒状，头部宽扁。眼小，耳小而圆。后足趾间具蹼。尾长而扁平，基部粗，至尾端渐渐变细。

分布于非洲撒哈拉沙漠以南的广大地区。栖息于沼泽、河流、湖泊等淡水水域。半水栖。掘洞而居。善于游泳和潜水。单独或呈小群活动。以鱼类、小鸟、小型兽类、蜥蜴、蛙、虾、蟹等为食。全年均可繁殖。雌兽的怀孕期为60-65天。每胎产1-3仔。

非洲小爪水獭

大灵猫 *Viverra zibetha*（Large Indian civet）

隶属于食肉目灵猫科。体长65-85厘米，尾长30-48厘米，体重6-11千克。体形较大，身体细长，额部相对较宽，吻部略尖。嘴上的触须较为发达。体毛主要为灰黄褐色，头、额、唇呈灰白色，体侧分布着黑色斑点，背部的中央有一条竖立起来的黑色鬣毛，呈纵纹形直达尾巴的基部，两侧自背的中部起各有一条白色细纹。颈侧至前肩各有三条黑色横纹，其间夹有两条白色横纹，均呈波浪状。胸部和腹部为浅灰色。四肢较短，呈黑褐色。尾长，基部有1个黄白色的环，其后为4条黑色的宽环和4条黄白色的狭环相间排列，末端为黑色。

大灵猫

分布于尼泊尔、孟加拉国、印度东北部、缅甸北部、中南半岛、马来西亚，以及中国秦岭、长江流域以南地区。栖息于丘陵、山地等地带的热带雨林、亚热带常绿阔叶林的林缘灌木丛、草丛中。独栖，穴居。昼伏夜出。生性机警，善于攀树、游泳。以昆虫、鱼、蛙、蟹、蛇、鸟、鸟卵、蚯蚓，以及鼠类等小型哺乳动物为食，也吃植物的根、茎、果实等。春季发情。怀孕期约为2-3个月，每胎产2-5仔。2岁性成熟。寿命为13-15年。

熊 狸

熊狸 *Arctictis binturong*（Binturong）

隶属于食肉目灵猫科。体长为61-69厘米，尾长56-90厘米，体重为9-14千克。全身覆盖黑色或暗棕色的长毛，稀疏、粗糙而蓬松，上面缀有棕黄色的斑点，长毛下的绒毛呈波浪形。面部和足背部的毛较短，呈灰白色。耳朵上有簇毛。

分布于印度北部、缅甸北部、泰国、不丹、尼泊尔、中南半岛、马来西亚、菲律宾、印度尼西亚的苏门答腊、爪哇、加里曼丹、巴拉旺，以及中国云南、广西等地。栖息于热带雨林或季雨林中。夜间、早晨和黄昏活动。单独或成小群活动。攀爬本领很高。以植物的果实、树叶和芽为食，也吃鸟卵和鸟类等小动物。每年2-3月交配，5月中旬产仔。雌兽的怀孕期为84-99天。每胎产1-6仔。寿命为22-23年。

小灵猫 *Viverricula indica*（Small Indian civet）

隶属于食肉目灵猫科。体长55-61厘米，尾长30-43厘米，体重为2-6千克。身体细长。体毛呈灰棕色、乳黄或赭黄色。体侧分布着黑色斑点，背部有6-8条深色的纵纹，眼睛、耳朵的背面都是黑褐色。颈侧至前肩有两条黑纹。四肢为黑褐色。尾巴棕灰色，有6-8个较窄的黑白相间的环状斑纹，尾基的1-2个环纹及尾端的两个环纹在尾下不愈合。

分布于印度、缅甸、泰国、马来西亚、越南、斯里兰卡、不丹和印度尼西亚的苏门答腊、爪哇、巴厘等地，以及中国淮河流域、长江流域以南地区。栖息于热带、亚热带、暖温带的山地、丘陵林地中。夜行性，独居。以蛙、蛇、小鸟、昆虫及果实、树根、种子等为食。2-4月发情交配。怀孕期为2.5-4个月，每胎产1-5仔。哺乳期为3个月。1.5-2岁性成熟。寿命10-12年。

小灵猫

小斑獛

小斑獛 *Genetta genetta*（Small-spotted genet）

隶属于食肉目灵猫科。体长40-50厘米，尾长37-46厘米，体重1-2.3千克。体毛主要为污白色，布满黑色斑点。眼下有明显的白斑。尾巴上有黑色环纹，末端白色。

分布于从欧洲南部、亚洲西部一直到非洲南部的广大地区。栖息于林地或多岩石的地带。穴居。单独或成对活动。以鼠、鸟、蛇、鱼、蛙和昆虫等为食。怀孕期为70-77天。每胎产2-3仔。

大斑獛 *Genetta tigrina*（Large-spotted genet）

隶属于食肉目灵猫科。体长46厘米，尾长40厘米，身高21厘米，体重1.6千克。体毛主要为浅褐色，布满黑色斑点。腹面白色。眼下有明显的白斑。尾巴上有黑色环纹，末端黑色。

分布于非洲津巴布韦、博茨瓦纳、纳米比亚和南非等地。栖息于丛林地带。夜行性。善于爬树。单独活动。以鼠、鸟、蛇、鱼、蛙和昆虫等为食，也吃植物果实等。怀孕期为70-77天。每胎产3仔。

大斑獛

斑林狸 *Prionodon pardicolor*（Spotted linsang）

斑林狸

隶属于食肉目灵猫科。体长35-40厘米，尾长30-36厘米，体重为1千克。身体细长。体毛短、密而柔软，主要呈灰棕色或橙黄色，背部和体侧分布着黑褐色斑点。尾巴有8-10个黑色的环状斑纹。

分布于中国西南、华南地区，以及印度东北部、缅甸、尼泊尔、缅甸、泰国、中南半岛等地。栖息于亚热带常绿阔叶林、灌丛等地带。夜行性。嗅觉、视觉和听觉都很灵敏。以蛙、蜥蜴、鼠类、昆虫，以及浆果等为食。每胎产2仔。一般在春末生产。寿命为7-8年。

果子狸 *Paguma larvata*（Masked palm civet）

隶属于食肉目灵猫科。体长51-76厘米，尾长51-64厘米，体重3.6-5千克。面部黑褐色，从鼻端到头后部及眼睛上下各有一条白纹。背部体毛灰棕色。腹面灰色或淡黄色。

分布于中国华北以南地区，以及亚洲南部、东南部一带。栖息于山地森林中。穴居。夜行性。成对或结小群活动。以植物果实，以及鼠、鸟、蛇、蛙和昆虫等为食。2-5月发情。怀孕期为70-90天。夏季产仔，每胎产1-5仔。1岁达到性成熟。寿命为15年。

果子狸

椰子猫 *Paradoxurus hermaphroditus*（Common palm civet）

隶属于食肉目灵猫科。体长50-60厘米，尾长50厘米，体重为2.4-4千克。体毛主要呈棕黄色，颈部、背部有3-5条黑色纵纹或斑点。尾巴为棕黑色，没有环纹。

分布于中国西南、华南地区，以及印度、缅甸、缅甸、泰国、中南半岛、马来西亚、菲律宾、斯里兰卡和印度尼西亚等地。栖息于山地森林等地带。树栖，很少下地活动。夜行性。单独活动。以鼠类、小鸟，以及植物果实等为食。每胎产2-4仔。1岁达到性成熟。寿命为22年。

椰子猫

双斑椰子猫

双斑椰子猫 *Nandinia binotata*（African palm civet）

隶属于食肉目灵猫科。体长44-57厘米，尾长46-62厘米，体重为3千克。体毛主要呈橄榄褐色，两肩之间有2个乳白色斑块。

分布于非洲东部、中部、西部和南部一带。栖息于森林等地带。树栖。夜行性，白天在树上休息。以小型动物以及植物果实等为食。怀孕期为64天。每胎产2-3仔。

马氏灵猫 *Macrogalidia musschenbroekii*（Celebes civet）

隶属于食肉目灵猫科。体长88厘米，尾长62厘米，体重4.2千克。体毛主要为褐色。眼周有白斑。尾巴上有环状斑纹。

分布于印度尼西亚的苏拉威西岛。栖息于林地中。半树栖。

马氏灵猫

非洲灵猫 *Civettictis civetta*（African civet）

隶属于食肉目灵猫科。体长80-90厘米，尾长40-50厘米，体重9-16千克。身体细长。体毛主要呈灰色，密布着黑色斑点和条纹。眼睛和颊部有大块黑斑。颈部、吻部有白色斑块。

分布于非洲撒哈拉沙漠以南的广大地区。栖息于灌丛、草原地带。夜行性。独居。以蛙、蛇、小鸟、昆虫及植物果实等为食。怀孕期为60-65天。每胎产1-4仔。一般在10月至翌年1月生产。

非洲灵猫

小齿椰子猫

小齿椰子猫 *Arctogalidia trivirgata*（Three-striped palm civet）

隶属于食肉目灵猫科。体长为43-53厘米，尾长51-60厘米，体重为2-2.5千克。体毛主要为灰褐色，头部较深，鼻中部有白色条纹。背部有3条棕色或黑色纵条纹，中间的完整而清晰，两侧的间断成斑点或消失，胸部有白斑。

分布于中国云南南部、缅甸、泰国、越南、老挝、印度东北部、马来西亚和印度尼西亚等地。栖息于热带雨林中。夜间活动。白天在乔木高枝上睡觉。以植物的果实和各种小动物等为食。怀孕期为45天。每胎产2-3仔。寿命为15-16年。

缟灵猫 *Chrotogale owstoni*（Owston's palm civet）

隶属于食肉目灵猫科。体长为51-64厘米，尾长31-48厘米。身体细长。吻鼻部延长。体毛主要为灰白色，背部有4块大型黑色横斑，并延伸到体侧。尾巴黑色，基部有2个污白色环纹。

分布于中国云南和广西、老挝、越南北部等地。栖息于热带雨林、灌丛等地带。夜间、早晨和黄昏活动。单独活动。主要在地面觅食。以蚯蚓等小动物为食。

缟灵猫

马岛缟狸

马岛缟狸 *Fossa fossa*（Malagasy civet）

隶属于食肉目灵猫科。体长40-45厘米，尾长20-25厘米，体重1.5-2千克。背面体毛主要为浅褐色，分布有黑色斑点和斑纹。腹面灰白色。

分布于非洲马达加斯加岛东部一带。栖息于森林地带。夜行性，白天在树洞中睡觉。单独活动。以鼠、鸟、两栖动物、爬行动物和无脊椎动物等为食。怀孕期为3个月。每胎产1仔。

马岛獴 *Cryptoprocta ferox*（Fossa）

隶属于食肉目灵猫科。体长65-80厘米，尾长70-90厘米，身高35厘米，体重5-10千克。背面体毛主要为褐色至暗褐色。腹面较浅。

分布于非洲马达加斯加岛。栖息于森林、草原等地带。昼、夜均活动。单独活动。以小型兽类等为食。9-11月发情交配。怀孕期为3个月。每胎产2-4仔。

马岛獴

环尾獴 *Galidia elegans*（Ring-tailed Mongoose）

隶属于食肉目灵猫科。体长33-38厘米，尾长28-32厘米，体重0.7-1千克。头部、喉部为橄榄褐色。体毛主要为栗褐色。尾巴上有多个黑色环状斑纹。

分布于非洲马达加斯加岛。栖息于森林地带。昼行性。结群活动。善于爬树和游泳。以鼠、鸟、两栖动物、爬行动物和无脊椎动物等为食。11月至翌年1月发情交配。怀孕期为3个月。1.5-2岁达到性成熟。

环尾獴

白尾纹背獴 *Galidictis fasciata*（Broad-striped mongoose）

隶属于食肉目灵猫科。体长30-34厘米，尾长24-30厘米，体重500-600克。背面体毛主要为浅灰褐色，从耳后至尾巴基部有多条宽的暗色纵条纹。腹面较浅。尾巴后三分之二部分为白色。

分布于非洲马达加斯加岛东部。栖息于森林地带。夜行性。成对活动。以鼠类和无脊椎动物等为食。

白尾纹背獴

巨纹背獴 *Galidictis grandidieri*（Giant striped mongoose）

隶属于食肉目灵猫科。体长45-48厘米，尾长39-42厘米，体重1.2-1.6千克。背面体毛主要为浅灰褐色，从耳后至尾巴基部有8条宽的暗褐色纵条纹。腹面较浅。尾巴蓬松，为白色。

分布于非洲马达加斯加岛西南部。栖息于森林地带。夜行性。单独或成对活动。以无脊椎动物等为食。

巨纹背獴

窄纹獴 *Mungotictis decemlineata*（Narrow-striped mongoose）

隶属于食肉目灵猫科。体长25-35厘米，尾长20-27厘米，体重600-700克。背面体毛主要为浅褐色，从耳后至尾巴基部有8-10条窄的暗色纵条纹。腹面较浅。

分布于非洲马达加斯加岛西部、西南部。栖息于森林地带。昼行性。结小群活动。善于爬树。以昆虫为食，也吃鼠类、爬行动物和其他无脊椎动物等。怀孕期为90-105天。一般在1-3月生产。

窄纹獴

灰　獴

灰獴 *Herpestes edwardsi*（Indian grey mongoose）

隶属于食肉目灵猫科。体长35-48厘米，尾长27-42厘米，体重1.5千克。体毛主要为灰色至浅褐色，头部、四肢和尾巴为黑色较深，喉部较浅。

分布于印度、尼泊尔、斯里兰卡、阿富汗、伊朗、伊拉克和阿拉伯半岛等地。栖息于草地等环境中。昼行性。单独活动。以鼠、蛇等动物为食。

埃及獴 *Herpestes ichneumon*（Egyptian mongoose）

隶属于食肉目灵猫科。体长52-55厘米，尾长45-58厘米，身高25厘米，体重2.5-4千克。体毛主要为灰色，杂以黑色和白色毛。头部、四肢和尾巴为黑色。

分布于欧洲西班牙、葡萄牙，亚洲阿拉伯半岛和非洲的大部分地区。栖息于淡水水域附近的草地、芦苇丛等环境中。昼行性。单独活动。以鼠、鸟、两栖动物、爬行动物和无脊椎动物等为食。怀孕期为75天。每胎产2-3仔。

埃及獴

爪哇獴

爪哇獴 *Herpestes javanicus*（Java mongoose）

隶属于食肉目灵猫科。体长25-35厘米，尾长25厘米，体重0.6-1千克。体毛主要为棕灰色，眼周、颊部为棕红色。

分布于中国云南、广东、广西、海南，以及中南半岛、印度、泰国、马来西亚和印度尼西亚等地。栖息于丘陵地带的灌丛、林缘、农田等地带。昼行性。以鼠、蛙、昆虫等为食。怀孕期为49天。每胎产2-4仔。

南非灰獴 *Herpestes pulverulentus*（Cape grey mongoose）

隶属于食肉目灵猫科。体长25-55厘米，尾长20-45厘米，身高25厘米，体重0.5-1千克。体毛主要为灰色，杂以黑色和白色毛。头部、四肢和尾巴为黑色。

分布于非洲西部、南部和东南部一带。栖息于森林、灌丛等地带。昼行性。单独活动。以鼠类、昆虫等为食。一般在8-12月生产。每胎产1-3仔。

南非灰獴

草地獴 *Herpestes sanguineus*（Slender mongoose）

隶属于食肉目灵猫科。体长27-35厘米，尾长23-30厘米，体重370-800克。体毛主要为浅褐色至红褐色。尾巴末端为黑色。

分布于非洲东部、西部和南部的广大地区。栖息于林地、草地等地带。单独或集小群活动。以鼠、鸟、爬行动物和无脊椎动物等为食。全年均可繁殖。怀孕期为45天。每胎产1-3仔。

草地獴

食蟹獴

食蟹獴 *Herpestes urva*（Crab-eating mongoose）

隶属于食肉目灵猫科。体长36-52厘米，尾长17-26厘米，体重1-2.3千克。体毛主要为沙棕色，杂以黑色、土黄色和白色。足褐色。嘴角有一条白纹延伸至肩部。

分布于中国长江流域以南地区，以及中南半岛、印度东北部和尼泊尔等地。栖息于山地河谷、林间溪边等环境中。早晨和黄昏活动。单独或成对活动。以鼠、鸟、蛇、蛙、蟹、蜗牛和昆虫等为食。每年春季发情。怀孕期为50-60天。夏季产仔，每胎产2-5仔。

白尾獴 *Ichneumia albicauda*（White-tailed mongoose）

隶属于食肉目灵猫科。体长55-102厘米，尾长35-48厘米，体重3.5-5.2千克。体毛主要为深灰色。四肢黑色。尾巴白色。

分布于非洲撒哈拉沙漠南部的广大地区和亚洲阿拉伯半岛南部一带。栖息于水域附近的林地、草地等环境中。单独活动。以鼠、鸟、蛇和昆虫等为食。每年11月发情交配。怀孕期为2个月。每胎产1-3仔。

白尾獴

沼泽獴

沼泽獴 *Atilax paludinosus*（Marsh mongoose）

隶属于食肉目灵猫科。体长50-60厘米，尾长30-41厘米，体重2.5-4.2千克。体毛主要为暗褐色。鼻部有白色斑 。

分布于非洲撒哈拉沙漠南部一带。栖息于水域附近的芦苇丛等地带。夜行性。半水栖。单独活动。以鼠、蛙和蟹等为食。每胎产1-2仔。

冈比亚獴

冈比亚獴 *Mungos gambianus*(Gambian mongoose)

隶属于食肉目灵猫科。体长32-40厘米，尾长18-25厘米，体重0.6-1.8千克。体毛主要为灰褐色至暗褐色，腹面为锈褐色。颈侧有黑色斑纹。喉部白色。

分布于非洲冈比亚、加纳、尼日利亚等地。栖息于林地、草原等地带。昼行性。结群活动。以昆虫和其他无脊椎动物、鸟、两栖动物、爬行动物、鼠和动物尸体等为食。怀孕期为60天。每胎产2-6仔。

缟獴 *Mungos mungo*（Banded mongoose）

隶属于食肉目灵猫科。体长34厘米，尾长22厘米，体重1.5-1.8千克。体毛主要为灰褐色，背面密布深褐色和浅褐色相间的横斑纹。腹面较浅。

分布于非洲撒哈拉沙漠以南地区。栖息于林地、草原等地带。结群活动。以甲虫、白蚁、鼠、蛇等为食。怀孕期为8-9周。每胎产2-3仔。

缟　獴

细尾獴 *Suricata suricatta*（Slender-tailed mongoose）

细尾獴

隶属于食肉目灵猫科。体长30-33厘米，尾长20-25厘米。头部短粗，躯干呈长圆形。体毛主要为灰褐色，背部后面有8-10条褐色横纹。颊部、胸部为灰白色。四肢较短，前后肢均具4趾。眼圈黑色。耳、尾端为黑色。

分布于南非、纳米比亚、博茨瓦纳、安哥拉西南部等地。栖息于热带疏林和草原地区。成群活动。善于挖掘洞穴居住。昼行性。常用后肢站立，向四周了望。以昆虫、无脊椎动物、鼠、小鸟、蜥蜴、蛇等动物为食。怀孕期为2.5个月，每胎产4-5仔。1岁达到性成熟。

笔尾獴 *Cynictis penicillata*（Yellow mongoose）

隶属于食肉目灵猫科。体长40-60厘米，尾长25厘米，体重450-900克。体毛主要为棕黄色。尾巴末端为白色。

分布于南非、纳米比亚、博茨瓦纳、津巴布韦、安哥拉等地。栖息于开阔的农田、草地等地带。集小群活动。善于挖掘洞穴。昼行性，有时夜晚也出来活动。以昆虫和其他无脊椎动物、鼠类、两栖动物和爬行动物等为食。一般在10月至翌年3月产仔。每胎产2-5仔。

笔尾獴

塞氏獴 *Paracynictis selousi*（Selous' mongoose）

隶属于食肉目灵猫科。体长35-47厘米，尾长28-43厘米，体重1.4-2千克。体毛主要为浅灰色至棕灰色。四肢为深褐色至黑色。尾巴末端为白色。

分布于南非北部、纳米比亚、莫桑比克、津巴布韦、安哥拉、赞比亚和马拉维等地。栖息于林地、草地等地带。单独活动。善于挖掘洞穴。夜行性。以昆虫和其他无脊椎动物、鼠、小鸟、蜥蜴、蛇等动物为食。

塞氏獴

利比里亚獴

利比里亚獴 *Liberilictis kuhni*（Liberian mongoose）

隶属于食肉目灵猫科。体长42厘米，尾长20厘米，体重2.3千克。体毛主要为黑褐色，从耳至肩部有带浅褐色边的暗褐色条纹。颊部白色。

分布于非洲利比里亚、几内亚和科特迪瓦等地。

倭獴 *Helogale parvula*（Dwarf mongoose）

隶属于食肉目灵猫科。体长25厘米，尾长25厘米，体重350-400克。体毛主要为浅褐色至深栗色。鼻部有白色斑。

分布于非洲撒哈拉沙漠南部一带。栖息于林地、灌丛草地等地带。集小群活动。以昆虫等为食。怀孕期为63天。每胎产2-3仔。

倭 獴

暗长毛獴

暗长毛獴 *Crossarchus obscurus*（Cusimanse）

隶属于食肉目灵猫科。体长30-45厘米，尾长15-32厘米，体重450-1500克。体毛主要为黑褐色。

分布于非洲利比里亚、加蓬、喀麦隆、安哥拉等地。栖息于森林地带。昼行性。集小群活动。以昆虫、蜗牛、植物果实等为食。怀孕期为70天。每胎产4仔。

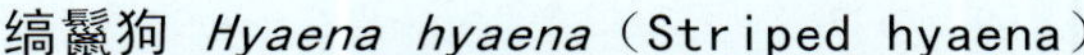

缟鬣狗 *Hyaena hyaena*（Striped hyaena）

隶属于食肉目鬣狗科。体长100厘米，尾长25厘米，体重40-50千克。头大，额宽，耳长。体毛呈浅黄色至灰色，毛长，粗糙且蓬松，从颈背部至臀部有发达的鬣毛。喉部主要为黑褐色，躯干和四肢外侧有横行的黑褐色条纹。前肢较后肢长，故肩高于臀部。四肢均具4趾，爪钝而不能伸缩。尾巴较短，上有黑褐色条纹。

分布于非洲埃及、利比亚、阿尔及利亚、突尼斯、摩洛哥、苏丹、索马里和亚洲伊拉克、伊朗、叙利亚、阿富汗、印度、阿拉伯半岛一带。栖息于热带和亚热带的草原地带。单独或成对生活，夜间活动和觅食，白天隐藏在稠密的灌木丛、岩石隙缝或土豚的旧洞中休息。以腐肉为食，有时也捕杀一些小动物。没有固定的繁殖期。怀孕期为3-3.5个月，每胎产1-4仔。3岁性成熟。寿命为14年。

缟鬣狗

棕鬣狗 *Hyaena brunnea*（Brown hyaena）

隶属于食肉目鬣狗科。体长为110-125厘米，尾长25-35厘米，体重60千克。头大，额宽，耳长。前肢较后肢长，故肩高于臀部。体毛主要呈棕褐色，体毛很长，粗糙而蓬松，从颈背部至臀部都有发达的鬣毛。

分布于非洲莫桑比克、津巴布韦、赞比亚、博茨瓦纳、纳米比亚、安哥拉和南非等地。栖息于稀树草原、荒漠等地带。昼伏夜出。以腐肉为食，有时也捕杀一些小动物。

棕鬣狗

斑鬣狗 *Crocuta crocuta*（Spotted hyaena）

斑鬣狗

隶属于食肉目鬣狗科。体长为125-150厘米，尾长24-30厘米，身高80-90厘米，体重76千克。头大，额宽，耳长。前肢较后肢长，故肩高于臀部。体毛主要呈灰黄色，布满深褐色斑点。颈背部很短的鬣毛。尾巴末端黑褐色。

分布于非洲撒哈拉以南的广大地区。栖息于草原等地带。昼夜均活动。以腐肉为食，有时也捕杀羚羊等动物。没有固定的繁殖季节。雌兽的怀孕期为3.5个月。每胎产2-4仔。寿命为16-20年。

土狼 *Proteles cristatus*（Aardwolf）

隶属于食肉目鬣狗科。体长55-80厘米，尾长20-30厘米，体重8-12千克。体色浅黄，沿背脊生着长而粗的能直立的鬃毛。前腿长于后腿，耳大吻尖。

分布于非洲东部、南部、西南部等地。栖息于草原、旷野等地带。单独、成对或结小群生活。白天隐藏于地穴中，夜间活动。听觉非常敏锐。主要以白蚁为食。雌兽的怀孕期为59-61天。每胎产2-4仔。寿命为13年。

土　狼

家猫 *Felis catus*（Domestic cat）

隶属于食肉目猫科。一般体长60厘米，尾长30厘米，体重2.5千克。体形匀称。头圆。眼睛大而圆。耳朵小，呈圆形或尖形。犬齿长。嘴边有长的触须。四肢较短。爪弯曲锐利，能伸缩，可以缩入爪鞘内。体毛有黑色、白色、黄色、花色等。

由野猫驯化培育而成的家畜，种类很多，现在世界各地均有饲养。性情活泼。以鼠、鱼等为食。一般春季和秋季发情。雌兽怀孕期为60-68天。每胎产1-5仔。6-8个月达到性成熟。

喜马拉雅猫

喜马拉雅猫（Himalayan）

身体很短。胸部深。四肢肥短而直。头部为强有力的圆顶状，具圆圆的脸颊和下颚，小耳朵和短鼻。眼大而圆，为蓝色。被毛有点状颜色，包括海豹点、巧克力点、蓝色点、丁香点、橙色点、玳瑁点和蓝奶油点等7 种，分布在腿、脚、尾巴、耳朵和面部。

由波斯猫和暹罗猫的杂交而成的品种，大约是本世纪30年代问世的。有独特的表情和动作，以及旺盛的食欲和健壮的体格，容易饲养。

波斯猫（Persian）

头、脖子和后背上有长长的鬣毛。被毛有很多种颜色，大致可分为5 个类型：全一色、渐变色、烟色、斑纹和多色。大而圆，一对圆而小的耳朵微微前倾，鼻子又短又扁。躯干不长，却很宽，从肩部至臀部呈方形。尾巴和四肢粗短，爪子大。眼圆，全白色的一只为蓝眼，另一只为黄眼。

由阿富汗的土种长毛猫和土耳其的安哥拉长毛猫在英国经过100多年的选种繁殖而成的一个品种。天资聪明，反应灵敏，性格温顺，举止文雅，容易与人相处，容易训练。叫声小，爱撒娇。

波斯猫

巴厘猫

巴厘猫（Balinese）

体毛柔软细长，像绢一样，长5 厘米。脸为楔形。耳大。眼呈杏仁状，蓝色。身体细长，骨骼纤细，但筋肉却很结实。脸、耳、四肢和尾巴，都有特征颜色存在，包括银白色、巧克力色、蓝色和淡紫色等4 种。

由纯种的暹罗猫在繁殖过程中，经过突变而出现长毛的品种，后来又经过有计划的选育而产生的新品种。被毛光滑漂亮，体态柔软高雅。善于驱逐和跳跃。

土耳其安卡拉猫（Turkey angora）

体型苗条，脸为较长的楔子型，躯干和尾巴也很长，尾巴逐渐变细。杏仁状的眼睛呈蓝色、琥珀色或两只眼睛两种颜色。纤细的体毛隶属于中长型，很柔软，颜色一般为白、红、蓝、黑等色，有的也有斑纹。

在16世纪前起源于土耳其首都安卡拉，是历史最悠久的长毛猫品种之一。聪明机灵，性情可爱。

土耳其安卡拉猫

索马里猫（Somari）

身材苗条优美，略圆。脸为稍圆的楔子形。耳大，呈宽V字形。杏仁眼上方是黑色的眼皮。被毛呈丛生状，还有长长的襟毛，尾巴似狐狸。毛色有深红色和棕红色两种。

由纯种的阿比西尼亚猫突变产生出来的长毛猫，经过有计划繁殖而形成的品种。性格温和，善解人意。运动神经极为发达，因而动作敏捷。

索马里猫

暹罗猫（Siamese）

身体为流线型。脸呈V字型。眼睛两端上翘成杏仁状。双眼澄清，呈宝蓝色。鼻梁高而挺直，两耳大而向前直立。四肢、尾巴均细长。体毛很细，紧贴身体，富有光泽，没有下层毛。躯干部为奶油色，随着年龄的增长，颜色会逐渐变深。鼻子、四肢、耳朵，尾巴的前端有银色、绿色、巧克力色、紫色或红色等5种颜色。

原产于暹罗（即现在的泰国），200多年前只在王宫和大寺院中饲养。1884年传入英国，以后得到繁衍发展，到20世纪20年代广泛流行。酷爱清洁，动作敏捷，相当聪明，善解人意。它的性格外向，好奇心强，喜欢与人为伴。喜凑热闹，爱淘气，易冲动，很活跃。

暹罗猫

美国短毛猫（American shorthair）

身体强壮。头部为长方型，脖子粗壮，胸部浑圆，脊背平直，四肢发达。被毛柔软、厚实，但很短。毛色有白、黑、斑纹等30种以上。

由欧洲猫与美洲大陆的土种猫加以改良而育成的一个品种。既强壮又灵活，性格随和，忠于主人，有卓越的运动能力，擅长跳跃。十分聪明，有时很淘气，有时又很规矩。

美国短毛猫

阿比西尼亚猫

阿比西尼亚猫（Abyssinian）

脸呈圆形，鼻梁较高。耳大，根部很宽。眼睛明亮，为杏仁状，呈金黄色、绿色或淡褐色。尾巴长短适中。全身的体毛细密而富有弹性，具有短毛层。每根毛有三、四色的色带分布，全身毛呈黄褐色，间杂黑色，毛根部是红褐色的，中间为红砖色，毛尖是黑色和黑褐色。毛色艳丽、明亮，再加以折光的作用而形成斑纹，在活动时，其颜色可发生微妙的变化。

起源于埃塞俄比亚猫，后在美国混入其他猫的血统，从而培育成现在的品种。动作敏捷。聪明，有惊人的记忆力，性格开朗，叫声悦耳，活泼好动。喜欢与人为伴。喜欢水，对水有好奇感。

缅甸猫（Burmese）

体形短粗，非常结实，呈圆形。眼圆，呈金色。体毛短而稠密，富于光泽，像缎子一般光滑。毛色有黑褐色、香槟色和蓝色三种。

原产于缅甸。性格温和，叫声和动作都很可爱。喜欢和人呆在一起。

缅甸猫

哈瓦那猫

哈瓦那猫（Havana）

背部水平，腰部较高，筋肉有跳动感。头部横向比纵向宽。鼻梁凹陷。鼻口和胡须有明显的止点。眼大，为卵圆形，棕色。耳很大，稍向前倾，前端略带圆状。体毛较硬直，稍有光泽，紧贴皮肤。毛色有巧克力色和霜白色两种，鼻子是霜白色的。

20世纪50年代初在英国培育而成，是海豹点暹罗猫和英国土著的黑色短毛猫的杂交品种。生性活泼，聪明调皮，叫声小。

豹猫 *Felis bengalensis*（Leopard cat）

隶属于食肉目猫科。体长36-90厘米，尾长15-37厘米，体重3-8千克。从头部至肩部有4条棕褐色条纹，两眼内缘向上各有一条白纹。全身体毛为浅棕色，布满棕褐色至淡褐色斑点。

分布于中国、俄罗斯东部、亚洲东部和东南部、印度等地。栖息于山地森林、草丛和居民区附近等地带。单独活动。黄昏、夜间活动。以鼠、兔、鸟、蛙等为食。每年1-3月发情。雌兽的怀孕期为63-70天。翌年3-5月生产，每胎产2-4仔。18月龄达到性成熟。寿命为13年。

豹　猫

荒漠猫 *Felis bieti*（Chinese desert cat）

隶属于食肉目猫科。体长为60-80厘米，尾长为23-35厘米，体重为5.5-10千克。头部为灰白色，颊部有两条斜行的暗褐色纹，两条纹之间呈亮灰色。耳朵的基部为淡红褐色，尖上有短簇毛。背部和四肢的外侧呈沙黄色，背中部略微具有暗红棕色。颌部白色，前胸部淡黄褐色，腹部暗黄色。有时在前臂的内侧有暗纹，臀部的外侧有3-4条细而不明显的暗横纹。尾巴的背面与背部的颜色相同，末端有3-4条暗棕色纹，尖端为黑色。足的掌面上具有黑褐色的长毛。

分布于中国西北、西南地区，以及蒙古等地。栖息于草原、荒漠和山地针叶林地带。早晨、黄昏以及夜间活动。性情孤僻。以鼠类、鼠兔、旱獭、鸟类等为食。繁殖期为1-2月。怀孕期为8个月，翌年4-5月生产，每胎产2-4仔。

荒漠猫

丛林猫 *Felis chaus*（Jungle cat）

隶属于食肉目猫科。体长60-75厘米，尾长25-35厘米，体重为3-5千克。全身的毛色较为一致，缺乏明显的斑纹，背部呈棕灰色或沙黄色，背部的中线处为深棕色，腹面为淡沙黄色。四肢较背部的毛色浅，后肢和臀部具有2-4条模糊的横纹。尾巴的末端为棕黑色，有3-4条不显著的黑色半环。眼睛的周围有黄白色的纹，耳朵的背面为粉红棕色，耳尖为褐色，上面有一簇稀疏的短毛。

分布于俄罗斯南部、亚洲中部、伊朗、伊拉克、叙利亚、巴勒斯坦、阿富汗、克什米尔、印度、斯里兰卡、尼泊尔、中国西南和西北地区、中南半岛、埃及等地。栖息于芦苇、灌木、森林等地带。夜行性，多在早晨和黄昏外出活动，白天有时也出来活动。嗅觉和听觉发达，善于奔跑和跳跃，能攀树。以鼠、兔、蛙、鸟为食，也吃腐肉和果实等。春天发情交配。雌兽的妊娠期为66天。每胎产2-5仔。

丛林猫

非洲金猫 *Felis aurata*（African golden cat）

隶属于食肉目猫科。体长70-95厘米，尾长28-37厘米，体重13.5-18千克。头圆。颌下有触须。耳圆而直立。身体矫健，四肢结实。体毛呈棕黄色。尾上有一条暗色纵条纹。

分布于非洲肯尼亚、扎伊尔、塞内加尔、塞拉里昂、安哥拉等地。栖息于山地森林和草原地带，最高可达海拔3600米。清晨和黄昏活动频繁。喜欢独居。善于在地面上和树上捕食。以羚羊、蹄兔、鼠类和鸟类等为食。没有固定的发情季节。怀孕期为75天，每胎产1-2仔。1.5岁达到性成熟。

非洲金猫

沙漠猫

沙漠猫 *Felis margarita*（Sand cat）

隶属于食肉目猫科。体长42-54厘米，尾长23-31厘米，体重1.5-3.5千克。头圆。颌下有触须。耳圆而直立。身体矫健，四肢结实。体毛为沙皮黄色，头部、背面有黑色斑纹。腹面污白色。

分布于非洲苏丹、阿尔及利亚、摩洛哥、塞内加尔和亚洲中部、西部、巴基斯坦等地。栖息于沙漠地带。夜行性。单独活动。以鼠类、野兔、鸟、爬行动物和无脊椎动物为食。怀孕期为63天。每胎产2-4仔。

美洲狮 *Felis concolor*（Puma）

隶属于食肉目猫科。体长为100-160厘米，身高66-76厘米，尾长52-82厘米，体重55-105千克。头圆、吻宽、眼大、耳短，耳朵背后有黑色斑。四肢细长，尾端有丛毛。体毛较短，身上没有斑纹，背部及四肢外侧为棕灰、银灰及浅紫色，腹部和四肢内侧为灰白色。

分布于从加拿大西南部至南美洲的阿根廷和智利南部。栖息于森林、丛林、丘陵、草原、半沙漠和高山等多种生境。单独活动。善于游泳、爬树、奔跑。以鹿、山羊、羚羊、野兔、旱獭、松鼠、狐狸、浣熊、猴、鱼类和鸟类等为食。繁殖季节不固定，怀孕期为90天。每胎产1-6仔。2-3岁性成熟。寿命为15-20年。

美洲狮

黑足猫 *Felis nigripes*（Black-footed cat）

隶属于食肉目猫科。体长34-47厘米，尾长16厘米，身高16-25厘米，体重1-2.4千克。头圆。颌下有触须。耳圆而直立。头部有黑色的斑纹。身体矫健，四肢结实。体毛为黄褐色，有黑色或褐色斑点，在肩部形成斑纹。四肢末端为黑色。尾有黑色圆环，末端为黑色。

分布于非洲纳米比亚、博茨瓦纳、南非西部等地。栖息于干燥的开阔地带。夜行性，但白天也出来活动。单独活动。以鸟类、松鼠、爬行动物和无脊椎动物为食。雌兽通常在11-12月生产。怀孕期为63-68天。每胎产2仔。2岁达到性成熟。

黑足猫

云猫 *Felis marmorata*（Marbled cat）

隶属于食肉目猫科。体长40-60厘米，尾长45-55厘米，体重5.5千克。身体细长。头圆而宽。体毛为灰褐色至黄褐色，布满黑色斑点，背部、体侧有不规则斑块，边缘为黑色。耳短而圆，背面黑色。尾巴末端为黑色。

分布于中国云南和西藏、印度东北部、尼泊尔、锡金、缅甸北部、越南、泰国、马来西亚和印度尼西亚等地。栖息于亚热带森林中。夜行性。主要在树上活动。以鼠类、鸟、蜥蜴等动物为食。

南美林猫 *Felis geoffroyi*（Geoffroy's cat）

隶属于食肉目猫科。体长45-70厘米，尾长26-35厘米，体重2-3.5千克。头圆而宽。颌下有触须。耳圆而直立，耳背黑色，中间各有1个白点。头部、颈部有白色和黑色的条纹。身体矫健，四肢结实。体毛为棕黄色至银灰色，背部和胁部有黑色斑点。尾基部有黑色斑点，下面为黑色圆环。

分布于南美洲巴拉圭、乌拉圭、玻利维亚、巴西西南部、智利和阿根廷等地。栖息于海拔3500米以下的开阔林或灌丛地带。单独活动。善于爬树、游泳。大部分时间在树上活动，睡觉也在树上隐蔽处。以鸟类、鱼和小型哺乳动物为食。交配在树上进行。怀孕期为70天左右，每胎产2-3仔。

云 猫

南美林猫

兔 狲

兔狲 *Felis manul*（Pallas' cat）

隶属于食肉目猫科。体长为50-65厘米，尾长21-35厘米，体重2-3千克。额部较宽，吻部很短。耳朵短而圆，耳背为红灰色。尾巴粗圆，有6-8条黑色的细纹，尖端长毛为黑色。头顶为灰色，具有少数黑色的斑点。颊部有2条细的横纹。身体的背面为浅红棕色、棕黄色或银灰色，后部还有数条隐暗的黑色细横纹。颈部的下面和前胸部的中央为浅褐色。腹部为白色。四肢有2-3条模糊的黑色横纹。

分布于中国东北、西北、华北、西南等地区，以及蒙古、俄罗斯东部、亚洲中部、阿富汗、伊朗、巴基斯坦、克什米尔等地。栖息在沙漠、荒漠、草原或戈壁地区。独居。夜行性。以鼠类、野兔、鼠兔、沙鸡等为食。繁殖期为1-2月。雌兽在4月底或5月初生产，每胎产2-4仔，2岁达到成熟。

非洲野猫 *Felis lybica*（African wild cat）

隶属于食肉目猫科。体长为50-70厘米，尾长为25-35厘米，体重为4-8千克。背部体毛呈淡沙黄色至浅黄灰色，背部和身体侧面的毛色逐渐转为浅淡色，腹面为淡黄灰色。全身具有许多形状不规则的棕黑色斑块或横纹，耳尖略有棕黑色簇毛。尾巴上面有5-6条棕黑色横纹，尾巴下面为白色 。

分布于非洲大部分地区和亚洲西部阿拉伯半岛一带。栖息于荒漠、草原、沼泽和低地山林地带。单独在夜间或晨昏活动，白天隐匿于树洞或灌丛中。行动敏捷，善于攀爬，潜行隐蔽接近猎物，突然捕食。以小型啮齿动物、鸟类、蜥蜴和蛙等为食，也食鱼类和昆虫等。繁殖期大约在1-3月。通常每年产1胎，每窝产2-3仔，怀孕期为65天。幼仔5月龄时离开雌兽独立生活，1周岁时达到性成熟。寿命为15年以上。

非洲野猫

金 猫

金猫 *Felis temminckii*（Asiatic golden cat）

隶属于食肉目猫科。体长为75-110厘米，尾长为50-58厘米，体重为10-16千克。毛色和斑纹为棕黄色，但深浅不同。两颊各有一道横粗的白纹，上下各夹着一条窄的黑纹，额的正中有黑白色的纵条纹各二条。耳朵的背面为黑色，基部周围为黑灰色混杂。颈部的后部为红棕色，背部的中线处毛色深或者具有纵纹。四肢略细而长，尾巴较短。

分布于中国秦岭和长江流域以南地区，以及尼泊尔、印度东北部、中南半岛、马来西亚、印度尼西亚的苏门答腊等地。栖息于山地丛林或多岩石的地带。单独活动，夜行性。善于爬树。性情凶猛。以鼠、兔、鸟、鹿等为食。秋季交配，早春产仔，怀孕期为3个半月左右，每胎产2仔。

草原斑猫 *Felis silvestris*（Wild cat）

草原斑猫

隶属于食肉目猫科。体长为50-70厘米，尾长为25-35厘米，体重为3-7千克。背部体毛呈暗沙黄色，背部和身体侧面的毛色逐渐转为浅淡色，腹面则为淡黄灰色。全身具有许多形状不规则的棕黑色斑块或横纹，耳尖略有棕黑色簇毛。尾巴上面有5-6条棕黑色横纹，尾巴的下面为白色。

分布于欧洲南部、中部和东部、叙利亚、伊朗、阿富汗、印度西南部、哈萨克斯坦、蒙古和中国新疆、甘肃、宁夏等地。栖息于山地阔叶林和灌丛、草地、沼泽等地带。单独在夜间或晨昏活动，白天隐匿于树洞或灌丛中。行动敏捷，善于攀爬，潜行隐蔽接近猎物，突然捕食。以小型啮齿动物、鸟类、松鸡、蜥蜴和蛙等为食，也食鱼类和昆虫等。一般在3月交配。怀孕期为60余天。每胎产2-4仔。1周岁时达到性成熟。寿命为15年以上。

锈斑猫 *Felis rubiginosa*（Rusty-spotted cat）

隶属于食肉目猫科。体长35-48厘米，尾长15-25厘米，体重1-2千克。头部圆而宽。颌下有触须。耳圆而直立。头部有暗色条纹，眼睛内侧有白色斑纹。身体矫健，四肢结实。体毛为灰褐色至红褐色，有锈褐色的斑点。足的下面为黑色。尾巴上有锈褐色的斑点。

分布于斯里兰卡、印度等地。栖息于森林、灌丛和草原等地带。善于爬树。夜行性。以鸟类、鼠类等动物为食。雌兽一般在4月生产。

锈斑猫

虎猫 *Felis pardalis*（Ocelot）

虎　猫

隶属于食肉目猫科。体长65-98厘米，尾长27-40厘米，体重700-1450克。头圆而宽。颌下有触须。耳圆而直立，耳背黑色，中间各有1个白点。头部、颈部有白色和黑色的条纹。身体矫健，四肢结实。体毛为淡黄色至灰色，有圆的黑色斑点，中央色淡。腹面白色。尾巴上有黑色圆环。

分布于从美国南部、墨西哥到南美洲秘鲁、巴拉圭和阿根廷北部等地。栖息于有隐蔽物的开阔地带。成对活动。善于爬树、游泳。主要在清晨和黄昏捕食。白天隐藏在树洞中，有时也出来活动。以鹿、野猪幼仔、猴、豚鼠、蛇或其他爬行动物为食。全年均可繁殖。怀孕期为70-80天，每胎产1-2仔。

薮猫 *Felis serval* （Serval）

隶属于食肉目猫科。体长100厘米，尾长40厘米，体重8.5-10.5千克。身体和四肢细长。头小，颈长。颌下有触须。耳圆而直立。背部和体侧为黄褐色，有深褐色或黑色斑。腹面白色。尾巴上有黑色环纹。

分布于非洲大部分地区。栖息于森林、灌丛和草原等地带。行动敏捷。善于攀缘。单独活动。以鸟类、鼠类、蛙、爬行动物、鱼和昆虫等动物为食。怀孕期为68-72天。一般在夏季生产。每胎产1-3仔。1.5-2岁达到性成熟。

薮　猫

渔猫 *Felis viverrina* （Fishing cat）

隶属于食肉目猫科。体长为66-85厘米，尾长为24-32厘米，体重为5千克。身体粗壮，体毛粗糙，毛色从烟灰、黄灰、灰褐至浅黄棕色，背部比体侧较暗。通体布满了棕黑色的条纹和斑点，腹部为白色，喉部形成了两个领，胸部有横纹。在脚趾之间具有半蹼。

分布于印度、中南半岛、斯里兰卡、印度尼西亚的苏门答腊、爪哇和中国台湾等地。栖息于林区的灌木丛、沿河的芦苇丛、沼泽地和热带海岸的常绿林等地。善于游泳，也常在地面上活动和停留，不善于攀爬。以软体动物和鱼类等水生动物为食，也吃小型哺乳动物、鸟类、蛙和昆虫等。妊娠期为63天左右，每胎产1-4仔，通常为2仔。幼仔10月龄后独立生活。

渔　猫

长尾猫

长尾猫 *Felis wiedi*（Margay cat）

隶属于食肉目猫科。体长为48-79厘米，尾长为32-51厘米，体重为3-7千克。体毛为浅灰、黄褐色至暗褐色，布满了黑色的条纹和斑点，腹部为白色。眼圈黑色，颊部和眼前部有白色斑。

分布于从墨西哥到南美洲阿根廷北部一带。栖息于森林地带。善于爬树。以猴类、鼠类、鸟类、蛙和爬行动物等为食。妊娠期为9-12周，每胎产1-2仔。

细腰猫 *Felis yagouaroundi*（Jaguarundi）

隶属于食肉目猫科。体长55-76厘米，尾长32-61厘米，体重4.5-9千克。体毛主要为暗灰色或红褐色，腹部较浅。吻部前端下方有白色斑。

分布于从美国南部、墨西哥一直到南美洲巴西、阿根廷北部一带。栖息于森林地带。夜行性。单独或成对活动。善于爬树。以鼠类、鸟类、蛙、蛇、蜥蜴等为食。妊娠期为60-70天。每胎产2-4仔。

细腰猫

狞　猫

狞猫 *Lynx caracal*（Caracal）

隶属于食肉目猫科。体长52-76厘米，尾长18-34厘米，身高45厘米，体重7-20千克。体毛红褐色，腹部与四肢内侧呈白色。头小而圆，下颌、喉部为白色。眼周有白色斑。两颊生有长毛，向左右垂伸。两耳的尖端都生长着耸立的黑色笔毛，长达5厘米。四肢粗壮、矫健。尾较长。

分布于非洲大部分地区和亚洲阿拉伯半岛、伊朗、阿富汗、印度等地。栖息于干燥的旷野地带。单独活动。夜行性，但有时白天也能见到。行动敏捷，善于奔跑。以野兔、鼠类、鸟类等为食。怀孕期为78-79天。一般在夏季生产。每胎产2-3仔。幼仔出生10个月后离开雌兽独立生活。

猞猁 *Lynx lynx*（Lynx）

猞 猁

隶属于食肉目猫科。体长为80-130厘米，尾长11-25厘米，体重18-32千克。毛色变异很大，有灰黄、棕褐、土黄褐、灰草黄、浅灰褐及赤黄等各种色型，脊背的颜色较深，全身都布满略微像豹一样的斑点。腹部与四肢内侧均呈白色，有的还散布着少量的小块沙棕色圆斑。头小而圆。眼周及两侧呈白色，眼外角具一条棕褐色的细纹，通向耳下，其下方还有两道颜色更浅的细纹与之平行。喉侧有一束灰黑色毛，两颊生有成片的白色从生长毛，并向左右垂伸。两耳的尖端都生长着耸立的黑色笔毛。四肢粗壮，脚掌宽大。尾短钝而粗。

分布于中国东北、西北、华北和西南地区，以及欧洲北部、中部、东部、东南部和亚洲中部、东部等地。栖息于岩石丘陵、荒漠草原、山地丛林、高山裸岩、高山草甸及灌木丛中。独栖。傍晚和夜间活动。行动敏捷，善于奔跑。以野兔、松鼠、野鼠、旅鼠、旱獭、雷鸟、鹌鹑、野鸽、雉类、麝、狍子、鹿等为食。发情期为2-4月。妊娠期约为60-70天，每胎产2-4仔。2岁性成熟，寿命为15-16年。

北美猞猁

北美猞猁 *Lynx canadensis*（North American lynx）

隶属于食肉目猫科。体长为62-94厘米，尾长为5-13厘米，体重为4.5-17.3千克。体毛棕褐色，脊背的颜色较深，全身都布满斑点。腹部与四肢内侧均呈白色。头小而圆。眼周及两侧呈白色，眼外角具一条棕褐色的细纹。两颊生有白色长毛，向左右垂伸。两耳的尖端都生长着耸立的黑色笔毛。四肢粗壮、矫健，脚掌宽大，前肢5趾，后肢4趾。尾短钝而粗，末端黑色。

分布于阿拉斯加、加拿大和美国北部等地。栖息于苔原、荒漠、草原及灌木丛中。单独活动。行动敏捷，善于奔跑。以野兔、鼠类、雷鸟、鹿类等为食。妊娠期为60-70天。每胎产1-5仔。

赤猞猁 *Lynx rufus*（Bobcat）

赤猞猁

隶属于食肉目猫科。体长为37-105厘米，尾长9-20厘米，体重3.8-31千克。体毛为土褐色、红褐色至淡灰色，有暗褐色或黑色斑点。腹面呈白色。头小而圆。耳圆而直立，耳背黑色，中间各有1个白色斑点。眼周及两侧呈白色。两颊生有白色长毛，向左右垂伸。两耳的尖端都生长着黑色笔毛，但比较短。四肢粗壮、矫健，脚掌宽大，前肢5趾，后肢4趾。

分布于加拿大南部、美国、墨西哥北部和中部等地。栖息于荒漠、沼泽、针叶林等环境中，最高可在海拔3700米处生活。夜晚捕食。单独活动。行动敏捷，善于奔跑。以野兔、鼠类、鸟类、鹿类等为食。繁殖期主要在2-6月。怀孕期为56-62天。每胎产1-6仔。幼仔出生5个月后可以自己捕食，9个月后开始独立生活。1-2岁达到性成熟。

云 豹

云豹 *Neofelis nebulosa*（Clouded leopard）

隶属于食肉目猫科。体长为95-106厘米，尾长73-91厘米，体重14-16千克。头部和眼睛周围为黑色，颊部有2条横列的黑色条纹。身体毛色的基本色调为淡褐黄色或灰黄色，身体两侧从前肢到头部有数个斜长方形的云块形或者龟背纹形的深色大斑块，斑块的周缘为黑色，后缘较宽，在斑块的里面还有一些模糊的黑色斑点。由头顶至肩部有6条很明显的纵纹，腹部及四肢的内侧为黄白色，略微有些黑斑。尾巴的基部有一些纵纹，还有12-14条黑褐色的环节，末端为黑色。

分布于中国甘肃南部和陕西秦岭以南地区，以及尼泊尔、锡金、中南半岛、泰国、马来西亚、印度尼西亚等地。栖息于热带、亚热带的茂密丛林中。清晨和黄昏时活动。性情凶猛。以猴类、鸟类、松鼠、黄麂、黑麂、斑羚、苏门羚、野兔等为食。怀孕期为3个月，大部分3-4月生产，少数6-8月生产。每胎产2-4仔。寿命可达16年。

狮 *Panthera leo*（Lion）

隶属于食肉目猫科。体长140-270厘米，尾长70-105厘米，体重130-230千克。头宽大而浑圆，吻宽。颌下有长的触须。耳圆而直立，耳背为黑色。身体矫健，四肢粗壮而结实。体毛呈棕黄色至暗褐色。雄兽头部生有长毛，颈部、肩部都披拂着长的深褐色鬃毛。尾端有黑色球状束毛。

分布于非洲的大部分地区和亚洲的印度等地。栖息于草原疏林或半荒漠地带。喜欢群居。白天大多在大树下或灌丛中酣睡。夜晚猎捕。奔跑的速度极快，但不会爬树和游泳。以羚羊、斑马、野猪等食草动物为食。没有固定的发情季节。怀孕期为105-116天，每胎产2-5仔。2.5-3岁达到性成熟。寿命为20-25年。

狮

白 狮

白狮（White lion）

狮的白化种。

豹 *Panthera pardus*（Leopard）

豹

隶属于食肉目猫科。体长为100-191厘米，尾长58-110厘米，体重28-90千克。头小而圆，耳短。嘴的侧上方各有5排斜形的胡须。额部、眼睛之间和下方以及颊部都布满了黑色的小斑点。颈部较短。四肢粗短而十分强健，前肢比后肢略微宽大。身体背部为杏黄色，颈下、胸、腹和四肢内侧为白色，耳背黑色，有一块显著的白斑，尾尖黑色。全身都布满了黑色的斑点，头部的斑点小而密，背部的斑点密而较大，斑点呈圆形或椭圆形的梅花状。

分布于亚洲、非洲的大部分地区。栖息于山地森林、丘陵灌丛、荒漠草原等多种环境中。昼伏夜出。动作敏捷，善于爬树。性情凶猛。以羊、狍子、鹿、麝、麂、野猪、野兔、猴类等为食，也吃鱼、鸟类等。发情一般在春季。妊娠期为110天左右，一般在6月产仔。每胎产1-2仔。2-3岁性成熟，寿命可达18-20年。

虎 *Panthera tigris*（Tiger）

隶属于食肉目猫科。体长130-350米，尾长80-150米，体重130-340千克。头圆，吻宽，眼大，嘴边长着白色间有黑色的硬须。颈部粗而短，四肢强健。全身毛色橙黄，腹面及四肢内侧为白色，背面有双行的黑色纵纹，尾上约有10个黑环，眼上方有一个白色区。

分布于中国、朝鲜、俄罗斯东部、越南、柬埔寨、缅甸、泰国、老挝、马来西亚、印度尼西亚、缅甸、孟加拉国、印度、尼泊尔、巴基斯坦等地。栖息于从寒带、温带、亚热带到热带的丘陵、山地、平原、沼泽、河口、海湾等环境中。单独生活。夜行性，在傍晚和黎明最活跃。行动敏捷、矫健，善于跳跃和游泳。以鹿、野猪、野兔等动物为食。冬季发情。雌兽每2-3年繁殖一次，怀孕期为93-114天。每胎产2-4仔。3-4岁达到性成熟。寿命为25年。

东北虎

东北虎 *Panthera tigris altaica*（Siberian tiger）

体长180-350厘米，尾长100-150厘米，体重180-340千克。毛色淡，冬季呈现乳黄色，下体胸腹部和四肢内侧的白色范围较大，身上的黑褐色条纹也较疏而淡。尾巴比较丰满，尾上的毛显得较为肥大，体毛也特别长。

分布于俄罗斯东部、朝鲜和中国黑龙江、吉林东部一带。栖息于海拔1000米以下的针叶林和针阔叶混交林中。

华南虎 *Panthera tigris amoyensis*（South China tiger）

体长140-230厘米，尾长80-100厘米，体重140-210千克。体毛较短，显得贴体而平滑，尾巴不显肥大。毛色浓艳，呈桔黄色，有时还略带赤色，身上的斑纹较黑、较宽，体侧常出现两条上下互相连接而形成的菱形花纹。

从前广泛分布于中国东起浙江、福建，西至青海、四川，北自陕西秦岭，南达广东、广西等的山区和丘陵地带。现在仅在广东、湖南、江西和福建等省交界的山区残存。

华南虎

孟加拉虎

孟加拉虎 *Panthera tigris tigris*（Bengal tiger）

体长160-250厘米，尾长90-120厘米，体重150-250千克。体毛短而亮，条纹细长而清晰。尾巴十分尖细。四肢较长，躯体显得较高。

分布于印度、孟加拉国、尼泊尔、不丹和中国西藏东南部、云南南部和西部的部分地区。

东南亚虎 *Panthera tigris corbetti* （Indo-Chinese tiger）

体长130-180厘米，尾长80-90厘米，体重130-200千克。体形较小，体色较深。

分布于马来西亚、泰国、越南、柬埔寨、老挝、缅甸和中国云南南部的少数地区。

东南亚虎

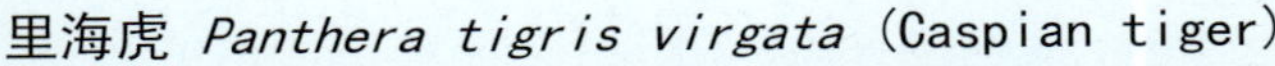

里海虎 *Panthera tigris virgata* (Caspian tiger)

体长158-201厘米。体毛为黄褐色，腹面及四肢内侧为白色，背面有双行的黑色纵纹，尾上约有许多黑环。体毛较长，特别是在颈部、腹部有下垂的长毛。

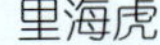

里海虎

曾分布于伊朗北部、土耳其东部、俄罗斯西南部、哈萨克斯坦、乌兹别克斯坦等地。栖息于里海附近的山地、平原等地带。

由于人类活动的增多和范围的扩大，使里海虎能够生存的自然环境越来越小，最终于1981年灭绝。

白虎 (White tiger)

虎的白化种。

白　虎

雪　虎

雪虎 (Snow tiger)

虎的白化种，体色更白。

美洲豹 *Panthera onca*（Jaguar）

隶属于食肉目猫科。体长112-185厘米，尾长45-75厘米，体重65-130千克。头较大，脸较宽，前胸较粗，身体肥厚，肌肉丰满，四肢粗短。身体的毛色为金黄色，布满黑色圆形花纹，环圈较大，每个圆环中一般都有一个或数个黑色的斑点。

分布于美国得克萨斯州、亚利桑那州一直向南到阿根廷的南部等地。栖息于热带雨林、草原、灌丛、沼泽、半荒漠和干旱的多石山区等地带。性情凶猛。单独活动。白天一般隐藏在林中睡觉。夜晚活动、觅食。善于攀缘、爬树、游泳。以野兔、水豚、鼠类、水獭、鹿类、鱼类等为食。没有固定的繁殖期。怀孕期为100-110天，每胎产2-4仔。3-4岁达到性成熟。寿命为22年。

美洲豹

雪豹 *Panthera uncia*（Sonw leopard）

雪　豹

隶属于食肉目猫科。体长为100-150厘米，尾长80-100厘米，体重35-50千克。全身均呈灰白色，满布黑色的斑。头小而圆，耳朵的背面为灰白色，边缘为黑色。鼻子尖端为肉色或黑褐色，上唇白色，微沾灰褐色，具黑色的小斑点和短条纹。背部、体侧及四肢外缘形成不规则的黑色圆环，越往身体的后部黑环越大，背部及体侧黑环中间还有一些小黑点，四肢外缘的黑环内为灰白色，没有黑点。由肩部开始，沿脊背有三条由黑斑形成的线纹直至尾巴的根部，后部的黑环边较宽而大，至尾端最为明显。尾巴长而蓬松。颈下、胸部、腹部、四肢内侧及尾巴下部均为乳白色或污白色。

分布于哈萨克斯坦、乌兹别克斯坦、塔吉克斯坦、吉尔吉斯斯坦、蒙古、阿富汗、印度北部、尼泊尔、巴基斯坦、克什米尔，以及中国西藏、四川、新疆、青海、甘肃、宁夏、内蒙古等地。栖息于高山地区的裸岩、草甸、灌丛和针叶林地带。夜行性。独栖。性情凶猛。行动敏捷机警，善于跳跃。以岩羊、山羊、羚羊、狍子、盘羊、藏羚、藏野驴、野牦牛、野兔、鼠兔、旱獭和鸡类等为食。1-3月发情交配。雌兽的妊娠期为98-105天，每胎产2-4仔，大多于5-6月生产。2-3岁性成熟。寿命约18-20年。

猎豹 *Acinonyx jubatus*（Cheetah）

隶属于食肉目猫科。体长100-150厘米，尾长60-80厘米，体重45-60千克。身体和四肢都显得瘦高、细而长。头小而圆。耳短。从眼角到嘴角有一条黑色纵纹。身体背面主要为淡黄色，布满黑色的实心斑点。腹面为白色。尾巴很长，大部分有黑色斑点，接近尾尖处缠绕着黑环。

分布于非洲的大部分地区和亚洲西部，以及印度等地。栖息于开阔的热带稀疏草原和半沙漠地带。单独或结小群活动。多在清晨和傍晚猎食。奔跑速度极快，但耐力有限。以黑斑羚、南非羚羊、水羚、牛羚、鸵鸟等动物为食。没有固定的繁殖期。怀孕期为90-95天，每胎产2-5仔。2-3岁达到性成熟。寿命为17-19年。

猎　豹

二、偶蹄目 ARTIODACTYLA

偶蹄目动物的共同特点是：在足上都具有偶数的趾，即每足有 2 个或 4 个趾，原来五趾的第一趾消失，有的第二和第五趾也消失或退化，明显要比第三、第四趾小得多，身体的重心落在大小几乎相等的第三、第四趾之间。趾对称排列，趾端有蹄。后足踝关节的距骨下有关节。除猪类、骆驼类、鼷鹿类和鹿类中的少数种类头上无角外，其余种类均有 1 对从额骨上长出的骨质角。上颌门齿退化或消失。犬齿多数退化或消失，但有的发达成獠牙状。前臼齿比臼齿小，臼齿有适于研磨的咀嚼面，有隆起成小瘤状的丘齿型或前后扩展成新月形的月齿型。大多以草类和其他植物等为食，少数种类为杂食性。消化系统特殊，大多为反刍类动物，胃由四室组成，分别称为瘤胃、蜂巢胃、重瓣胃和腺胃，其中前 3 个室是食道的变形，没有胃腺上皮，腺胃才是真正有腺体的胃。瘤胃最大，占整个胃容量的 80%。它们在吃草的时候伴随着唾液仅简单咀嚼后就成团地吞下，贮存于瘤胃中，在瘤胃中共生的纤毛虫细菌和真菌的作用下，食物中的纤维素和其他糖类开始发酵分解，并同时产生大量的沼气。经过初步分解后的食物碎片进入蜂巢胃，未完全分解的食物则重新返回到口中，经过再次咀嚼后吞下，继续发酵。在这个过程中，蜂巢胃和重瓣胃主要起到了食物转运站的作用，同时也吸收了大量的水分和酸。当细碎的食物进入腺胃后，再进一步地消化。整个消化过程需要进行几十个小时以上。这种胃结构非常有利于它们在恶劣的自然环境中生存。另外，偶蹄目动物中也有一些是非反刍类动物，如猪类的胃只有一个室；还有一些虽然是反刍类动物，但只具有三室，如骆驼类。

偶蹄目动物是在始新世时期由古老的有蹄类进化来的，最早是一些体形较小、具有 4 趾的动物。目前已经发掘出来的化石种类大约有 20 个科，少于原始的奇蹄目动物。从中生代晚期开始，奇蹄目动物的数量急剧减少，而偶蹄目动物的科数虽然也在减少，但种数却大大地增加，许多新的种类不断产生。

偶蹄目动物分布于除南极洲、大洋洲和一些海岛外的世界各地。陆栖，善于奔跑，大多数为群居。

偶蹄目共有 9 科，即：猪科（Suidae）、西貒科（Tayassuidae）、河马科（Hippopotamidae）、骆驼科（Camelidae）、鼷鹿科（Tragulidae）、鹿科（Cervidae）、长颈鹿科（Giraffidae）、叉角羚科（Antilocapridae）、牛科（Bovidae）。

野猪 *Sus scrofa*（Wild boar）

隶属于偶蹄目猪科。体长90-180厘米，尾长20-30厘米，体重50-200千克。全身体毛黑褐色。雄兽犬齿发达，成獠牙状突出于唇外。

分布于欧洲、亚洲和非洲北部等地。栖息于森林、灌丛和草地等环境中。全天活动，特别是早晨和傍晚。呈小群。性情凶暴。以植物果实、块根、块茎、青草和小型动物等为食。秋冬季节发情，春季产仔。怀孕期为114-140天。每年产1胎，每胎产4-8仔。8-10月龄达到性成熟。寿命为10年。

野　猪

家　猪

家猪 *Sus scrofa domestica*（Domestic pig）

隶属于偶蹄目猪科。身体丰满。四肢短小。鼻面平直。体毛较粗。体色有黑色、白色、棕色、红色、黑白花色等。

由野猪驯化成的家畜，在世界各地均有饲养。吻鼻部灵活，善于用鼻端拱土，觅食植物的地下根、块茎等。性情温和。杂食性。每年产2胎。怀孕期为114天。每胎产8-12仔。4-6个月达到性成熟。寿命为20年。

小野猪 *Sus salvanius*（Pygmy pig）

隶属于偶蹄目猪科。体长58-66厘米，尾长3厘米，体重8-10千克。全身体毛黑褐色。

分布于印度东北部、尼泊尔、不丹、锡金等地。栖息于高山草甸等地带。昼行性。杂食性。怀孕期为100天。寿命为10-12年。

小野猪

鹿　豚

鹿豚 *Babyrousa babyrussa*（Babirusa）

隶属于偶蹄目猪科。体长85-110厘米，尾长27-32厘米，体重90千克。身体主要为灰白色。皮肤粗糙，体毛稀疏。上颌犬齿穿过吻部向两眼之间弯曲，下颌犬齿也向上弯曲，形成獠牙。

分布于印度尼西亚苏拉威西岛、托吉安群岛、布鲁岛等地。栖息于潮湿的森林以及河、湖岸边等地带。夜行性。结群生活。性情胆小。奔跑迅速。善于游泳。以植物根茎、浆果等为食，也吃蛴螬等动物性食物。怀孕期为125-150天。每胎产1仔。一般在2月生产。

大林猪

大林猪 *Hylochoerus meinertzhageni*（Giant forest hog）

隶属于偶蹄目猪科。体长130-205厘米，尾长30-45厘米，身高85-100厘米，体重130-235千克。体毛主要为灰褐色。眼下有一片无毛的厚皮。颈部、肩部有长的鬃毛。雄兽和雌兽均有向上弯曲的长獠牙。尾较细而长。

分布于非洲的几内亚、喀麦隆、扎伊尔至埃塞俄比亚、乌干达等地。栖息于森林、竹林等地带。夜行性，有时白天也出来活动。结小群生活。以草类和灌木等为食，有时也吃动物性食物。怀孕期为151天。每胎产2-4仔。

疣猪 *Phacochoerus aethiopicus*（Warthog）

隶属于偶蹄目猪科。体长90-100厘米，尾长45厘米，体重45-105千克。体毛主要为灰色。从头顶沿脊背到臀部有一道长的鬃毛。雄兽的面颊上有疣状物。雄兽和雌兽均有向上弯曲的长獠牙。尾端有一撮长毛。

分布于非洲的大部分地区。栖息于草原地带。居住在洞穴中。昼行性。结小群活动。善于行走和奔跑。喜欢泥土浴。嗅觉、听觉灵敏，视觉较差。以植物的根、茎、浆果和嫩树皮等为食。怀孕期为171-175天。每胎产2-4仔。

疣　猪

红河猪

红河猪 *Potamochoerus porcus*（Red river hog）

隶属于偶蹄目猪科。体长90-130厘米，尾长38厘米，身高55-90厘米，体重46-100千克。体毛主要为砖红色。从头顶至尾基部有白色纵纹。额部、颈部白色。尾细长。

分布于非洲西部至中部一带。栖息于森林等地带。夜行性。结小群活动。以植物的根、茎、树皮等为食。

非洲河猪 *Potamochoerus larvatus*（Bush pig）

隶属于偶蹄目猪科。体长90-130厘米，尾长38厘米，身高55-90厘米，体重46-100千克。体毛主要为黑褐色至红褐色。前颈、后颈有长的鬃毛。额部、颈部白色。

分布于非洲的大部分地区。栖息于森林等地带。夜行性。结小群活动。以植物的根、茎、浆果和嫩树皮等为食。怀孕期为4个月。每胎产3-4仔。一般在10月至翌年2月生产。2岁达到性成熟。寿命为13年。

非洲河猪

白唇西貒 *Tayassu pecari*（White-lipped peccary）

隶属于偶蹄目西貒科。身高60厘米，体重25-30千克。体毛主要为乌黑色或赤褐色，吻部、下颌、颊部有白色毛。

分布于从墨西哥南部、中美洲一直到南美洲阿根廷北部一带。栖息于森林等地带。结群活动，多为50-100只。嗅觉灵敏。以植物的根、茎、果实等为食，也吃昆虫等。每胎产1-2仔。

白唇西貒

领西貒 *Tayassu tajacu*（Collared peccary）

隶属于偶蹄目西貒科。体长82-97厘米，尾长30-50厘米，体重15-25千克。体毛主要为灰色、褐色或黑色。从肩部至喉部有一条灰白色斑纹。肩部、颈部和背部有一片毛可以竖立。

分布于从美国西南部、墨西哥一直到南美洲。栖息于灌丛、草原等地带。结小群活动。嗅觉灵敏。以植物的根、茎、果实等为食，也吃昆虫等。雌兽的怀孕期为142-148天。每胎产1-2仔。

领西貒

河马 *Hippopotamus amphibius*（Hippopotamus）

隶属于偶蹄目河马科。体长350-450厘米，尾长50-56厘米，体重3000-3500千克。体躯庞大而拙笨，比较矮，四肢特别短。头部粗硕，嘴特别大，门齿和犬齿均呈獠牙状，下门齿向前面平行伸出。眼睛、鼻孔、耳壳等都生在面部的上端。皮肤很厚，呈红褐色，光滑无毛。前后肢上均有4趾，趾尖有蹄，其形状如同扁爪，趾间略微有蹼。

分布于非洲东部、中部、西部和南部等地。栖息于河流、湖泊、沼泽附近水草繁茂的地带。白天的大部分时间都懒散地呆在水里，夜间在岸上睡觉。喜欢群居。善于在水中行走和潜水，也能在陆地上奔跑。以青草和水生植物为食。没有固定的繁殖季节。怀孕期为210-255天，每胎产1仔。3-5岁达到性成熟。寿命为30-40年。

河　马

倭河马 *Choeropsis liberiensis*（Pygmy hippopotamus）

隶属于偶蹄目河马科。体长150-185厘米，体重170-280千克。体型较小，四肢较细较长。头较短而圆，眼和鼻孔在头部的侧面。尾很短，基部宽，尖端细，有硬的短毛。前后足上的四趾分开，中间的三、四趾大，两侧二、五趾很小，有较尖的爪。皮肤为黑灰色，比较薄。

分布于非洲的利比里亚、塞拉利昂、科特迪瓦、几内亚等地。栖息于森林中。大多在陆地上活动，也善于游泳。喜爱在泥水坑中打滚。奔跑速度较快。夜行性，白天在河边蔽荫处睡觉。单独或成对活动。以青草等植物为食。发情期不固定。怀孕期为192-196天，每胎产1仔。3-5岁达到性成熟。寿命为40年。

倭河马

野骆驼 *Camelus ferus*（Bactrian camel）

野骆驼

隶属于偶蹄目骆驼科。体长220-350厘米，尾长50-60厘米，体重450-690千克。头部较小。吻部较短，上唇裂成两瓣。鼻孔中有瓣膜。耳壳小而圆。眼睛外面有两排长而密的睫毛，并有双重的眼睑。颈部较长。尾巴较短。背部生有两个较小的肉驼峰，呈圆锥形。四肢细长，足宽而扁。体毛为淡棕黄色。

分布于蒙古西部和中国西北部一带。栖息于草原、沙漠和戈壁等地带。群居。白昼活动。性情胆怯而机警，较为温和。以梭梭草、狼毒、芦苇、骆驼刺等沙漠植物为食。每年1-3月发情。雌性每2年繁殖一次，怀孕期为12-14个月，翌年3-4月生产，每胎产1仔。4-5岁性成熟，寿命为35-40年。

单峰驼 *Camelus dromedarius*（One-humped camel）

隶属于偶蹄目骆驼科。体长120-200厘米，身高180-210厘米，体重300-650千克。体毛较短。体色为乳白色至黑褐色。

由野骆驼饲养驯化的家畜。分布于阿拉伯半岛、印度和非洲北部等地。栖息于荒漠地带。性情温和。善于在沙漠中行走。以草类等植物为食。每胎产1仔。16岁性成熟，寿命为50年。

单峰驼

双峰驼 *Camelus bactrianus*（Two-humped camel）

隶属于偶蹄目骆驼科。体长120-200厘米，身高180-195厘米，体重450-700千克。身躯较为肥胖。体毛为褐色，也有浅黄、灰白等色型。头顶生有簇毛，体毛蓬松而长。驼峰肥大而丰满，夏季脱毛后还残留一道厚毛。四肢粗壮，蹄宽而扁。

由野骆驼饲养驯化的家畜。分布于中国北方、蒙古和亚洲中部一带。栖息于荒漠地带。性情温和。善于在沙漠中行走。以草类等植物为食。

双峰驼

驼羊 *Lama glama* （Llama）

隶属于偶蹄目骆驼科。体长180-225厘米，尾长15-25厘米，体重50-60千克。头圆，耳尖长。颈部、四肢均较长。体毛蓬松，呈浅灰色、棕黄色或黑褐色。

分布于玻利维亚、智利、秘鲁、厄瓜多尔、阿根廷等地。栖息于高原地带。性情温顺。以灌木、乔木的嫩枝叶等为食。每年12月至翌年2月发情交配。怀孕期为11个月。

驼 羊

原 驼

原驼 *Lama guanicoe*（Guanaco）

隶属于偶蹄目骆驼科。体长130-150厘米，尾长15-25厘米，身高90-130厘米，体重120-150千克。体毛呈棕色。面部黑色，眼圆而大。喉、胸、腹部呈白色，四肢稍细长，内侧为白色，足部狭窄。尾巴近于黑色。

分布于南美洲波利维亚、智利、秘鲁南部等地。栖息于高海拔地带，也见于海拔较低的地区。好合群，多于清晨和傍晚活动。听、视觉极其敏锐。会游泳。耐饥渴能力较强。性格比较温顺。以草类为食。繁殖期不固定，雌兽的怀孕期为11个月，每胎产1仔。3岁性成熟。寿命为15-20年。

羊驼 *Lama pacos*（Alpaca）

隶属于偶蹄目骆驼科。体长125-190厘米，尾长15-25厘米。体形较小，但显得较为粗壮。头短，颈长。耳较小。身体主要为棕黄色。

分布于玻利维亚、秘鲁、智利、阿根廷北部等地。栖息于山地间。性情温顺。以灌木、乔木的嫩枝叶等为食。每年4-6月发情交配。

羊 驼

骆马 *Vicugna vicugna*（Vicugna）

隶属于偶蹄目骆驼科。体长125-160厘米，体重45-55千克。体毛主要为肉桂色，腹面为白色。头短，颈长。耳较小。

分布于厄瓜多尔南部、玻利维亚、秘鲁、智利等地。栖息于干燥的高原草地地带。性情温顺。结群活动。以灌木、乔木的嫩枝叶等为食。怀孕期为330-350天。每胎产1仔。

骆 马

小鼷鹿 *Tragulus javanicus*（Lesser Malay chevrotain）

隶属于偶蹄目鼷鹿科。体长为42-48厘米，尾长5-7厘米，身高33厘米，体重125-210克。雄兽和雌兽的头上都没有角。雄兽的犬齿较为发达，露在外面形成獠牙。背部、体侧、腿侧等处的毛色为棕褐色，上面还有浅色斑纹，喉部有白色纵行条纹，胸部、腹部为白色。

分布于中国云南西南部、越南、老挝、泰国、缅甸、马来西亚和印度尼西亚的苏门答腊、爪哇、加里曼丹及其附近岛屿。栖息于热带森林的中的次生林、灌丛、草坡，特别是河谷灌丛和深草丛等地带。夜行性，主要在早晨和黄昏活动，白天隐藏于草丛中，动作敏捷机警，奔跑迅速。性情孤独，大多单独活动，偶尔也成对生活。以植物的花、果等为食。全年都可以繁殖，怀孕期为5-6个月，每胎产1-2仔。5月龄达到性成熟。

小鼷鹿

斑鼷鹿 *Tragulus meminna* (Indian spotted chevrotain)

隶属于偶蹄目鼷鹿科。体长为50-58厘米，尾长3厘米，身高25-30厘米，体重3千克。雄兽和雌兽的头上都没有角。雄兽的犬齿较为发达，露在外面形成獠牙。背面体毛为赤褐色，有白色斑点和斑纹，喉部白色。腹面较浅。

分布于印度南部、斯里兰卡等地。栖息于热带森林中。夜行性。以植物为食。雌兽的怀孕期为5个月。

斑鼷鹿

林 麝

林麝 *Moschus berezovskii*（Forest musk deer）

隶属于偶蹄目鹿科。体长为70-80厘米，身高45-50厘米，尾长4厘米，体重6-9千克。背部为暗棕色，吻部短，颈部前缘有两条明显的浅棕色纵行颈纹。腹面较浅。

分布于越南北部、中国华北以南地区。栖息于海拔2400-3800米的森林中。善于跳跃。以松萝、树叶、杂草等为食。11-12月发情交配。怀孕期为176-183天。幼仔大多在6月出生，每胎产1-3仔。1.5-2岁性成熟，寿命为13年。

原麝 *Moschus moschiferus*（Siberian musk deer）

隶属于偶蹄目鹿科。体长为80-95厘米，尾长3-5厘米，体重8-13千克。雄兽有一对獠牙状的上犬齿，露出唇外。身体的毛色为黑褐色，背部隐约有六行肉桂黄色的斑点，颈部两侧至腋部有两条明显的白色或浅棕色纵纹，从喉部一直延伸到腋下。腹部毛色较浅。耳长，大而直立。尾巴很短，藏在毛下。四肢很细，蹄子窄而尖，悬蹄发达。

分布于俄罗斯西伯利亚、蒙古和中国东北、华北、西北和安徽等地。栖息于山地林中。单独活动。性情胆怯而机警。以地衣、苔藓和植物的根、茎、叶、花、果、种子等为食。冬季发情。怀孕期为175-189天。幼仔在5-7月出生，每胎产1-2仔。1.5-2岁性成熟，寿命为12-15年。

原 麝

黑 麝

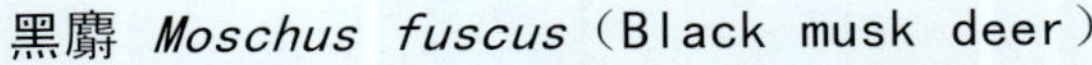

黑麝 *Moschus fuscus*（Black musk deer）

隶属于偶蹄目鹿科。体长为70-80厘米，尾长20-40厘米，体重7-11千克。耳朵宽圆，四肢粗壮。身上被有粗硬、疏松的体毛。通体都是黑褐色或深褐色，没有颈纹，仅背部的中央沾有一些不规则的微黄色，头后的颈背处有一个稍宽而模糊的淡黄色半圆环。

分布于中国云南西北部和西藏东南部。栖息于海拔3800-4200米之间的寒冷、潮湿的针叶林线附近，有时还到冰雪覆盖的山坡上活动。早晨和黄昏也在林线以上的高山草甸中觅食。以各种苔草、杜鹃、高山柳等植物为食。

马　麝

马麝 *Moschus sifanicus*（Alpine musk deer）

隶属于偶蹄目鹿科。体长为75-90厘米，身高50-60厘米，体重8-15千克。背部为浅黄褐色。吻部较长，颈部前缘有两条不明显的浅棕色纵行颈纹。

分布于中国西南、西北地区。栖息于海拔2000-4500米之间的高山草甸、灌丛或林缘裸岩山地。性情孤独，大多单独活动。以山柳、杜鹃、珠芽蓼等植物的叶、茎、花和种子为食。11月下旬至翌年1月上旬发情交配。雌兽于5-6月生产，每胎产1-3仔。

黑麂 *Muntiacus crinifrons*（Black muntjac）

隶属于偶蹄目鹿科。体长为100-120厘米，尾长18-24厘米，体重21-26千克。通体毛色为棕黑色，额部有一簇呈鲜棕色、浅褐色或淡黄色的毛。尾巴较长，背面为黑色，腹面和侧面为纯白色。只有雄兽的头上有角，很短。

分布于中国安徽、浙江、江西、福建等地。栖息于山地林中和灌丛中。早晨和黄昏活动。以植物的叶和嫩枝等为食。全年都能繁殖。雌兽每胎产1仔，产后就可以发情和怀孕，每4年内能产3胎。

黑　麂

赤麂 *Muntiacus muntjac*（Indian muntjac）

隶属于偶蹄目鹿科。体长90-130厘米，尾长13-15厘米，体重18-22千克。头与颜面部狭长，吻裸露。雄兽的犬齿延伸为獠牙。眼大，有眶下腺，泪窝发达。耳大而长。仅雄兽有角，角先向后伸，再转向内侧，两角尖相对。四肢细长。尾短。体色通常呈赤栗色。

分布于中国华南、西南地区，以及印度尼西亚、缅甸、泰国等地。栖息于平原、丘陵、丛林等地带。单独出没，一般在晨昏活动频繁。胆小。以各种青草及嫩枝叶为食。繁殖期不固定，但多在冬季发情交配。怀孕期为6个月，每胎产1-2仔。1-2岁性成熟。寿命为15-17年。

赤　麂

小麂 *Muntiacus reevesi*（Chinese muntjac）

隶属于偶蹄目鹿科。体长 70-80 厘米，尾长 11-13 厘米，体重 15-17 千克。头和颜面部较短而宽，眼大而圆，眶下腺呈弯月形，泪窝很大，耳长而直立。仅雄兽具角，角叉短小，角尖先向内再向下弯曲。雄兽的上犬齿发达。体毛主要为黄褐色，腹部白色。颈部、背部中央有一条黑色斑纹。四肢较细，下部为黑棕色。臀部边缘及尾巴背面有橙栗色细纹。

分布于中国南方各地。栖息于低山、丘陵的森林和灌丛地带。单独活动。主要在晨昏觅食。行动小心谨慎。听觉敏锐。胆小。以青草、树叶、嫩芽、嫩枝、果实等为食。繁殖期不固定，但多在冬季发情交配。怀孕期为 6 个月，每胎产 1-2 仔。1-2 岁性成熟。寿命为 15-17 年。

小 麂

贡山麂 *Muntiacus gongshanensis*（Gongshan muntjac）

隶属于偶蹄目鹿科。体长 95-105 厘米，尾长 9-16 厘米，体重 16-24 千克。仅雄兽具短角。背面体毛主要为暗褐色，体侧和四肢暗黑色。尾巴背面暗褐色，腹面白色。

分布于中国云南西北部一带。栖息于中、高山森林地带。单独活动。夜行性。以青草、树叶、嫩芽、嫩枝等为食。

贡山麂

毛冠鹿 *Elaphodus cephalophus*（Tufted deer）

隶属于偶蹄目鹿科。体长 82-119 厘米，尾长 8-13 厘米，体重 15-28 千克。额部有黑色的毛簇。全身体毛为黑褐色，头部和颈部略带灰色。耳尖背面有一个白斑。雄兽头上有短而小的角，不分叉，为毛簇所遮盖。

分布于中国长江流域以南地区和缅甸等地。栖息于亚热带常绿阔叶林、混交林中。早晨和黄昏活动。成对。以树叶、杂草、果实和伞菌等为食。每年秋末冬初发情。怀孕期为 6 个月。春末夏初产仔，每胎产 1 仔。1 岁达到性成熟。寿命为 9 年。

毛冠鹿

麋 鹿

麋鹿 *Elaphurus davidianus*（David's deer）

隶属于偶蹄目鹿科。体长 170-217 厘米，尾长 60-75 厘米，体重 120-180 千克。四肢粗壮，主蹄宽大，有很发达的悬蹄。尾特别长，有绒毛，呈灰黑色，腹面为黄白色，末端为黑褐色。夏季体毛为赤锈色，颈背上有一条黑色的纵纹，腹部和臀部为棕白色。雌性无角，雄性的角没有眉杈，角干在角基上方分为前后两枝，前枝向上延伸，然后再分为前后两枝，每小枝上再长出一些小杈，后枝平直向后伸展，末端有时也长出一些小杈。

分布于中国黄河流域和长江流域一带。栖息于林地繁茂、水草丰盛的沼泽地带。性好合群，善游泳。以嫩草和其他水生植物为食。求偶发情于 6-7 月。怀孕期为 270 天左右，翌年 4-5 月产仔。2 岁性成熟，寿命为 20 岁。

白唇鹿 *Cervus albirostris*（Thorold's deer）

隶属于偶蹄目鹿科。体长为100-210厘米，尾长10-15厘米，体重130-200千克。下唇白色，延续到喉上部和吻的两侧。颈长，臀部有淡黄色的斑块。冬季的体毛为暗褐色，带有淡栗色的小斑点；夏毛颜色较深，呈黄褐色，腹部为浅黄色。只有雄兽有角，除角干的下基部呈圆形外，其余均呈扁圆状。眉叉与主干呈直角，起点近于主干的基部。主干略微向后弯曲，第二叉与眉叉的距离大，第三叉最长，主干在第三叉上分成2个小枝，从角基至角尖最长可达130-140厘米，两角之间的距离最宽的超过100厘米，分叉有8-9个，各枝几乎排列在同一个平面上，呈车轴状。

分布于中国甘肃、青海、四川、西藏等地。栖息于高山草甸、灌丛和森林地带。善于攀登裸岩峭壁。群居。以草本植物和树木的嫩芽、叶、嫩枝、树皮等为食。每年10-11月发情。怀孕期为8个月，第二年的5-7月产仔，每胎产1仔，偶尔产2仔。3岁达到性成熟。

白唇鹿

印度花鹿 *Cervus axis*（Spotted deer）

印度花鹿

隶属于偶蹄目鹿科。体长90-110厘米，尾长13-15厘米，体重30-110千克。仅雄兽有角。体毛主要为红棕色，并散布有明显的白色斑点。

分布于印度、尼泊尔、孟加拉国、斯里兰卡等地。栖息于丛林和开阔地带。喜爱合群，每群为十余只到数十只。主要在晨昏活动、觅食。感觉灵敏，行动迅速。以青草、树叶和嫩枝等为食。繁殖期不固定，但多于4-5月发情交配，怀孕期为7个月，每胎产1仔。1-2岁性成熟。寿命为10-20年。

美洲马鹿 *Cervus canadensis*（American elk）

隶属于偶蹄目鹿科。体长为195-275厘米，尾长8-19厘米，体重为240-454千克。体毛主要为赤褐色，夏季颈部、四肢近黑色。只有雄兽有角，分为6叉，在基部生出眉叉，斜向前伸，与主干几乎成直角；主干较长，向后倾斜，第二叉紧靠眉叉。第三叉与第二叉的间距较大，以后主干再分出2-3叉。

分布于美国西北部、东北部和加拿大等地。栖息于森林地带。白天活动。单独或成小群活动。性情机警，奔跑迅速。以乔木、灌木和草本植物为食。妊娠期为249-262天，每胎产1仔。

美洲马鹿

沼　鹿

沼鹿 *Cervus duvauceli*（Swamp deer）

隶属于偶蹄目鹿科。身高119-124厘米，体重172-182千克。体毛主要为褐色，背部染有红色，腹面为白色。

分布于印度中部和北部、尼泊尔南部等地。

黇　鹿

黇鹿 *Cervus dama*（Fallow deer）

隶属于偶蹄目鹿科。体长120-130厘米，尾长15-20厘米，体重60-90千克。夏季毛色为黄棕色，头部、颈部颜色较深，身体背面有白色的斑点，腹面为白色。冬季毛色为浅灰褐色，脊背呈黑色，没有白色斑点。也有的个体全身体毛呈黑色、白色或棕色。雄兽有角，角的眉杈较大，主干长，先向外，再转向上弯曲延伸，末端呈掌状，并且又向外延伸出许多尖的枝杈 。

分布于希腊、西班牙、葡萄牙、意大利等地。栖息于森林地带。喜欢结成小群。昼夜活动。善于奔跑。性情机警。以青草和树木的嫩枝叶等为食。每年9-11月发情交配。怀孕期为7.5个月。每胎产1仔。1-2岁达到性成熟。寿命为10-12年。

马鹿 *Cervus elaphus*（Red deer）

隶属于偶蹄目鹿科。体长为160-250厘米，尾长12-15厘米，体重为150-250千克。夏毛较短，为赤褐色，背面较深，腹面较浅；冬毛厚密，毛色灰棕。臀斑较大，呈褐色、黄赭色或白色。额部和头顶为深褐色，颊部为浅褐色。颈部较长，四肢也长。蹄子很大，侧趾长而着地。尾巴较短。只有雄兽有角，分为6叉，个别可达9-10叉。在基部还生出眉叉，斜向前伸，与主干几乎成直角；主干较长，向后倾斜，第二叉紧靠眉叉。第三叉与第二叉的间距较大，以后主干再分出2-3叉。

马　鹿

分布于欧洲南部和中部、北美洲、非洲北部、俄罗斯东部、蒙古、朝鲜、尼泊尔和中国东北、华北、西北和西南地区。栖息于针阔混交林、溪谷沿岸林地、高山灌丛草甸等环境中。白天活动。单独或呈小群。性情机警，奔跑迅速。以乔木、灌木和草本植物为食。发情期为9-10月。妊娠期为225-262天，每胎产1仔。哺乳期为3个月。3-4岁性成熟，寿命为16-18年。

泽鹿 *Cervus eldi*（Thamin）

隶属于偶蹄目鹿科。体长160-170厘米，尾长25厘米，身高104-110厘米，体重60-100千克。体形狭长。仅雄兽有角，角主干下面不分叉，一个较大的眉杈向前长出，然后稍微向上弯曲，上端生有3-6个长短不一的小尖。体毛主要为赤褐色到黄褐色，背中央由颈部至尾巴的基部有一条纵行的黑褐色脊带纹，带纹两侧点缀着白色花形斑点。体侧及四肢外侧的体色较淡，腹部和四肢内侧则为灰白色。颜面部及耳朵的背面为黄褐色，耳缘带有黑色，耳内为白色。尾巴的背面为栗棕色，腹面为白色或淡褐色。

分布于印度、缅甸、马来西亚、泰国、越南和中国海南岛等地。栖息于海拔200米以下的低山、平原地区，不见于高山峻岭和茂密的森林中。性喜群栖。觅食活动多在早晨和傍晚，尤其在大雨过后更是活动频繁。较为耐旱和耐热。视觉和听觉都非常敏锐。奔跑迅速，善于跳跃。以青草和嫩树枝叶等为食。4-5月发情交配。怀孕期为240天。一般在10-11月间生产，每胎产1仔。

泽　鹿

梅花鹿 *Cervus nippon*（Sika deer）

梅花鹿

隶属于偶蹄目鹿科。体长125-145厘米，尾长12-13厘米，体重70-100千克。夏季体毛为栗红色，无绒毛，在背脊两旁和体侧下缘镶嵌着有许多排列有序的白色斑点。颈部和耳背呈灰棕色，一条黑色的背中线从耳尖贯穿到尾的基部，腹部为白色，臀部有白色斑块，其周围有黑色毛圈。四肢细长，主蹄狭而尖，侧蹄小。尾较短，背面呈黑色，腹面为白色。雌兽无角。雄兽角上共有4个杈，眉杈和主干成一个钝角，在近基部向前伸出，次杈和眉杈距离较大，位置较高，主干在其末端再次分成两个小枝。主干一般向两侧弯曲，略呈半弧形，眉叉向前上方横抱，角尖稍向内弯曲。

分布于俄罗斯东部、日本、朝鲜和中国等地。栖息于森林边缘和山地草原地区。群居。性情机警，行动敏捷。奔跑迅速，跳跃能力很强。以乔木、灌木的嫩枝叶和草本植物为食。每年8-10月发情交配。妊娠期为230天左右，产仔于翌年5-6月，每胎产1仔，少数为2仔。哺乳期为2-3个月。1.5-3岁性成熟，寿命约为20年。

豚 鹿

豚鹿 *Cervus porcinus*（Hog deer）

隶属于偶蹄目鹿科。体长100-115厘米，尾长20厘米，体重35-50千克。体形较为粗壮，四肢较短。仅雄兽具有三杈形的角，但较细而短小，除眉叉外，主干的远端还分出一个短的第二叉。体毛为淡褐色，腹部为灰色，夏季背部两侧各具有纵行的白色斑点，体侧也有不规则的斑点。

分布于印度、缅甸、泰国、尼泊尔、巴基斯坦、孟加拉国、中南半岛和中国云南西部。栖息于热带地区沿河两岸的芦苇沼泽地中。傍晚活动。单独或呈小群。以水生植物的嫩枝、嫩叶和落地的花、果、根等为食。全年都可以繁殖，但大多在秋冬季节。雌兽的怀孕期为220-235天，4-5月间产仔，每胎产一仔，偶尔为2仔。

水鹿 *Cervus unicolor*（Sambar）

水 鹿

隶属于偶蹄目鹿科。体长120-220厘米，尾长20-30厘米，体重180-250千克。背部呈黑褐或深棕色，沿中线有深棕色的纵纹。腹面颜色雪白或黄白。尾巴两侧生有蓬松的长毛，后半段呈黑色。只有雄兽有角，角从额部的后外侧生出，稍向外倾斜，相对的角叉形成“U”字形。角形简单，呈三尖形，包括一个眉叉和主干在末端的分叉，最末端的2个叉一般是等长的。主干一般只有一次分叉。眉叉较短，角尖向上斜生，与主干之间形成一个锐角。

分布于斯里兰卡、印度、尼泊尔、中南半岛、马来西亚、菲律宾、印度尼西亚和中国西南、华南等地区。栖息于森林、草原等多种环境里。单独或成对活动。昼伏夜出。以植物的嫩叶、嫩芽、鲜果等为食。繁殖期大多在夏末秋初。怀孕期大约为6-8个月，于翌年春季生产，每胎产1仔，偶尔产2仔。2-3岁性成熟，寿命为14-16年。

熊氏鹿 *Cervus schomburgki*（Schomburgk's deer）

隶属于偶蹄目鹿科。体长160-180厘米，尾长12-20厘米。体毛为赤褐色。头上有长达80厘米的角，分叉非常复杂而显得十分美丽。

分布于泰国西南部等地。栖息于沼泽地带。清晨和傍晚活动。善于游泳和快速奔跑。性情机警。

由于适合于熊氏鹿栖息的沼泽等湿地的丧失，以及被人类过度猎杀，使它于1931年灭绝。

熊氏鹿

爪哇鹿

爪哇鹿 *Cervus timorensis*（Timor deer）

隶属于偶蹄目鹿科。体长100-120厘米，尾长10-12厘米，体重100-120千克。耳较小，眼大。四肢较长，蹄小。尾细。体毛粗糙。夏毛为褐色，腹部白色；冬毛比夏毛略浅。仅雄兽具角，叉角的主干分出两个叉。

分布于印度尼西亚的苏拉威西、爪哇、摩鹿加群岛和帝汶等地。栖息于热带潮湿的密林中。结小群生活，清晨和傍晚活动频繁。行动敏捷、谨慎。喜欢洗浴。善于奔跑和游泳。发情期不固定。怀孕期为7个月，每胎产1仔。1-2岁性成熟。寿命为12-14年。

驼鹿 *Alces alces*（Moose）

隶属于偶蹄目鹿科。体长为200-260厘米，尾长10厘米，体重450-500千克。体毛棕褐色。鼻子肥大并有些下垂，上嘴唇膨大而延长。喉部下面生有一个肉柱，上面长着很多下垂的毛。躯体短而粗。腿细长。尾巴很短。仅雄兽的头上有角，呈扁平的铲子状，角面粗糙，从角基向左右两侧各伸出一小段后分出眉枝和主干，呈水平方向伸展，中间宽阔，在前方的三分之一处生出许多尖叉。

分布于中国西北、东北，以及欧亚大陆的北部和北美洲的北部。栖息于原始针叶林和针阔混交林中。成小群活动。以植物的嫩枝条和草本植物为食。8月下旬开始发情，10月结束。雌兽的妊娠期为240天左右，一般在翌年5月末至7月初产仔，每胎产1仔。

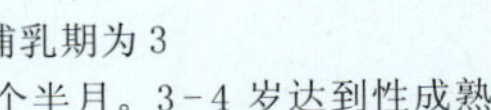

哺乳期为3个半月。3-4岁达到性成熟。

驼　鹿

驯　鹿

驯鹿 *Rangifer tarandus*（Reindeer）

隶属于偶蹄目鹿科。体长120-220厘米，尾长7-21厘米，体重91-272千克。体毛为灰褐色、白花色或纯白色。

分布于中国黑龙江北部，以及亚洲北部、欧洲北部和北美洲北部等地。栖息于亚寒带针叶林中。白天活动。每年10月发情。怀孕期为227-229天。5-6月产仔，每胎产1-2仔。2-3岁达到性成熟。

狍 *Capreolus capreolus*（Roe deer）

隶属于偶蹄目鹿科。体长95-140厘米，尾长2-4厘米，体重30-40千克。全身体毛为棕色或棕黄色。臀部有白色臀盘。雄兽头上有小角，分三叉，角干多结节。

分布于欧洲、俄罗斯、亚洲中部、蒙古、中国和朝鲜等地。栖息于森林、灌丛和草地等环境中。早晨和黄昏活动。单独或结小群。以树叶、青草、地衣等为食。每年8-9月发情。怀孕期为294天。6月产仔，每胎产2仔。13月龄达到性成熟。寿命为10-12年。

狍

河麂 *Hydropotes inermis*（Chinese water deer）

隶属于偶蹄目鹿科。体长88-105厘米，尾长6-7厘米，体重为15-20千克。雄兽和雌兽的头上都没有角，但雄兽的上犬齿非常发达，向下伸延，弯曲成獠牙，突出口外。冬季的毛粗长而厚密，呈枯草黄色；夏季的毛细而短，有光润，并且微带红棕色。背部和侧面颜色一致，腹面略浅，全身都没有斑纹。蹄子较宽。尾巴特别短，几乎被臀部的毛所遮盖。

河 麂

分布于中国东北、华东和长江流域以南地区，以及朝鲜等地。栖息于江河、湖泊沿岸，以及海滨、海岛附近的山坡灌丛、草地和芦苇丛中。性情温和，感觉灵敏，善于隐匿。单独或成对活动。以青草和植物嫩叶为食。发情期为11月到翌年1月。怀孕期为168-210天，大约在5月份产仔，每胎产4-6仔。

黑尾鹿 *Odocoileus hemionus*（Mule deer）

隶属于偶蹄目鹿科。体长115-146厘米，尾长12-22厘米，体重30-120千克。体毛主要为灰褐色、褐色或锈红色。脸部、喉部、臀部为白色。尾巴下面末端为黑色。

分布于加拿大西南部、美国西部和墨西哥北部等地。栖息于森林、荒漠等地带。夜行性，有时白天也活动。以树叶、嫩枝等为食。每年10-11月发情。怀孕期为7个月。夏季产仔。每胎产1-2仔。1岁达到性成熟。

黑尾鹿

白尾鹿 *Odocoileus virginianus*（White-tailed deer）

隶属于偶蹄目鹿科。体长75-205厘米，尾长10-36厘米，体重22-137千克。体毛主要为褐色。脸部、喉部、臀部为白色。尾巴下面为白色。

分布于加拿大西南部、美国西部和墨西哥北部等地。栖息于林缘、灌丛等地带。结小群活动。以树叶、嫩枝、浆果等为食。怀孕期为200天。每胎产1-3仔。寿命为20年。

白尾鹿

普度鹿 *Pudu pudu*（Southern pudu）

普度鹿

隶属于偶蹄目鹿科。身高35-38厘米，体重6-8千克。体毛主要为棕色至暗褐色，腹面较浅。头上有短角。

分布于智利、阿根廷等地。栖息于茂密的森林地带。怀孕期为210天。

霍加狓 *Okapia johnstoni*（Okapi）

隶属于偶蹄目长颈鹿科。体长200厘米，尾长42-45厘米，身高150-160厘米，体重200千克。颈长。四肢细长。体毛主要为紫褐色，颈部较浅，头部灰白色。四肢上半截有白色圈纹，下半截白色，前肢前面有紫色纵条纹。雄兽头上有由皮肤包裹的有毛短角。

分布于非洲扎伊尔东部一带。栖息于热带雨林中。单独或成对活动。听觉敏锐。以乔灌木嫩枝、嫩叶为食。怀孕期为440天。一般在8-10月生产。

霍加狓

长颈鹿 *Giraffa camelopardalis*（Giraffe）

长颈鹿

隶属于偶蹄目长颈鹿科。体长380-470厘米，尾长70-80厘米，体重550-1800千克。躯干较短，从肩部到臀部向下倾斜。颈背有鬃毛。尾长，末端有一束长毛。头顶生有一对短角，角的表面有皮肤包被，外具茸毛。全身被毛疏短，底色浅棕，布满形状大小不同的黑褐色花斑网纹。

分布于非洲大部分地区。栖息于草原、疏林地区或森林边缘地区，从不进入密林。结群活动。嗅觉和听觉敏锐。善于奔跑。以乔灌木嫩枝、叶为食，尤其爱食刺槐树顶上的嫩叶。没有固定的发情期。怀孕期为14-15个月。每胎产1仔。3.5-4岁达到性成熟。寿命为30年。

叉角羚 *Antilocapra americana*（Pronghorn）

隶属于偶蹄目叉角羚科。体长100-150厘米，尾长8-14厘米，体重36-60千克。头顶生有一对分叉的钩状短角。体毛为肉桂色至茶褐色。脸部、喉部、腹部和臀部为乳白色。头部、颈部有黑色斑纹。

分布于加拿大南部、美国西部、墨西哥北部等地。栖息于草原、荒漠等地带。结群活动。嗅觉和听觉敏锐。善于奔跑。以灌木嫩枝、叶和杂草等为食。怀孕期为230-240天。每胎产1-2仔。3.5-4岁达到性成熟。寿命为30年。

叉角羚

白肢野牛 *Bos gaurus*（Gaur）

隶属于偶蹄目牛科。体长为250-330厘米，尾长70-105厘米，身高190-220厘米，体重650-1000千克。头部和耳朵都很大。鼻子和嘴唇都呈灰白色。额顶突出隆起，肩部隆起然后向后延伸至背脊的中部，再逐渐下降。四肢粗而短。尾巴很长，末端有一束长毛。雄兽和雌兽均有角。角由额骨高起的棱上长出，先垂直上升，再向外弯，复又向上，最后角尖又向内并略向后弯转。体毛短而厚，近于黑色，四肢的下半截为白色。

分布于亚洲南部和东南部一带。栖息于热带、亚热带的山地森林和草原中。喜欢群居，由数只到20-30多只不等。觅食主要在早晨和黄昏。以野草、嫩芽、嫩叶等为食。11-12月发情交配。怀孕期为9个月，每胎产1仔。2-4岁性成熟。寿命为20-30年。

白肢野牛

大额牛

大额牛 *Bos frontalis*（Gayal）

隶属于偶蹄目牛科。体长为150-200厘米，身高200厘米，体重1000千克。头部较短，耳朵很大。鼻子和嘴唇都呈灰白色。额顶突出隆起，呈沙棕色。四肢粗而短。尾巴很长，末端有一束长毛。雄兽和雌兽均有角。角粗而直，向两侧平伸。体毛短而厚，为油亮的褐色，四肢的下半截为白色。颈部下面有粗长被毛的肉垂。尾巴短而粗，末端被毛蓬松。

由白肢野牛驯化为家畜。分布于中国云南西北部和西藏东南部、印度东北部、缅甸北部等地。栖息于林缘灌丛、草坡等地带。

爪哇野牛 *Bos javanicus*（Banteng）

隶属于偶蹄目牛科。身高160-170厘米，体重500-900千克。雄兽体毛主要为蓝黑色，雌兽为红褐色。四肢的下半截为白色。

分布于中国云南南部、缅甸、泰国、中南半岛、马来西亚和印度尼西亚等地。栖息于山麓开阔的疏林、草丛地带。喜欢群居。昼夜均活动。以植物为食。5-6月发情交配。每胎产1仔。2-2.5岁性成熟。

爪哇野牛

野牦牛 *Bos mutus*（Yak）

隶属于偶蹄目牛科。体长为200-260厘米，尾长约80-100厘米，体重500-600千克。体毛为暗褐黑色，尾巴上的毛上下都很长，蓬松肥大，下垂到踵部。肩部中央有凸起的隆肉，四肢短矮，腹部宽大。头上的角为圆锥形，表面光滑，先向头的两侧伸出，然后向上、向后弯曲，角尖略向后弯曲。

分布于中国青海、西藏、甘肃、四川和新疆东南部等地。栖息于高山草甸地带。群居。以高山寒漠植物为食。发情期为9-11月。怀孕期为8-9个月，翌年6-7月产仔，每胎产1仔。3岁达到性成熟。寿命为23-25年。

野牦牛

家牦牛 *Bos grunniens*（Domestic yak）

隶属于偶蹄目牛科。体重300千克。体毛为黑色、棕色、白色、黄色或杂色。全身长满下垂的长毛。头上的角为圆锥形，表面光滑，平直向上。

由野牦牛驯化而成的家畜，分布于中国西南、西北地区和亚洲中部一带。栖息于高山草甸地带。在陡峻的高山上行走自如。成群生活。以高山寒漠植物为食。

家牦牛

原 牛

原牛 *Bos primigenius*（Aurochs）

隶属于偶蹄目牛科。体长280-300厘米，尾长130-140厘米，体重800-1000千克。体形大而强健。双角向前弯曲，尖端锐利。背部隆起。四肢粗壮有力。尾巴较长，末端有簇毛串。体色主要为黑褐色。

曾分布于欧洲、亚洲西部等地。栖息于荒野地带。性情粗暴。以草类等为食。胃有4个室，可以对食物进行反刍。

原牛是家牛的祖先。但自古以来，人们长期不懈地设陷阱捕杀原牛，到11世纪时，原牛已经成为濒危物种，仅在欧洲东部的一些地方残存。虽然从1299年开始，原牛受到了保护，但由于栖息地丧失，以及常与家牛混群交配，导致种群衰退，终于在1627年灭绝。

黄牛 *Bos taurus*（Domestic cattle）

隶属于偶蹄目牛科。体形高大而健壮，颈部较短，下方有肉垂。四肢较长而粗壮，蹄小而圆。雄兽和雌兽头上都有表面光滑的角。尾巴较长，末端有簇毛串。体色主要为黄色，也有的呈红棕色、黑色等。

由原牛经过人工饲养、培育而成，世界各地均有饲养。性情温顺。以草类等为食。胃有4个室，可以对食物进行反刍。怀孕期为280-285天。每胎产1仔。1.5岁达到性成熟。寿命为25年。

黄 牛

蓝牛羚

蓝牛羚 *Boselaphus tragocamelus*（Nilgai）

隶属于偶蹄目牛科。体长130-180厘米，尾长40-50厘米，体重180-280千克。头脸较长，眼大，耳长。背部有鬣毛。仅雄兽有角，角短而直，向前弯曲。雄兽喉部有一簇毛，体毛主要为青蓝色。雌兽主要为赤栗色。

分布于印度、孟加拉国等地。栖息于平原或稀树开阔地带。结小群活动。主要在早晨和傍晚活动、觅食。听觉、视觉敏锐。善于奔跑。以青草、树叶、嫩枝、野果等为食。繁殖期不固定。怀孕期为8.5个月，每胎产1～2仔。3岁性成熟。

印度水牛 *Bubalus bubalis*（Water buffalo）

印度水牛

隶属于偶蹄目牛科。体长240-280厘米，尾长60-85厘米，体重800-1200千克。体形高大而健壮。体毛稀疏。四肢粗壮。雄兽和雌兽头上都有表面光滑的角，粗大而扁，向后方弯曲。尾巴较长，末端有簇毛串。耳细长。体色主要为灰黑色，颈部下方有“V”形白色宽纹。

已驯养为家畜，在世界各地均有饲养，野生种群分布于印度北部、孟加拉国、尼泊尔等地。皮厚，汗腺不发达。喜欢浸泡在水中。善于在泥地中行走。性情温顺。以草类、竹叶、树叶等为食。怀孕期为320-330天。每胎产1仔。2.5-3岁达到性成熟。

非洲水牛

非洲水牛 *Syncerus caffer*（African buffalo）

隶属于偶蹄目牛科。体长240-340厘米，尾长75-110厘米，体重480-680千克。体形高大而健壮。体毛稀疏。四肢粗壮。雄兽和雌兽头上都有表面光滑的角。体色主要为黑褐色。

分布于非洲撒哈拉沙漠以南的广大地区。栖息于靠近水源的草地、灌丛等地带。夜行性。喜欢浸泡在水中。以植物为食。雌兽的怀孕期为340天。

美洲野牛 *Bison bison*（American bison）

美洲野牛

隶属于偶蹄目牛科。体长200-280厘米，尾长30-50厘米，体重400-900千克。头大，雌兽和雄兽均有角。额毛长而下垂。两耳为黑色。肩部突然高高隆起，躯干明显向后倾斜，臀部较低。尾细。体毛粗而厚，呈栗棕色，头部颜色较深。

分布于加拿大西南部、美国等地。栖息于草原和山地疏林地带。群居性强，常结成大群活动。耐饥渴和寒冷，在春天脱毛期间，有在树上蹭来蹭去和在泥水中打滚的习性。性情较温顺。以草类为食。秋末发情交配。怀孕期为9个月，每胎产1仔。3-4岁性成熟。寿命为20-25年。

欧洲野牛

欧洲野牛 *Bison bonasus*（European bison）

隶属于偶蹄目牛科。体长220-300厘米，尾长40-60厘米，体重450-1000千克。雌兽和雄兽均有角，雌兽的角较短细。头部较小，吻鼻部裸露。眼小，耳短。躯干的前半部宽大，肩部慢慢向上隆起。颈部较短，从下颊至胸部有明显的垂毛。体毛长而蓬松，呈暗棕色，臀部较高，毛较少。尾长，尾端有簇毛。

分布于欧洲中部一带。栖息于落叶林或针阔叶混交林中，有时到较开阔的沼泽地带活动，没有固定的栖息地。结小群生活，由一只成年的雄兽、几只雌兽和它们的幼仔组成。早、晚活动较频繁。喜欢泥水浴。性情较暴躁。以青草、树叶、嫩枝、芽和树皮等为食。9-10月发情交配。怀孕期为9个月，每胎产1仔。3-4岁性成熟。寿命为40年。

四角羚

四角羚 *Tetracerus quadricornis*（Four-horned antelope）

隶属于偶蹄目牛科。体长90-110厘米，尾长13厘米，身高55-65厘米，体重20千克。体毛主要为红褐色，腹面白色。四肢有暗色条纹。眼下有黑色的腺体。头上有4个竖直向上的短角。

分布于印度、尼泊尔等地。栖息于山地森林地带。单独或成对生活。以草类等为食。雌兽的怀孕期为183天。每胎产1-3仔。一般在1-2月生产。

詹氏小羚羊

詹氏小羚羊 *Cephalophus jentinki*（Jentink's duiker）

隶属于偶蹄目牛科。体长135厘米，尾长15厘米，体重70千克。头部、颈部为黑色，肩部有白色横带至前肢。其余体毛主要为银灰色，腹面较浅。角短，竖直向上。耳小而圆。

分布于非洲利比里亚、塞拉里昂和科特迪瓦等地。栖息于森林地带。夜行性。

麦氏小羚羊

麦氏小羚羊 *Cephalophus maxwelli*（Maxwell's duiker）

隶属于偶蹄目牛科。体长54-88厘米，尾长8-10厘米，体重8-9千克。体毛主要为灰褐色至蓝灰色，腹面白色。额部深灰褐色。角短，竖直向上。耳小而圆。

分布于非洲冈比亚、加纳、塞拉里昂、利比里亚等地。栖息于森林地带。夜行性。

蓝小羚羊 *Cephalophus monticola*（Blue duiker）

隶属于偶蹄目牛科。身高30厘米，体重4-4.7千克。体毛主要为蓝灰色，腹面白色。眼下有黑色的腺体。雄兽和雌兽均有竖直向上的短角。耳小而圆。

分布于非洲撒哈拉沙漠以南的广大地区。栖息于森林地带。成对或结小群生活。以草类和树木的叶、花、果实等为食。怀孕期为210天。每胎产1仔。1岁达到性成熟。

蓝小羚羊

红小羚羊 *Cephalophus natalensis* （Red forest duiker）

隶属于偶蹄目牛科。体长71-95厘米，尾长9-15厘米，身高45厘米，体重12-14千克。体毛主要为浓栗色，腹面较浅。眼下有细长的黑色腺体。雄兽和雌兽均有竖直向上的短角。耳小而圆。

分布于非洲东部、南部和东南部一带。栖息于森林地带。单独、成对或结小群生活。以草类和树木的叶、花、果实等为食。怀孕期为210天。每胎产1仔。

红小羚羊

黑小羚羊

黑小羚羊 *Cephalophus niger*（Black duiker）

隶属于偶蹄目牛科。体长78-86厘米，尾长12-14厘米，体重18-24千克。体毛主要为暗褐色至黑色，脸部、颈部较浅。额部为栗色。角短，竖直向上。耳小而圆。

分布于非洲几内亚、尼日利亚、塞拉里昂等地。栖息于森林地带。夜行性。

奥氏小羚羊 *Cephalophus ogilbyi*（Ogilby's duiker）

隶属于偶蹄目牛科。体长85-115厘米，尾长12-15厘米，体重14-20千克。体毛主要为橙红色，脊背有一条黑色条纹一直到尾巴基部。腹面较浅。额部为黑色。雄兽有向上的短角。尾巴较短。

分布于非洲多哥、喀麦隆西部等地。栖息于海拔较低的森林地带。夜行性。

奥氏小羚羊

黄背小羚羊

黄背小羚羊 *Cephalophus sylvicultor*（Yellow-backed duiker）

隶属于偶蹄目牛科。体长115-140厘米，尾长11-18厘米，体重45-80千克。体毛主要为暗褐色至黑色，腰部有大块黄色斑。角短，竖直向上。尾巴较短。

分布于非洲加蓬、利比里亚、几内亚、安哥拉、扎伊尔、赞比亚、肯尼亚等地。栖息于森林、草原等地带。夜行性。

红肋小羚羊

红肋小羚羊 *Cephalophus rufilatus*（Red-flanked duiker）

隶属于偶蹄目牛科。体长60-70厘米，尾长7-10厘米，体重9-12千克。体毛主要为红褐色至橙黄色，从鼻部至尾部有暗色条纹。腹面较浅。雄兽有短角。

分布于非洲坦桑尼亚、卢旺达、几内亚、尼日利亚、塞内加尔和喀麦隆等地。栖息于森林和林缘地带。

斑背小羚羊 *Cephalophus zebra*（Banded duiker）

隶属于偶蹄目牛科。体长75-90厘米，尾长15厘米，体重9-20千克。体毛主要为红褐色，背部有12-15条黑色横斑纹。腹面较浅。角短，竖直向上。尾巴较短，为白色。

分布于非洲利比里亚、塞拉里昂、科特迪瓦等地。栖息于平原、山地森林地带。夜行性。

斑背小羚羊

灰小羚羊

灰小羚羊 *Sylvicapra grimmia*（Common duiker）

隶属于偶蹄目牛科。体长80-113厘米，尾长10-22厘米，身高50厘米，体重15-21千克。体毛主要为皮黄灰色至红褐色，腹面白色。从额部至鼻端为黑色。雄兽有向上的短角。尾巴较短，上面为黑色，下面为白色。

分布于非洲东部、南部和西南部等地。栖息于草原地带。单独或成对活动。以草类和树木的叶、花、果实等为食。怀孕期为191天。每胎产1仔。

岛羚 *Neotragus moschatus*（Suni）

隶属于偶蹄目牛科。体长56-63厘米，尾长12厘米，体重5-5.4千克。体毛主要为暗棕褐色，腹面白色。眼下有黑色腺体。雄兽有竖直向上的短角。

分布于非洲肯尼亚、坦桑尼亚和南非东北部等地。栖息于森林地带。成对活动。以草类和树木的叶、花、果实等为食。怀孕期为180天。每胎产1仔。一般在夏季生产。

岛 羚

石羚 *Raphicerus campestris*（Steenbok）

隶属于偶蹄目牛科。体长70-85厘米，尾长5厘米，身高52厘米，体重11千克。体毛主要为茶黄色，腹面白色。眼下有黑色腺体。雄兽有竖直向上的短角。

分布于非洲肯尼亚、坦桑尼亚、安哥拉、津巴布韦、博茨瓦纳、纳米比亚、莫桑比克和南非等地。栖息于草原等地带。单独活动。以草类和树木的叶、花、果实等为食。全年均可繁殖。怀孕期为170天。每胎产1仔。

石　羚

黑耳石羚

黑耳石羚 *Raphicerus melanotis*（Cape grysbok）

隶属于偶蹄目牛科。体长66-75厘米，尾长5-6厘米，身高54厘米，体重10千克。体毛主要为红褐色，腹面黄褐色。额部有黑色斑。雄兽有竖直向上的短角。

分布于南非南部。栖息于森林、灌丛等地带。单独活动。以草类和树木的叶、花、果实等为食。全年均可繁殖。怀孕期为180天。每胎产1仔。1.5-2岁达到性成熟。

小石羚 *Raphicerus sharpei*（Sharpe's grysbok）

隶属于偶蹄目牛科。体长60-74厘米，尾长6厘米，身高50厘米，体重7.5-11.5千克。体毛主要为红褐色，腹面为皮黄白色。眼下有黑色腺体。雄兽有竖直向上的短角。

分布于非洲坦桑尼亚、赞比亚、津巴布韦和南非等地。栖息于多岩石的灌丛地带。单独活动。以草类和树木的叶、花、果实等为食。全年均可繁殖。怀孕期为200天。每胎产1仔。寿命为8年。

小石羚

侏羚 *Ourebia ourebi*（Oribi）

隶属于偶蹄目牛科。体长95-104厘米，尾长6-15厘米，身高60厘米，体重14-20千克。体毛主要为红褐色，腹面白色。尾巴黑色。眼圈为白色。雄兽有竖直向上的短角。

分布于非洲埃塞俄比亚、苏丹、肯尼亚、安哥拉、津巴布韦、莫桑比克和南非等地。栖息于开阔的草原、平原等地带。单独、成对或小群生活。以草类和灌木的叶、花、果实等为食。怀孕期为210天。每胎产1仔。一般在11-12月生产。

侏　羚

岩 羚

岩羚 *Oreotragus oreotragus*（Klipspringer）

隶属于偶蹄目牛科。体长72-92厘米，尾长8厘米，身高50-60厘米，体重11-13千克。身体主要为棕色、黄色、灰色或红色，腹面白色。吻部白色。雄兽有竖直向上的短角，基部有环纹。耳小而圆，内有黑色斑纹。眼前有腺体。

分布于非洲从埃塞俄比亚、尼日利亚往南，一直到南非的广大地区。栖息于多岩石的地带。成对或结小群生活。以草类和灌木的嫩枝叶、花、果实等为食。怀孕期为210天，春夏季生产。每胎产1仔。

冈氏犬羚 *Madoqua guntheri*（Gunther's dikdik）

隶属于偶蹄目牛科。体长62-75厘米，尾长3-5厘米，身高34-38厘米，体重4-5.5千克。体毛主要为灰褐色，背部、胁部有灰色斑纹。额部、鼻部为红色。

分布于肯尼亚、索马里和埃塞俄比亚等地。栖息于半荒漠和灌丛等地带。

冈氏犬羚

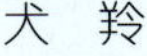

犬 羚

犬羚 *Madoqua kirki*（Kirk's dik-dik）

隶属于偶蹄目牛科。体长59-71厘米，尾长5厘米，身高39厘米，体重5.1-5.6千克。体毛主要为灰褐色，胁部为褐色，腹面为白色。眼前有黑色的腺体。眼圈为白色。两眼之间有向上的冠毛。

分布于肯尼亚、坦桑尼亚、安哥拉和纳米比亚等地。栖息于灌丛及多岩石的地带。成对或结小群生活。以草类和灌木的嫩枝叶、花、果实等为食。怀孕期为166-172天。每胎产1仔。7-8个月达到性成熟。

安氏林羚 *Tragelaphus angasi*（Nyala）

隶属于偶蹄目牛科。体长134-197厘米，尾长36-43厘米，身高90-105厘米，体重59-115千克。体毛主要为褐色，背部有一条黑色纵纹和许多平行排列的白色细横纹。两眼之间、颊部有白色的斑块和斑纹。雄兽头上有长角。尾巴上面为暗褐色，下面为白色。

分布于赞比亚、津巴布韦、莫桑比克和南非东北部一带。栖息于茂密的林地中。结群生活。以草类和灌木的嫩枝叶、花、果实等为食。全年均可繁殖。怀孕期为220天。每胎产1仔。

安氏林羚

山薮羚 *Tragelaphus buxtoni*（Mountain nyala）

隶属于偶蹄目牛科。体长175-255厘米，尾长25厘米，体重150-300千克。体毛主要为灰褐色，背面较深，体侧各有4个小的白色斑点。两眼之间、颊部和喉部有白色斑。两耳宽大。雄兽有长而扭曲的角。

分布于非洲埃塞俄比亚。栖息于山地森林地带。结小群，主要在夜晚活动。以灌木、树木的嫩枝叶和草类等为食。每胎产1仔。

山薮羚

紫羚羊 *Tragelaphus euryceros*（Bongo）

紫羚羊

隶属于偶蹄目牛科。体长225-255厘米，尾长25-28厘米，体重240-300千克。体形粗壮。体毛主要为栗褐色，有10-16条细的白色斑纹。背部中央有一条鬣毛。两眼之间、脸部的侧面有许多白色斑点。四肢有黑、白、栗红色相间的斑纹。两耳宽大。雄兽和雌兽均有长而扭曲的角。尾巴较细，末端有簇毛。

分布于肯尼亚、加纳、塞拉里昂、扎伊尔等地。栖息于森林地带。结群，主要在夜晚活动。性情温和。视觉、听觉灵敏。以灌木、树木的嫩枝叶等为食。怀孕期为284-286天。一般在12月至翌年1月生产。每胎产1仔。3岁达到性成熟。寿命为18-20年。

薮羚 *Trdgelaphus scriptus*（Bushbuck）

隶属于偶蹄目牛科。体长110-146厘米，尾长20厘米，身高70-80厘米，体重30-45千克。体毛主要为褐色，背部有一条黑色纵纹，胁部有一排白色小斑点。两眼之间至吻端为黑色。喉部、前胸有白色斑块。雄兽头上有向上的长角。尾巴上面为暗褐色，下面为白色。

分布于非洲东部、西部、南部和东北部等地。栖息于森林中。单独活动。以草类和灌木的嫩枝叶、花、果实等为食。全年均可繁殖。怀孕期为180天。每胎产1仔。3岁达到性成熟。

薮　羚

小林羚

小林羚 *Tragelaphus imberbis*（Lesser kudu）

隶属于偶蹄目牛科。体长160-275厘米，尾长25-30厘米，体重62-100千克。体毛主要为灰褐色，有15条左右细的白色斑纹。背部中央有一条鬣毛。喉部有2块白色斑点。四肢有黑、白、橙褐色斑纹。两耳尖长。雄兽长而扭曲的角。

分布于埃塞俄比亚、索马里、坦桑尼亚、肯尼亚、苏丹等地。栖息于林地、灌丛等地带。单独、成对或呈小群活动。主要在夜晚活动。以植物的叶、花、果实和种子等为食。怀孕期为220天。每胎产1仔。

大弯角羚 *Tragelaphus strepsiceros*（Greater kudu）

隶属于偶蹄目牛科。体长185-245厘米，尾长30-55厘米，体重120-315千克。体形较大。体毛主要为棕色，有4-12条细的白色斑纹。脸部有白色斑纹。耳较窄。雄兽的角长而呈螺旋状扭曲，雌兽一般没有角。背部有黑色鬃毛。

分布于非洲的大部分地区。栖息于森林、草原地带。结群，主要在夜晚活动。性情温和。嗅觉、听觉灵敏。以草类和树木果实、嫩枝、嫩叶等为食。怀孕期为9个月。3-5年达到性成熟。寿命为23年。

大弯角羚

林 羚

林羚 *Tragelaphus spekei*（Sitatunga）

隶属于偶蹄目牛科。体长135-170厘米，尾长20-25厘米，体重50-125千克。体毛主要为红褐色，背部有一条黑色纵纹。两眼之间、颊部、喉部和前胸有白色的斑块和斑纹。雄兽头上有大而弯曲的角。尾巴上面为暗褐色，下面为白色。

分布于非洲东部、中部和西部。栖息于河流附近的草地、芦苇丛等地带。结群生活。以草类和灌木的嫩枝叶、花、果实等为食。全年均可繁殖。怀孕期为220天。每胎产1仔。

大羚羊 *Taurotragus oryx*（Eland）

隶属于偶蹄目牛科。体长260-320厘米，尾长5-6厘米，体重500-600千克。雄兽和雌兽均有角，角稍微向后伸展，下段呈螺旋形。在喉部有一块突出的肉垂，上面有黑色束毛。体毛呈棕色或灰黄色，肩部略有细白纹。前额有棕色或黑色簇毛，颈背有短的棕色鬣毛。沿背部有一条黑色条纹。喉部、尾端有黑色簇毛。

分布于非洲东部、南部和西南部等地。栖息于平原或较开阔的森林地带。喜欢结群。性情温和。听觉、嗅觉都相当灵敏，跳跃能力很强。以树叶、嫩枝、青草、果实等为食。繁殖期不固定。怀孕期为8.5个月，每胎产1仔。3岁达到性成熟。寿命为20-23年。

大羚羊

德氏大羚羊 *Taurotragus derbianus*（Lord Derby's eland）

隶属于偶蹄目牛科。体长210-320厘米，尾长55-78厘米，体重300-900千克。体形粗壮。体毛主要为赤褐色，有8-12条细的白色斑纹。耳圆形，较为宽阔。角长而扭曲。从颊部到前胸有下垂的皮囊。背部有黑色的鬃毛。

分布于非洲中部、西部和苏丹等地。栖息于林地中。结群，主要在夜晚活动。性情温和。嗅觉、听觉灵敏。以草类、树木的嫩枝叶等为食。怀孕期为9个月。

德氏大羚羊

马羚 *Hippotragus equinus*（Roan antelope）

隶属于偶蹄目牛科。体长190-240厘米，尾长37-48厘米，体重225-300千克。身体高大粗壮，颈部较粗。耳很长。角长而弯曲。脸部有黑色和白色的斑块。体毛主要为黄褐色。颈部有鬃毛。

分布于非洲东部、西部和南部等地。栖息于较为稀疏的林地中。单独、成对或结小群活动。以草类等为食。没有固定的繁殖期。怀孕期为280天。2-3年达到性成熟。寿命为17年。

马 羚

蓝马羚

蓝马羚 *Hippotragus leucophaeus*（Blue buck）

隶属于偶蹄目牛科。体长180-200厘米，体重150-160千克。身体健壮。身体主要为青灰色。角长而弯曲。四肢细长。尾巴较长。

分布于南非。栖息于林地灌丛、稀树草原等地带。结小群活动。善于快速奔跑。以草类等为食。

由于蓝马羚拥有美丽的皮毛，使得它成为殖民者狩猎的对象。经过大量的捕杀后，它于1880年灭绝。

黑马羚 *Hippotragus niger*（Sable antelope）

隶属于偶蹄目牛科。体长180-206厘米，尾长50厘米，身高140厘米，体重180-270千克。身体高大粗壮，颈部较粗。耳很长。雄兽和雌兽均有长而弯曲的角。脸部有黑色和白色的条纹和斑块。体毛主要为暗褐色至黑色，腹面白色。颈部有鬃毛。

分布于肯尼亚、扎伊尔、博茨瓦纳、津巴布韦、纳米比亚和南非东北部等地。栖息于草原地带。结群活动。以草类等为食。怀孕期为270天。一般在1-3月生产。每胎产1仔。2年达到性成熟。

黑马羚

白长角羚 *Oryx dammah*（Scimitar oryx）

隶属于偶蹄目牛科。体长150-190厘米，尾长50-55厘米，体重130-190千克。头部、身体为白色，鼻部为黑色。颜面部狭长。眼大、耳长。额部中央、鼻梁以及眼睛的上方和下方各有大小不同的棕色斑块。颈背为棕色，有短的鬃毛。前膝盖处有棕色斑。蹄宽大，为黑色。尾巴末端的束毛为暗褐色。雄兽和雌兽均有弯刀形的长角，角上有许多横棱。

分布于尼日利亚、塞内加尔、埃塞俄比亚、苏丹、利比亚和马里等地。栖息于撒哈拉大沙漠和半荒漠地带。性好合群。警惕性强。视觉、听觉相当灵敏。善于在沙漠中行走，奔跑的速度也很快。以多汁的植物为食。发情期不固定。怀孕期为242-256天。每胎产1仔。2-3岁达到性成熟。寿命为20年。

白长角羚

长角羚

长角羚 *Oryx gazella*（Gemsbok）

隶属于偶蹄目牛科。体长140-200厘米，尾长40-60厘米，体重125-200千克。耳大，耳尖有簇特殊的黑毛。身体主要为棕色。额前有一块黑斑。角长，稍微向后弯曲，基部有一条狭窄的黑色条纹与鼻梁上的一块大黑斑连结在一起。第二条黑色宽条纹从眼睛扩展到颊部下面。第三条黑纹从耳朵通向喉部。第四条黑纹从喉部到胸部，较为狭窄。第五条黑纹把腹侧和腹部的白色部分分开。最后一条黑纹位于背脊上。此外，在膝盖的上方也有一个宽的黑色环纹。尾部有黑色的簇毛。

分布于非洲东部、南部和西南部等地。栖息于开阔的丛林、热带疏林和草原地带。结群生活。性情好斗。以粗糙的草类，以及灌木的嫩枝叶等为食。没有固定的繁殖期。怀孕期为264天。每胎产1仔。3-4岁达到性成熟。寿命为20年。

旋角羚 *Addax nasomaculatus*（Addax）

隶属于偶蹄目牛科。体长180-200厘米，尾长15-20厘米，体重100-120千克。冬季颈部和躯体为灰棕色；夏季为白沙土色。前额有一片深褐色的毛。雄兽和雌兽均有长而弯曲的角。

分布于苏丹、突尼斯、阿尔及利亚、塞内加尔等地。栖息于沙漠地带。结群活动。善于奔走，但速度不快。很少饮水。以多汁的植物及块根等为食。怀孕期为257-264天。每胎产1仔。1.5-3年达到性成熟。寿命为19年。

旋角羚

狷　羚

狷羚 *Alcelaphus buselaphus*（Red hartebeest）

隶属于偶蹄目牛科。体长183厘米，尾长47厘米，身高130厘米，体重120-150千克。身体结实。颈部较短，吻鼻部较长。雄兽和雌兽均有弯曲的角。身体主要为红褐色，腹面较浅。尾巴为黑色 。

分布于非洲从塞内加尔、埃塞俄比亚到南非的广大地区。栖息于稀树草原等地带。结群活动。善于奔跑。以草类等为食。怀孕期为240天。每胎产1仔。

礼氏狷羚 *Alcelaphus lichtensteinii*（Lichtenstein's hartebeest）

隶属于偶蹄目牛科。身高125厘米，体重177-200千克。身体结实。颈部较短，吻鼻部较长。雄兽和雌兽均有角，弯曲为S型。身体主要为茶黄色，腹面较浅。四肢前面为黑色。尾巴为黑色。

分布于坦桑尼亚、赞比亚、莫桑比克、扎伊尔、安哥拉、马拉维、津巴布韦和南非东北部等地。栖息于草原地带。结群活动。善于奔跑。以草类等为食。怀孕期为240天。16-18个月达到性成熟。

礼氏狷羚

白脸牛羚 *Damaliscus dorcas*（Bontebok）

隶属于偶蹄目牛科。体长 140-160 厘米，尾长 30-45 厘米，体重 55-80 千克。身体轻巧、结实。颈部较短，吻鼻部较长，呈白色。角长而弯曲。身体主要为红褐色。腿白色。臀部有白斑。尾巴较短，末端有黑色簇毛。

分布于南非。栖息于草原等环境中。结群活动。性情温和。善于奔跑。以草类等为食。怀孕期为 8 个月。2 岁达到性成熟。寿命为 17 年。

白脸牛羚

亨氏牛羚

Damaliscus hunteri（Hunter's hartebeest）

隶属于偶蹄目牛科。体长 120-195 厘米，尾长 30-45 厘米，身高 98-125 厘米，体重 75-160 千克。身体轻巧、结实。颈部较短，吻鼻部较长。雄兽和雌兽都有角，长而弯曲。身体主要为茶黄色。两眼之间有白色细斑纹。尾巴为白色。

分布于肯尼亚北部、索马里南部一带。栖息于开阔草原上。结小群活动。善于奔跑。以草类等为食。怀孕期为 240 天。每胎产 1 仔。

亨氏牛羚

转角牛羚 *Damaliscus lunatus*（Tsessebe）

隶属于偶蹄目牛科。体长 140-160 厘米，尾长 30-45 厘米，身高 120 厘米，体重 120-140 千克。身体轻巧、结实。颈部较短，吻鼻部较长，呈黑色。雄兽和雌兽都有角，长而弯曲。身体主要为红褐色。尾巴末端有黑色簇毛。

分布于加纳、博茨瓦纳、津巴布韦、扎伊尔、马拉维和南非等地。栖息于草原等环境中。结群活动。性情温和。善于奔跑。以草类等为食。怀孕期为 7 个月。每胎产 1 仔。一般在 9-10 月生产。

转角牛羚

白尾牛羚

Connochaetes gnou（White-tailed gnu）

隶属于偶蹄目牛科。体长 170-220 厘米，尾长 80-100 厘米，体重 110-180 千克。体毛主要为暗褐色。雄兽和雌兽头上都有角，角尖光滑无棱，先向下，然后转向上方。面部长，被黑色簇毛覆盖。粗厚的头部和肩部显得沉重。臀部较圆。尾巴下垂，为白色。颈和肩部有一条黑色鬣毛。

分布于南非北部一带。栖息于草原、灌丛等地带。结群活动。以草类等为食。每年 3-4 月发情交配。怀孕期为 250 天。

白尾牛羚

黑尾牛羚 *Connochaetes taurinus*（Blue wildebeest）

黑尾牛羚

隶属于偶蹄目牛科。体长120-160厘米，尾长50-70厘米，体重155-270千克。体毛主要为浊灰色。雄兽和雌兽头上都有角，角尖光滑无棱，向前和向内弯曲。面部长，被黑色簇毛覆盖，吻部较宽。头部和肩部显得沉重。臀部较圆。尾巴下垂。颈和肩部有一条黑色鬣毛。身体的前半部有黑色横纹。尾部有黑色簇毛。

分布于非洲东部、东南部和西南部等地。栖息于开阔的平原和丛林地带。性好合群。以各种草类等为食。每年10-12月发情交配。怀孕期为8．5个月，每胎产1仔。3岁达到性成熟。寿命为15年。

黑斑羚 *Aepyceros melampus*（Impala）

隶属于偶蹄目牛科。体长130-144厘米，尾长28厘米，身高90厘米，体重40-60千克。雄兽有弯曲向上的角。体毛主要为红褐色，腹面白色。腰部至大腿有黑色细斑纹。四肢细长。

分布于非洲坦桑尼亚、肯尼亚、乌干达、扎伊尔、津巴布韦和南非等地。栖息于林地、草地等地带。以草类等为食。雌兽的怀孕期为194-200天。每胎产1仔。2岁达到性成熟。

黑斑羚

黑脸黑斑羚

黑脸黑斑羚 *Aepyceros melampus petersi*（Black-faced impala）

隶属于偶蹄目牛科。身高90厘米，体重40-60千克。雄兽有弯曲向上的角。体毛主要为红褐色，腹面白色。腰部至大腿有黑色细斑纹。四肢细长。从两眼之间到鼻端有黑色斑。

分布于非洲纳米比亚、安哥拉南部等地。栖息于林地中。以草类等为食。

苇羚 *Redunca arundinum*（Reedbuck）

隶属于偶蹄目牛科。体长115-155厘米，尾长25厘米，身高80-95厘米，体重51-70千克。雄兽有向上的角。体毛主要为茶褐色，腹面较浅。四肢细长。眼下有黑色腺体。

分布于非洲东部、中部、西部和东北部等地。栖息于草地、芦苇丛等地带。夜行性，有时白天也出来活动。结群活动。以草类等为食。全年均可繁殖。怀孕期为225天。每胎产1仔。1.5-2岁达到性成熟。

苇 羚

山苇羚 *Redunca fulvorufula*（Mountain reedbuck）

隶属于偶蹄目牛科。体长110-130厘米，尾长20厘米，身高75厘米，体重30-32千克。雄兽有向上的角。体毛主要为灰褐色，头部、颈部为红褐色，腹面白色。

分布于埃塞俄比亚、肯尼亚、赞比亚和南非等地。栖息于山地草坡等地带。夜行性，有时白天也出来活动。结群活动。以草类等为食。怀孕期为240天。每胎产1仔。

山苇羚

小苇羚 *Redunca redunca*（Bohar reedbuck）

隶属于偶蹄目牛科。体长115-145厘米，尾长15-25厘米，体重35-65千克。雄兽有向上弯曲的短角。背面体毛主要为黄色至浅红褐色，腹面白色。耳下有灰色斑。尾巴较短，上面为褐色，下面白色。

分布于非洲西部、中部、东部和东北部一带。栖息于岸边草地等地带。夜行性。结小群活动。以草类等为食。怀孕期为210-220天。每胎产1仔。

小苇羚

水羚 *Kobus ellipsiprymnus*（Waterbuck）

隶属于偶蹄目牛科。体长175-240厘米，尾长35厘米，身高140厘米，体重250-270千克。雄兽有向上的角。体毛主要为灰褐色，喉部有白斑，腰部有一条环状白色细纹。

分布于肯尼亚、坦桑尼亚、索马里、赞比亚、津巴布韦、莫桑比克和南非东北部等地。栖息于水域附近的林地、草地等环境。结群活动。以草类等为食。全年均可繁殖。怀孕期为280天。每胎产1仔。

水　羚

肯尼亚水羚 *Kobus kob*（Kob）

隶属于偶蹄目牛科。体长130-180厘米，尾长18-40厘米，体重60-120千克。雄兽有向上弯曲的角。背面体毛主要为红褐色，腹面白色。眼周、喉部有白斑。耳宽大，白色。四肢前面有暗色斑纹。

分布于加纳、冈比亚、塞内加尔、几内亚、喀麦隆、乌干达等地。栖息于河岸平原、低山地带的草地上。夜行性。结群活动。以草类等为食。怀孕期为210天。每胎产1仔。

肯尼亚水羚

驴 羚

驴羚 *Kobus leche*（Lechwe）

隶属于偶蹄目牛科。体长116-126厘米，尾长34厘米，身高100厘米，体重74-118千克。雄兽有向上的角。体毛主要为红褐色，腹面白色。

分布于扎伊尔、马拉维、赞比亚、安哥拉、博茨瓦纳等地。栖息于沼泽、草地等环境中。结群活动。以草类等为食。1-3月发情交配。怀孕期为225天。一般在8-10月生产。

大角驴羚 *Kobus megaceros*（Nile lechwe）

隶属于偶蹄目牛科。体长135-165厘米，尾长45-50厘米，体重60-120千克。雄兽有向上弯曲的角。雄兽背面体毛主要为栗褐色至近黑色，腹面白色。颈部、肩部有大块白斑。雌兽的体毛主要为黄褐色，腹面较浅。

分布于苏丹、埃塞俄比亚西部等地。栖息于沼泽、草地等环境中。夜行性。结群活动。以草类等为食。每胎产1仔。

大角驴羚

瓦氏水羚

瓦氏水羚 *Kobus vardoni*（Puku）

隶属于偶蹄目牛科。体长120-140厘米，尾长28厘米，身高84-92厘米，体重61-77千克。雄兽有向上的角。体毛主要为黄褐色，腹面较浅。眼圈白色。

分布于坦桑尼亚、赞比亚、马拉维、博茨瓦纳、津巴布韦等地。栖息于水域附近的草地等环境中。结群活动。以草类等为食。全年均可繁殖。怀孕期为240天。每胎产1仔。

短角羚 *Pelea capreolus*（Grey rhebok）

隶属于偶蹄目牛科。体长100-130厘米，尾长10厘米，身高70-80厘米，体重20-30千克。体态轻盈。耳细而长。雄兽有比较纤细的角。体毛主要为灰褐色，腹面为白色。四肢细长。

分布于南非。栖息于山坡草地等环境中。结群活动。善于跳跃和奔跑。以草类等为食。2-4月发情交配。怀孕期为260天。每胎产1仔。一般在11月至翌年1月生产。

短角羚

印度黑羚

印度黑羚 *Antilope cervicapra*（Blackbuck）

隶属于偶蹄目牛科。体长70-100厘米，尾长14-16厘米，体重45-70千克。头部、颜面部稍长，鼻、吻部裸露，眼大，耳长。仅雄兽具角，呈竖琴状，具有棱。颈部略长。四肢强健。尾短。雄兽体毛呈红褐色至黑褐色，眼睛周围有白色斑块。雌兽体毛为鲜艳的淡黄色，眼睛的周围无白色斑。

分布于印度、尼泊尔、孟加拉国、巴基斯坦等地。栖息于平原或开阔的森林地区。结成小群生活，有时也结成数百只的大群。视觉敏锐，极善于连续跳跃和奔跑，耐力很强。以树叶等为食。怀孕期为6个月。每胎产1-2仔。寿命为16年。

黄羊 *Procapra gutturosa*（Mongolian gazelle）

隶属于偶蹄目牛科。体长为100-150厘米，尾长5-12厘米，体重20-35千克。雄兽的角较短而直，表面有明显而紧密的环形横棱。尾巴很短。体毛红棕色，腹面和四肢的内侧为白色，尾毛棕色。臀部有白色的斑。四肢细长，前腿稍短，角质的蹄子窄而尖。

分布于中国东北、华北、西北地区，以及蒙古和俄罗斯西伯利亚南部等地。栖息于半沙漠地区的草原地带。性喜群集。善于跳跃和奔跑。以杂草、灌木等为食。晚秋和初冬时交配。每胎产1-2仔。1-2岁达到性成熟。寿命为7-8岁。

黄　羊

居氏瞪羚 *Gazella cuvieri*（Cuvier's gazelle）

隶属于偶蹄目牛科。体长95-105厘米，尾长15-20厘米，体重35千克。体态轻盈。耳细而长。面部白色。角细，竖直向上。身体背面、侧面主要为灰褐色，腹面为白色。胁部有黑色条纹。臀部白色。四肢细长。

分布于非洲突尼斯、摩洛哥、阿尔及利亚等地。栖息于开阔林地和岩石地带。结小群活动。善于奔跑。以草类和灌木、树木枝叶等为食。每胎产1仔。

居氏瞪羚

苍羚 *Gazella dama*（Dama gazelle）

隶属于偶蹄目牛科。体长140-165厘米，尾长25-35厘米，体重40-75千克。体态轻盈。耳细而长。面部白色。角比较纤细，向上弯曲。身体背面、侧面主要为棕色，腹面为白色。四肢细长。

分布于非洲从埃及、苏丹、摩洛哥至塞内加尔、马里、尼日尔、乍得等地。栖息于沙漠和干旱地带。夜行性。结小群活动。善于奔跑。以草类等为食。怀孕期为198天。每胎产1仔。

苍　羚

鹿羚 *Gazella dorcas*（Dorcas gazelle）

隶属于偶蹄目牛科。体长90-110厘米，尾长15-20厘米，体重15-20千克。体态轻盈。耳细而长。面部有白色斑纹。角比较纤细，向上略弯曲。身体背面、侧面主要为浅茶黄色，腹面为白色。四肢细长。

分布于埃及、苏丹、摩洛哥、埃塞俄比亚和阿拉伯半岛一带。栖息于半沙漠、沙漠地带。夜行性。结小群活动。善于奔跑。以草类和灌木枝叶等为食。怀孕期为169-180天。每胎产1仔。

鹿 羚

山瞪羚 *Gazella gazella*（Mountain gazelle）

隶属于偶蹄目牛科。体毛主要为黄褐色，胁部斑纹明显，腹面为白色。臀部白色。四肢细长。

分布于印度、巴基斯坦、尼泊尔、叙利亚、伊朗、巴勒斯坦、也门和非洲北部等地。栖息于半荒漠、山地灌丛等地带。

山瞪羚

葛氏瞪羚 *Gazella granti*（Grant's gazelle）

隶属于偶蹄目牛科。体长140-166厘米，尾长20-28厘米，体重38-82千克。体形较大。耳稍小。面部有黑色斑纹。角弯曲，尖端向上。身体背面、侧面主要为赤褐色，腹面为白色。臀部白色。四肢细长。

分布于坦桑尼亚、肯尼亚、苏丹、埃塞俄比亚等地。栖息于高原草地、灌丛地带。结群活动。善于跳跃和奔跑。以草类等为食。每年12月至翌年3月发情交配。怀孕期为6个月。每胎产1仔。

葛氏瞪羚

细角羚 *Gazella leptoceros*（Slender-horned gazelle）

隶属于偶蹄目牛科。体长100-110厘米，尾长15-20厘米，体重20-30千克。耳尖而长。面部有黑色和白色斑纹。角细长而弯曲向上。身体背面、侧面主要为灰茶黄色，腹面为白色。臀部白色。尾巴上面为黑色，下面白色。四肢细长。

分布于非洲阿尔及利亚、突尼斯、埃及、苏丹、利比亚和亚洲阿拉伯半岛一带。栖息于沙漠地带。结群活动。善于奔跑。以植物为食。怀孕期为156-169天。每胎产1仔。

细角羚

红额羚

红额羚 *Gazella rufifrons*（Red-fronted gazelle）

隶属于偶蹄目牛科。体长110-120厘米，尾长15-25厘米，体重20-35千克。耳尖而长。面部有黑色和白色斑纹。角细长向上，略微弯曲。身体背面、侧面主要为红褐色，腹面为白色。胁部有黑色条纹。臀部白色。四肢细长。

分布于塞内加尔、冈比亚、尼日利亚、喀麦隆等地。栖息于半沙漠草原地带。单独、成对或结小群活动。善于奔跑。以草类和灌木、树木嫩枝叶等为食。怀孕期为187天。每胎产1仔。

索氏瞪羚 *Gazella soemmerringi*（Soemmerring's gazella）

索氏瞪羚

隶属于偶蹄目牛科。体长125-150厘米，尾长18-23厘米，体重38-46千克。耳细而长。面部有黑色斑纹。角比较短，向后方弯曲，尖端向上。颈部较短。身体背面、侧面主要为赤褐色，腹面为白色。尾较短。四肢细长。蹄较大。

分布于苏丹、索马里、埃塞俄比亚等地。栖息于山脚平原等地带。结群活动，善于跳跃和奔跑。以草类等为食。每年9-11月发情交配。怀孕期为198天。每胎产1仔。18个月达到性成熟。寿命为14年。

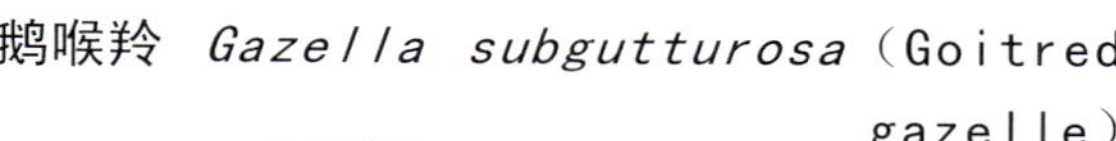

鹅喉羚 *Gazella subgutturosa*（Goitred gazelle）

鹅喉羚

隶属于偶蹄目牛科。体长为85-140厘米，尾长12-15厘米，体重为25-30千克。背部毛色较浅，呈淡黄褐色。胸部、腹部和四肢内侧都呈白色，冬天的毛色更浅。尾巴毛为黑棕色，靠近基部的一半为赭黄色。雄兽有角，除角尖外有显著的环状横棱。上唇至眼平线为白色，喉部为白色。颈部细长，雄兽在发情季节，喉部和颈部特别膨大。

分布于亚洲中部、蒙古、伊朗、伊拉克、叙利亚、阿富汗、巴基斯坦和中国西北等地。栖息于荒漠和半荒漠地区。结群活动。善于奔跑。以艾蒿类和禾本科植物为食。每年11月至翌年1月发情，怀孕期为6个月左右，每胎产1-2仔。1-2岁时性成熟。寿命为17年左右。

汤氏瞪羚 *Gazella thomsoni*（Thomson's gazelle）

隶属于偶蹄目牛科。体长80-120厘米，尾长15-27厘米，体重15-35千克。体态轻盈。耳细而长。面部白色，有黑色斑纹。角比较纤细。身体背面、侧面主要为赤褐色，腹面为白色，胁部有黑色斑带。臀部白色，边缘黑色。四肢细长。

分布于坦桑尼亚、肯尼亚、苏丹、乌干达等地。栖息于干旱草原、灌丛地带。结群活动，主要在清晨和黄昏。善于跳跃和奔跑。以草类等为食。怀孕期为6-6.5个月。每胎产1仔。寿命为10-12年。

汤氏瞪羚

长颈羚 *Litocranius walleri*（Gerenuk）

隶属于偶蹄目牛科。体长140-150厘米，尾长20-23厘米，体重43-50千克。耳长。颈部较长。身体背面为栗色，侧面为淡黄褐色，腹面为白色。雄兽的头上有角。腿细而长 。

分布于索马里、埃塞俄比亚、坦桑尼亚和肯尼亚等地。栖息于干燥的荆棘丛林、沙漠等地带。结群活动。昼行性。以树木嫩叶等为食。取食时后腿直立，前腿支着树干，伸长颈部，用长的上唇和舌卷取树叶。怀孕期为210天。每胎产1仔。寿命为10-12年。

长颈羚

跳羚 *Antidorcas marsupialis*（Springbok）

隶属于偶蹄目牛科。体长87-102厘米，尾长25厘米，身高75厘米，体重37-50千克。面部有黑色斑纹。雄兽和雌兽均有弯曲的角，尖端向上。身体背面、侧面主要为赤褐色，腹面为白色，胁部有暗褐色斑带。臀部白色。四肢细长。

分布于安哥拉、纳米比亚、博茨瓦纳和南非等地。栖息于草原地带。结群活动。善于跳跃和奔跑。以草类等为食。每年9月至翌年1月发情交配。怀孕期为168天。每胎产1仔。

跳 羚

高鼻羚羊 *Saiga tatarica*（Saiga antelope）

隶属于偶蹄目牛科。体长为90-144厘米，尾长7-8厘米，体重29-60千克。夏毛淡棕黄色，由颈部沿着脊柱到尾基有一条深褐色的背中线，腹部白色；冬毛白色或污白色。雄兽的颊部、喉部和胸前都长着长毛，有细长的角，基本直竖，角尖稍向前弯，略呈钩状，上面有11-13个棱状环节，呈琥珀色的半透明状。鼻端大，鼻腔呈肿胀状鼓起。尾巴特别短，四肢较细。

分布于俄罗斯、蒙古、哈萨克斯坦和中国新疆一带。栖息于草原、灌丛和荒漠地区。结小群活动。善于奔跑。以禾本科的各种草类、以及灌木等植物为食。秋季发情交配。怀孕期大约为139-152天，每胎产1-2仔。哺乳期大约为2个月。1-2岁时性成熟。寿命为10-12年。

高鼻羚羊

藏羚 *Pantholops hodgsoni*（Chiru）

隶属于偶蹄目牛科。体长为117-146厘米，尾长15-20厘米，身高75-91厘米，体重45-60千克。体毛呈淡黄褐色，略染一些粉红色，腹部、四肢内侧为白色，雄兽面部和四肢的前缘为黑色或黑褐色。头部宽而长，雄兽的吻部粗壮多毛，上唇宽厚，没有眶下腺。鼻部肿胀而略微隆起。四肢强健而匀称，蹄子侧扁而尖。尾巴较短，端部尖细。雄兽有角，细长似鞭，从头顶垂直向上。

分布于印度北部和中国青海、新疆、四川、西藏等地。栖息于海拔4600-6000米的高原荒漠草甸和草原等环境中。早晨和黄昏出来活动。平时多结成3-10只左右的小群。善于奔跑。以杂草等为食。冬末春初发情交配。雌兽于5-6月生产，每胎产1仔。

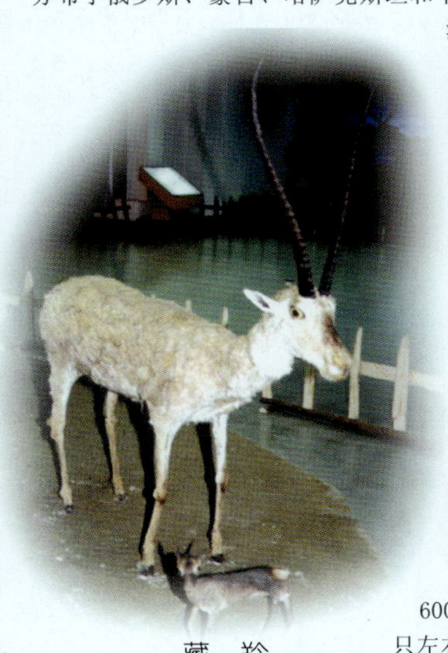

藏 羚

臆　羚

臆羚 *Rupicapra rupicapra*（Chamois）

隶属于偶蹄目牛科。体长110-130厘米，尾长10-15厘米，体重50-60千克。头短，吻略尖。耳长，呈披针形。雄兽和雌兽都有角，呈钩状向后弯曲。体毛为黄褐色，背脊有一黑色条纹。从眼到吻为黑色，喉部有白色或浅黄色斑块，尾的下部和四肢呈暗黑色。四肢强健。尾短。

分布于欧洲西部、南部和东部等地。栖息于悬崖陡壁、高山峻岭间的森林地带。成小群活动。善于在岩石地带穿梭奔跑和跳跃。以地衣、草类和树木的嫩芽、叶等为食。每年11-12月发情交配。怀孕期为6个月，每胎产2仔。2-3岁达到性成熟。寿命为12-18年。

日本鬣羚 *Capricornis crispus*（Japanese serow）

隶属于偶蹄目牛科。体长为100-120厘米，尾长10-12厘米，身高60-72厘米，体重50-60千克。颈部和背部的鬣毛较短。体毛粗糙，体色主要为黑灰色，下颌为淡黄色，有黄褐色的喉斑，腹面的颜色较浅，四肢的颜色深而黑。雄兽和雌兽均有角，生于头的前部。角短而尖，直接向后伸出。吻鼻部裸露，眶下腺明显。耳朵狭长。四肢强健。尾巴较短。

分布于日本九州、本州和四国，以及中国台湾等地。栖息于海拔1000-3000米的高山密林、悬崖峭壁或者草原和平原地带。单独或2-3只在一起活动。主要在早晨和黄昏出来觅食。善于奔跑和跳跃。以青草、种子和菌类等为食。9-10月发情交配。妊娠期为7-8个月，翌年5-6月生产，每胎产1仔。2-3岁性成熟。寿命为15年。

日本鬣羚

鬣　羚

鬣羚 *Capricornis sumatraensis*（Mainland serow）

隶属于偶蹄目牛科。体长为140-190厘米，尾长9-16厘米，身高86-110厘米，体重100-140千克。吻端裸露，唇的周围有髭毛，有明显的球囊状眶下腺，其开口处有一撮丛毛。耳朵狭长。雄兽和雌兽均有短角。身体的毛色以黑色为主，杂有灰褐色毛。暗黑色的脊纹贯穿整个脊背。上下嘴唇、颌部污白色或灰白色。前额、耳背沾有深浅不一的棕色。头后自角的基部到颈背的鬣或鬃毛很长，为白色或灰白色。四肢的毛为赤褐色，向下转为黄褐色。

分布于中国南方、尼泊尔、克什米尔、印度、越南、缅甸、泰国、马来西亚、印度尼西亚等地。栖息于海拔600-3000米的高山森林地带。善于攀登和纵跃。单独或结成4-5只的小群。早晨和傍晚出来活动。以青草、树木嫩枝、叶、芽、落果和菌类、松萝等为食。9-10月发情交配。怀孕期约为8个月，幼仔多于翌年5月下旬至6月初出生，每胎产1-2仔。2-3岁时达到性成熟。寿命为15年。

斑羚 *Nemorhaedus goral*（Common goral）

隶属于偶蹄目牛科。体长为80-130厘米，尾长7-15厘米，体重28-35千克。体毛灰褐色，但针毛的毛尖为黑褐色。从头部沿脊背有一条黑褐色背纹，喉部有白色或黄色的浅喉斑。雄兽和雌兽均有黑色的角，较短小，自额骨长出后向后上方倾斜，角尖向后下方略微弯曲。角尖尖锐、光滑，其余部分具有10多个横棱。四肢短，蹄子狭窄，有蹄腺。尾巴短，毛长而蓬松。

分布于中国、俄罗斯东部、朝鲜、印度北部、尼泊尔、克什米尔等地。栖息于林密谷深、陡峭险峻的地带。性情孤独。单独或结小群活动。早晨和黄昏活动频繁。善于跳跃和攀登。以青草和灌木的嫩枝、果实，以及苔藓等为食。秋末冬初发情交配。怀孕期为8个月左右，每胎产1仔，偶尔产2仔。哺乳期为2个月。1.5-2岁时性成熟。寿命为15-17年。

斑　羚

赤斑羚 *Nemorhaedus cranbrooki*（Red goral）

隶属于偶蹄目牛科。体长为95-105厘米，尾长10-12厘米，体重为20千克。四肢粗壮，蹄子较大。尾巴较短。雄兽和雌兽均有1对黑色的角，短而圆，向上后方倾斜，基部有环棱。通体毛色为红棕色，背部中央具有一条黑褐色的纵纹，腹面呈黄褐色，鼠蹊部为棕白色，尾巴为黑褐色。在头顶上的双角之间有一小块白斑。

分布于缅甸、印度东北部和中国西藏、云南西北部等地。栖息于高山、亚高山常绿阔叶林和针阔叶混交林内。性情机警。善于攀登。早晨和下午活动。成对或小群活动。以草本植物和树叶等为食。11-12月份发情。怀孕期为6个月。分娩大多在翌年5-6月。

赤斑羚

麝牛 *Ovibos moschatus*（Musk-ox）

隶属于偶蹄目牛科。体长180-250厘米，尾长7-10厘米，身高125-136厘米，体重250-350千克。吻、鼻部裸露，前额有簇毛。眼大而圆。耳小，被毛所遮。体毛长，绒毛丰满，为暗黑棕色，颈背至肩部有鬣毛，下垂如披风。躯干背部有鞍形的浅色毛。尾很短，隐在长毛下面。四肢短而强壮，蹄子宽大开扩，蹄下生有白色的毛。雌、雄均有角，先向下弯曲，而后又向上挑起。

分布于阿拉斯加、加拿大北部和格陵兰、挪威等地。栖息于北极苔原地区。能抵御严寒。群居性动物，冬季集成100多只的大群，夏季则分散成小群活动。早、晚活动，有一定活动区域。以草和树叶、树皮、苔藓、地衣等为食。怀孕期为9个月。一般在5-6月产仔，每胎产1-2仔。3-4岁性成熟。寿命20-25年。

麝　牛

雪 羊

雪羊 *Oreamnos americanus*（Mountain goat）

隶属于偶蹄目牛科。体长130-160厘米，尾长15-20厘米，体重140千克。肩部像肿瘤般突起。四肢短小。颔下有须。吻边有小的鼻镜。雌、雄均生有黑色短角。

分布于阿拉斯加、加拿大西部和美国西北部一带。栖息于陡峭山坡和悬崖上。单独或组成小群，白天活动。善于在悬崖峭壁间攀爬、跳跃。以草、灌木以及苔藓等为食。10-12月发情交配。怀孕期为147-178天。4-6月产仔。每胎产1-3仔。寿命为10-15年。

扭角羚 *Budorcas taxicolor*（Takin）

隶属于偶蹄目牛科。体长180-210厘米，尾长18-22厘米，体重为230-275千克。体毛随分布地区的不同呈白色或淡金黄色、灰褐色、棕褐色和黑褐色。四肢粗壮有力，蹄子也较宽大。颔下和颈下则长着胡须状长垂毛。雄兽和雌兽都有粗大的角，基部至三分之二处具宽厚的横棱，角尖光滑，从顶骨后边先弯向两侧，然后向后上方扭转，曲如弯弓，角尖向内。

分布于不丹、缅甸北部和中国四川、陕西南部、甘肃东南部、云南西北部、西藏等地。栖息于针叶林和高山草甸带。群居。善于在山地林中行进和攀履岩壁。以植物为食。每年7-8月繁殖。怀孕期为8-9个月，在翌年的1-2月产仔，每次产1-2仔。寿命为14-16岁。

扭角羚

盘羊 *Ovis ammon*（Argali）

隶属于偶蹄目牛科。体长为130-160厘米，尾长7-15厘米，体重100-140千克。雄兽和雌兽均有角，雄兽的角自头顶长出后，两角略微向外侧后上方延伸，随即再向下方及前方弯转，角尖最后又微微往外上方卷曲，形成明显螺旋状角形。雌兽的角短小而细。四肢稍显短小，尾巴极为短小。脸颊、额部、颈部及两肩呈浅灰棕色。上体及体侧的毛呈暗棕色或褐灰色，喉部、胸部和腹部为黄棕色，臀部有白斑，即白色臀盘，延至后肢的后侧。尾巴上的毛为灰棕色，中部有一条浅褐色中线。

分布于亚洲中部、蒙古、印度北部、锡金和中国西北、西南等地。栖息于高山荒漠无林地带。白天活动。性情机警、温和而胆小。善于奔跑和攀崖。结小群活动。以高山植物及灌木的嫩枝等为食。10-12月发情交配。怀孕期为6个月左右，幼仔大多出生于翌年春季的4-6月，每胎产1-3只仔。1-2岁性成熟。寿命约为10-15年。

盘 羊

绵羊 *Ovis aries*（Domestic sheep）

隶属于偶蹄目牛科。体长70-90厘米，身高75-90厘米，体重60-100千克。身体丰满，体毛绵密。头短。雄兽有螺旋状的大角，雌兽没有角或仅有细小的角。毛色为白色。

由欧洲盘羊驯化的家畜，现在世界各地均有饲养。性情胆怯。秋季、冬季发情。怀孕期为145-152天。每胎产1-5仔。寿命为10-15年。

绵 羊

加拿大盘羊 *Ovis canadensis*（American bighorn）

隶属于偶蹄目牛科。体长137-163厘米，身高76-107厘米，体重120千克。身体粗壮，头大，颈粗。体毛为棕色至灰绿色，臀部为乳白色，吻端也是白色，尾巴上面为暗色。耳大，末端尖。雄兽有一对盘旋生长的巨角。

分布于加拿大西部、美国西部、墨西哥和俄罗斯西伯利亚一带。群居。栖息于多岩干燥、树木稀疏的山坡上。以草类、树芽、树叶、地下茎、根以及地衣类等为食。怀孕期为180天。一般在5-6月生产。2.5-3岁达到成熟。寿命为15年。

加拿大盘羊

白大角羊 *Ovis dalli*（Dall's sheep）

隶属于偶蹄目牛科。身高91-102厘米，体重90千克。体毛主要为白色。雄兽的角粗大卷曲，雌兽的角则较为细小并短许多。

分布于加拿大西北部和阿拉斯加。栖息于高山地带。善于在岩石上攀缘。以植物为食。每胎产1仔。

白大角羊

摩弗伦羊 *Ovis musimon*（Mouflon）

隶属于偶蹄目牛科。体长65-90厘米，体重35-50千克。体形较小。眼较大。耳较短。角大，先向后弯曲，再呈圆弧状向前方弯曲。头部和身体背面、侧面的体毛主要为褐色，吻部为白色。腹面、四肢的下半截为白色。

分布于地中海上的撒丁岛、科西嘉岛等地，后来引入到欧洲大陆各地。栖息于山岳地带。性情温顺。结群活动。以草类、树木枝叶、树皮等为食。每年10-12月发情交配。每胎产1-2仔。1-1.5年达到性成熟。寿命为16年。

摩弗伦羊

蛮羊 *Ammotragus lervia*（Barbary sheep）

隶属于偶蹄目牛科。体长130-190厘米，尾长20-25厘米，体重50-115千克。体毛主要为浅褐色。喉部、前胸和前肢都生有柔软的长垂毛。雄兽和雌兽的头上均有较大的角。

分布于阿尔及利亚、摩洛哥、突尼斯、利比亚、埃及、苏丹等地。栖息于荒凉贫瘠的岩石和沙土地带。结小群活动。性情好斗。以草本植物等为食。每年10-11月发情交配。怀孕期为160天。每胎产1-2仔。寿命为15年。

蛮　羊

岩羊 *Pseudois nayaur*（Blue sheep）

岩 羊

隶属于偶蹄目牛科。体长120-140厘米，尾长13-20厘米，体重为60-75千克。通身均为青灰色，吻部和颜面部为灰白色与黑色相混，胸部为黑褐色，向下延伸到前肢的前面，转为明显的黑纹，直达蹄部。腹部和四肢的内侧呈白色或黄白色。体侧的下缘从腋下开始，经腰部、鼠蹊部，一直到后肢的前面蹄子上边，有一条明显的黑纹。臀部和尾巴的底部为白色，尾巴背面末端的三分之二为黑色。雄兽的四肢前缘有黑纹。雄兽和雌兽都有角。

分布于锡金、尼泊尔、克什米尔和中国西北、西南地区。栖息于高山裸岩地带。善于攀登。性喜群居。以高山荒漠植物和灌木枝叶为食。每年冬季12月至翌年1月发情交配。怀孕期为5-6个月，6-7月生产，每胎产1仔。1.5-2岁性成熟。寿命为18-20年。

捻角山羊

捻角山羊 *Capra falconeri*（Markhor）

隶属于偶蹄目牛科。体长135-150厘米，身高85-115厘米，体重80-100千克。冬毛长而发亮，以灰色为主，到夏季变成赤褐色。下体的毛色较浅，四肢的下半截前缘都有一条黑纹。尾巴黑褐色。雄兽黑白色的胡须特别发达，从额部垂下，向后延至喉部。由肩颈部至前胸有粗糙而厚密的长毛，形成鬣。雄兽的角像开软木塞的螺旋锥一样向上卷曲，雌兽的角较小，也不形成螺旋状。

分布于巴基斯坦、阿富汗、土库曼斯坦、乌兹别克斯坦、塔吉克斯坦等地。栖息于高山森林深处的崖壁上。有垂直的迁移性。单独或3-5只小群活动。怀孕期为5-6个月。4-6月生产。每胎产1-2仔。2-3岁性成熟。寿命为10年。

北山羊 *Capra ibex*（Ibex）

北山羊

隶属于偶蹄目牛科。体长105-150厘米，尾长12-15厘米，身高100厘米，体重40-120千克。头顶凸起，额部平坦，眼睛大小中等，耳朵较短。雄兽的颏下有长须。四肢稍短而粗壮，蹄子狭窄。尾巴较长。夏季背部为棕黄色，体侧为浅棕色，腹面为白色，雄兽从头的枕部沿背脊一直到尾巴的基部有一条黑色的纵纹。冬季毛长而色浅，呈黄色或白色。雄兽和雌兽都有粗大的角。

分布于印度北部、阿富汗、蒙古和中国西北等地。栖息于海拔3500-6000米的高原裸岩和山腰碎石嶙峋的地带。善于攀登和跳跃。喜欢成群活动，一般为4-10只，也有数十只甚至百余只的较大群体。以各种杂草类为食。11-12月发情交配。怀孕期为170-180天，5-7月生产，每胎产1-2仔。1-2岁性成熟。寿命为12-18年。

山 羊

山羊 *Capra hircus*（Domestic goat）

隶属于偶蹄目牛科。体长100厘米，尾长10厘米，身高60-70厘米。身体较狭。头长。颈短。角三棱形呈镰刀状弯曲。颏下有长须。尾短，上翘。毛色大多为白色，也有黑色、褐色、杂色等。

由野山羊驯化成的家畜，现在世界各地均有饲养。性情活泼。喜欢登高。以杂草、灌木和树叶等为食。秋季、冬季发情。雌兽的怀孕期为140-156天。每胎产1-4仔。寿命为10-15年。

西班牙山羊

西班牙山羊 *Capra pyrenaica*（Spanish ibex）

隶属于偶蹄目牛科。体长100-140厘米，尾长10-15厘米，身高65-75厘米，体重35-80千克。雄兽的角很大，长度超过100厘米，向头部的后上方弯曲。雌兽的角较小，长度为20厘米左右，先向后弯曲，再垂直向上。体毛主要为红褐色。

分布于西班牙、葡萄牙等地。栖息于多裸岩的高山地带，有时可达海拔1000-2000米。主要以杂草、地衣等为食。

巨角塔尔羊

巨角塔尔羊 *Hemitragus hylocrius*（Nilgiri tahr）

隶属于偶蹄目牛科。身高62-100厘米。体形较小，体毛较短，呈黄褐色，背部有一块灰斑。角的横断面呈半月形，内侧是平的，故其前缘偏向内侧。

分布于印度南部山区。

喜马拉雅塔尔羊 *Hemitragus jemlahicus*（Himalayan tahr）

隶属于偶蹄目牛科。体长为90-140厘米，尾长9厘米，体重80-100千克。雄兽和雌兽均有灰褐色的角，角短而侧扁，角上有皱纹。肩部和颈部有长毛，下垂到膝部。头形狭长，蹄子粗大，尾巴较短，腹面裸露。体毛为红棕色或深褐色。

分布于克什米尔、印度北部、尼泊尔、锡金和中国西藏等地。栖息于山坡丛林中。群居。性情机警，善于隐蔽和攀登悬崖绝壁。傍晚活动。以禾本科植物和灌木嫩枝、叶等为食。每年11-12月发情交配，翌年5-7月生产，每胎产1仔，偶尔为2仔。寿命为16-18年。

喜马拉雅塔尔羊

三、奇蹄目 PERISSODACTYLA

奇蹄目动物的主要特征是：趾的数目均为奇数，由一个大的中趾支撑着身体，其余各趾均退化或消失。即使有小的侧趾出现，也并不支撑体重。后足距骨的上部形成滑车，只有一个方向可以弯曲，在奔跑能力上不如偶蹄目动物。除了貘类的一对前足外，其余物种各足的趾端上均有蹄，帮助行走。头骨颜面部长，鼻骨长而伸展至后方。头部生角者如犀牛，其角是表皮的衍生物，位于鼻骨之上，完全不同于偶蹄目动物角的形成。

奇蹄目动物栖息于草原上或森林中，以植物为食，有一个简单的胃和特别发达的盲肠，但不能反刍，因此不利于消化纤维多的稻草类。一些种类没有门齿，而具有门齿的种类，其门齿则为适于切草的形态。犬齿退化。奇蹄目动物最突出的特征还有前臼齿与臼齿的形态和功能类似，即前臼齿的臼齿化现象。这种臼齿化现象在原始的类型中还不明显，但在进化程度较高的类型中，前臼齿除第一枚以外完全变成了臼齿型。这种演变大大地增加了牙齿研磨的面积，也就提高了牙齿研磨坚硬植物的效能。雌兽的子宫为双角形，雄兽没有阴茎骨。马类的睾丸在阴囊中，犀牛类和貘类在腹腔中。

奇蹄目动物最早在5000万年前的始新世初期出现，可能是由踝节类等古老的有蹄类动物进化而来的，并且在第三纪中期达到了其进化史的顶点，在世界上大部分地区盛极一时，以后又开始逐渐衰退，成为兽类中走向衰亡的一个类群。

奇蹄目动物从类似始祖马的原始祖先类型开始，主要向着三个不同的方向进化：一支是马形动物为主干的进化路线，包括绝灭了的古兽类、雷兽类和一直到现代生存的马类；另一支是向着有角的方向发展，包括貘类和犀牛类等；还有一支是向着有爪的方向发展，包括已经绝灭的爪蹄兽类等。

马类的进化主要是从始新世的始祖马开始，一直到现代的马。在漫长的历史进化中，它们的体型逐渐从小到大，腿变得越来越长，侧趾逐渐退化，中趾不断加强，齿冠越来越高，前臼齿由简单到复杂并且逐渐臼齿化。这个发展趋势也反映了从适应于森林生活到逐渐适应草原生活的过程，即从跳跃到奔跑、从吃树木的嫩叶到吃粗糙的草类的过程。

奇蹄目动物分布于亚洲、欧洲、非洲、北美洲和南美洲。

奇蹄目共有3科，即：马科（Equidae）、貘科（Tapiridae）和犀牛科（Rhinocerotidae）。

欧洲野马 *Equus caballus*（Wild horse）

隶属于奇蹄目马科。体长200-230厘米。体型轻巧，四肢纤细。面部平直，较长。耳小，眼大。鬃毛、尾毛厚密，毛端为黑色。体色为橙黄色。足上仅有1个趾，有坚硬的蹄。

曾分布于欧洲东部等地。栖息于草原地带。性情机警而孤傲。善于争斗。行动敏捷。体态优雅。

欧洲野马是家马的祖先，很早就被人类驯化并引进到世界各地。但是，由于大面积开发草原、过度猎捕，以及常与家马混群交配，导致种群衰退，野生种群于1876年灭绝。1880年最后一只人工饲养的欧洲野马死于俄罗斯的莫斯科动物园。

欧洲野马

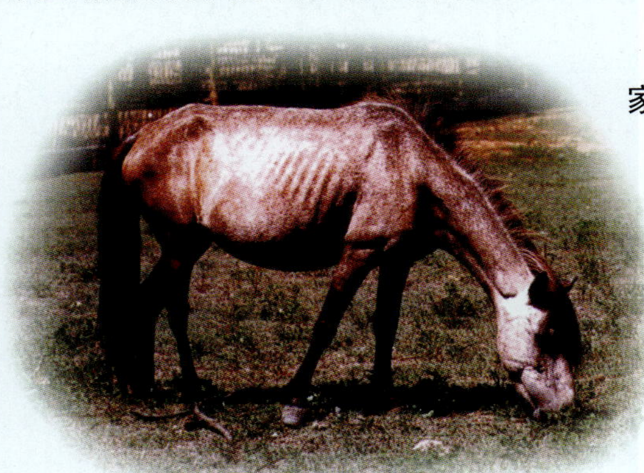

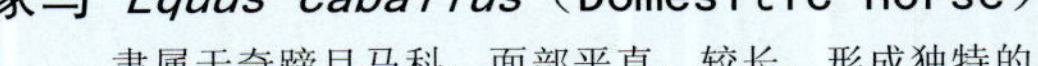

家 马

家马 *Equus caballus*（Domesitic horse）

隶属于奇蹄目马科。面部平直，较长，形成独特的马脸。有长长的额毛。鬃毛垂于颈部的两侧。耳短。四肢细长。尾毛较长而松散。足上仅有1个趾，有坚硬的蹄。毛色有白色、黑色、棕色、枣红色、黄色、花色等。

由欧洲野马驯化而成的家畜，在世界各地均有饲养。善于奔跑。性情机警。以草类等为食。怀孕期为11个月。每胎产1仔。幼仔出生后5-6个月断奶，4 岁达到性成熟，寿命为20-30年。

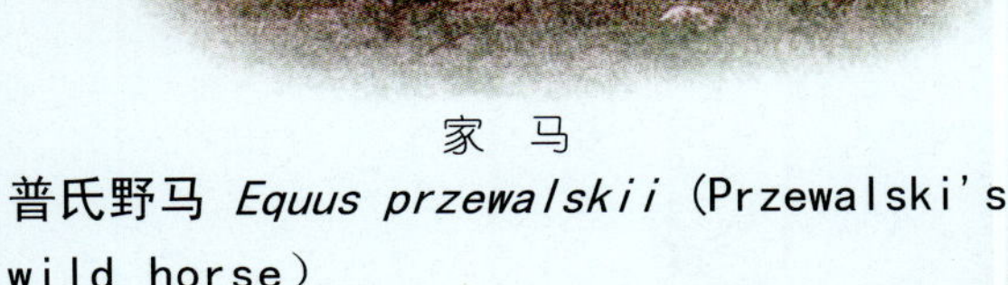

普氏野马 *Equus przewalskii*（Przewalski's wild horse）

隶属于奇蹄目马科。体长220-280厘米，尾长92厘米，体重200-300千克。体毛为棕黄色，向腹部渐渐变为黄白色，腰背中央有一条黑褐色的脊中线。鬃毛短硬，呈暗棕色。头部较大而短钝，脖颈短粗，耳小而略尖。额发极短。腿短而粗，蹄小，高而圆。尾基着生短毛，尾巴粗长几乎垂至地面，尾形呈束状。

分布于于中国新疆准噶尔盆地和蒙古西部一带。栖息于干旱荒漠草原地带。群居。感觉灵敏，警惕性高，奔跑能力强。昼夜活动。以荒漠上的梭梭草、芦苇、红柳等为食。一年四季均可发情，但以春夏季为主。怀孕期为307-348天，翌年5-6月产仔。3岁性成熟，寿命为30岁。

普氏野马

山斑马

山斑马 *Equus zebra*（Cape mountain zebra）

隶属于奇蹄目马科。身高116-128厘米，尾长40厘米，体重230-260千克。身上具有黑褐色与白色相间的光滑条纹，头部的斑纹细而密，身体后部的黑褐色条纹较宽。头、脸部很长，吻部为黑色。四肢宽的黑色斑纹一直延伸到蹄子上方。耳大。鬃毛长而发达。蹄子宽大。尾巴很长，末端丛生长毛。

分布于南非、安哥拉等地。栖息于山区地带。群居。视觉、听觉敏锐。性机警，善奔跑。全年均可繁殖。怀孕期为12个月。每胎产1仔。

格氏斑马 *Equus grevyi*（Grevy's zebra）

隶属于奇蹄目马科。体长250-300厘米，尾长40-75厘米，体重350-450千克。身上具有黑褐色与白色相间的光滑条纹。脊背上有一条很宽的纵纹，四肢上也有清晰的条纹，而且更为细密。胸部和腹部没有花纹，呈白色。头、脸部很长，吻部为灰色。耳大。鬃毛长而发达。蹄子宽大。尾巴很长，末端丛生长毛。

分布于非洲东北部的索马里、埃塞俄比亚南部和肯尼亚北部等地。栖息于干燥、开阔、灌丛较多的草原上和沙漠地带。群居。视觉、听觉敏锐。性情机警。善于奔跑。怀孕期为11-13个月，每隔3年生产1次。每胎产1仔。3.5-4岁达到性成熟。寿命为20-30年。

格氏斑马

普通斑马

普通斑马 *Equus burchelli*（Common zebra）

隶属于奇蹄目马科。体长200-260厘米，尾长30-40厘米，体重225-315千克。身体肥壮。全身分布着黑白相间的宽条纹。头部长而宽，具对称的黑白纹，唇黑色，耳狭长。颈背部黑白相间的鬃毛多而长。四肢的黑白条纹细而密。尾部毛多而长。

分布于非洲大部分地区。栖息于热带的疏林或草原地带。成群活动。身上的斑纹在树丛中及阳光的照射下能分散身体的轮廓，不易被发现。奔跑的速度相当快。主要以青草、嫩树叶等为食。全年均可发情。怀孕期为11-12个月，每胎产1仔。3．5-4岁达到性成熟。寿命为30年。

亚洲野驴 *Equus hemionus*（Asiatic wild ass）

隶属于奇蹄目马科。体长为190-220厘米，尾长31-54厘米，体重200-260千克。耳朵长大，颈部的鬃毛短而直立，没有额毛，尾巴的末端具穗毛和蹄痕呈卵圆形。尾巴细长。四肢粗壮，前蹄较圆，后蹄窄而长。背部的毛呈淡棕色并带有沙土黄色。鬃毛呈深棕色。腹部和四肢的上部及内侧为乳白色。吻部、耳内侧为白色，从肩部至尾巴的基部有一条深褐色背中线。四肢端部后面的凹陷处各具两个棕黑色斑点。

分布于俄罗斯、蒙古、伊朗、伊拉克、叙利亚、巴基斯坦、尼泊尔、印度、阿富汗和中国西北地区。栖息于草原、半荒漠、丘陵、山地和高原等地带。性爱结群。白天觅食。警惕性很高。以戈壁的猪毛菜、野葱、芦苇、柽柳、节节草等沙生植物为食。8-9月发情交配。一般每2年生一胎，怀孕期为12个月，每胎产1仔，产于翌年的6-8月。哺乳期约为1年，3-4岁性成熟。寿命为25-30年。

亚洲野驴

非洲野驴

非洲野驴 *Equus asinus*（African ass）

隶属于奇蹄目马科。体长为200-220厘米，身高110-140厘米。耳长。蹄小，四肢较细。鬃毛较短。上体为灰黄色至浅红棕色，腹部白色，四肢具细的黑色横条纹。

分布于索马里、埃塞俄比亚、苏丹等地。栖息于半荒漠地带。行动敏捷，善于爬山。昼行性。集群活动。以草类等为食。怀孕期为330-365天。每胎产1仔。

家驴 *Equus asinus asinus*（Domestic ass）

隶属于奇蹄目马科。身高110-136厘米，体重130-260千克。头大。耳长。没有鬃毛。四肢细长。尾毛稀而短。足上仅有1个趾，有坚硬的蹄，较小。毛色有灰色、黑色、青色、棕色等。

由非洲野驴驯化而成的家畜。分布于世界各地。性情胆怯而又执拗。善于奔走。叫声洪亮。耐炎热、耐饥渴。以草类等为食。怀孕期为360天。1-1.5岁性成熟。

家　驴

斑　驴

斑驴 *Equus quagga*（Quagga）

隶属于奇蹄目马科。体长230-250厘米。头大。耳长。四肢细长。足上仅有1个趾，有坚硬的蹄。身体主要为棕色，头部和颈部有黑色斑纹，背部也有比较模糊的条纹。

曾分布于南非，从好望角到奥兰治一带。栖息于草原地带。结群活动。听觉灵敏。善于奔跑。以草类、树叶等为食。

斑驴在150年前数量还有很多。但是，由于荷兰移民后裔布尔人看中了它们的经济价值，采用套索、火器等装备进行疯狂的猎捕，大肆劫掠、贮藏、盗运斑驴的皮张，到1878年，野生种群被全部杀绝。最后一只人工饲养的斑驴也于1883年死于荷兰的阿姆斯特丹动物园。

西藏野驴 *Equus kiang*（Kiang）

隶属于奇蹄目马科。体长为210-240厘米，尾长60-90厘米，体重150-250千克。体形较大。体色较深，夏季呈赤棕色。背部和腹部之间的毛色界线非常明显，肩后侧面有典型的白色楔形斑，自腹部向上延伸，肩部至尾巴的基部有一条宽而明显的黑褐色纵线条。

分布于锡金、印度东北部和中国的西藏、青海、四川、甘肃和新疆南部等地。栖息于草原、半荒漠和高原等地带。群居。白天觅食。警惕性很高。以沙生植物为食。

西藏野驴

马来貘 *Tapirus indicus*（Malayan tapir）

隶属于奇蹄目貘科。体长140-250厘米，尾长5-10厘米，体重180-300千克。身体滚圆而肥壮。皮肤很厚。头大，颈粗。鼻吻部延长、突出呈圆筒形，柔软而下垂，能自由伸缩。眼小，位于头侧。耳大而竖立，呈长圆形。四肢粗壮，前肢具4趾，其中的一趾显著地大于其他各趾，后肢具3趾。尾巴极短。头部和身体的前部、腹部、四肢和尾巴均为黑色，身体的中、后部为灰白色。

分布于马来西亚、印度尼西亚的苏门答腊岛、泰国南部和缅甸南部等地。栖息于热带丛林、沼泽地带。夜行性。善奔跑、游泳，走路时鼻吻部几乎贴着地面。性情孤僻，单独活动。以多汁植物的嫩枝、树叶、野果等为食。没有固定的繁殖期。怀孕期为392-419天，每胎产1-2仔。4-5岁达到性成熟。寿命为20-25年。

马来貘

山地貘

山地貘 *Tapirus pinchaque*（Mountain tapir）

隶属于奇蹄目貘科。体重125-150千克。上唇较短，尾较长。全身棕黑色，头和颊部的颜色较浅，唇边、耳尖、喉和胸部有白色斑块。

分布于南美洲秘鲁、委内瑞拉、哥伦比亚、厄瓜多尔等地。栖息于高山地带。以水生植物的枝、叶以及陆地植物的果实、草类等为食。

中美貘 *Tapirus bairdii*（Baird's tapir）

隶属于奇蹄目貘科。体长120-160厘米，尾长6-12厘米，体重150-200千克。上唇较短，尾较长。全身棕黑色，头和颊部的颜色较浅，唇边、耳尖、喉和胸部有白色斑块。

分布于墨西哥、巴拿马、危地马拉、尼加拉瓜、哥伦比亚、洪都拉斯、厄瓜多尔等地。栖息于靠近水源、植被丰富的森林地带。单独生活。夜行性。善于游泳和攀登。以水生植物的枝、叶以及陆地植物的果实、草类等为食。没有固定的繁殖季节，但多在5-6月间发情交配。怀孕期为13-13.5个月。每胎产1仔。4-5岁性成熟。寿命为20-25年。

中美貘

南美貘

南美貘 *Tapirus terrestris*（Brazilian tapir）

隶属于奇蹄目貘科。体长153-210厘米，身高87-94厘米，体重150-200千克。上唇较短，尾较长。全身棕黑色，头和颊部的颜色较浅，唇边、耳尖、喉和胸部有白色斑块。

分布于南美洲巴西、秘鲁、巴拉圭、委内瑞拉、哥伦比亚、阿根廷等地。栖息于森林地带。以水生植物的枝、叶以及陆地植物的果实、草类等为食。寿命为30年。

印度犀 *Rhinoceros unicornis*（Indian rhinoceros）

隶属于奇蹄目犀牛科。体长320-350厘米，尾长60-75厘米，体重1500-2000千克。身体庞大而粗笨。全身皮肤黑灰色，稍带紫色，在肩部、颈部、臀部及四肢关节处的皮肤有大型的皱褶，形成甲胄状，皮肤上还分布着突起的圆粒。耳长。鼻孔大。鼻的前方有一只粗而短的角。四肢粗壮有力，前、后肢均具3趾。

分布于印度、尼泊尔、孟加拉国、缅甸、泰国、柬埔寨、马来西亚和印度尼西亚等地。栖息于亚热带潮湿茂密的丛林、草原地带。夜行性。喜欢在水中活动。性情温和。单独活动。白天隐藏在草丛中睡觉。以植物为食。怀孕期为17-19个月，每胎产1仔。4-5岁达到性成熟。寿命为50年。

印度犀

黑犀 *Diceros bicornis*（Black rhinoceros）

隶属于奇蹄目犀牛科。体长250-375厘米，尾长65-75厘米，体重1000-1500千克。皮肤为灰色，厚而光滑，没有皮肤皱褶和突起的圆斑。头部较大，上唇呈三角形，有长而突出的钩状唇尖。鼻前方有两支长角，前角很长，后角较短。四肢粗壮有力，每足具3趾。

分布于非洲东部、中部、西部和南部等地。栖息于草原、疏林地带。夜晚活动。性情粗暴。单独或结小群活动。以树木嫩叶、嫩芽、果实等为食。没有固定的发情期。怀孕期为14-15个月。每胎产1仔。4-5岁达到性成熟。寿命为20-25年。

黑　犀

白犀 *Ceratotherium simum*（White rhinoceros）

隶属于奇蹄目犀牛科。体长300-450厘米，尾长55-65厘米，体重2000-3500千克。体躯浑圆粗壮，皮肤光滑。头部特长，眼睛很小。上唇平而宽，呈方形。两只角一大一小、一前一后，均长在鼻子上。体表呈灰色。四肢粗壮有力，前后足均具有3趾。

分布于非洲东部和南部。栖息于森林和草原地带。喜欢群居。性情比较温和，行动也较为迟钝。以低矮的草类等为食。没有固定的发情期。雌兽每3年生产一次，怀孕期为547天。每胎产1仔。6-9岁达到性成熟。寿命为20-25年。

白　犀

四、树鼩目 SCANDENTIA

树鼩目动物因为具有介于食虫目和灵长目动物之间的许多特点，所以系统分类地位至今仍然没有定论。从前有人把它们划归到食虫目中，后来又有人把它们划归到灵长目中，现在一般都把它们作为一个独立的目级分类阶元，即树鼩目，也叫攀兽目，处于食虫目与灵长目之间的中间地位。

树鼩目动物的外形很像松鼠，体长不到20厘米，有一条几乎与身体长度相等的蓬松大尾巴和长而突出的吻部，但它们具有松鼠类动物所没有的完整的齿式，还具有更接近于灵长目动物的一些特征，例如：具有圆形的眼眶，眼窝后面有褶皱，两眼开始并列，可以同时利用两眼看东西；脑子较大，而嗅叶较小；舌头的下面另有一个类似舌头的下舌；具有盲肠；雄兽的阴茎为悬垂式，阴茎位于阴囊前面；子宫大致分为两部分；前后肢均有5指（趾），具爪；第一指（趾）和其他四指（趾）稍有点分开，虽然不能完全握物，但也能伸出趾爪抓住树枝。

在北美洲和欧洲，曾在古新世以及随后的始新世的地层中发现过树鼩目动物的化石。现生的种类仅分布于亚洲南部、东南部的印度、锡金、尼泊尔、印度尼西亚、缅甸、泰国、马来西亚、菲律宾、越南、老挝、柬埔寨和中国的华南、西南等地区。

树鼩目动物为昼行性，经常在地面上寻食，遇到危险时便逃到树枝上躲藏。在地面上或树上一般都采用急速跳跃式奔跑的形式运动。起动时，尾巴会突然翘起呈半蜷曲状。奔跑时，尾巴半蜷曲或贴近身体的背面。当奔跑到4-8米左右时，又会突然地停住，向四周环视一圈，然后再继续向前奔跑。对外界的刺激高度敏感，每当受惊的时候，尾巴会向上翘起，并且不停地抖动。休息的时候常采用侧卧、腹卧的姿势，或者象松鼠一样地用臀部坐在地面上。它们喜欢饮水和洗浴，也经常用舌头舔毛，用下门齿梳理体毛，以及用前、后爪抓毛搔痒或者在树干上擦痒等。

树鼩目动物不但吃昆虫，也吃些果实和种子，这一事实也给人们一个重要的启示，那就是早期灵长目动物在进化过程中，它们的食物可能由原来的专门“食虫”，逐渐演变为“食果实”，最后发展到“杂食”，这种食性的改变是灵长目动物进化过程的一个重要方面。

树鼩目仅有1科，即：树鼩科 Tupaiidae。

普通树鼩

普通树鼩 *Tupaia glis*（Common tree shrew）

隶属于树鼩目树鼩科。体长16-18厘米，尾长15-19厘米，体重110-185克。吻部长而尖。眼大。耳短而圆。尾巴蓬松，上下面毛很短，两侧毛长，呈扁平状。上体为橄榄褐色。腹面污白色。颈侧有2条棕黄色条纹。

分布于印度、锡金、尼泊尔、印度尼西亚、缅甸、泰国、马来西亚、菲律宾、越南、老挝、柬埔寨和中国西南、华南地区等地。栖息于山地和平原的森林、灌丛中。昼行性。能在地面上或树上急速跳跃式奔跑。以昆虫为食，也吃果实和种子等。每年1-5月发情，怀孕期为40-45天。每年繁殖1-2胎，每胎产2-4仔。哺乳期为35-40天。3月龄达到性成熟。寿命为5-7年。

五、灵长目 PRIMATES

灵长目动物是动物进化过程中的高等类群，可能是由食虫目动物中的一个分支演化而来的，时间距今大约在7000万年前的中生代白垩纪末期，或者新生代第三纪古新世的初期。

灵长目动物的大脑半球较大，智力发达，吻部缩短，面部裸露无毛、轮廓分明，眼眶由骨形成环状，两眼向前、眼间的距离较窄；视觉发达，并呈立体化，可以在树林之间活动时较准确地判定距离，辨别色彩；嗅觉退化，头骨的构造也随之改变；大多数种类的齿式为异齿型，明显地分化为门齿、犬齿、前臼齿和臼齿，颊齿通常为丘型齿和低冠齿，臼齿呈四方形并有4个较低的锥状突起，适于咀嚼；锁骨发达，四肢关节灵活，上腕部及大腿部由躯干部分离，因而前后肢可以前后左右自由运动，前腕和小腿的2根骨头分离而且松松地连接在一起，不必连带躯干即可回转前后脚，适合握住树枝；通常胸前只有一对乳头；具双角子宫或单子宫；有盲肠；四足上都具有5指（趾），为了灵活而稳定地抓握树枝，指端的感觉十分敏锐，大多数指（趾）的端部有扁平的指甲，突出的指（趾）部有发达的指（趾）纹；掌面和跖面裸出，具有发达的两行皮垫，多数种类手脚的拇指（趾）和其余4指（趾）相对，可以握合。

大多数灵长目动物适应树栖生活，主要分布于亚洲、非洲、南美洲的热带、亚热带和少数温带的山地森林中，大多呈社会性集群活动，有的种类还能使用工具。多数种类为昼行性，杂食。运动方式包括树跳型、四足型、臂荡型及指撑型。婚配类型包括一雄一雌，一雄多雌，几雄多雌等。雄兽的睾丸均位于腹腔之外的阴囊中，阴茎由腹壁分离垂挂着，除了人类以外，大多数种类的雄兽都具有阴茎骨。

现生的灵长目动物依据进化程度的不同，可以分为原始猴类、猴类、猿类和人类等4个大的类群。

原始猴类在形态构造上带有若干比较接近食虫类的原始性状。它们的吻部向前突出；脑量很小，大脑半球没有遮盖小脑，表面没有沟回；眶窝与颞窝没有完全隔开，只有隔膜，眶窝位置偏向侧前方，眼眶后部由眶后条而不是眶后板所构成，比较细；拇指（趾）不甚发达，有的种类的趾上仍然长有具钩的爪；大多具有尾巴和尾结。雌兽为双角子宫，散布型胎盘。

在大约距今5000万年前的始新世晚期，从原始猴类中分化产生了猴类，包括阔鼻猴类和狭鼻猴类。阔鼻猴类因两个鼻孔间的隔板厚、两鼻孔相距很远而得名，现生的种类仅分布于中美洲和南美洲的热带森林中。狭鼻猴类因两个鼻孔间隔板薄、鼻孔紧靠而得名，现生的种类主要分布于非洲、亚洲的温带、亚热带和热带地区。

猴类吻部缩短，鼻间隔狭窄，鼻孔的开口向下；脸部有裸露的区域；脑量增大，表面有沟回；有的种类颊部具有食囊，可以暂时贮存食物；有的种类还具有声囊，能够发出响亮的叫声；前肢和后肢的长度大体相等，或者前肢稍短；多数种类尾巴较短或很短；有的种类的臀部具有角质的坐垫——胼胝。成年的雌兽为单子宫，盘状胎盘，有明显的周期性月经，有些种类有性皮肤红肿的现象；胎儿在妊娠过程中可以得到充分发育。它们大多是杂食性的树栖动物，但狒狒等则已经迁居到地面活动。猿类包括各种长臂猿和猩猩类。它们的吻部大大缩短；耳与脸部少毛；眼眶后部由眶后板所构成，比较粗硕，眶窝向前，与颞窝完全隔开，头骨的颅部相应地变大；大脑发达，脑量很大，脑表面的沟回十分复杂；前肢很长，可以超过膝部，手腕部的毛朝上生长，拇指（趾）不仅发达，而且还可以对折，指（趾）上均有指（趾）甲，可以牢牢地抓住树干；行走时身体向前倾，手掌不着地，仅有手指弯曲着地，手腕可以靠肩部的关节转动，向旁边转动180°；臀部不具胼胝；雌兽为单角子宫，有月经周期，成年后在任何时期均能繁殖，没有明显的性活动期；行为复杂，很多种类善于用手足操纵东西，探究周围事物，好奇心强，甚至能利用简单工具，并善于运用视觉、听觉、触觉及嗅觉进行种内成员之间的信息交流。

灵长目动物共有10科，即：狐猴科（Lemuridae）、大狐猴科（Indriidae）、指猴科（Daubentoniidae）、懒猴科（Lorisidae）、眼镜猴科（Tarsiidae）、悬猴科（Cebidae）、狨科（Callitrichidae）、猕猴科（Cercopithecidae）、长臂猿科（Hylobatidae）和猩猩科（Pongidae）。

环尾狐猴 *Lemur catta*（Ring-tailed lemur）

隶属于灵长目狐猴科。体长30-46厘米，尾长40-63厘米，体重2-3.5千克。头小，额低，耳大，两耳都长有很多茸毛，头部两侧也有长毛，吻部长而突出，下门齿呈梳状。背部的毛呈浅灰褐色，腹部为灰白色。额部、耳背和颊部为白色，吻部和眼圈为黑色。尾巴很长，具有11-12个黑白相间的圆环。

分布于非洲马达加斯加岛的南部。栖息于较干旱的疏林岩石地带。昼行性。性情温和。成群活动。能在树枝上直立行走。以树叶、花、果实，以及昆虫等为食。11-12月发情交配。怀孕期为5个月。每胎产1-2仔。2-3岁性成熟。寿命为18年。

环尾狐猴

褐狐猴

褐狐猴 *Lemur fulvus*（Brown lemur）

隶属于灵长目狐猴科。体长39-50厘米，尾长50-60厘米，体重2.2-3千克。体毛主要为棕色。头顶为黑色。

分布于非洲马达加斯加岛的大部分地区。栖息于森林地带。昼行性。性情温和。成群活动。喜欢鸣叫。行动敏捷。以树叶、花、果实等为食。

冕狐猴

冕狐猴 *Lemur coronatus* (Crowned lemur)

隶属于灵长目狐猴科。体长 34-36 厘米，尾长 41-49 厘米，体重 1.5-1.8 千克。雄兽体毛为灰色，头顶为黑色，前额与两颊为红色。雌兽体毛为浅灰色，前额有一条淡红色条纹。

分布于非洲马达加斯加岛的北部。栖息于山地雨林、海岸森林，以及干旱的疏林、草原地带。昼行性。善于在地面上奔走。以植物为食。

黑狐猴

黑狐猴 *Lemur macaco*（Black lemur）

隶属于灵长目狐猴科。体长 39-45 厘米，尾长 51-65 厘米，体重 2-2.5 千克。头小，额低，耳大，颜面部长而有毛，吻部长而突出，耳大。前肢略长于后肢。尾长，被毛厚密。雄兽体毛主要为暗巧克力褐色至黑色，耳、颊部有黑色簇毛。雌兽体毛主要为金褐色至栗褐色，耳、颊部有黄白色簇毛。

分布于非洲马达加斯加岛的西北部及其附近岛屿。栖息于森林地带。昼行性。结小群活动。以树叶、花、果实等为食。4－5 月发情交配。怀孕期为 125-128 天。每胎产 1 仔。

獴狐猴 *Lemur monogoz*（Mongoose lemur）

隶属于灵长目狐猴科。体长 25-35 厘米，尾长 28-48 厘米，体重 1-1.5 千克。头小，额低，耳大，颜面部长而有毛，吻部长而突出。前肢略长于后肢。尾长，被毛厚密。体毛主要为灰棕色。雄兽的面颊为淡红色，雌兽为白色。

分布于非洲马达加斯加岛和科摩罗群岛等地。栖息于森林地带。昼夜均活动。结群。以树叶、花、果实等为食。没有固定的繁殖季节。怀孕期为 5 个月。每胎产 1 仔。2-3 岁性成熟。寿命为 18 年。

獴狐猴

红腹狐猴 *Lemur rubriventer*（Red-bellied lemur）

隶属于灵长目狐猴科。体长 25-40 厘米，尾长 43-53 厘米，体重 1-2.4 克。体毛主要为棕褐色，腹部淡黄色。尾黑色。吻部颜色较深。耳小，隐藏在毛下。雄兽眼眶具白斑。体毛主要为灰棕色。雄兽的面颊为淡红色，雌兽为白色。

分布于非洲马达加斯加岛的东部一带。栖息于森林中。昼行性。一般呈 4-5 只的小群活动。性情胆怯。通常在树林上层活动。以树叶等为食。

红腹狐猴

斑狐猴 *Lemur variegatus*（Variegated lemur）

隶属于灵长目狐猴科。体长50-75厘米，尾长60-75厘米，体重3-4.5克。吻部黑色，长而突出。耳大而为白色。头部黑色。体毛主要为黑色，有一条白色条纹从背部向下。尾巴较长。

分布于非洲马达加斯加岛的东部一带。栖息于森林地带。昼行性。喜欢在树林上层活动。结群。善于鸣叫。以树叶、花、果实等为食。怀孕期为102天。主要在10-11月生产。每胎产2-3仔。

斑狐猴

埃氏鼬狐猴

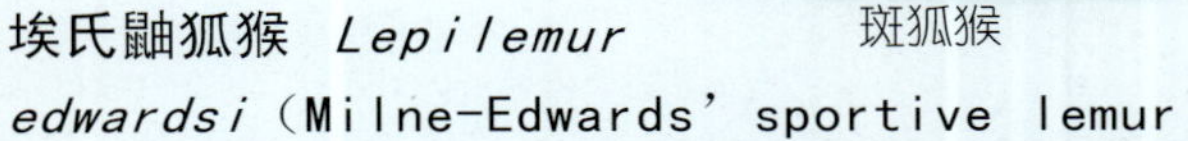

埃氏鼬狐猴 *Lepilemur edwardsi*（Milne-Edwards' sportive lemur）

隶属于灵长目狐猴科。体长27-29厘米，尾长27-29厘米，体重600-800克。吻部裸露。眼大。背面体毛主要为灰褐色。腹面为灰色。尾巴较长 。

分布于非洲马达加斯加岛的西北部。栖息于森林地带。夜行性。白天在树荫处、树洞中睡觉。以植物叶、花、果实等为食。

灰背鼬狐猴

灰背鼬狐猴 *Lepilemur dorsalis*（Grey-backed sportive lemur）

隶属于灵长目狐猴科。体长25-26厘米，尾长26-28厘米，体重500克。吻部裸露。眼大。背部体毛主要为灰褐色，有暗褐色纵条纹。腹面较浅。尾巴较长。

分布于非洲马达加斯加岛的北部。栖息于森林地带。夜行性。白天在树荫处、树洞中睡觉。以植物为食。每胎产1仔。

白脚鼬狐猴

白脚鼬狐猴 *Lepilemur leucopus*（White-footed sportive lemur）

隶属于灵长目狐猴科。体长25-26厘米，尾长22-26厘米，体重500-700克。吻部裸露。眼大。眼周灰褐色。背部体毛主要为灰色，肩部、前肢为褐色。腹面灰白色。尾巴较长。

分布于非洲马达加斯加岛的南部。栖息于森林地带。夜行性。白天在树荫处、树洞中睡觉。以植物叶、花等为食。

小齿鼬狐猴 *Lepilemur microdon*（Small-toothed sportive lemur）

隶属于灵长目狐猴科。体长30-35厘米，尾长25-29厘米，体重800-1000克。脸部、喉部和身体腹面为灰褐色。耳小。眼大而圆。背部体毛主要为红褐色，有一条暗色条纹。尾巴较长。

分布于非洲马达加斯加岛的东部一带。栖息于森林地带。夜行性。树栖。单独活动。以树叶、花、果实等为食。

小齿鼬狐猴

鼬狐猴

鼬狐猴 *Lepilemur mustelinus*（Sportive lemur）

隶属于灵长目狐猴科。体长25-35厘米，尾长25-30厘米，体重800-1200克。吻部裸露。眼大。体毛主要为灰褐色。腹面较浅。尾巴较长。

分布于非洲的马达加斯加岛。栖息于森林地带。夜行性。白天在树荫处、树洞中睡觉。善于在树枝上跳跃。以植物为食。一般在5-7月发情交配。怀孕期为120-150天。主要在9-11月生产。每胎产1仔。

棕尾鼬狐猴 *Lepilemur ruficaudatus*（Red-tailed sportive lemur）

隶属于灵长目狐猴科。体长26-30厘米，尾长24-28厘米，体重500-800克。吻部裸露。眼大。背部体毛主要为灰褐色，肩部、前肢为栗棕色。腹面较浅，喉部白色。尾巴较长，为红棕色。

分布于非洲马达加斯加岛的西南部。栖息于森林地带。夜行性。白天在树荫处、树洞中睡觉。单独活动。以植物叶、果实等为食。一般在5-7月发情交配。怀孕期为130天。每胎产1仔。

棕尾鼬狐猴

北鼬狐猴

北鼬狐猴 *Lepilemur septentrionalis*（Northern sportive lemur）

隶属于灵长目狐猴科。体长28厘米，尾长25厘米，体重700-800克。吻部裸露。眼大。体毛主要为灰褐色。腹面较浅。尾巴较长。

分布于非洲马达加斯加岛的北部。栖息于森林地带。夜行性。白天在树荫处、树洞中睡觉。单独活动。以植物为食。

金驯狐猴 *Hapalemur aureus*（Golden bamboo lemur）

隶属于灵长目狐猴科。体长34-38厘米，尾长38-42厘米，体重1.5-1.6千克。吻部裸露。眼大。背部体毛主要为橄榄栗色。耳毛、颊部和腹面为金褐色。尾巴较长。

分布于非洲马达加斯加岛的东南部。栖息于森林、竹林地带。昼行性，主要在晨昏活动，有时也在夜晚活动。结小群。以竹叶等为食。每胎产1仔。一般在11-12月生产。

金驯狐猴

灰驯狐猴 *Hapalemur griseus*（Grey gentle lemur）

隶属于灵长目狐猴科。体长24-30厘米，尾长32-40厘米，体重750-900克。吻部裸露。眼大。背部体毛主要为灰色至橄榄灰色。腹面较浅。尾巴较长。

分布于非洲马达加斯加岛的东部。栖息于森林、竹林地带。昼行性，主要在晨昏活动，有时也在夜晚活动。结小群。以竹叶、浆果等为食。怀孕期为140天。每胎产1仔。一般在10月至翌年1月生产。

灰驯狐猴

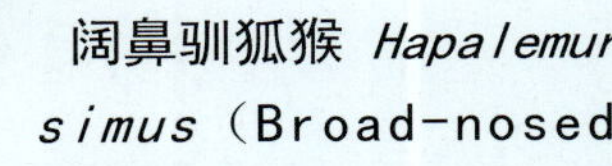

阔鼻驯狐猴 *Hapalemur simus*（Broad-nosed gentle lemur）

隶属于灵长目狐猴科。体长40-42厘米，尾长45-48厘米，体重2.2-2.5千克。吻部裸露。眼大。背部体毛主要为灰褐色至橄榄褐色。腹面较浅。尾巴较长。

分布于非洲马达加斯加岛的东部。栖息于森林、竹林地带。昼行性，主要在晨昏活动，有时也在夜晚活动。结小群活动。以竹叶等为食。

阔鼻驯狐猴

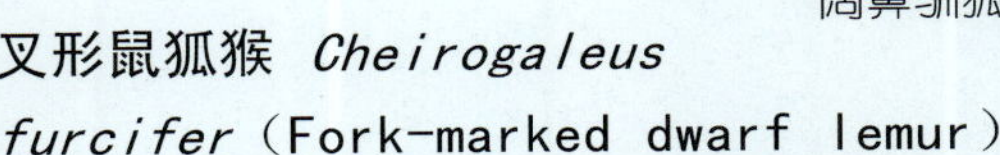

叉形鼠狐猴 *Cheirogaleus furcifer*（Fork-marked dwarf lemur）

隶属于灵长目狐猴科。体长24-26厘米，尾长33-37厘米，体重300-400克。吻部裸露。眼大。背部体毛主要为灰色至褐色，从脊背至尾巴基部有一条暗色斑纹。腹面较浅。额部有2条黑褐色条纹与眼圈相接。尾巴较长。

分布于非洲马达加斯加岛的北部和西部。栖息于森林地带。夜行性。白天在树荫处、树洞中睡觉。成对活动。以植物花蜜、昆虫等为食。6月发情交配。每胎产1仔。

叉形鼠狐猴

大鼠狐猴 *Cheirogaleus major*（Greater dwarf lemur）

隶属于灵长目狐猴科。体长23-27厘米，尾长25-28厘米，体重250-600克。吻部裸露。眼大。背部体毛主要为灰褐色至棕褐色。腹面灰白色。尾巴较长。

分布于非洲马达加斯加岛的北部和东部。栖息于森林地带。夜行性。白天在树荫处、树洞中睡觉。结小群活动。以植物果实、花和昆虫等为食。10-11月发情交配。怀孕期为70天。每胎产2-3仔。

大鼠狐猴

毛耳鼠狐猴 *Cheirogaleus trichotis*（Hairy-eared dwarf lemur）

毛耳鼠狐猴

隶属于灵长目狐猴科。体长13-16厘米，尾长14-20厘米，体重65-90克。吻部裸露。眼大。背部体毛主要为褐灰色。腹面较浅。尾巴较长。耳上有毛簇。

分布于非洲马达加斯加岛的东部。栖息于森林地带。夜行性。白天在树荫处、树洞中睡觉。单独或成对活动。以植物果实、昆虫等为食。

肥尾鼠狐猴 *Cheirogaleus medius*（Fat-tailed dwarf lemur）

隶属于灵长目狐猴科。体长19-23厘米，尾长17-27厘米，体重140-440克。吻部裸露。眼大。眼睛周围有暗色环纹。颊部灰白色。背部体毛主要为灰色。腹面白色。尾巴较长。

分布于非洲马达加斯加岛的西部和南部。栖息于森林地带。夜行性。白天在树荫处、树洞中睡觉。结小群活动。以植物果实、花和昆虫等为食。12月至翌年1月发情交配。怀孕期为60天。每胎产1-4仔。

肥尾鼠狐猴

科氏倭狐猴 *Microcebus coquereli*（Coquerel's mouse lemur）

隶属于灵长目狐猴科。体长20-23厘米，尾长30-33厘米，体重290-380克。吻部裸露。眼大。背部体毛主要为褐色至灰褐色，染有红色、粉红色或黄色。腹面灰白色。尾巴较长。

分布于非洲马达加斯加岛的北部和西北部。栖息于森林地带。夜行性。白天在树荫处、树洞中睡觉。单独活动。以植物果实、花和昆虫等为食。9-10月发情交配。怀孕期为84-90天。每胎产1-3仔。1.5-2岁达到性成熟。

科氏倭狐猴

密氏倭狐猴 *Microcebus murinus*（Lesser mouse lemur）

隶属于灵长目狐猴科。体长8-12厘米，尾长13-16厘米，体重45-85克。吻部裸露。眼大。背部体毛主要为灰色至灰褐色。腹面白色。尾巴较长 。

分布于非洲的马达加斯加岛。栖息于森林地带。夜行性。白天在树荫处、树洞中睡觉。单独、成对或结小群活动。以植物果实、花和昆虫等为食。9-10月发情交配。怀孕期为60天。每胎产2仔。18个月达到性成熟。

密氏倭狐猴

小倭狐猴 *Microcebus myoxinus*（Pygmy mouse lemur）

隶属于灵长目狐猴科。体长6-7厘米，尾长11-15厘米，体重25-40克。吻部裸露。眼大。背部体毛主要为棕褐色。腹面白色。尾巴较长。

分布于非洲马达加斯加岛的西部。栖息于森林地带。夜行性。单独活动。杂食性。

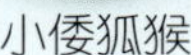

小倭狐猴

金褐狐猴 *Microcebus ravelobensis*（Golden-brown mouse lemur）

隶属于灵长目狐猴科。体长9-13厘米，尾长13-18厘米，体重40-70克。吻部裸露。眼大。背部体毛主要为金褐色。腹面黄白色。尾巴较长。

分布于非洲马达加斯加岛的西北部。栖息于森林地带。夜行性。怀孕期为60天。

金褐狐猴

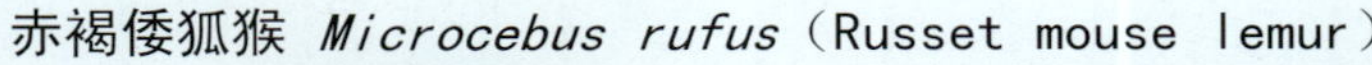

赤褐倭狐猴 *Microcebus rufus*（Russet mouse lemur）

隶属于灵长目狐猴科。体长7-9厘米，尾长10-16厘米，体重30-55克。吻部裸露。眼大。耳长。四肢较短。体毛棕灰色，带有深浅不一的红黄色。腹面较为浅淡。

分布于非洲马达加斯加岛的东部。栖息于森林地带。夜行性。在高树上用树枝、树叶筑巢。善于在树枝上跳跃。以树叶、果实等为食。怀孕期为2个月左右。每胎产2-3仔。9个月达到性成熟。

赤褐倭狐猴

大狐猴 *Indri indri*（Indri）

隶属于灵长目大狐猴科。体长60-90厘米，尾长3-5厘米，体重5-10千克。吻部裸露。眼大。面部为黑色。体毛厚密，主要为黑色。耳后、颈部、肩部和四肢的侧面为灰白色。背部的下方有一个白色斑块。

分布于非洲马达加斯加岛的东北部至中部。栖息于森林地带。昼行性。善于鸣叫，叫声响亮。以树叶、树皮和果实等为食。怀孕期为60天。每胎产1仔。7-9年达到性成熟。

大狐猴

毛狐猴

毛狐猴 *Avahi laniger*（Woolly Lemur）

隶属于灵长目大狐猴科。体长25-30厘米，尾长32-40厘米，体重600-1300克。吻部裸露。眼大。眼上方有白色条纹。体毛柔密呈绒质，主要为红褐色。

分布于非洲马达加斯加岛的大部分地区。栖息于森林地带。夜行性。白天隐藏在树丛中睡觉。善于鸣叫，叫声响亮。以树叶、树皮和果实等为食。一般在8-12月产仔。每胎产1仔。

西毛狐猴 *Avahi occidentalis*（Western avahi）

隶属于灵长目大狐猴科。体长25-29厘米，尾长31-37厘米，体重700-900克。吻部裸露。眼大。耳小。面部白色。体毛柔密呈绒质，背部主要为灰色至沙褐色。腹面为浅灰色。尾长。

分布于非洲马达加斯加岛的西部和西北部。栖息于森林地带。夜行性。白天隐藏在树丛中睡觉。以植物为食。一般在9-10月产仔。每胎产1仔。

西毛狐猴

冕原狐猴 *Propithecus diadema*（Diademed sifaka）

隶属于灵长目大狐猴科。体长43-54厘米，尾长42-51厘米，体重5-6千克。吻部裸露。眼大。体毛主要为黑色。

分布于非洲的马达加斯加岛。栖息于森林地带。昼行性。结6-10只的小群活动。善于在树间跳跃。在地面上用后腿跳跃前进。以树叶、树皮、花和果实等为食。怀孕期为4-5个月。一般在9月生产。每胎产1仔。

冕原狐猴

金冠冕狐猴 *Propithecus tattersalli*（Golden-crowned sifaka）

隶属于灵长目大狐猴科。体长45-47厘米，尾长42-47厘米，体重3.5千克。脸部裸露，为黑色。眼大。头顶为橙黄色。体毛主要为乳白色。尾长 。

分布于非洲马达加斯加岛的东北部。栖息于森林地带。昼行性。结小群活动。以树叶、芽、花和果实等为食。1月发情交配。怀孕期为180天。每胎产1仔。一般在7月生产。

维氏冕狐猴

金冠冕狐猴

维氏冕狐猴 *Propithecus verreauxi*（Verreaux's sifaka）

隶属于灵长目大狐猴科。体长43-50厘米，尾长50-60厘米，体重3.5-4.5千克。吻部裸露。眼大。头顶为棕色。脸部为黑色，额部有白斑。体毛主要为棕褐色。

分布于非洲马达加斯加岛的西北部和西南部。栖息于森林地带。昼行性。结3-6只的小群活动。善于在树间跳跃。以树叶、花和果实等为食。每胎产1仔。

指猴 *Daubentonia madagascariensis*（Aye-aye）

隶属于灵长目指猴科。体长30-50厘米，尾长44-60厘米，体重2-3千克。头部圆而阔，颜面部较短，口鼻部突出。眼睛鼓胀。耳大。体毛篷松，为暗褐色。吻部和身体的下部为灰白色。尾毛粗密。前肢粗大，中指细长。

分布于非洲马达加斯加岛东部及西北部。栖息于沿海的森林地带。夜行性。单独活动。白天隐藏在高大树木顶端的巢窝中睡觉。叫声为“唉、唉”。以各种水果、坚果，以及小型昆虫或幼虫等为食。怀孕期为140天。大多于10—11月份生产。每胎产1仔。

指 猴

瘠懒猴

瘠懒猴 *Loris tardigradus*（Slender loris）

隶属于灵长目懒猴科。体长17-25厘米，尾长1厘米，体重300--350克。眼大。耳圆。口鼻部短而尖。眼周为黑色，鼻梁上有一条白色斑纹。体毛柔软稠密，为黄灰色至深棕色。

分布于印度南部、斯里兰卡等地。栖息于森林地带。夜行性。树栖。行动缓慢。以昆虫、蜥蜴、树蛙、鸟及鸟卵等为食。怀孕期为160-174天。每胎产1-2仔。

懒猴 *Nycticebus coucang*（Slow loris）

懒　猴

隶属于灵长目懒猴科。体长35厘米，尾长1-2厘米，体重1千克。体毛主要为棕灰色，脊背中央具有一条深栗红色的纵纹，从顶部一直延伸到尾的基部。体侧和四肢的外侧呈棕褐色，胸、腹部为灰白色。四肢具有5指，后肢的第二趾上有一个钩状的爪。尾巴极短。

分布于印度东北部、孟加拉国、缅甸、泰国、越南、老挝、柬埔寨、马来西亚、菲律宾、印度尼西亚和中国云南、广西等地。栖息于热带雨林中，树栖。昼伏夜出，性情孤僻。以野果、嫩叶、昆虫、蜗牛，以及青蛙、小鸟、鼠等为食。一年四季都可以发情交配。怀孕期为193天左右，大多在冬季生产，每胎产仔1-2只。2-3岁达到性成熟。寿命为12-13岁。

小懒猴 *Nycticebus pygmaeus*（Pygmy slow loris）

小懒猴

隶属于灵长目懒猴科。体长21-25厘米，尾长1厘米，体重250-450克。体毛柔软，背面的毛为棕红色，腹面及四肢呈棕灰色，吻部略白，从鼻至额有一条白色的纵条纹，脸圈的毛色浅淡，形成面环。手和足的皮肤颜色均为黑色。尾巴极短。

分布于中国云南西南部，以及越南、老挝和柬埔寨等地。栖息在热带密林中，白天隐藏在树丛中，夜晚出来活动，以果实、嫩叶等为食，也捕食小鸟和昆虫等。每年2-3月产仔。每胎产1-2仔。哺乳期210-252天。

中懒猴 *Nycticebus intermedius*（Intermediate slow loris）

中懒猴

隶属于灵长目懒猴科。体长25厘米，体重500-800克。耳大而圆，内面为黑色。体毛柔软，背面的毛为金黄色，腹面较浅。吻鼻部为黑色。从鼻至额有一条白色的纵条纹，脸圈的毛色浅淡。尾巴极短。

分布于中国云南东南部、越南北部等地。栖息在热带野芭蕉林中，白天隐藏在树丛中，夜晚出来活动。单独活动。以果实、昆虫等为食。

金熊猴 *Arctocebus calabarensis*（Angwantibo）

金熊猴

隶属于灵长目懒猴科。体长21-30厘米，尾长5-15厘米，体重210克。身体瘦小。四肢纤细。体毛主要为金黄色至红棕色。尾巴上有黑色斑 。

分布于非洲的尼日利亚、喀麦隆、刚果、几内亚等地。栖息在热带森林中。夜行性。单独活动。行动缓慢。以昆虫和植物果实等为食。怀孕期为131-136天。每胎产1仔。9-10个月达到性成熟。

树熊猴 *Perodicticus potto*（Potto）

隶属于灵长目懒猴科。体长35-40厘米，尾长5-10厘米，体重1-1.5千克。头圆。眼突出。口鼻部较尖。耳小而圆。体毛主要为深棕色。

分布于非洲从肯尼亚至加纳、几内亚一带。栖息在热带森林中。夜行性。单独活动。行动缓慢。以果实、嫩叶、菌类等为食，也捕食昆虫等。怀孕期为139天。每胎产1仔。寿命为8年。

树熊猴

倭丛猴

倭丛猴 *Galago demidovii*（Demidoff's galago）

隶属于灵长目懒猴科。体长11-16厘米，尾长14-22厘米，体重60克。头圆。眼突出。口鼻部较尖。耳小而圆。体毛主要为深褐色。

分布于坦桑尼亚、扎伊尔、塞内加尔、加纳和利比里亚等地。栖息在热带森林中。夜行性。善于跳跃。白天在树洞或树丛中睡觉。群居。以昆虫、植物果实、嫩叶等为食。全年均可繁殖。怀孕期为114天。一般在12-1月生产。每胎产1仔。10个月达到性成熟。

蓬尾丛猴 *Galago senegalensis*（Lesser bushbaby）

隶属于灵长目懒猴科。体长13-21厘米，尾长20-30厘米，体重112-300克。头小而圆，面部平展。眼大。耳大而圆。被毛柔软细密，背部呈灰色或褐灰色，腹部为黄白色。两眼之间为白色。尾巴比身体长，有蓬松的毛。后肢比前肢长。

分布于非洲苏丹、埃塞俄比亚、坦桑尼亚、塞内加尔、乌干达、肯尼亚等地。栖息于森林地带。夜行性。白天蜷伏在树干或树杈的巢中睡觉。善于攀爬和跳跃。成小群活动。视觉、听觉敏锐。行动敏捷。以植物果实和昆虫、小鸟、鸟卵等为食。没有固定的繁殖期。怀孕期为110天。每胎产1-2仔。20个月性成熟。寿命为14-16年。

蓬尾丛猴

厚尾丛猴

厚尾丛猴 *Galago crassicuudatus*（Thick-tailed galago）

隶属于灵长目懒猴科。体长25-35厘米，尾长28-38厘米，体重1.5-2千克。体毛厚密，呈褐灰色，腹部毛色较浅。眼大而圆，耳大且直立。躯干浑圆。四肢粗壮，后肢长，趾端膨大成肉垫。尾粗长。

分布于非洲大部分地区。栖息于茂密的热带森林中。单独生活。夜行性。白天藏在洞中睡觉。善于跳跃。视觉、

听觉均非常敏锐。常用尿液及喉部、阴囊皮肤下的腺体分泌物涂抹在树干、枝上，作为领地的标记。以昆虫、蜗牛、蜘蛛、蛙、树木汁液及果实等为食，有时也吃少量的树叶和嫩枝。怀孕期为4个月。每胎产1-2仔。2岁达到性成熟。寿命为8-10年。

菲律宾眼镜猴

菲律宾眼镜猴 *Tarsius syrichta*（Philippine tarsier）

隶属于灵长目眼镜猴科。体长9-18厘米，尾长14-27厘米，体重80-150克。体毛绒状，毛色为灰色、黄褐色、淡褐色等，下体的毛色较淡。头部较圆。耳大。口鼻部短而尖。眼睛特别大，周围环生着黑斑。后肢特别长。尾长而裸露，末端生有一大撮毛。

分布于菲律宾的棉兰老岛、萨马岛、莱特岛等地。栖息于热带丛林中。夜行性。白天隐藏在树丛中睡觉。善于奔跑、跳跃和攀树。性情胆怯。单独行动。以植物的果实等为食，也吃昆虫等。怀孕期为180天左右，每胎产1仔。

暗黑伶猴 *Callicebus moloch*（Dusky titi）

隶属于灵长目悬猴科。体长30-40厘米，尾长30-50厘米，体重1千克。面部暗黑色。体毛厚密、柔软。头圆，吻短。

分布于巴西、秘鲁、厄瓜多尔、玻利维亚、巴拉圭和哥伦比亚等地。栖息于沼泽林地中。结小群活动。以植物果实、树叶，以及昆虫等为食。每胎产1仔。

暗黑伶猴

夜 猴

夜猴 *Aotus trivirgatus*（Night monkey）

隶属于灵长目悬猴科。体长24-37厘米，尾长25-40厘米，体重500-1200克。体背呈灰棕色，腹部为黄色。头圆，耳小，眼大，眼周围呈白色，鼻梁为棕色。额顶有一条黑色纵纹。尾长，但没有缠绕性。喉部有能膨胀的音囊。

分布于从中美洲巴拿马至南美洲巴西、秘鲁、厄瓜多尔、阿根廷北部等地。栖息于从海平面至海拔3000米的森林地带。夜行性。结小群活动。白天隐藏在树丛中或树洞中睡觉。叫声响亮。善于在树枝间跳跃。以果实、树叶、花，以及昆虫、蜘蛛、蛙类、小鸟等为食。怀孕期为133天左右。每胎产1仔。寿命为11-12年。

白脸僧面猴 *Pithecia pithecia*（White-headed saki）

隶属于灵长目悬猴科。体长30-70厘米，尾长30-50厘米，体重1.4-1.8千克。雄兽体毛主要为黑色。吻部黑色，面部白色。雌兽体毛主要为棕红色，腹面白色。面部深暗色，两颊有白纹。尾长，但没有缠绕性。

分布于南美洲巴西、圭亚那、委内瑞拉等地。栖息于热带雨林中。昼行性。善于在树枝间跳跃。以果实、树叶、种子，以及昆虫等为食。

白脸僧面猴

赤额猴

赤额猴 *Cacajao rubicundus*（Red uakari）

隶属于灵长目悬猴科。体长37-49厘米，尾长14-19厘米，体重3.5-4.1千克。体毛主要为栗红色。额部无毛，面部红色。

分布于南美洲巴西、秘鲁等地。栖息于热带雨林中。昼行性。群居。善于在树枝间跳跃。以植物的果实、树叶、种子，以及昆虫、蜗牛等为食。

黑吼猴

黑吼猴 *Alouatta caraya*（Black howler）

隶属于灵长目悬猴科。体长50-60厘米，尾长55-65厘米，体重6千克。雄兽体毛主要为黑色。雌兽体毛主要为草黄色。喉部发达的音囊，隐藏在须毛下面。尾长，具缠绕性。

分布于南美洲巴拉圭至巴西南部、阿根廷北部一带。栖息于热带雨林中。昼行性。善于在树枝间跳跃。叫声响亮。成群活动。以果实、树叶等为食。怀孕期为26周。每胎产1仔。

斗篷吼猴

斗篷吼猴 *Alouatta palliata*（Mantled howler）

隶属于灵长目悬猴科。体长36-63厘米，尾长50-67厘米，体重6.6-7.8千克。体毛主要为褐色或黑色，背部有金褐色和黄褐色的斑。喉部有发达的音囊，隐藏在须毛下面。尾长，具缠绕性。

分布于墨西哥、巴拿马、尼加拉瓜、洪都拉斯、厄瓜多尔和危地马拉等地。栖息于热带雨林中。昼行性。以果实、树叶等为食。

赤吼猴 *Alouatta seniculus*（Red howler）

隶属于灵长目悬猴科。体长46-72厘米，尾长49-60厘米，体重6.5千克。体毛主要为红铜色。面部黑色。喉部有发达的音囊，隐藏在须毛下面。尾长，具缠绕性。

分布于巴西、秘鲁、厄瓜多尔、圭亚那、委内瑞拉、哥伦比亚等地。栖息于热带雨林中。昼行性。善于在树枝间跳跃。叫声响亮。成群活动，一般为6-8只。以果实、树叶等为食。怀孕期为140天。每胎产1仔。

赤吼猴

白额悬猴 *Cebus albifrons*（White-fronted capuchin）

隶属于灵长目悬猴科。体长33-44厘米，尾长41-50厘米。鼻扁平，鼻孔极度向旁侧开张。头圆。头顶为褐色，额部毛为黄色。四肢粗短。尾长，具半缠绕性。

分布于巴西、秘鲁、厄瓜多尔、圭亚那、委内瑞拉、哥伦比亚等地。栖息于热带雨林、海岸森林和山地森林中。昼行性。性情活泼。善于在树上活动，也能在地面行走。性结群。以果实、树叶等为食。怀孕期为180天。每胎产1仔。

白额悬猴

黑帽悬猴 *Cebus apella*（Black-capped capuchin）

隶属于灵长目悬猴科。体长35-50厘米，尾长40-50厘米，体重2.6-3.3千克。身体强健。头部较圆，头顶为黑色。鼻部扁平，鼻孔向旁侧开张。颈部有两撮褐色的毛簇。四肢短粗。尾长，具半缠绕性。

分布于巴西、巴拉圭、玻利维亚、秘鲁、委内瑞拉和哥伦比亚等地。栖息于热带雨林、山地森林和海岸地带的森林中。昼行性。小群活动。树栖，主要在树林的上层活动，很少下到地面上。能用后肢站立行走，并用尾巴支撑身体或缠绕树枝。行动敏捷活泼。以树木果实、叶，以及昆虫、蜥蜴、蜘蛛、小鸟和小型兽类等为食。怀孕期为180天。每胎产1仔。4-7年达到性成熟。

黑帽悬猴

红背松鼠猴 *Saimiri oerstedii*（Red-backed squirrel monkey）

隶属于灵长目悬猴科。体长22-37厘米，尾长36-46厘米，体重700-2700克。体形纤小。头部稍长，眼睛较大，耳壳宽圆，有毛。额毛黑色。体毛短而密，背部的毛为红色，下腹部为橘黄色。鼻和吻部为黑色。尾长，末端黑色。

分布于巴拿马和哥斯达黎加等地。栖息于热带雨林、灌丛等地带。昼行性。树栖。善于沿树干奔跑和跳跃。集群活动。以果实、昆虫等为食。

红背松鼠猴

松鼠猴

松鼠猴 *Saimiri sciureus*（Common squirrel monkey）

隶属于灵长目悬猴科。体长22-28厘米，尾长25-30厘米，体重500-1100克。体形纤细，头部稍长，眼睛较大，耳壳宽圆。长有短毛。背部为黄、灰结合的橄榄色，胸部、身体下侧、四肢内侧、尾巴基部一半的下侧等处为鲜黄色，腹部毛为白色。头顶、身体上外侧和尾巴基部一半上侧是一种鲜绿色，面部的眼圈、鼻梁、颊部及耳缘等均是纯白色，口缘，鼻和吻部为黑色或蓝色。尾巴末端一半为乌黑色。

分布于秘鲁、巴西、巴拉圭、玻利维亚、哥伦比亚、巴拿马和哥斯达黎加等地。栖息于热带雨林、红树林中，以及农田、河岸附近。昼行性。树栖。集群活动。以树叶、果实、种子，以及昆虫、蜘蛛、蛙类等为食。每年12月至翌年6月发情交配。怀孕期为160-170天。每胎产1仔。2-4年性成熟。寿命为21年。

黑掌蜘蛛猴 *Ateles geoffroyi*（Black-handed spider monkey）

隶属于灵长目悬猴科。体长34-63厘米，尾长50-92厘米，体重6千克。体形细瘦。头小，四肢细长。体毛长而蓬松，项毛耸立，形成眼上的毛盖。头顶为黑色。体毛主要为黄褐色。面部裸露无毛。眼周有白色眼圈。尾长，末端前面有指纹状皱纹。

分布于墨西哥西部、巴拿马、危地马拉、尼加拉瓜和哥伦比亚西北部等地。栖息于热带雨林中。昼行性。树栖。善于用尾抓物，摘取果实等。集群活动，每群一般为2-8只，最多达30余只。以植物果实等为食。怀孕期为140天。每胎产1仔。

黑掌蜘蛛猴

红脸蜘蛛猴

红脸蜘蛛猴 *Ateles paniscus*（Black spider monkey）

隶属于灵长目悬猴科。体长38-57厘米，尾长63-92厘米，体重6.5-8.5千克。体形细瘦，四肢细长。体毛稀疏而短，全身毛色大多为具有光泽的棕黑色，腹部为棕黄色，四肢和尾巴呈黑色。头部小而圆，黑色的圆脸中央长着一个扁扁的鼻子，面部带有粉红色的条纹。尾长，末端前面有指纹状皱纹。

分布于巴西、圭亚那、玻利维亚等地。栖息于热带雨林中。昼行性。树栖。善于用尾抓物，摘取果实等。集群活动，每群为20只左右。以树叶、果实等为食，也吃昆虫和蠕虫等。没有固定的繁殖季节，雌兽的怀孕期约为225天。每胎产1仔。3-4岁时性成熟。寿命为20年。

绒毛蛛猴

绒毛蛛猴 *Brachyteles arachnoides*（Woolly spider monkey）

隶属于灵长目悬猴科。体长46-63厘米，尾长65-80厘米，体重10千克。体形粗壮。四肢粗长。头圆。体毛短，主要为棕黄色。面部裸露无毛，鼻孔间距较近。尾长，具抓握作用。

分布于巴西东南部一带。栖息于热带雨林和沼泽林地中。昼行性。树栖。善于在树上跳跃。集群活动，每群一般为8-20只。以植物果实等为食。每胎产1仔。

普通绒毛猴 *Lagothrix lagotricha*（Common woolly monkey）

隶属于灵长目悬猴科。体长50-60厘米，尾长60-70厘米，体重6千克。头大而圆。四肢长。体毛长而蓬松，主要为灰色、褐色至黑色。尾长，有缠绕性。

分布于哥伦比亚、巴西西北部、秘鲁东南部等地。栖息于热带雨林中。昼行性。树栖。善于在树上跳跃。集群活动，每群一般为10-15只。以植物叶、果实、花，以及昆虫等为食。怀孕期为5个月。每胎产1仔。寿命为12年。

普通绒毛猴

节尾猴 *Callimico goeldii*（Goeldi's marmoset）

隶属于灵长目狨科。体长17-27厘米，尾长10-30厘米，体重500-600克。体形较小。头顶有长的冠毛。项毛略呈白色。体毛长，主要为深褐色。面颊短而平，鼻梁凹陷。尾长。

分布于哥伦比亚南部、巴西、秘鲁和玻利维亚等地。栖息于山地森林、次生林、竹林等地。昼行性。树栖。善于在树上跳跃。集群活动，每群一般为6-7只。以植物果实、昆虫、蜘蛛等为食。怀孕期为150-165天。

节尾猴

银毛狨 *Callithrix argentata*（Silvery marmoset）

隶属于灵长目狨科。体毛主要为暗褐色，脸部黑色。耳上无毛。尾巴银白色或黑色。

分布于巴西中部、巴拉圭和玻利维亚东部等地。

银毛狨

毛狨 *Callithrix jacchus*（Common marmoset）

隶属于灵长目狨科。体长 20-27 厘米，尾长 29-35 厘米，体重 370-700 克。体毛柔软，主要为黑褐色，夹杂有黑色和灰黄色条纹。耳上有一撮白色长毛或黑色长毛。尾长，有黑灰色与黄灰色相间的环纹。

分布于巴西东部和巴拉圭等地。栖息于靠近水边的热带森林中。昼行性。树栖。性情活泼。行动敏捷。善于在树上跳跃。集小群活动，每群一般为 3-5 只。以植物果实、昆虫、蜘蛛、鸟卵等为食。没有固定的繁殖季节。怀孕期为 140-150 天。每胎产 2-3 仔。14 个月达到性成熟。寿命为 10-14 年。

毛　狨

倭　狨

倭狨 *Cebuella pygmaea*（Pygmy marmoset）

隶属于灵长目狨科。体长 12-16 厘米，尾长 10-20 厘米，体重 50-120 克。颜面细长，两颊上有长毛，耳朵短小。体毛为较深暗的灰棕色，背面有浅色和暗色交错形成的斑点。尾长，有模糊的环纹。

分布于巴西西部、秘鲁、哥伦比亚、玻利维亚和厄瓜多尔等地。栖息于热带森林中。昼行性。树栖。性情活泼。行动敏捷。善于在树上跳跃。集小群活动，每群一般为 5 只左右。以植物果实、嫩芽、昆虫、蜘蛛、蜥蜴等为食。没有固定的繁殖季节。怀孕期为 133-140 天。每胎产 1-2 仔。13-15 个月达到性成熟。寿命为 10-12 年。

狮面狨 *Leontopithecus rosalia*（Golden lion marmoset）

隶属于灵长目狨科。体长 25-40 厘米，尾长 20-40 厘米，体重 600-700 克。体态小巧。全身都披散着金色的丝绒状软长毛。头部有狮状冠毛。嘴向前突出，耳朵藏于毛下。尾长。

分布于巴西。栖息于热带森林中。昼行性。树栖。活泼好动。行动敏捷。善于沿着树干奔跑。群居，每群 2-8 只。以各种昆虫、蜘蛛、蠕虫，以及各种植物的嫩芽、花朵和果实等为食。繁殖期集中于 9 月至翌年 3 月。怀孕期为 125-134 天，每胎产 1-3 仔。

狮面狨

长须狨

长须狨 *Saguinus imperator*（Emperor tamarin）

隶属于灵长目狨科。体长 20-30 厘米，尾长 25-35 厘米，体重 250 —500 克。体毛浓密，除胸部略呈红色外，全身主要为黑色。耳朵上有一撮竖毛，嘴边具有两条白色胡须。尾长 。

分布于秘鲁东南部、玻利维亚和巴西等地。栖息于热带雨林中。昼行性。树栖。活泼好动。行动敏捷。善于沿着树干奔跑和跳跃。集小群生活。以各种昆虫、鸟卵，以及植物果实等为食。

白唇猬

白唇猬 *Saguinus labiatus*（White-lipped tamarin）

隶属于灵长目狨科。体长15-18厘米，尾长25-30厘米，体重260-320克。体毛主要为黑色，背部夹杂有白毛。胸腹部为橙红色。上唇有明显的白色条纹。

分布于巴西南部。栖息于热带雨林中。树栖。结小群活动，每群10只左右。昼行性。性情活泼、好动。以植物果实和昆虫、蜘蛛、蜗牛等为食。怀孕期为4-5个月。每胎产1-2仔。1.5-2岁达到性成熟。寿命为15-17年。

棉顶狨 *Saguinus oedipus*（Cotton-top tamarin）

隶属于灵长目狨科。体长18-22厘米，尾长20-23厘米，体重300-400克。额部、面部及颊部裸露，仅有稀疏的短茸毛。头顶上有一大撮白色的长毛。背部为暗灰色，稍带褐色，腹部和四肢为灰白色。

分布于巴拿马、哥斯达黎加和哥伦比亚等地。栖息于热带雨林中。树栖。结小群活动。夜间在树洞中睡眠，白天出洞觅食。性情活泼、好动。视觉、听觉灵敏。以植物果实和幼鸟、鸟卵、小型蜥蜴、蚯蚓等为食。怀孕期为4个月。每胎产1-3仔。1.5-2岁达到性成熟。寿命为15-17年。

棉顶狨

长尾猴

长尾猴 *Cercopithecus aethiops*（Savanna monkey）

隶属于灵长目猕猴科。体长38-83厘米，尾长42-114厘米，体重3-9千克。背面体毛主要为浅橄榄绿色，略带红褐色。腹面为灰白色。脸部为灰黑色，周围有一圈白色的边。雄兽的阴囊为蓝色，阴茎为红色。尾巴很长。

分布于非洲从撒哈拉沙漠以南至南非的广大地区。栖息于热带雨林、草原、灌丛，以及河流、湖泊附近。昼行性。半树栖。成群活动。以树皮、草叶、草籽、花、果实，以及昆虫、鸟卵和雏鸟等为食。繁殖期不固定。怀孕期为165天。每胎产1仔。3-4岁达到性成熟。寿命为18-20年。

红尾长尾猴 *Cercopithecus ascanius*（Red-tailed guenon）

隶属于灵长目猕猴科。体长41-48厘米，体重3.3-4.2千克。体毛主要为黄褐色，腹面较浅。四肢灰色。尾巴栗红色。脸部黑色。眼周蓝色。鼻部有白色斑点。颊白色。

分布于非洲扎伊尔、乌干达、安哥拉、尼日利亚北部等地。栖息于森林地带。树栖。以植物果实、叶、花、芽和昆虫等为食。

红尾长尾猴

白须长尾猴

白须长尾猴 *Cercopithecus diana*（Diana monkey）

隶属于灵长目猕猴科。体长40-60厘米，尾长50-75厘米。体毛主要为深紫色，背部和后腿为赤褐色。胸部白色。臀部为橙色。脸部为黑色，周围有一圈白色的边。下颏生有白色的长须毛。尾长，为黑色。

分布于非洲几内亚、加纳、利比里亚、塞拉里昂等地。栖息于森林地带。昼行性。树栖。成群活动，每群30只左右。行动敏捷。以植物果实、叶，以及昆虫、鸟卵等为食。怀孕期为7个月。每胎产1仔。3-4岁达到性成熟。寿命为18-20年。

髭长尾猴 *Cercopithecus cephus*（Moustached monkey）

隶属于灵长目猕猴科。体长56厘米，尾长70-95厘米，体重3-6千克。背部体毛主要为棕色，腹部为灰色。脸部为蓝色，上唇有白色的斑纹。尾长。

分布于非洲加蓬、尼日利亚、喀麦隆等地。栖息于森林地带。昼行性。树栖。成群活动，每群30-35只。行动敏捷。以植物果实等为食。怀孕期为6-7个月。每胎产1仔。

髭长尾猴

红腹长尾猴

红腹长尾猴 *Cercopithecus erythrogaster*（Red-bellied monkey）

隶属于灵长目猕猴科。体长46厘米，体重6千克。头顶有黄色冠毛。体毛主要为黑褐色，腹面为红褐色。脸部为黑色，有蓝色眼罩。下颏生有白色的长须毛。尾长，上面为绿色，下面为白色。

分布于非洲尼日利亚西南部和贝宁等地。栖息于热带雨林中。树栖。以植物果实、叶、种子和昆虫等为食。

鸮面长尾猴 *Cercopithecus hamlyni*（Owl-faced monkey）

隶属于灵长目猕猴科。体长55厘米，尾长58厘米，体重7-8千克。从额部正中至嘴有一个白色条纹。体毛主要为橄榄绿色，腹面较浅。尾长。

分布于非洲扎伊尔、乌干达、卢旺达等地。栖息于森林地带。昼行性。树栖。成小群活动。行动敏捷。以植物果实、叶，以及昆虫等为食。怀孕期为7个月。每胎产1仔。

鸮面长尾猴

高山长尾猴

高山长尾猴 *Cercopithecus lhoesti*（L'Hoest's monkey）

隶属于灵长目猕猴科。体长45-70厘米，尾长46-80厘米，体重3-10千克。体毛主要为黑色，腰部为赤褐色，周围有一圈灰色的边。两颊有浓密的白毛。四肢较长。尾巴灰色，很长，末端黑色。

分布于非洲扎伊尔、卢旺达、布隆迪、乌干达、喀麦隆等地。栖息于山地森林地带。昼行性。半树栖。成群活动。以植物果实和小型无脊椎动物等为食。

青长尾猴 *Cercopithecus mitis*（Diademed monkey）

隶属于灵长目猕猴科。体长49-66厘米，体重4-9千克。体毛主要为暗灰褐色，喉部、腹部白色。尾巴黄白色，很长，末端黑色。

分布于索马里、埃塞俄比亚、肯尼亚、扎伊尔、刚果、乌干达、安哥拉和南非等地。栖息于森林地带。昼行性。半树栖。集小群活动。以植物果实、花、叶和昆虫等为食。怀孕期为140天。每胎产1仔。

青长尾猴

加纳长尾猴 *Cercopithecus mona*（Mona monkey）

隶属于灵长目猕猴科。体长40-60厘米，尾长54-80厘米，体重2.5-7.5千克。背面体毛主要为橄榄绿色。腹部白色。尾巴很长。

分布于非洲尼日利亚、喀麦隆、几内亚、塞拉里昂、加纳等地。栖息于森林地带。昼行性。树栖。集小群活动。以植物果实、花、叶和无脊椎动物等为食。怀孕期为180天。每胎产1仔。

加纳长尾猴

白臀长尾猴 *Cercopithecus neglectus*（De Brazza's guenon）

隶属于灵长目猕猴科。体长41-61厘米，尾长50厘米，体重4.2-7.5克。体毛主要为灰色，有白色斑纹。腰部白色。尾巴黑色。脸部黑色，有白色斑 。

分布于非洲扎伊尔、刚果、喀麦隆等地。栖息于森林中。结小群活动。以植物果实、叶和昆虫等为食。

白臀长尾猴

小白鼻长尾猴 *Cercopithecus petaurista*（Lesser white-nosed monkey）

隶属于灵长目猕猴科。体长35-52厘米，尾长60-68厘米，体重2-3.5千克。背面体毛主要为橄榄褐色。腹部白色。鼻部有白斑。颊部有白色长毛。耳下有黑色斑纹。尾巴很长，上面为橄榄褐色，下面为白色。

分布于非洲几内亚、多哥、加纳等地。栖息于热带雨林中。树栖。以植物嫩芽、果实和昆虫等为食。

小白鼻长尾猴

沼泽猴 *Allenopithecus nigroviridis*（Allen's swamp monkey）

沼泽猴

隶属于灵长目猕猴科。体长48厘米，尾长51厘米。头圆。冠毛平齐。面部深暗。眼大。下颏灰白色，有一条黑色带状额毛一直延伸到耳部。体毛主要为黑色，有黄色斑纹。四肢短粗。尾长，毛簇为棕色。

分布于非洲扎伊尔、刚果等地。栖息于沼泽林地中。昼行性。树栖。善游泳。成群活动。以植物果实、叶、种子，以及鱼、虾、蜗牛和昆虫等为食。怀孕期为165-185天。每胎产1仔。

赤猴 *Erythrocebus patas*（Patas monkey）

隶属于灵长目猕猴科。体长48-87厘米，尾长54-74厘米，体重7-25千克。身体健壮。腰细。四肢较长。毛长而粗糙。额低，鼻梁和脸较长。脸上的色彩丰富，眼上方有一道黑眉纹，延伸至耳朵下方，眼下方为白色，沿着眼圈略成半圆形。鼻梁为黑色。脸颊为灰黑色。吻部为白色。额部至背部、四肢上部外侧以及尾部背面为砂红色。腹面较浅。四肢下部及内侧为白色。

分布于非洲从苏丹、索马里、坦桑尼亚、肯尼亚、乌干达一直到喀麦隆、塞内加尔一带。栖息于热带草原、灌丛、半沙漠等地带。昼行性。主要在地面上活动。群居。善于奔跑和跳跃。夜晚在树上睡觉。以树木果实、树叶，以及昆虫等为食。发情期不固定。怀孕期为160-177天。每胎产1仔。2-3年达到性成熟。寿命为20年。

赤 猴

灰颊白眉猴 *Cercocebus albigena*（Grey-cheeked mangabey）

隶属于灵长目猕猴科。体长45-75厘米，尾长70-100厘米，体重13千克。头顶有高耸的黑色冠毛。两颊极度凹陷，呈灰白色。具颊囊。体毛主要为灰色至暗褐色。尾长。

分布于非洲乌干达、喀麦隆、扎伊尔、加蓬、刚果等地。栖息于热带雨林等林地中。昼行性。树栖。集小群活动。以树木果实、种子、树叶，以及昆虫等为食。怀孕期为177天。每胎产1仔。

灰颊白眉猴

黑白眉猴 *Cercocebus aterrimus*（Black mangabey）

隶属于灵长目猕猴科。体长 46-65 厘米，尾长 66-94 厘米，体重 7-11 千克。头顶有高耸的冠毛。两颊极度凹陷，颊部胡须较长。具颊囊。体毛主要为黑色。尾长，具刚硬的黑毛，形似瓶刷。

分布于非洲安哥拉、扎伊尔等地。栖息于热带雨林、红树林、沼泽林、次生林等林地中。昼行性。树栖。集小群活动。以树木果实、种子、树叶，以及昆虫等为食。

黑白眉猴

乌白眉猴

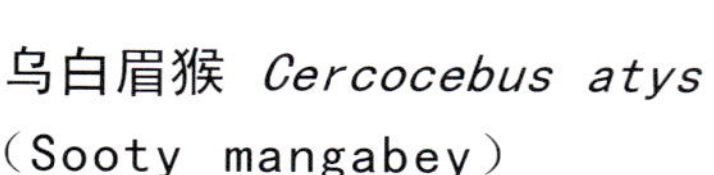

乌白眉猴 *Cercocebus atys*（Sooty mangabey）

隶属于灵长目猕猴科。背面体毛主要为灰黑色，腹面较浅。尾长。

分布于非洲几内亚、利比里亚等地。栖息于森林地带。昼行性。

敏白眉猴 *Cercocebus galeritus*（Agile mangabey）

隶属于灵长目猕猴科。体长 42-65 厘米，尾长 45-78 厘米，体重 10 千克。上眼睑为白色。背部体毛主要为黄褐色，腹面白色或黄色。尾长。

分布于非洲喀麦隆、加蓬、扎伊尔、刚果、肯尼亚等地。栖息于森林地带。昼行性。半树栖。集小群活动。行动敏捷。以树木果实、种子、树叶，以及昆虫等为食。怀孕期为 6 个月。每胎产 1 仔。寿命为 20 年。

敏白眉猴

白领白眉猴

白领白眉猴 *Cercocebus torquatus*（White-collared mangabey）

隶属于灵长目猕猴科。体长 48-67 厘米，尾长 52-79 厘米，体重 12 千克。头顶有栗红色冠毛。颊部有白色长毛。背部体毛主要为乌灰色，腹面为白色。尾长，末端白色。

分布于非洲加纳、喀麦隆、尼日利亚、刚果、塞内加尔等地。栖息于森林地带。昼行性。树栖。集小群活动。行动敏捷。以树木果实、种子、树叶以及昆虫等为食。怀孕期为 168 天。每胎产 1 仔。寿命为 20 年。

猎神狒狒 *Papio anubis*（Anubis baboon）

猎神狒狒

隶属于灵长目猕猴科。体长75厘米，尾长50厘米，体重22-30千克。体毛主要为棕黑色至橄榄灰色，并有较浅的环状毛纹，毛尖呈墨绿色。面长吻突。鼻孔极度外翻。胼胝为灰色。雄兽肩部有鬃毛，背部毛长而浓密。

分布于肯尼亚、埃塞俄比亚、刚果、马里、加纳、乍得、苏丹等地。栖息于半沙漠、热带草原等地。昼行性。群居，每群30-40只，有时多达200只。善于行走。以植物果实、种子、茎，以及昆虫、蜥蜴和其他小型动物等为食。怀孕期为170天。每胎产1仔。

草原狒狒 *Papio cynocephalus*（Savanna baboon）

隶属于灵长目猕猴科。体长50-110厘米，尾长40-75厘米，体重15-35千克。体毛主要为黄褐色。面长吻突。吻部裸露，为黑色，有白色颊毛。胼胝为黑色。雄兽肩部有鬃毛。

分布于非洲撒哈拉沙漠以南的广大地区。栖息于森林边缘的热带草原。昼行性。群居，每群20-150只。善于行走。以植物果实、种子、茎、根、花，以及小型动物等为食。怀孕期为6个月。每胎产1仔。寿命为30年。

草原狒狒

阿拉伯狒狒 *Papio hamadrayas*（Hamadraya baboon）

阿拉伯狒狒

隶属于灵长目猕猴科。体长为70-100厘米，尾长25-70厘米，体重18-27千克。头部较大，眉骨高高突起，两眼漆黑深陷，吻部很长，棱角分明，脸上有很高的隆起线。鼻部深红色。面部为肉色，光滑无毛。四肢粗壮。尾巴细长。臀部鲜红色。体毛粗糙，雄兽为灰褐色，雌兽呈棕绿色。雄兽的犬齿长而突出，由头部两侧至肩部和背部均披散着长毛，形如蓑衣。

分布于非洲索马里、苏丹、埃塞俄比亚，以及亚洲西部等地。栖息于热带草原和半沙漠地带。昼行性。主要在地面上活动，善于攀登山岩和爬树。喜欢群居。以植物的叶、果实、根茎、树皮、汁液，以及蝗虫、白蚁、蚂蚁、蝎子、蜥蜴、鸟卵等为食。发情期不固定。怀孕期为172天。每胎产1仔。5-7岁达到性成熟。寿命为15-20年。

豚尾狒狒 *Papio ursinus*（Pig-tailed baboon）

隶属于灵长目猕猴科。体长90-100厘米，尾长40-70厘米，体重40-50千克。头部较大。吻部短，为黑色。鼻子短而向上翘。面部为紫色，眼睑呈白色。体毛为暗灰色。尾巴细而短。

分布于非洲东部、东南部和西南部等地。栖息于多岩石的山坡地带和热带草原。昼行性。夜晚在山岩或树上睡觉。群居。善于行走和攀缘。以植物及小型动物等为食。怀孕期为187天。每胎产1仔。4-6年达到性成熟。寿命为30-40年。

豚尾狒狒

狮尾狒狒 *Theropithecus gelada*（Gelada）

隶属于灵长目猕猴科。体长50-75厘米，尾长40-55厘米，体重10-20千克。头部较大。鼻子短而向上翘。体毛主要为暗褐色，有明显的红色胸斑。尾巴较长。

分布于非洲埃塞俄比亚中部。栖息于海拔2000-4400米的山坡草地等地带。昼行性。地栖。群居。以草类为食，也吃树叶、昆虫等。怀孕期为170天。每胎产1仔。

狮尾狒狒

山魈 *Mandrillus sphinx*（Mandrill）

隶属于灵长目猕猴科。体长95-115厘米，尾长6-7厘米，体重20-40千克。雄兽脸型较长，裸露部分明显地鼓起，鼻子呈深红色，鼻梁两侧为鲜艳的、界线分明的蓝紫色皱纹，吻部两边以至颏下生有橙黄色和白色的触须。头顶有竖起的簇毛。耳小，呈浅红色。身体背面为深橄榄色。腹部为灰白色。臀部具有大块鲜红色的臀胝。雌兽的脸部呈灰黑色，鼻子红色，鼻梁两侧为灰蓝色。

分布于非洲刚果、加蓬、尼日利亚、喀麦隆和赤道几内亚等地。栖息于多岩石的丘陵地带。性情凶猛，力量很大。结群生活。喜爱喧闹。昼行性。大多在地面上活动。夜晚在树上睡觉。以小鸟、野鼠、蜥蜴、昆虫、蠕虫，以及树叶、野果、种子等为食。繁殖期不固定。怀孕期为8个月，每胎产1仔。4-6岁达到性成熟。寿命为15-20年。

山　魈

鬼　狒

鬼狒 *Mandrillus leucophaeus*（Drill）

隶属于灵长目猕猴科。体长45-90厘米，尾长5-12厘米，体重10-20千克。脸部黑色，有白色的触须。头顶有竖起的簇毛。身体背面主要为灰褐色。腹部较浅。

分布于非洲尼日利亚、喀麦隆和赤道几内亚的斐南多波岛等地。栖息于森林地带。结群生活。昼行性。在地面上和树上活动。以树叶、果实、种子，以及昆虫等为食。全年均可繁殖。怀孕期为210天。每胎产1仔。

短尾猴 *Macaca arctoides*（Stump-tailed macaque）

隶属于灵长目猕猴科。体长为50-82厘米，尾长5厘米，体重5-16千克。面部有鲜红色的斑块。前额部分裸露无毛，几乎全部秃顶，呈灰黑色。胸部、腹部，以及四肢内侧的毛稀疏而且颜色较浅，肩部、颈部和背部的毛较为粗糙。胼胝的周围裸露无毛。尾巴短，被毛稀少。

产于孟加拉国、缅甸、印度、柬埔寨、老挝、马来西亚、泰国、越南和中国西南、华南等地区。栖息在多岩石的亚热带山地常绿阔叶林带。昼行性、树栖。喜欢群居。以植物的果实、花、叶、根、茎及竹笋等为食，也捕捉螃蟹、青蛙等小动物。每年9-10月为交配的旺季。怀孕期大约为6个月，翌年的3-4月产仔，一般为隔年生育一次，每胎产1仔。寿命为20年左右。

短尾猴

熊猴 *Macaca assamensis*（Assam macaque）

隶属于灵长目猕猴科。体长为43-65厘米，尾长23-25厘米，体重4-15千克。吻部突出，面部呈肉色，头顶的毛发从中央向四周辐射，呈现一个“漩涡”，头部和颈部的毛发呈淡黄色，身体的毛色为棕黄色或棕褐色，较为蓬松但却较为粗糙。臀部胼胝周围的毛很多。尾巴褐色，较短而细。

分布于孟加拉国、不丹、缅甸、印度、尼泊尔、锡金、柬埔寨、老挝、越南、泰国，以及中国广西、云南、贵州东北部、广东北部和西藏等地。栖息于热带和亚热带亚高山密林中，喜欢在高大乔木上生活。昼行性、群居。以植物为食，也吃昆虫等小动物。

熊　猴

台湾猴 *Macaca cyclopis*（Taiwan macaque）

隶属于灵长目猕猴科。体长为36-54厘米，尾长为26-39厘米，体重4-5千克。身体的毛色主要为蓝灰石板色或灰褐色。头圆毛厚，面部比较平坦，呈肉色。顶毛向后披散。额部裸毛呈灰黄色。颊部生有浓密的须毛。四肢毛色深暗，手、足均为黑色。尾巴很粗，尾毛浓密，基部为橄榄色，端部则为灰色，中部有明显的黑色条纹。

分布于中国台湾。栖息于南部沿海的石岩地区，以及中部高山密林中。昼行性。半地栖。感觉灵敏，行动迅速。以野果、树叶、昆虫、蛙类等为食。全年均可发情。怀孕期为163天左右，每胎产1仔。5-6岁达到性成熟。寿命可达20年。

台湾猴

食蟹猴

食蟹猴 *Macaca fascicularis*（Crab-eating macaque）

隶属于灵长目猕猴科。体长32-65厘米，体重3-9千克。头顶上有向后的冠毛。面部有须毛。眼的周围皮肤裸露。耳直立。身体背面为黄褐色，腹面和四肢内侧颜色较浅。尾巴呈圆棍状，比身体稍长，黑色，尖端白色。

分布于印度尼西亚、菲律宾、马来西亚、泰国、缅甸、越南、老挝和柬埔寨等地。栖息于海岸附近和岛屿上的热带雨林、红树林中。群居。善于游泳。以树木果实、枝叶、花朵，以及昆虫、甲壳动物、软体动物等为食。怀孕期为180天。3-5岁达到性成熟。寿命为15年。

日本猴 *Macaca fuscata*（Japanese macaque）

隶属于灵长目猕猴科。体长47-65厘米，尾长26-45厘米，体重4.6-15千克。脸长而裸露，呈红色，周围有棕色短毛。耳短圆。头顶的毛向后披立。身体结实。体毛长而厚密。身体背面和四肢外侧为灰褐色至黄褐色，腹面和四肢内侧为浅灰色。四肢粗壮。尾较长。

分布于日本本州、四国、九州和屋久岛等地。栖息于山地落叶林中。昼行性。群居，每群几只至上百只不等。较耐寒。善于游泳和爬树。以树皮、果实、枝叶、种子、花朵，以及昆虫、蛙、鸟卵等为食。一般在秋冬季发情交配。怀孕期为170-200天。通常在3-6月生产。每胎产1仔。4-6岁达到性成熟。寿命为20年。

日本猴

猕猴 *Macaca mulatta*（Rhesus macaque）

隶属于灵长目猕猴科。体长51-63厘米，尾长20-32厘米，体重4-12千克左右。头顶上的毛从额部往后覆盖；脸部和两耳呈肉红色；头、颈、肩和前背毛色为灰褐色；后背至臀部，后肢外侧前方及尾的基部棕黄色；腹面淡灰色。尾长20厘米左右，尾毛蓬松。臀部坐骨处具有鲜红色的角质坐垫。手、足上均具有短而平的指甲。

分布于中国黄河流域以南地区，以及阿富汗东部、巴基斯坦、克什米尔、尼泊尔、印度、孟加拉国、泰国、缅甸、老挝、柬埔寨、越南等地。栖息于森林地带。半树栖，多在悬崖峭壁等陡峻处活动。群居。白天活动。以植物的嫩叶、花、果实和种子等为食。一年四季均可繁殖。每年生1胎，或3年生2胎，每胎仅产1仔。4-6岁达到性成熟，寿命约为25-30年。

猕 猴

豚尾猴 *Macaca nemestrina*（Pig-tailed macaque）

隶属于灵长目猕猴科。体长为40-77厘米，尾长15-18厘米，体重为4-15千克。额头较窄，吻部长而粗，面部较长，呈肉色，具较长的黄褐色须毛，颊部的毛斜向后方生长，耳朵周围的毛向前生长，彼此相连。眼睛具有明显的白色眼睑。冠毛短而黑，头顶上有放射状的毛旋，但前额却辐射排列为平顶的帽状。体毛长而柔软，具有光泽，身上略有一些斑点，背脊和尾巴为深棕色至黑色，其他部位为浅黄色至灰棕色。尾巴很短，毛很稀疏，基部较粗，尾梢较细，但末端有一簇长毛，常呈“S”形弯曲，状似猪尾。

豚尾猴

分布于缅甸、孟加拉国、印度、印度尼西亚、柬埔寨、老挝、马来西亚、泰国、越南、新加坡和中国云南、西藏东南部等地。栖息于亚热带森林中。昼行性、树栖。喜群居。以热带果实和昆虫、小鸟和鸟卵等为食。妊娠期为170天左右，每胎产1仔，哺乳期为6-8个月。3-5岁性成熟，寿命为26年。

帽猴 *Macaca radiata*（Bonnet macaque）

隶属于灵长目猕猴科。体长37-60厘米，尾长47-69厘米，体重2.9-11.6千克。头顶有黑色的冠毛，从额顶向外翻，向后辐射成椭圆型帽盖状。身体主要为灰棕色，腹面白色。面部裸露，呈粉红色至猩红色。尾巴长。

分布于印度西南部一带。栖息于森林、灌丛等地带。昼行性。主要在乔木的中上层活动。善于在树上奔跑。群居。以植物果实、叶、种子，以及昆虫、蜥蜴、鸟卵等为食。怀孕期为5个月。每胎产1仔。

帽 猴

狮尾猴

狮尾猴 *Macaca silenus*（Lion-tailed macaque）

隶属于灵长目猕猴科。体长41-61厘米，尾长25-45厘米，体重6-9千克。头顶有黑色的冠毛。额部的毛从中央呈旋状辐射。面部裸露，为黑色，四周生有银灰色的须毛。身体主要为黑色。臀部有粉红色的胼胝。尾巴末端有一簇毛团。

分布于印度南部一带。栖息于森林地带。昼行性。主要在乔木的上层活动。善于在树上行走，很少下到地面上活动。群居。以各种植物，以及昆虫、蜥蜴、蛙类等为食。怀孕期为6个月。每胎产1仔。5-8年达到性成熟。寿命为17年。

斯里兰卡猴 *Macaca sinica*（Toque macaque）

隶属于灵长目猕猴科。体长36-53厘米，尾长45-62厘米，体重2.5-8.4千克。头顶有从中部呈螺旋状辐射开来的冠毛，对称排列，遮盖额部。面部裸露，为茶黄色或粉红色。耳、唇和眼睑为黑色。身体背部主要为黄褐色，腹面、四肢内侧和颈部为白色。尾长。

分布于斯里兰卡。栖息于山地森林地带。昼行性。群居。以树叶、果实、花、种子、根、茎，以及昆虫等为食。5-7年达到性成熟。

斯里兰卡猴

地中海猕猴

地中海猕猴 *Macaca sylvanus*（Barbary macaque）

隶属于灵长目猕猴科。体长48-67厘米，体重9-14千克。体形粗壮。头圆。吻短。面部裸露，色暗。无鼻梁。眼周围和唇的上部色浅。额部中央有厚毛，延至眉部。头顶有黄色冠毛。下颏有短须，为灰白色。体毛粗糙蓬松，主要为黄褐色，有明显的杂斑，背部略黑。腹面毛稀，色浅。体侧、四肢为灰色。手足为黑褐色至深灰色。胼胝为棕色。没有尾巴，仅有极短的尾结。

分布于非洲北部的阿尔及利亚和摩洛哥，后被引入到西班牙南端的直布罗陀一带。栖息于针叶林、落叶林和灌丛等地带。昼行性。地栖性较强。夜晚在树上或悬崖高处安歇。群居。以树叶、果实、根、茎，以及昆虫、蜘蛛等为食。怀孕期为6个月。一般在5-8月生产。每胎产1仔。寿命为21年。

藏酋猴 *Macaca thibetana*（Tibetan macaque）

隶属于灵长目猕猴科。体长为51-71厘米，尾长7-14厘米，体重6-20千克。有一对大的犬齿，雄兽的脸部为肉色，眼围为白色；雌兽的脸部带有红色，眼围为粉红色。全身披着疏而长的毛发，背部色泽较深，腹部颜色较浅，头顶常有旋状项毛，从中央向两侧披散开，而且在面颊上和下颏上生有浓密的须毛。尾巴短，呈残结状。

分布于中国南方地区。栖息于崖岩较多的稀树山坡地带。昼行性。半地栖。结群活动。以果实、花朵、树芽、树叶、根茎等为食。每年9-10月发情。怀孕期为6-7个月。3-5月产仔，每胎产1仔。哺乳期为6个月。5岁达到性成熟。寿命为25年。

藏酋猴

长尾叶猴

长尾叶猴 *Presbytis entellus*（Entellus langur）

隶属于灵长目猕猴科。体长43-79厘米，尾长54-107厘米，体重11-17千克。体毛主要为黄褐色，额部有一些灰白色的毛，呈旋状辐射，面颊上有一圈白色的毛，嘴边长着须毛，脸、耳、手、足等都是黑色的。头部圆，吻部短，四肢都很长，尾巴更长，呈土灰色或灰棕色。

分布于印度、克什米尔、尼泊尔、锡金、斯里兰卡和中国西藏等地。栖息于海拔2000-3000米的中、高山地带的山地松林或杉林里。地栖性较强。平时喜欢结成十余只的小群或者接近100只的大群在一起活动。以树叶枝芽、花、果实等为食。怀孕期为168-196天。每胎产1仔。通常在4月生产。4-6岁达到性成熟。

黑叶猴 *Presbytis francoisi*（Francois' langur）

隶属于灵长目猕猴科。体长为48-64厘米，尾长80-90厘米，体重8-10千克。体型纤瘦，头部较小，尾巴和四肢细长。头顶有一撮直立起的黑色冠毛，枕部有2个毛旋，眼睛黑色，两颊从耳尖至嘴角处各有一道白毛。全身体毛均为黑色。

分布于越南北部、老挝中部和中国广西、贵州、四川等地。栖息在热带、亚热带岩洞较多的石灰岩地区森林中。群居，树栖。行动敏捷、轻盈，善于攀登、跳跃。以植物嫩叶、嫩芽、茎、花、果实和种子等为食。发情交配多在秋冬季节。生育期多在从12月至翌年3月的冬春季节，一般每胎产1仔，偶有2仔。3岁性成熟。寿命为10-12年。

黑叶猴

白头叶猴

白头叶猴 *Presbytis leucocephalus*（White-headed langur）

隶属于灵长目猕猴科。体长为50-70厘米，尾长60-80厘米，体重8-10千克。头部较小，躯体瘦削，四肢细长。体毛以黑色为主，头部高耸着一撮直立的白毛，颈部和两个肩部为白色，尾巴的上半截为黑色，下半截为白色，手和足的背面也有一些白色。

分布于中国广西龙州、宁明、崇左、扶绥等地。栖息于亚热带植被繁茂的岩溶地区。性情机警，活泼、好动，极善跳跃。集群生活。以树叶、嫩芽、野花、野果等为食。秋季交配，春季产仔。

金叶猴 *Presbytis geei*（Golden langur）

隶属于灵长目猕猴科。体长为48-72厘米，尾长71-94厘米，体重10-12千克。面部为黑色，颊部有长毛。体毛主要为金黄色，腹面较浅。尾长 。

分布于印度东北部、不丹等地。

金叶猴

南印叶猴

南印叶猴 *Presbytis johnii*（Nilgiri langur）

隶属于灵长目猕猴科。体长为50-70厘米，尾长60-80厘米，体重9-13千克。体毛主要为黑色，臀部黄色。面部黑色，须毛棕黑色。冠毛为黄色。手、足和尾巴为黑色。

分布于印度南部一带。栖息于丘陵地带。

乌叶猴 *Presbytis obscura*（Dusky leaf monkey）

隶属于灵长目猕猴科。体长为42-67厘米，尾长57-81厘米，体重5-9千克。头顶冠毛短而向后披。面部深灰色。下颏有长须毛。体毛主要为深棕色。上唇、下唇和眼圈为白色。头枕部为银灰色。四肢内侧为深棕色，外侧色浅。手足为黑色。尾长，颜色较浅。

分布于马来西亚、泰国南部和缅甸东部等地。

乌叶猴

菲氏叶猴 *Presbytis phayrei*（Phayre's langur）

隶属于灵长目猕猴科。体长为42-60厘米，尾长为64-86厘米，体重5.6-9千克。身体的毛色主要为灰褐色，或银灰色略带黄色，只有胸腹部为灰白色。冠毛较长，眼睛外围和嘴外围的皮肤形成灰白色的眼圈和嘴圈。眉额之间有黑色毛。四肢和手足细而长。

分布于缅甸、泰国、越南和中国云南等地。栖息于热带及亚热带茂密的阔叶林中。昼行性，树栖。性喜群居，十分喧闹。以植物的叶、花、果为食，也吃鸟卵和小鸟等。

菲氏叶猴

戴帽叶猴 *Presbytis pileata*（Capped langur）

隶属于灵长目猕猴科。体长53-71厘米，尾长60-95厘米，体重9-14千克。脸部为黑色，身体除了四肢的末端和尾巴为黑色外，其余都是银灰色，被毛长而稀疏。头顶的毛较为蓬松，颜色较深，如同戴着一顶小帽。颜面部色黑，手、足也是黑色。

分布于印度东北部、缅甸北部和中国云南西北部一带。栖息于河谷地区的亚热带密林中。昼行性。树栖。群居，每群通常为10-30只不等。以各种鲜嫩树叶、枝芽、花朵、水果为食。

戴帽叶猴

白臀叶猴 *Pygathrix nemaeus*（Douc langur）

隶属于灵长目猕猴科。体长为61-76厘米，尾长56-76厘米，体重7-10千克。体毛大部分为灰黑色，脸部黄色，有一圈稀疏的白色长毛。鼻孔朝上，鼻梁平滑。眼睛深褐色，眼周有黑圈。颈部有白色和栗色的条纹，下颌有红褐色的簇状毛。胸腹部为棕黄色，有一个宽大的、呈半圆型的栗色胸斑，胸斑外面的轮廓为黑色。尾巴长，白色，外围有呈三角形的臀盘。腿的上部分为赤褐色，下部分为黑色；两臂由肘到腕为白色，手和足为黑色。

分布于越南、老挝、柬埔寨，以及中国海南岛。栖息于森林地带。昼行性，树栖。善于跳跃。以鲜叶、嫩芽、果实等为食。怀孕期为165天左右，大多在2-6月间产仔。4-5岁性成熟。

白臀叶猴

越南仰鼻猴 *Rhinopithecus avunculus*（Tonkin snub-nosed monkey）

隶属于灵长目猕猴科。体长51-62厘米，尾长66-92厘米，体重8-15千克。额部、脸的侧面为白色。颏部浅黄色。面部裸露，为肉色。冠毛不明显。身体背面、四肢为黑色。腹面为黄白色。尾巴较长，为黑色，末端白色。

分布于越南北部一带。栖息于热带雨林中。昼行性。树栖。群居。以各种树叶、果实等为食。

越南仰鼻猴

黔金丝猴 *Rhinopithecus brelichi*（Guizhou snub-nosed monkey）

隶属于灵长目猕猴科。体长60-73厘米，尾长80-90厘米，体重13-16千克。头部为圆形，颜面部裸露，面色为灰蓝色，双眼微微向上倾斜。冠毛黄色，但毛尖为黑色，两耳较小，也是黑色。全身披着暗灰色长毛，其中头顶、背部、体侧、四肢外侧以及尾巴的毛色最深，为浓密的黑褐色，尾巴尖为白色。手、足掌的皮肤以及指（趾）甲也都是黑褐色，胸部、腹部和四肢内侧的毛色略浅。有大块的椭圆形白斑长在背面的两肩之间。面部裸露，为浅蓝色。

分布于中国贵州东北部梵净山一带。栖息于海拔1400-1800米之间的低山阔叶林中。昼行性。树栖。群居。以各种树叶、枝芽、树皮及果实等为食。

黔金丝猴

金丝猴 *Rhinopithecus roxellanae*（Snub-nosed monkey）

隶属于灵长目猕猴科。体长48-64厘米，尾长57-80厘米，体重7-16千克。四肢粗壮，后肢略长于前肢。头圆，耳短，眼睛为深褐色，嘴唇厚，吻部肥大。两颊和额的正中的毛都向脸的中央伸展，露出两个凹陷的天蓝色眼圈、一个突出的天蓝色吻圈和一对向上仰起的朝天鼻孔。

分布于中国四川、甘肃东南部、陕西南部和湖北西北部等地。栖息于亚高山针叶阔叶混交林中。树栖，群居。以嫩芽、叶、花、果实、种子等为食。每年9-11月交配。怀孕期为6-8个月。3-5月产仔，每胎产1仔。4-6岁达到性成熟。寿命为20-25年。

金丝猴

滇金丝猴 *Rhinopithecus bieti*（Yunnan snub-nosed monkey）

隶属于灵长目猕猴科。体长为65-83厘米，尾长为45-72厘米，体重15-30千克。体毛主要是灰黑色，具有光泽，手、足也呈黑色，但上臂内侧、喉部、颈侧、臀部及股部均为灰白色。臀部的两侧有大白斑，斑上的毛又白又长。

分布于中国云南西北部、西藏东南部等地。栖息于亚高山针叶林中。群居，树栖。以针叶树的松针、嫩叶、松果等为食，也吃昆虫、蜘蛛等小动物。

滇金丝猴

长鼻猴 *Nasalis larvatus*（Proboscis monkey）

隶属于灵长目猕猴科。体长50-90厘米，尾长为55-76厘米，体重8-25千克。脸部为赤褐色，头上的冠毛深红色。头、颈和背部均披着厚厚的赭黄色体毛，臀部、四肢和尾巴为灰黄色，肩部、喉部、胸部和腹部等则呈白色或灰白色，耳朵和手足的掌部为暗铅色。鼻子很大，颜色红艳。

分布于印度尼西亚加里曼丹岛上、文莱和马来西亚的沙捞越、沙巴等地。栖息于生长着红树林、水椰林和棕榈林的沿海或河边沼泽附近的森林中。群居。昼行性。行动敏捷。善于游泳。以各种水生植物的嫩芽、嫩叶等，以及少量果实为食。怀孕期约为166天，每胎仅产1仔。

长鼻猴

安哥拉黑白疣猴 *Colobus angolensis*（Angolan black and white colobus）

隶属于灵长目猕猴科。体长50-75厘米，尾长60-90厘米，体重6-11千克。面部为黑色，周围环绕一圈白毛。体毛主要为黑色，肩部有白色的长毛 。

分布于安哥拉等地。栖息于森林地带。昼行性。树栖。结小群活动。以树叶、果实、种子等为食。

安哥拉黑白疣猴

东非疣猴 *Colobus guereza*（Eastern black and white colobus）

隶属于灵长目猕猴科。体长54-75厘米，尾长67-89厘米。头顶有直立的冠毛。吻部较短。面部为黑色，周围环绕一圈白毛。体毛主要为黑色，肩部至后背、两胁及尾巴有白色的长毛。

分布于苏丹、埃塞俄比亚、肯尼亚、扎伊尔等地。栖息于山地森林、热带雨林中。昼行性。树栖。善于在树上跳跃。以树木的叶、果实、种子和花朵等为食。

东非疣猴

赤褐疣猴

赤褐疣猴 *Colobus badius*（Red colobus monkey）

隶属于灵长目猕猴科。体长50-70厘米，尾长60-80厘米，体重9-12千克。头小。面部色深，眼眶为粉红色。鼻子较平。额部、颈部、肩部、背部和后腿均为黑色。颊部的须为红色。前肢和腹面为栗红色或棕红色。胼胝至踝关节有一个白色三角形斑。尾基部深红色，末端黑色。

分布于非洲冈比亚、几内亚、塞内加尔、加纳、博茨瓦纳、利比里亚、塞拉里昂、坦桑尼亚等地。栖息于各种类型的森林地带。昼行性。树栖。集群活动，每群50只以上。善于在树上跳跃。以树木的叶、果实、种子和花朵等为食。怀孕期为4-5个月。每胎产1仔。

黑白疣猴 *Colobus polykomos*（Western black and white monkey）

隶属于灵长目猕猴科。体长49-65厘米，尾长72-89厘米，体重6-14千克。面部为黑色，周围环绕一圈白毛。体毛主要为黑色，肩部至后背、两胁有白色的长毛。

分布于加纳、利比里亚等地。栖息于森林地带。昼行性。树栖。结小群活动。以树叶、果实、种子等为食。怀孕期为5-6个月。每胎产1仔。寿命为30年。

黑白疣猴

塔纳河红疣猴

塔纳河红疣猴 *Colobus rufomitratus*（Tana river red colobus monkey）

隶属于灵长目猕猴科。体长70厘米。面部为黑色。背部体毛主要为红色。腹面白色。额部、颊部有白色的长毛。肩部为黑色。

分布于肯尼亚等地。栖息于森林地带。

敏猿 *Hylobates agilis*（Agile gibbon）

隶属于灵长目长臂猿科。身高90厘米，无尾，体重6千克。体形纤小，前肢特别长，具有小的胼胝。面部色深，眉白色，雄兽颊部白色。耳色深，隐藏在毛下。手掌黑色。体毛为黑色、褐色或黄色。

分布于泰国南部、马来西亚、印度尼西亚的苏门答腊和加里曼丹西南部等地。栖息于热带雨林中。昼行性。树栖。善于在树枝上荡越前进。性情怯弱。行动敏捷。以树木的果实、树叶，以及鸟卵等为食。

敏 猿

白眉长臂猿 *Hylobates hoolock*（Hoolock gibbon）

隶属于灵长目长臂猿科。体长45-65厘米，无尾，体重10-14千克。头很小，面部短而扁。体毛蓬松，雄兽的体色大都为暗黑褐色，但阴茎处的毛丛为白色，额部有一道明显的白纹，如同白眉。雌兽的体毛为淡黄褐色，近似灰白色，颊部的毛较为深暗，白色眉纹不大显著。面部裸露，颜色较暗，两只眼睛为褐色，耳朵具有较深的色素，隐藏于毛的下面。

分布于中国云南北部、印度东北部、孟加拉国和缅甸等地。栖息于热带或亚热带的高山密林之中。树栖，群居。善于在树枝上荡越前进。叫声响亮。每年9月至翌年2月发情交配。每年产1胎，怀孕期为7-7．5个月。每胎产1仔。7-8岁时性成熟，寿命一般为20-30年。

白眉长臂猿

黑长臂猿

黑长臂猿 *Hylobates concolor*（Black gibbon）

隶属于灵长目长臂猿科。体长45-64厘米，无尾，体重5-10千克。体形纤小，前肢特别长，具有小的胼胝。雄性通体黑色，头上略微耸立着冠毛；雌性体毛为具有光泽的浅棕黄色，仅在头上具有三角形的黑色毛冠。

分布于越南、老挝、泰国和中国云南、广西、海南等地。栖息于热带雨林中。树栖，群居。善于在树枝上荡越前进。以树木的果实、树叶、嫩枝和花朵等为食。每隔两年生一胎。冬季和春季交配。怀孕期为7个月。每胎产1仔。6岁性成熟。寿命为25-30年。

白掌长臂猿 *Hylobates lar*（Lar gibbon）

隶属于灵长目长臂猿科。体长为50-64厘米，无尾，体重8-9千克。全身体毛密而长，较为蓬松，均呈褐黄色。颜面部为棕黑色，手、脚的毛色很淡。自眉的边缘经面颊到下颌有一圈白毛形成的圆环。

分布于中国云南西南部，以及越南、老挝、柬埔寨、泰国、马来西亚和印度尼西亚的苏门答腊等地。栖息于热带、亚热带的密林中。群居，树栖。善于在树上用两臂攀抓树枝摆动、腾跃。以树叶、果实、花朵、昆虫、小鸟等为食。四季均可繁殖，每年产1胎，怀孕期为7-7．5个月，每胎产1仔。7-8岁性成熟。寿命为20-30年。

白掌长臂猿

戴帽长臂猿

戴帽长臂猿 *Hylobates pileatus*（Pileated gibbon）

隶属于灵长目长臂猿科。体长为 43-60 厘米，无尾，体重为 6 千克。体毛蓬松。雄兽体毛主要为黑色，手背、足背和额部白色。雌兽体毛浅黄色至银灰色，额部、脸部、胸部为黑色。耳朵较小，隐藏在冠毛下面。

分布于老挝、柬埔寨、泰国东南部等地。栖息于热带雨林中。树栖。呈家族群生活。以植物果实、树叶、嫩枝、花朵，以及昆虫等为食。怀孕期为 7-8 个月。每胎产 1 仔。

银猿 *Hylobates moloch*（Silvery gibbon）

隶属于灵长目长臂猿科。无尾，体重 6 千克。全身体毛长而蓬松，均呈银灰色。冠毛、胸部为灰黑色。颜面部裸露，为黑色。耳黑色。眉纹苍白色 。

分布于印度尼西亚的爪哇岛西部等地。栖息于热带森林中。昼行性。群居，树栖。善于树上用两臂攀抓树枝摆动、腾跃。

银 猿

合趾猿 *Hylobates syndactylus*（Siamang）

隶属于灵长目长臂猿科。体长为 70-90 厘米，无尾，体重为 10-16 千克。体毛长软蓬松，均为黑色，面部裸露，嘴的附近略有一些白毛，眼眉为红棕色。耳朵较小，鼻子扁平，鼻孔较大。雄兽的头部有一撮直立的毛。喉部有裸露的声囊，呈灰色或粉红色。第二、第三趾之间呈蹼状。

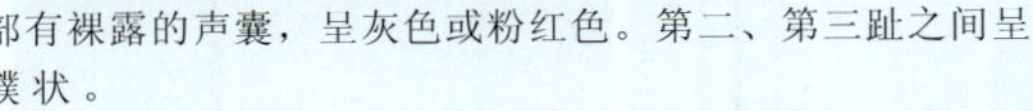

分布于马来西亚、印度尼西亚的苏门答腊等地。栖息于热带雨林中。树栖，群居。以植物果实、树叶、嫩枝、花朵，以及昆虫等为食。雌兽的怀孕期为 7 个月。每胎产 1 仔。7 岁达到性成熟。寿命为 16 年。

合趾猿

白颊长臂猿 *Hylobates leucogenys*（White-cheeked gibbon）

隶属于灵长目长臂猿科。体长为 45-62 厘米，无尾，体重 5-7 千克。体毛长而粗糙，雄兽以黑色为主，混有不明显的银色，面颊的两旁从嘴角至耳朵的上方各有一块白色或黄色的毛。雌兽体毛为枯黄色至乳白色，头顶上有一块呈梯形的赤褐色斑块。

分布于中国云南南部，以及越南、老挝、泰国等地。树栖，群居。以植物果实、树叶、嫩枝、花朵，以及昆虫、鸟卵等为食。怀孕期约为 210 天，通常每 2 年生育一次。

白颊长臂猿

猩猩 *Pongo pygmaeus*（Orang-utan）

隶属于灵长目猩猩科。体长为115-150厘米，无尾，体重40-120千克。体型较胖。体毛为赤褐色，较为稀疏柔软，肩部、背部和两臂的毛较长。头大而尖，吻部突出。眼、耳均很小。两眼间相距较窄。面部为蓝黑色。鼻子小而扁平、下塌。嘴巴较大而阔，嘴唇较厚。前肢极长。

分布于印度尼西亚的苏门答腊岛北部和加里曼丹岛的大部分地区。栖息于热带潮湿的密林中。树栖，除了饮水、觅食外，很少下地活动。善于在树上攀缘、荡跃。性情孤独，单独活动。昼行性。夜晚在树上睡觉。以植物嫩芽、嫩叶、果实等为食。一年四季均可繁殖。雌兽每隔4-5年生育一次，怀孕期为233-264天。每胎产1仔。8岁性成熟。寿命为25-30年。

猩　猩

大猩猩 *Gorilla gorilla*（Gorilla）

隶属于灵长目猩猩科。体长140-200厘米，无尾，体重80-250千克。身体粗壮。体毛主要为黑色。面部、耳朵、手足等均无毛，也没有须毛，颜面皮肤皱褶很多。头大，额低，头顶部有发达的矢状脊，雄兽还有较厚的冠垫。眼凹陷，距离较宽。鼻梁塌陷，鼻孔特大而具有光泽。耳很小。吻部突出，嘴很大。四肢粗壮，前肢长于后肢。

分布于非洲的加蓬、几内亚、尼日利亚、喀麦隆、刚果、扎伊尔东部和乌干达西南部等地。群居。昼行性。主要在地面上活动，很少上树。以植物的嫩叶、树皮、果实、竹笋等为食。没有固定的发情季节。怀孕期约为258天。每胎产1仔。8-9岁达到性成熟，寿命为40-50年。

大猩猩

倭黑猩猩 *Pan paniscus*（Pygmy chimpanzee）

隶属于灵长目猩猩科。体长60-100厘米，身高150厘米，无尾，体重20-40千克。体态纤细，四肢瘦长。体毛细软，主要为黑色。面部黑亮。耳小且黑。唇部为不明显的粉红色。眉脊突出。头顶两端有矢状乍起的项毛。

分布于非洲扎伊尔中部一带。栖息于低洼、潮湿的热带雨林、沼泽林中。树栖。群居，每群6-15只。在地面上行走为指行式。以果实、树叶、嫩芽、花、种子以及昆虫等为食。怀孕期为8个月。每胎产1仔。

倭黑猩猩

黑猩猩

黑猩猩 *Pan troglodytes*（Chimpanzee）

隶属于灵长目猩猩科。体长110-140厘米，无尾，体重50-75千克。面部为黑色。眉骨较高，两眼深陷，嘴宽阔。身体乌黑色。体毛较为粗短。头顶较圆而平。鼻孔小而窄，嘴唇长而薄。耳较大。四肢、指（趾）粗壮，前肢长于后肢。

分布于非洲刚果、加蓬、喀麦隆、尼日利亚、中非共和国、扎伊尔、乌干达、坦桑尼亚等地。群居。性情好奇，行动敏捷。善于爬树和在地面上行走。夜晚在树上睡觉。以植物果实、鲜叶、嫩芽，以及昆虫、小鸟和白蚁等为食。一年四季均可发情。怀孕期为228天。每胎产1仔。6-10岁达到性成熟。寿命为35-40年。

六、贫齿目 EDENTATA

贫齿目的拉丁文原意是没有牙齿的意思，但事实上，除了食蚁兽科真正没有牙齿外，其他 2 科都具有牙齿，其中犰狳科有多达 100 颗左右的同型齿，树懒科有 16-20 颗牙齿，这些牙齿构造简单，没有釉质，却能终生生长。因此，不能仅靠有无牙齿来鉴别贫齿目动物，而要参照其他特征，例如：贫齿目动物没有眶后条；没有侧枕突；没有门齿和犬齿，如果有前臼齿和臼齿存在，则为近于钉状的圆柱形，没有釉质和齿根，或者仅有 1 个单齿根；后足典型的为 5 趾，前足为 2-3 个显著的趾，上面都有尖锐的长爪；腰椎间有附加的关节，又叫外关节突；雌兽子宫为双角，雄兽睾丸在腹腔中等。

在第三纪时，贫齿目动物的种类和数量都很丰富。最早的古贫齿目动物发现于北美洲始新世的地层中。在南美洲和北美洲大陆分离之前，这些古老的贫齿目动物就由北美洲进入南美洲，南美洲和北美洲大陆分开之后，南美洲的贫齿目动物很快发展起来，成了南美洲动物群中的优势类群，并且一直生活到现代。南美洲的贫齿目动物，在第三纪时向着两个方向发展。一个是向着巨大的身体和披毛的方向发展，如南美新生代晚期的大地懒，体形大小与一只小象相仿，体重可达数吨。现在生活在南美洲的树懒和食蚁兽，则是大地懒的近亲。另一个是向着披甲的方向发展，如现生的犰狳和已经绝灭了的雕齿兽等。

贫齿目动物中，犰狳类为陆栖或半穴居，树懒类为树栖，食蚁兽类为陆栖或树栖。犰狳类和食蚁兽类主要以白蚁及其他软体的无脊椎动物为食，但犰狳类食性较杂，也吃鸟卵、浆果以及腐肉等。树懒类则以树叶、树芽、果实等植物性食物为食。它们的种数和数量都不多，分布仅局限于西半球从美国南部至南美洲一带。

贫齿目共有 3 科，即：犰狳科（Dasypodidae）、食蚁兽科（Myrmecophagidae）、树懒科（Bradypodidae）。

红毛犰狳 *Chlamyphorus truncatus*（Pink fairy armadillo）

隶属于贫齿目犰狳科。体长 12-15 厘米，尾长 3-5 厘米。头部、背部有鳞甲，为粉红色，仅在从头顶及背部沿脊椎的中线上与躯体相连，臀部另有一块鳞甲。眼小。身体有柔软光滑的细毛。腹面为白色，没有鳞。

分布于玻利维亚、阿根廷中部和西部等地。栖息于干燥多沙的平原地带。性情胆怯。善于挖掘洞穴。以昆虫等为食。

红毛犰狳

九带犰狳 *Dasypus novemcinctus*（Nine-banded armadillo）

九带犰狳

隶属于贫齿目犰狳科。体长32-43厘米，尾长25-37厘米，体重3.6-7.7千克。身体主要为黑褐色。头顶上被有鳞片，两侧有一对圆形的小耳。嘴尖而长。身体分为前、中、后三段，外面都被有一层由小骨片组成的、如瓷砖般排列的骨质鳞片。前段和后段的骨质鳞片连成整块结构，不能伸缩，中段的9条鳞片呈带状环绕而形成“绊”，有筋肉相连，可以自由伸缩。尾巴和四肢上也有鳞甲，鳞片之间长有稀疏而粗糙的毛。腹部没有鳞，有较为浓密的毛。四肢粗壮，趾上有尖锐而强硬的爪。

分布于从美国南部、墨西哥，一直到阿根廷西北部的广大地区。栖息于靠近水边的地带。夜行性，白天大多在洞穴中睡觉。遇到危险时将身体蜷缩，藏在鳞甲之内。善于挖掘洞穴。以昆虫、蠕虫、蜗牛、鸟卵等为食，也吃植物浆果等。1岁达到性成熟。

七带犰狳 *Dasypus septemcinctus*（Seven-banded armadillo）

七带犰狳

隶属于贫齿目犰狳科。身体主要为灰褐色。头顶上被有鳞片，两侧有一对小耳。嘴尖而长。身体分为前、中、后三段，外面都被有一层由小骨片组成的、如瓷砖般排列的骨质鳞片。前段和后段的骨质鳞片连成整块结构，不能伸缩，中段的7条鳞片呈带状环绕而形成“绊”，有筋肉相连，可以自由伸缩。尾巴和四肢上也有鳞甲，鳞片之间长有稀疏而粗糙的毛。腹部没有鳞，有较为浓密的毛。四肢粗壮，趾上有尖锐而强硬的爪。

分布于巴拉圭、玻利维亚和巴西东部、中部等地。

大犰狳 *Priodontes maximus*（Giant armadillo）

隶属于贫齿目犰狳科。体长75-100厘米，尾长45-50厘米，体重45-60千克。身体粗壮，主要为黑褐色。头顶上被有鳞片，两侧有一对圆形的小耳。嘴尖而长。身体外面被有一层由小骨片组成的、如瓷砖般排列的骨质鳞片。尾巴和四肢上也有鳞甲，鳞片之间长有稀疏而粗糙的毛。腹部没有鳞，有较为浓密的毛。四肢粗壮，趾上有尖锐而强硬的爪。

分布于巴拉圭、阿根廷、委内瑞拉、圭亚那和巴西等地。

大犰狳

六绊犰狳 *Euphractus sexcinctus* (Six-banded armadillo)

六绊犰狳

隶属于贫齿目犰狳科。体长40-50厘米，尾长20-25厘米，体重3.5-4.5千克。身体主要为黑褐色。头顶上被有鳞片，两侧有一对圆形的小耳。嘴尖而长。身体分为前、中、后三段，外面都被有一层由小骨片组成的、如瓷砖般排列的骨质鳞片。前段和后段的骨质鳞片连成整块结构，不能伸缩，中段的6条鳞片呈带状环绕而形成“绊”，有筋肉相连，可以自由伸缩。尾巴和四肢上也有鳞甲，鳞片之间长有稀疏而粗糙的毛。腹部没有鳞，有较为浓密的毛。四肢粗壮，趾上有尖锐而强硬的爪。

分布于巴拉圭、阿根廷、玻利维亚和巴西等地。栖息于靠近水边的地带。夜行性，白天大多在洞穴中睡觉。遇到危险时将身体蜷缩，藏在鳞甲之内。善于挖掘洞穴。以昆虫、蠕虫、蜘蛛、蜥蜴，以及植物等为食。怀孕期为74天。每胎产2仔，寿命为15年。

毛犰狳

毛犰狳 *Chaetophractus villosus*（Hariy armadillo）

隶属于贫齿目犰狳科。身体主要为灰褐色。头顶上被有鳞片，两侧有一对圆形的小耳。嘴尖而长。身体外面都被有一层由小骨片组成的、如瓷砖般排列的骨质鳞片。有8条鳞片可以自由伸缩。鳞片之间长有稀疏而粗糙的毛。腹部没有鳞，有较为浓密的毛。四肢粗壮，趾上有尖锐而强硬的爪。

分布于巴拉圭北部至阿根廷中部一带。以昆虫等为食。

小犰狳 *Zaedyus pichiy*（Pichi）

隶属于贫齿目犰狳科。体长身体主要为黑灰色。头顶上被有鳞片，两侧有一对圆形的小耳。嘴尖而长。身体外面都被有一层由小骨片组成的、如瓷砖般排列的骨质鳞片。鳞片之间长有稀疏而粗糙的毛。腹部没有鳞，有较为浓密的毛。四肢粗壮，趾上有尖锐而强硬的爪。

分布于智利、阿根廷等地。以昆虫等为食。

小犰狳

大食蚁兽 *Myrmecophaga tridactyla*（Giant anteater）

大食蚁兽

隶属于贫齿目食蚁兽科。体长100-130厘米，尾长65-90厘米，体重18-23千克。脊部隆起，弯曲呈拱形。头部细而长，耳、眼和鼻都很小。吻部为圆锥管状，前端有很小的口。体毛多而粗硬，主要为黑灰色，杂有棕褐色。有两条宽阔的、镶有白边的黑色纵条纹，由喉部通过肩部上达至背部。前后肢上都具有5趾，前肢粗壮而有力，后肢较短，趾上有尖锐的爪。尾巴特别发达，毛长而蓬松。

分布于从中美洲危地马拉、萨尔瓦多、洪都拉斯、哥斯达黎加到南美洲阿根廷北部一带。栖息于河边、沼泽、潮湿的森林和草原的低洼地带。性情孤独、温和，行动非常谨慎而迟钝。单独或成对活动。昼行性。喜欢游泳，但不善爬树。走路时吻部几乎与地面接触。以黑蚁、白蚁等各种蚁类，以及少数昆虫及幼虫等为食。妊娠期约为190天，每胎产1仔。寿命为14年。

墨西哥食蚁兽 *Tamandua mexicana*（Northern tamandua）

隶属于贫齿目食蚁兽科。体长60厘米，尾长60厘米。脊部隆起，弯曲呈拱形。头部细而长，耳、眼和鼻都很小。吻部为圆锥管状，前端有很小的口。体毛主要为黑灰色，杂有棕褐色。尾长，具缠绕性，末端无毛 。

分布于从墨西哥南部、中美洲到南美洲秘鲁一带。栖息于热带森林中。树栖。夜行性。以白蚁等为食。

墨西哥食蚁兽

小食蚁兽 *Tamandua tetradactyla*（Lesser anteater）

小食蚁兽

隶属于贫齿目食蚁兽科。体长54-58厘米，尾长50-60厘米。脊部隆起，弯曲呈拱形。头部细而长，耳、眼和鼻都很小。吻部为圆锥管状，前端有很小的口。体毛主要为黄褐色，背部有两条宽阔的黑色纵条纹。尾长，具缠绕性，末端无毛。

分布于南美洲从委内瑞拉至乌拉圭、阿根廷一带。栖息于热带森林中。树栖。夜行性。以白蚁等为食。

侏食蚁兽 *Cyclopes didactylus*（Pygmy anteater）

隶属于贫齿目食蚁兽科。体长15-18厘米，尾长18-20厘米。头部细长，吻部略尖。眼和鼻都很小。体毛主要为黄褐色。前足具2趾，有大而弯曲的爪。后足具4趾，还有一个与其他趾相对的“拇趾”。尾长，具缠绕性。

分布于从墨西哥南部、中美洲到南美洲巴西、玻利维亚一带。栖息于森林中。树栖。善于攀爬。以蚂蚁、白蚁等为食。

侏食蚁兽

三趾树懒 *Bradypus tridactylus*（Pale-throated sloth）

三趾树懒

隶属于贫齿目树懒科。体长50-60厘米，尾长6-7厘米，体重3.5-4.5千克。头小而圆。耳极小，隐藏于毛的下面。上肢较下肢为长。前后肢均有3趾，趾上有长爪。尾巴较短。体毛短而密，主要为灰褐色，脸部、喉部较浅。毛向与一般兽类的体毛恰好相反，是从腹部向背部生长。

分布于委内瑞拉南部、圭亚那和巴西北部等地。栖息于森林中。终生在树上生活，从不到地面上。性情温和。行动缓慢。平时用四肢钩住树枝，将身体倒挂在树枝上。以树的嫩叶、嫩枝、嫩芽等为食。雌兽的怀孕期为180天。

褐喉树懒 *Bradypus variegatus*（Brown-throated sloth）

隶属于贫齿目树懒科。体长60厘米，尾长6-7厘米，体重3.5-4.5千克。头小而圆。耳极小，隐藏于毛的下面。上肢较下肢为长。前后肢均有3趾，趾上有长爪。尾巴较短。体毛短而密，主要为灰褐色，额部、背部有白斑。喉部深褐色。毛向与一般兽类的体毛恰好相反，是从腹部向背部生长。

分布于中美洲洪都拉斯、巴拿马等地。栖息于雨林中。终生在树上生活，从不到地面上。性情温和。行动缓慢。平时用四肢钩住树枝，将身体倒挂在树枝上。以树的嫩叶、嫩枝、嫩芽等为食。雌兽的怀孕期为180天。

褐喉树懒

二趾树懒

二趾树懒 *Choloepus didactylus*（Two-fingered sloth）

隶属于贫齿目树懒科。体长60-70厘米，体重4-5千克。头小而圆。耳极小，隐藏于毛的下面。上肢较下肢为长。前肢有2趾，后肢有3趾，趾上有长爪。尾巴退化。体毛短而密，主要为灰褐色，毛向与一般兽类的体毛恰好相反，是从腹部向背部生长。

分布于委内瑞拉、圭亚那、秘鲁、厄瓜多尔、哥伦比亚、巴西北部等地。栖息于森林中。终生在树上生活，从不到地面上。性情温和。单独活动。行动缓慢。平时用四肢钩住树枝，将身体倒挂在树枝上。以树的嫩叶、幼枝、树芽和树果等为食。怀孕期为260天。每胎产1仔。

霍氏树懒 *Choloepus hoffmanni*（Hoffmann's sloth）

隶属于贫齿目树懒科。体长58-70厘米，体重4-8千克。头小而圆。耳极小，隐藏于毛的下面。上肢较下肢为长。前肢有2趾，后肢有3趾，趾上有长爪。尾巴退化。体毛短而密，主要为褐色，脸部白色。毛向与一般兽类的体毛恰好相反，是从腹部向背部生长。

分布于尼加拉瓜、哥斯达黎加、秘鲁和巴西等地。栖息于热带森林中。终生在树上生活，从不到地面上。性情温和。单独活动。行动缓慢。平时用四肢钩住树枝，将身体倒挂在树枝上。以树的嫩叶、幼枝、树芽和树果等为食。怀孕期为260天。每胎产1仔。

霍氏树懒

七、鳞甲目 PHOLIDOTA

鳞甲目动物通称为穿山甲类，共同特点是：没有牙齿。舌发达。头骨粗大，呈圆锥形，颧弓不完整。鼻骨大，上枕骨也大。耳壳呈环形。头顶、头侧、颈部、身体和尾巴均覆盖着大而呈复瓦状排列的硬角质厚鳞片。颏部、颈部下方及腹部具毛而无鳞片。爪长，尤其是前足中趾的爪特长，可以用于抓蚁巢。尾巴扁而阔。

学术界曾经为穿山甲类的分类地位大伤脑筋，有人根据它有锐利的爪、善于挖掘洞穴和以蚁类为食等与土豚相似的特点，把它列入管齿目（或者叫做“掘穴目”）中，但穿山甲类没有土豚所具有的颊齿。后来又有人将它同食蚁兽、犰狳、树懒等贫齿目动物划归在一起，因为穿山甲类是一种地地道道的“贫齿”类，嘴里连一枚牙齿都没有。但是，穿山甲类身体表面的硬甲为角质，与犰狳类的骨质鳞片不同；活动细长舌头的肌肉，在食蚁兽是附着在胸骨上的，而穿山甲类则是附在更后面的下腹部上，也就是说，它最后面的一对肋软骨的上端与背骨分离，成为胸骨的延长，并通过腹面后方到达腹部的后端附近，其后端还附着有活动舌头的肌肉，所以它舌头的外观虽然与食蚁兽相同，但是其附着的方式完全不同。特别是穿山甲类的身体外表披着角质鳞甲，是其独一无二的特征，与贫齿目或土豚目的动物完全不同。它是很早就从原始食虫类祖先那里分化出来的，在动物进化的过程中独立成为一支，所以大多数学者都将其单立为一个独立的目，即鳞甲目，拉丁学名的原意为“有鳞的食蚁兽”，其与贫齿目或土豚目有着类似的特征和习性，完全是由于在进化过程中所产生的一种趋同现象。

鳞甲目动物栖息于森林、灌丛和草原等地。陆栖或树栖。以白蚁、蚂蚁等为食。分布于亚洲、非洲的热带、亚热带地区。在欧洲德国南部和西班牙的渐新世和中新世地层，以及亚洲的更新世地层中发现有鳞甲目动物的化石。

鳞甲目仅有1科，即：穿山甲科（Manidae）。

印度穿山甲 *Manis crassicaudata*（Indian pangolin）

隶属于鳞甲目穿山甲科。体长为60-65厘米，尾长45-50厘米。除了脸部和腹部之外，全身披着呈复瓦状排列的、像鱼鳞一般的硬角质厚甲片，呈黑褐色。头为圆锥状。眼小。耳小。吻尖。四肢比较粗壮，前、后肢上各有5趾，趾端上的爪子粗大而锐利。尾巴呈扁平状，背部隆起，腹面平坦。

分布于印度、斯里兰卡和中国云南西部等地。栖息于森林中。夜行性。半树栖。善于挖洞。以白蚁、蚂蚁等为食。

印度穿山甲

穿山甲

穿山甲 *Manis pentadactyla*（Chinese pangolin）

隶属于鳞甲目穿山甲科。体长为40-55厘米，尾长27-33厘米，体重2.2-3.7千克。除了脸部和腹部之外，全身披着500-600块呈复瓦状排列的、像鱼鳞一般的硬角质厚甲片。鳞片一般呈黑褐色或灰褐色。头为圆锥状，上面长着一对小眼睛，一对瓣状而下垂的小耳朵和一个尖的嘴。四肢比较粗壮，前、后肢上各有5趾，趾端上的爪子粗大而锐利。尾巴呈扁平状，背部隆起，腹面平坦。

分布于越南、老挝、缅甸、锡金、尼泊尔和中国长江流域以南地区。栖息于山地森林中。夜行性。性情温顺、懦弱。善于挖洞和穴居。以白蚁、蚂蚁等为食。每年4-9月交配。怀孕期为140天。冬末或春初产仔，每胎1-2仔。寿命为13年。

长尾穿山甲 *Manis tetradactyla*（Long-tailed pangolin）

隶属于鳞甲目穿山甲科。体长30-40厘米，尾长60-80厘米，体重2.5-3.2千克。除了脸部和腹部之外，全身披着复瓦状排列的、像鱼鳞一般的硬角质厚甲片，为暗褐色。腹面为黑色。头为圆锥状，上面长着一对小眼睛，一对瓣状而下垂的小耳朵和一个尖的嘴。四肢比较粗壮。尾巴呈扁平状，背部隆起，腹面平坦。

分布于几内亚、安哥拉、塞内加尔、刚果等地。栖息于热带雨林中。夜行性。树栖。单独活动。以白蚁、蚂蚁等为食。怀孕期为135-150天。每胎产1仔。

长尾穿山甲

树穿山甲

树穿山甲 *Manis tricuspis*（Tree pangolin）

隶属于鳞甲目穿山甲科。体长35-45厘米，尾长50厘米。除了脸部和腹部之外，全身披着复瓦状排列的、像鱼鳞一般的硬角质厚甲片，为暗褐色。头为圆锥状。眼小。耳小。吻尖。四肢比较粗壮。尾巴呈扁平状，背部隆起，腹面平坦，具缠绕性。

分布于加纳、利比里亚、安哥拉、塞内加尔和乌干达等地。栖息于森林中。夜行性。树栖。以白蚁等为食。

南非穿山甲 *Manis temminckii*（Temminck ground pangolin）

隶属于鳞甲目穿山甲科。体长为100厘米，体重1.8克。除了脸部和腹部之外，全身披着复瓦状排列的、像鱼鳞一般的硬角质厚甲片。

分布于非洲的大部分地区。栖息于林地、草地等环境中。单独活动。善于挖洞和穴居。以白蚁、蚂蚁等为食。每年3月发情交配。怀孕期为135天。一般在7-8月产仔，每胎产1仔。

南非穿山甲

八、管齿目 TUBULIDENTATA

管齿目动物为具有管状构造牙齿的兽类，以其奇异的牙齿构造作为鉴别特征。本目只有1个现生种——土豚。

管齿目动物的形态特异，外表似猪，主要特点有：头骨长，呈圆锥状，有一个大的嗅器官，腭骨后缘厚，通常有窗状孔。头骨没有眶后条。泪骨大，延伸至脸部。没有侧枕突。没有门齿、犬齿，牙齿排列的情况颇似贫齿目的树懒类或犰狳类，但是颊齿呈钉字状，没有釉质，每颗牙均呈六角棱形，中间有管状腔。牙齿终生生长。舌头长而能延伸，似蠕虫。

管齿目动物的身体粗硕。有一个长的头，鼻尖圆钝，像猪嘴，生有许多弯曲的白毛。耳长，似兔耳。皮肤具腊质，光滑。颈短，向前低，背部弯曲。尾强而有力，具肌肉，自基部向尖端逐渐变细。腿短粗，前足4趾，后足5趾，趾的基部有蹼。爪长而有力，后爪趾端形态介于爪与蹄之间。皮厚，有稀疏的须毛。有两对乳房，位于腹股沟。睾丸位于腹腔中，从不降至阴囊，没有阴茎骨，有条皮肤折皱，基部有嗅腺。盲肠大。

管齿目动物与长鼻目、蹄兔目、海牛目的亲缘关系较近，它们虽然以昆虫为食，但却具有大的盲肠，可以认为是由食虫向食草过渡的类型。

管齿目动物主要过穴居生活，特别善于挖洞。平时用爪走路，夜间觅食。主要以蚂蚁、白蚁、蝗虫和其他昆虫为食，也吃植物果实。舌头可以延伸至30厘米，从而粘住食物。

管齿目动物的化石见于北美洲的始新世地层、欧洲的始新世、渐新世及上新世地层、马达加斯加的更新世地层和非洲的中新世地层中。现在分布于非洲撒哈拉沙漠以南的广大地区。

管齿目仅有1科，即：土豚科（Orycteropodidae）。

土豚 *Orycteropus afer*（Aardvark）

隶属于管齿目土豚科。体长为100-160厘米，尾长45-60厘米，体重50-70千克。体毛主要为赤色，躯体粗壮，四肢短粗，尾巴与袋鼠的尾巴相似。前足4趾，后足5趾，趾上有爪，呈蹄状。耳朵直立尖长。吻部细长，具有柔软细长的肌肉性鼻管。舌头很长，常伸在口外。

分布于非洲撒哈拉沙漠以南的广大地区。栖息于丘陵和半草原地区。夜行性。营穴居生活，洞穴的结构错综复杂。白天一般都在地洞中休息。单独栖息，警惕性很高。在遭到追逐时，会急速地挖地洞躲藏起来。主要以蚂蚁和白蚁为食，强健的爪子能迅速地刨开蚁穴，用细长的舌头舔食。也吃瓜类等植物性食物。每胎产1仔，一般在10-11月出生。

土　豚

九、蹄兔目 HYRACOIDEA

蹄兔目动物体形与兔形目动物相似，但在其他方面差异很大，而且亲缘关系甚远。蹄兔目动物唯一的一对上门齿终生持续地生长，上门齿很长，而且弯曲呈半月形，牙齿的横断面呈三角形，背面无釉质。老年个体的上门齿向前突伸，比下门齿向前伸出去的长得多，即使在嘴闭上时仍露在外面，形状颇似象牙，因此与具有同样特征和同样起源于非洲的长鼻目、海牛目动物等大型兽类是近亲。

蹄兔目动物的主要特点还有：下颌有两对凿状门齿。乳齿上、下颌每侧各有一颗犬齿。耳小而圆。虹膜的位置在瞳孔的上方，略凸入水晶体，阻隔了直接来自上方的光线，使其在烈日下有较好的视觉。前足 4 趾，后足 3 趾，足底有具弹性的皮足垫，并有腺体分泌保持其湿润，使足垫能起到吸盘的作用，在光滑的岩石面上可以防滑。后脚的内足趾与其他足趾分开，趾端生有爪状的趾甲，用来清理牙垢及毛。背部有一个背腺。腺体的所在处没有毛，腺的周围毛色与背部的毛色不同，一旦受惊，腺周围的异色毛竖起。具有两个盲肠，第 1 个盲肠特别大，含有大量细菌，以促进植物性食物里纤维素的新陈代谢；第 2 个盲肠较小，上面有两个角状突。睾丸在腹腔深处，没有阴囊。

蹄兔目动物以植物性食物为食，也吃昆虫等。奔跑迅速，行动敏捷。喜欢结群。主要在白天活动。分布于非洲大部分热带地区，以及从地中海东岸至阿拉伯半岛一带。

蹄兔目仅有 1 科，即：蹄兔科（Procaviidae）。

非洲蹄兔 *Procavia capensis*（Large-toothed rock hyrax）

隶属于蹄兔目蹄兔科。体长 30-57 厘米，体重 1.4-2 千克。体毛主要为褐色，背部腺体周围的毛为黑色。腹面较浅。

分布于非洲，以及从地中海东岸至阿拉伯半岛一带。栖息于丛林、多岩石等地带。掘洞居住。群居。昼行性。行动敏捷。以草类、树叶、树皮等为食。怀孕期为 225 天。每胎产 2-3 仔。

非洲蹄兔

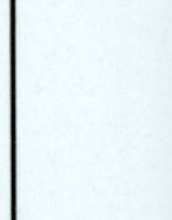

南非树蹄兔 *Dendrohyrax arboreus* (Southern tree hyrax)

隶属于蹄兔目蹄兔科。体长40-60厘米，体重2-5千克。体毛主要为棕褐色，腹面白色。脸部近白色，鼻端黑色。

分布于非洲乌干达、莫桑比克、南非等地。栖息于森林地带。单独活动。夜行性。以昆虫等为食。怀孕期为7-8个月。每胎产1-3仔。

南非树蹄兔

黄斑蹄兔

黄斑蹄兔 *Heterohyrax brucei* (Yellow-spotted rock dassie)

隶属于蹄兔目蹄兔科。体长40-60厘米，体重2-5千克。体毛主要为灰白色。

分布于非洲从埃及到安哥拉一带。栖息于多岩石地区。昼行性。结小群活动。以植物叶、花、果实和树皮等为食。怀孕期为210天。每胎产1-3仔。

十、长鼻目 PROBOSCIDEA

长鼻目动物原产于非洲，其祖先为大约5500万-3600万年前的始新世后期出现在埃及、苏丹等地的始祖象。始祖象的体形大小与家猪差不多，生活习性则近似河马。身体结构比较原始，并不特化，尚未出现大的象牙和长鼻，但第二对门齿已经比两旁的牙齿长大一些，有向大象牙发育的趋势，鼻子也比其他动物的略长一些。大约在距今3000万年前的渐新世晚期，始祖象沿着三个方向发展：一支是恐象；一支是短颌乳齿象；第三支经过长颌乳齿象、剑齿象等阶段，最后进化到现代象。

恐象没有巨大的象牙，但下颌骨却有一对向下弯的大牙，颊齿的齿冠由两个尖的脊组成。它是从象的原始类型中分化出来的一个特殊旁枝，曾经生活在欧亚大陆和非洲，于中新世早期出现，在更新世绝灭。

乳齿象是始祖象的直接后裔，最早出现的是渐新世初期分布于非洲的古乳齿象。它的身体比始祖象大一倍，上门齿进一步发育成持续生长的、向下弯曲的长牙。釉质层仅限于牙齿的外侧。臼齿有三个横脊，所有的臼齿都同时使用，而不是一个接替一个地生长和使用。

乳齿象类包括长颌乳齿象和短颌乳齿象。以嵌齿象和锯齿象为代表的长颌乳齿象的颌骨，特别是下颌骨都比较长，颊齿上的齿尖都成钝的乳齿状。以轭齿象为代表的短颌乳齿象的颌骨短，颊齿上的齿尖并不形成明显的乳突状，而是许多小尖连结在一起成为“脊形齿”。

在第三纪中期，象从非洲扩展到欧亚大陆和北美洲，并且分成若干个支系。这些支系基本上都是沿着乳齿象的方向发展的，总共曾生活有400种以上，我国也曾分布有50多种。到第四纪初期，大多数种类趋于绝灭，只有少数种类生活到更新世早期和中期。

脊棱象是介于长颌乳齿象与原始象类之间的长鼻类，由乳齿象进一步发展而来，臼齿上乳齿的数目增多，并和同一横排上的乳突联接起来，发展形成一条条横脊。以后又在上新世和更新世出现了剑齿象，它的身躯庞大，四肢很长，头骨高大，上颌的牙长而弯曲，下颌短而无牙，臼齿大大地伸长，每一个臼齿的齿冠上有很多低的横脊。我国的剑齿象在上新世初期已经出现，到更新世中期仍然广泛分布。迄今为止已经发现8种，包括著名的山西榆社早上新世的桑氏剑齿象、广西柳城早更新世的前东方剑齿象、长江以南各省中更新世的东方剑齿象，以及甘肃合水县发现的更新世早期的黄河古象等。

长鼻目动物的共同特点是：体形高大。耳大。四肢粗大似柱，每足5趾，趾端有短蹄。仅有1对上门齿，为第3门齿，变成不断持续生长的硬齿质獠牙，没有其他门齿，也没有下门齿；没有犬齿；颊齿是高冠齿及脊形齿；有8颗乳齿的前臼齿和

8 颗门齿，所有的颊齿外形均相似，有许多横的釉质脊，但是在同一时期上、下颌每侧只有 1 颗牙齿可以使用，磨损的牙脱落后，由后面毗邻的牙齿顶替。头骨短而高，骨骼小而有许多空气腔；上唇和鼻子合并变长，形成一个长而且能弯曲的肉质鼻子。鼻孔位于鼻的末端，高出颜面，鼻尖如手指状，可以用来挑取很小的东西。皮肤厚，体外有一层稀疏的须状毛。胃简单，盲肠大。乳头 1 对，位于胸部。睾丸永远在腹腔中，没有阴茎骨。没有眶后条；泪骨在眼眶里面。嗅觉、听觉发达，视觉较差。

长鼻目动物栖息于森林、大草原以及河谷等地带。集群生活。以植物性食物为食。现生种类仅分布于非洲和亚洲的热带地区。

长鼻目仅有 1 科，即：象科（Elephantidae）。

亚洲象 *Elephas maximus*（Indian elephant）

隶属于长鼻目象科。体长为 500-700 厘米，尾长为 120-150 厘米，体重 3000-5000 千克。通体为灰棕色，前额左右有两大块隆起。背部向上弓起。四肢粗壮，前肢 5 趾，后肢 4 趾。鼻子和上唇的延长体表面光滑，一直下垂到地面。雄兽具长大门齿。雌兽的门齿较短。耳朵很大。

分布于印度、孟加拉国、斯里兰卡、老挝、泰国、缅甸、越南、柬埔寨、马来西亚、印度尼西亚和中国云南南部、西部一带。栖息于长有刺竹林或阔叶林的缓坡、沟谷、草地或河边。清晨和傍晚活动。群居。善于奔走。以植物的嫩枝和嫩叶为食。5-6 年繁殖一次，怀孕期长达 18-22 个月。雌兽产仔于秋末冬初，每胎产 1 仔。哺乳期大约为 2 年，14-15 岁性成熟。寿命为 60-70 岁。

亚洲象

非洲象 *Loxodonta africana*（African elephant）

隶属于长鼻目象科。体长 500-750 厘米，尾长 100-130 厘米，体重 2700-6000 千克。身体庞大而笨重。体色为灰棕色。鼻部很长，为上唇和鼻子合并向前伸长形成，鼻端有两个指状突和许多感觉灵敏的纤毛。雄兽和雌兽均有由上颌门齿形成的象牙。头顶扁平。两耳特别大。脊背向下塌陷，肩部和臀部较高。四肢粗壮如柱。前肢具 4 趾，后肢具 3 趾，脚底粗厚而平坦。

分布于非洲东部、中部、西部和南部等地区。栖息于热带草原和稀树草原地带。喜欢群居。善于奔走。白天活动。以青草、树叶、嫩枝、野果等为食。没有固定的发情季节。怀孕期为 21-23 个月。每胎产 1 仔。13-14 年达到性成熟。寿命为 60-70 年。

非洲象

十一、单孔目 MONOTREMATA

单孔目动物均为卵生，卵在母体外孵化。所谓“单孔”，指的是单孔目动物的消化道、排泄道和生殖道均开口于一个共同的腔里，卵或精液以及排泄物均由同一孔道排出体外。这个共同的腔，叫做泄殖腔，目的名称也就由此而来。

单孔目是最原始的兽类，虽然具备兽类的基本特征——如以乳汁哺育后代；全身被毛；心脏主动脉管位于左侧；下颌骨每侧由一块齿骨所构成，内耳由槌骨、砧骨和蹬骨所构成……等等，但却有许多爬行动物的特点，体现出兽类由爬行动物演化而来的若干祖征。因此，在分类学上把单孔目单列为原兽类，称之为兽类中的活化石。

事实上，单孔目动物的许多解剖和生理的特点均十分接近爬行动物。除了前述的泄殖腔和受精卵外敷上一层蛋白质，外面又包着一层柔软的、粘的革质壳而产出体外孵化外，在骨骼上类似爬行动物之处颇多：如胸骨上具有一块特殊的喙骨、肩胛骨之间具有一块锁骨间骨等，均与爬行动物类似。某些肋骨和脊椎骨也似爬行动物。单孔目动物雌雄均有与有袋目动物相似的上耻骨与骨盆联接，可以附着更多的肌肉，有助于短的后腿能支撑身体，很可能是爬行动物祖先留下来的祖征。另外，单孔目动物的站立姿势和举止等也与爬行动物相似。单孔目的体温调节，虽然能算得上是“温血动物”，但平均体温却比其他兽类低得多，并缺乏完善的调节体温的能力，例如鸭嘴兽的平均体温为32．2℃，针鼹的为31．1℃，而且只有在外界温度保持在27．6℃-32．6℃之间时，它们的体温才能保持恒定，一旦周围的温度具有较大的温差时，或如针鼹在冬眠期间时，其体温便趋于改变。这些都说明单孔目动物在体温调节上仍保留着爬行动物的特性。

单孔目由于形态特异，所以很容易鉴别，其主要特征有：(1) 没有牙齿，代之以角质鞘；(2) 下颌窝位于鳞骨当中；(3) 下颌退化，齿骨仅有一个冠状突的残迹，而没有角突；(4) 泪骨消失；(5) 大脑皮层不发达，无胼胝体，听泡消失；(6) 轭骨虽退化或消失，但颧弓完整；(7) 肩带具有乌喙骨、前乌喙骨和间锁骨；(8) 有颈肋骨，大小与上耻骨差不多；(9) 雄兽踝部有一个大的距，带有毒腺；(10) 口无软唇，颌部外面为无毛的皮肤，也没有胡须，皮肤如橡皮状，非常厚；(11) 有泄殖腔；(12) 子宫与阴道成对，没有愈合，发育不全；(13) 有卵壳腺，产具弹性卵壳的多黄卵；(14) 有乳腺，为特化的汗腺，位于腹部两侧的“乳腺区”，但没有乳头；(15) 雄兽体外无阴囊，仅有一个小的阴茎位于泄殖腔内，阴茎顶部分叉，没有阴茎骨，睾丸永远在腹腔中。

单孔目动物分布于澳大利亚、塔斯马尼亚、新几内亚及其毗邻的若干小岛上。化石仅发现于澳大利亚更新世及近代。演化历史并不清楚。但是，估计其与有袋类和有胎盘类有着完全不同的亲缘，可能是由兽孔类爬行动物进化而来的。

单孔目共有2科，即：鸭嘴兽科（Ornithorhynchidae）和针鼹科（Tachyglossidae）。

鸭嘴兽 *Ornithorhynchus anatinus*（Platypus）

隶属于单孔目鸭嘴兽科。体长46-60厘米，体重1.5-2千克。嘴扁平而突出，没有嘴唇和牙齿，状似鸭嘴。没有外耳壳，眼很小。尾巴短而平扁。体毛细密，呈深褐色，有光泽。消化道、排泄道与生殖道均开口于身体后部的泄殖腔内。前后肢上均有蹼，趾端有尖锐的爪。后肢上有中空的距，方向朝内侧，距的腔与毒腺相连接。

分布于澳大利亚东部和塔斯马尼亚岛等地。栖息于河流等水域附近。喜欢穴居。夜行性。善于游泳。以蠕虫、水生昆虫、甲壳动物和蜗牛等软体动物为食。卵生。繁殖期为10-11月。每次产卵1-3枚，由雌兽蜷伏在卵旁孵化，10-14天出壳。雌兽没有乳头，幼仔从它的腹面乳腺区濡湿的毛上舔食乳汁。1岁达到性成熟。寿命为10-17年。

鸭嘴兽

针鼹 *Tachyglossus aculeatus*（Short-nosed echidna）

针　鼹

隶属于单孔目针鼹科。体长40-60厘米，体重3-6千克。头小而尖，四肢短小，身躯肥短。身体的背面布满长短不一、中空的针刺，体表还被有褐色或黑色的毛，腹面的毛短而柔软，颜色较淡。尾巴极短。眼睛和耳朵都很小，但具有发达的外耳壳。头部灰白色，前部有一个坚硬无毛的喙，呈圆筒状，并且向下弯曲，鼻孔和嘴都位于喙的前端。嘴只是一个小孔，没有牙齿。消化道、排泄道与生殖道均开口于身体后部的泄殖腔内。没有尾巴。爪坚硬而锐利。雄兽的后足内侧生有距。

分布于巴布亚新几内亚中部、南部和澳大利亚等地。栖息于灌丛、草原、疏林和多石的半荒漠地区等地带。夜行性。善于挖掘洞穴，白天隐藏在洞穴中。性情孤僻。单独活动。受到惊吓时迅速地将身体蜷缩成球形。有冬眠习性。以白蚁、蚂蚁等各种昆虫和虫卵，以及蠕虫等其他小型无脊椎动物为食。卵生。雌兽的腹部有一个袋囊，仅在每年繁殖期间才出现，可以使卵在其中孵化，成为临时的育儿袋。每次产卵1-2枚，卵产下以后就由雌兽随身携带，几周后幼仔孵出，就在袋囊中舔食由雌兽腹部的乳孔流出的乳汁。1岁达到性成熟。寿命为50年。

长吻针鼹 *Zaglossus bruijnii* (Long-nosed echidna)

长吻针鼹

隶属于单孔目针鼹科。体长45-77厘米，体重5.9-9.8千克。头小而尖，四肢短小，身躯肥短。体表被有褐色或黑色的毛，身上的刺较为稀疏，呈浅灰色，比毛短，在背部几乎完全被毛所遮盖。尾巴极短。眼睛和耳朵也都很小，但具有发达的外耳壳。头部灰白色，前部有一个坚硬无毛的长喙，呈圆筒状，并且向下弯曲，鼻孔和嘴都位于喙的前端。

分布于巴布亚新几内亚。栖息于从低山至高海拔地区的灌丛、砂质平原、草原、疏林和多石的半荒漠地区。夜行性。平时隐藏在洞穴中。性情较为孤僻，单独活动。有冬眠的习性。以白蚁、蚂蚁等各种昆虫和虫卵，以及蠕虫等其他小型无脊椎动物为食。腹部有皮肤褶皱，可以使卵在其中孵化。每次产卵1-2枚，几周后幼仔孵出。哺乳期大约为7-8周。寿命可达30多年。

十二、有袋目 MARSUPIALIA

有袋目动物也属于原始兽类，在进化过程中比卵生、胚胎完全在体外孵化的单孔类动物前进了一步，但又比后来得到大发展的真兽类原始。它们已经脱离了卵生方式，但生下来的幼仔发育还不完全，身体也非常弱小，不能脱离母体生活，需要在母体腹下的育儿袋中生长一个时期。幼仔吸附在袋中的乳头上，由母体喷射乳汁哺育，一直到幼仔成熟、独立为止。

虽然在单孔目中，针鼹科动物雌兽的腹部也有由皮肤的折皱所形成的一个原始型育儿袋，但是其功能却与有袋目动物的育儿袋不同：针鼹类的育儿袋中装的是卵，卵在育儿袋中孵化7一10天，然后幼仔孵出。虽然幼仔会停留在育儿袋中生活6--8周，但这种育儿袋最主要的作用还是孵卵。有袋目动物均有一个十分原始的胎盘，是胎生的兽类，完全有别于卵生的原兽类（单孔目）动物。但是，有袋目动物的胎盘极为原始，胚胎有一个较大的卵黄囊，可以为胚胎提供营养，卵黄囊与绒膜相联接，绒膜的皱纹又与母兽的子宫内壁结合。由于胎盘构造简单，所以这种胎盘叫做原始胎盘，或者叫做卵黄囊胎盘，胎儿仅由卵黄囊提供营养，妊娠期短，卵黄消耗完了，胎儿就必须排出体外，爬入育儿袋中继续发育成长。

有袋目动物的形态构造十分特殊，并且与有绒毛尿囊胎盘的真兽类动物有很大差异，所以在分类学上，有袋目被称为后兽类，其余有绒毛尿囊胎盘的兽类均被称为真兽类。有袋目动物的主要特征有：（1）虽然是异型齿，但门牙数目较多，牙齿总数多于44颗，而真兽类的牙齿总数一般不超过44颗；（2）每侧上下各有3颗前臼齿和4颗臼齿，而真兽类恰恰相反，为4颗前臼齿和3颗臼齿；（3）骨盆前面有上耻骨，此外仅有单孔目针鼹类具有上耻骨；（4）脑颅小，大脑皮层不发达，没有胼胝体，倘若有听泡，则由翼蝶骨所构成；（5）肩带已表现出真兽类的特征，前乌喙骨与乌喙骨均退化，肩胛骨增大；（6）轭骨构成下颌窝的一部分；（7）具有乳腺，乳头位于育儿袋内；（8）生殖器官很原始，子宫完全分开，左右成对，有两个阴道，这类子宫叫做双子宫。阴茎顶端分两叉，交配时可以同时进入两个阴道。没有阴茎骨，阴囊位于阴茎的前面；（9）泄殖腔已经退化，但尚有一个浅的残迹。（10）体温为33-35℃，接近于真兽类，而且能在环境温度大幅度变动的情况下维持体温的恒定。

有袋目动物的食性包括食草、食肉或食虫等，分布于大洋洲及南美洲的草原地带，呈断裂分布。白垩纪晚期及第三纪早期，有袋目动物分布可能遍布世界大部分地区，在兽类中是相当古老的类群。但是，随着真兽类动物的兴起，特别是成为天敌的食肉类动物的掠食，使其在亚洲、欧洲和非洲等大陆相继绝迹，只能生存在真兽类动物不存在或较少的大洋洲和南美洲。

与现生负鼠十分相似的化石，最早见于白垩纪晚期的地层中。第三纪早期，在美洲和欧洲均发现过与负鼠类型十分相似的化石。但是，在欧洲自渐新世以后，北美洲自中新世以后，均没采到这类的化石标本。至近代，仅在南美洲尚有发现。由此看来，负鼠科在有袋类中又是一个相当古老的类群，而现生种类中在北美洲现存的一种负鼠，无疑是自南美洲再度侵入的。北美洲与南美洲分离至少在第三纪早期。隔离后，当时只有极少数食草的真兽类出现于南美洲，并无食肉类的天敌，所以有袋目动物才得以生存。到了第三纪末期，巴拿马陆桥又重新联接，于是真兽类中的食肉类动物由北美洲侵入南美洲，使南美洲的有袋目动物大多灭绝，只有负鼠及新袋鼠残存。

大洋洲与世界其他大陆分离的时间比南美洲离开北美洲早，并且在离开其余大陆之后又没有再次联合过，所以形成了一个独立于太平洋与印度洋之间的“世外桃源”，不仅食肉目动物等兽类未能侵入，而且气候环境等也没有太大的变化，使得有袋目动物能够幸运地生存至今，并且由于适应各种不同的生活方式，发展了类似于真兽类动物的各种生态类群，如生活方式类似于狼、鼬等食肉类动物的袋狼、袋鼬；生活方式类似于鹿、羊和羚羊等食草类动物的袋鼠；生活方式类似于旱獭、松鼠、野兔等啮齿类或兔类的袋熊、袋貂和袋兔等等。直到近代，人类进入澳大利亚，才带去了食肉类的猎狗，引入了穴兔，以及极少数啮齿目和翼手目动物穿过水域，迁徙至大洋洲，与有袋目动物产生了一定的生存竞争。

有袋目共有17科，即：负鼠科（Didelphidae）、小负鼠科（Microbiotheriidae）、袋狼科（Thylacinidae）、袋鼬科（Dasyuridae）、袋食蚁兽科（Myrmecobiidae）、袋鼹科（Notoryctidae）、袋狸科（Peramelidae）、兔袋狸科（Thylacomyidae）、新袋鼠科（Caenolestidae）、袋貂科（Phalangeridae）、袋鼯科（Petauridae）、树袋熊科（Phascolarctidae）、长吻袋貂科（Tarsipedidae）、侏袋貂科（Burramyidae）、袋熊科（Vombatidae）、鼠袋鼠科（Potoroidae）和袋鼠科（Macropodidae）。

普通负鼠 *Didelphis marsupialis*（Common opossum）

隶属于有袋目负鼠科。体长30-32厘米。背面体毛主要为深灰色。腹部为白色。脸部白色，有一条黑色的贯眼纹。尾长而裸露。吻部红色。

分布于从中美洲至南美洲阿根廷一带。栖息于森林等地带。夜行性，白天隐藏在岩缝、树洞中。以植物性食物和小型动物等为食。

普通负鼠

维几尼亚负鼠 *Didelphis virginiana*（Virginian opossum）

隶属于有袋目负鼠科。体长 13-47 厘米，尾长 22-47 厘米，体重 300-640 克。背面体毛主要为灰色。脸部、腹部为白色。尾长而裸露。吻部红色 。

分布于美国、加拿大南部、墨西哥和哥斯达黎加西北部等地。栖息于森林地带。夜行性。树栖。以植物果实、坚果，以及无脊椎动物等为食。怀孕期为 12.5 天。

维几尼亚负鼠

丰毛负鼠 *Caluromys lanatus*（Ecuadorean opossum）

隶属于有袋目负鼠科。体长 18-29 厘米，尾长 27-49 厘米。体毛主要为棕褐色，腹面较浅。头部从额至吻端有一条深褐色纵纹。尾长。吻部红色。

分布于南美洲秘鲁、巴拉圭和厄瓜多尔等地。栖息于森林地带。夜行性，主要在清晨、黄昏活动。树栖。在树木高枝上筑巢。以植物种子，以及昆虫、鸟卵等为食。

丰毛负鼠

南美绵毛负鼠 *Caluromys philander*（Philander opossum）

隶属于有袋目负鼠科。体毛主要为棕褐色。

分布于巴西、委内瑞拉和圭亚那等地。栖息于森林地带。夜行性，主要在清晨、黄昏活动。树栖。在树木高枝上筑巢。以植物种子，以及昆虫、鸟卵等为食。

南美绵毛负鼠

艾氏鼠鼩

艾氏鼠鼩 *Marmosa alstoni*（Alston's opossum）

隶属于有袋目负鼠科。体长 9-19 厘米。体毛主要为灰色，面部较浅，眼睛周围较深。尾长。吻部红色。

分布于哥斯达黎加、尼加拉瓜、洪都拉斯和哥伦比亚等地。栖息于森林等地带。树栖。以植物果实，以及昆虫等小型动物为食。

小鼠負

小鼠負 *Marmosa murina*（Murine opossum）

隶属于有袋目负鼠科。体长10-15厘米。背面体毛主要为棕褐色。腹部为白色。脸部白色，有一条黑色的贯眼纹。尾长。吻部红色。

分布于巴西北部、圭亚那、委内瑞拉、秘鲁、厄瓜多尔和哥伦比亚等地。栖息于森林等地带。树栖。以植物果实，以及昆虫等小型动物为食。

袋狼 *Thylacinus cynocephalus*（Thylacine）

隶属于有袋目袋狼科。体长100-130厘米，尾长50-65厘米。吻部较尖。耳上尖下阔。体毛为棕褐色或棕黄色，腹部和四肢内侧为浅黄色。从背部到臀部有16-18条平行的深褐色横斑。腹部有向后开口的育儿袋，袋内有2对乳头。尾巴细而长。

分布于澳大利亚的塔斯马尼亚岛。白天隐藏在洞穴中。夜行性。单独、成对或结小群活动。性情凶猛、多疑。以袋鼠、鸟类等为食。每胎产4仔。幼仔在雌兽的育儿袋中生活3周。

袋狼从前数量很多，后来由于澳大利亚移民的增加，畜牧业不断发展，大面积的伐林开荒，破坏了它的栖息环境，以及大量的捕杀，导致野生袋狼在1930年灭绝，最后一只人工饲养的袋狼死于1948年。

袋　狼

白斑袋鼬

白斑袋鼬 *Dasyurus albopunctatus*（New Guinea marsupial cat）

隶属于有袋目袋鼬科。体长23-35厘米，尾长21-29厘米，体重580-710克。头部短粗，躯干呈长圆形。体毛主要为黑褐色，背部颜色较深，有白色斑点。腹部为白色。四肢较短。吻部红色。

分布于新几内亚。栖息于海拔1000米左右的森林地带，有时也到海拔较低的岸边草地上。夜行性，有时也在白天活动。性情较为凶猛。以鼠类等为食。

澳洲袋鼬 *Dasyurus hallucatus*（Satanellus）

隶属于有袋目袋鼬科。体毛主要为黑褐色，背部颜色较深，有白色斑点。腹部颜色较浅。四肢较短。吻部红色。尾巴较长。

分布于澳大利亚北部、西北部等地。

澳洲袋鼬

巴新袋鼬 *Dasyurus spartacus*（Bronze quoll）

隶属于有袋目袋鼬科。体长31-38厘米，尾长25-28厘米。头部短粗，躯干呈长圆形。体毛主要为黑褐色，有白色斑点。腹部为白色。四肢较短。吻部红色。

分布于新几内亚南部。栖息于海拔60米以下的平原地带。夜行性。性情较为凶猛。以鼠类等为食。

巴新袋鼬

袋獾 *Sarcophilus harrisii*（Tasmanian devil）

袋　獾

隶属于有袋目袋鼬科。体长47-83厘米，尾长22-30厘米。身体粗壮。体毛主要为黑色，腹面有白色斑纹。尾巴粗长。

分布于澳大利亚的塔斯马尼亚岛。栖息于茂密的丛林地带。夜行性，白天在洞穴或树根下休息。以动物为食，也吃动物尸体。3-4月发情交配。怀孕期为1个月。每胎产3-4仔。幼仔大多在5月出生，在雌兽的育儿袋中发育。

黑尾肥足袋小鼠 *Antechinus melanurus*（Black-tailed antechinus）

隶属于有袋目袋鼬科。体长10-14厘米，尾长12-16厘米，体重26-70克。吻尖。嘴侧生有短的白色胡须。眼圆。耳宽而短。体毛主要为灰褐色。尾长，为黑色。

分布于新几内亚。栖息于海拔2800米以下的原始森林地带。夜行性。挖洞为巢，里面铺垫干树叶。善于爬树。以蛾类等为食。

黑尾肥足袋小鼠

长鼻肥足袋小鼠

长鼻肥足袋小鼠 *Antechinus naso*（Long-nosed antechinus）

隶属于有袋目袋鼬科。体长11-15厘米，尾长11-16厘米，体重38-63克。吻尖，端部为粉红色。嘴侧生有短的灰白色胡须。眼圆。耳宽而短。体毛主要为灰黄褐色，后部为棕褐色。尾长，末端白色无毛。

分布于新几内亚。栖息于海拔1000-2800米之间的原始森林地带。黄昏活动。挖洞为巢，洞的直径约20厘米，里面铺垫干树叶。善于爬树。以甲虫、甜薯等为食。

褐肥足袋小鼠

褐肥足袋小鼠 *Antechinus stuartii*（Brown antechinus）

隶属于有袋目袋鼬科。吻尖，端部为粉红色。嘴侧生有短的灰白色胡须。眼圆。耳宽而短。体毛主要为棕褐色，腹面较浅。尾长而裸露。

分布于澳大利亚东南部。栖息于森林地带。夜行性。

哈氏肥足袋小鼠

哈氏肥足袋小鼠 *Antechinus habbema*（Habbema antechinus）

隶属于有袋目袋鼬科。体长11厘米，尾长14厘米。吻尖，端部为粉红色。嘴侧生有短的灰白色胡须。眼圆。耳宽而短。体毛主要为灰褐色。尾长，沿腹面生有发状毛冠。

分布于新几内亚。栖息于海拔2200-2800米之间的森林地带。夜行性。结小群生活。挖洞为巢，深度为地面以下1米左右，里面铺垫干树叶、苔藓等。

球尾袋小鼠

球尾袋小鼠 *Dasycercus cristicauda*（Mulgara）

隶属于有袋目袋鼬科。吻尖，端部为粉红色。嘴侧生有短的黑色胡须。眼圆。耳宽而短。体毛主要为灰褐色。四肢白色。尾长而肥大，中间一段为黄白色，后半部黑色。

分布于澳大利亚西南部一带。栖息于沙漠地带。夜行性。白天躲藏在地下。善于挖掘洞穴。以昆虫等为食。

毛尾袋小鼠 *Dasycercus byrnei*（Kowari）

隶属于有袋目袋鼬科。体长13-22厘米，尾长7-13厘米。吻尖。嘴侧生有短的黑色胡须。眼圆。耳宽而短。体毛主要为浅灰褐色。尾长而肥大，末端黑色。

分布于澳大利亚中部一带。栖息于沙漠地带。夜行性。白天躲藏在地下。善于挖掘洞穴。以昆虫等为食。

毛尾袋小鼠

短毛袋小鼠

短毛袋小鼠 *Murexia longicaudata*（Short-haired marsupial mouse）

隶属于有袋目袋鼬科。体长14-28厘米，尾长15-28厘米，体重57-434克。吻尖，端部为粉红色。嘴侧生有短的灰白色胡须。眼圆。耳宽而短。体毛主要为灰褐色。尾长，末端颜色较深。

分布于新几内亚、阿卢群岛、诺曼底群岛等地。栖息于海拔2200米以下的原始森林地带。筑巢于树洞中，洞的直径约20厘米。善于爬树和跳跃。以蝶、蛾的幼虫等为食。

宽纹袋小鼠 *Murexia rothschildi*（Broad-striped marsupial mouse）

隶属于有袋目袋鼬科。体长17-22厘米，尾长17-21厘米，体重212克。吻尖。嘴侧生有短的灰白色胡须。眼圆。耳宽而短。体毛主要为浅灰褐色，从头部到尾根有一条宽的黑色纵条纹。尾长，为深棕色。

分布于新几内亚东南部一带。栖息于海拔600-1400米之间的原始森林地带。夜行性，有时也在白天活动。善于爬树。以甲虫、鼠类和鸟类等为食。

宽纹袋小鼠

长爪袋小鼠

长爪袋小鼠 *Neophascogale lorentzii*（Long-clawed marsupial mouse）

隶属于有袋目袋鼬科。体长12-17厘米，尾长14-18厘米，体重32-102克。吻尖。嘴侧生有短的灰白色胡须。眼圆，较小。耳宽而短。体毛主要为黑灰色，杂有白色。尾长，末端白色。爪长。

分布于新几内亚。栖息于海拔1500-3300米之间的高山森林地带。夜行性，白天也经常活动。以甲虫、蝉等为食。

三纹袋小鼠 *Myoictis melas*（Three-striped marsupial mouse）

隶属于有袋目袋鼬科。体长17-23厘米，尾长14-19厘米，体重200克。吻尖。嘴侧生有短的灰白色胡须。眼圆，较小。耳宽而短。体毛主要为黑褐色，背部有3道黑色纵条纹。尾长。

分布于新几内亚、阿卢群岛等地。栖息于海拔1450米以下的热带雨林地带。

三纹袋小鼠

赤颊袋小鼠 *Sminthopsis virginiae*（Red-cheeked dunnart）

隶属于有袋目袋鼬科。体长 10-12 厘米，尾长 11-12 厘米。吻尖。嘴侧生有短的灰白色胡须。眼圆，较小。耳宽而短。面颊红棕色，从头顶到吻端有一条黑褐色斑纹。体毛主要为黑褐色。尾长。

分布于新几内亚南部和东南部、阿卢群岛等地。栖息于海岸、草地、灌丛、林地等地带。

赤颊袋小鼠

袋食蚁兽

袋食蚁兽 *Myrmecobius fasciatus*（Numbat）

隶属于有袋目袋食蚁兽科。体长 18-28 厘米，尾长 13-17 厘米，体重 275-450 克。吻尖，末端黑色。嘴小，舌长。眼圆，较小。面颊白色，有一条黑色贯眼纹。体毛主要为红棕色，背后部和臀部有 6-7 条黑白相间的横斑纹。尾长而蓬松。

分布于澳大利亚南部和西部等地。栖息于沙漠地带。昼行性。在空树干中铺草筑巢。性情胆怯。行动缓慢。单独活动。以白蚁、蚂蚁等为食。每胎产 4 仔。一般在 1-3 月生产。1 岁达到性成熟。

白唇刺袋狸 *Echymipera clara*（White-lipped bandicoot）

隶属于有袋目袋狸科。体长 27-41 厘米，尾长 8-10 厘米，体重 825-1700 克。头较大。吻尖，端部裸露，为白色。嘴侧生有短的灰白色胡须。眼小。耳宽而短。体毛主要为黑褐色。尾较短。

分布于新几内亚北部一带。栖息于海拔 300-1700 米之间的森林地带。夜行性。以植物果实等为食。

白唇刺袋狸

费氏刺袋狸

费氏刺袋狸 *Echymipera kalubu*（Spiny bandicoot）

隶属于有袋目袋狸科。体长 23-38 厘米，尾长 6-10 厘米，体重 450-1500 克。吻短而尖。嘴侧生有短的灰白色胡须。眼圆，较小。耳宽而短。头顶颜色较深。体毛主要为黑灰色，杂有白色。尾短。

分布于新几内亚、俾斯麦群岛等地。栖息于海拔 2000 米以下的草地和林地中。夜行性。善于筑巢。以植物果实、种子等为食。全年均可繁殖，间隔时间约为 120 天。

巨袋狸 *Peroryctes broadbenti*（Giant bandicoot）

隶属于有袋目袋狸科。体长55-79厘米，尾长16-20厘米，体重4800克。吻尖。嘴侧生有短的灰白色胡须。眼圆。耳宽而短。体毛主要为红褐色。尾较长。

分布于新几内亚东南部。栖息于海拔2700米以下的林地，但主要在低海拔地带活动。以植物为食。每胎产1-2仔。

巨袋狸

长尾袋狸

长尾袋狸 *Peroryctes longicauda*（Striped bandicoot）

隶属于有袋目袋狸科。体长24-30厘米，尾长18-26厘米，体重350-670克。吻尖，端部为粉红色。嘴侧生有短的灰白色胡须。眼圆。耳宽而短。体毛主要为灰褐色，背面从头顶向后有一条黑色条纹。尾较长。

分布于新几内亚。栖息于海拔1000-3950米之间的草原、森林地带。以昆虫、植物果实等为食。

长腿袋狸 *Peroryctes raffrayanus*（Raffray's bandicoot）

隶属于有袋目袋狸科。体长28-37厘米，尾长14-20厘米，体重650-1000克。吻尖，端部为粉红色。嘴侧生有短的灰白色胡须。眼圆。耳宽而短。背面体毛主要为暗褐色，腹面为白色。尾较长。

分布于新几内亚。栖息于海拔60-3900米之间的森林地带。以植物果实等为食。每胎产1-2仔。

长腿袋狸

大尾短鼻袋狸

大尾短鼻袋狸 *Isoodon macrourus*（Brindled bandicoot）

隶属于有袋目袋狸科。体长31-45厘米，尾长13-17厘米。吻尖，端部为粉红色。嘴侧生有短的灰白色胡须。眼小而圆。耳宽而短。背面体毛主要为暗褐色，腹面为白色。足上有毛。尾上也有毛。

分布于新几内亚、澳大利亚北部和东部。栖息于海拔1200米以下的草原、森林地带。

豚足袋狸

豚足袋狸 *Chaeropus ecaudatus*（Pig-footed bandicoot）

隶属于有袋目袋狸科。体长23-25厘米，尾长8-10厘米。吻部较尖。耳大。四肢长而纤细。前肢具2趾，后肢具4趾。体毛为棕灰色。

分布于澳大利亚。夜晚活动。有较强的领域性。以植物为食。在离水源较近的地方筑巢。

由于澳大利亚人口的增加，垦荒、放牧等不断发展，再加上外来动物，如狐、犬等的引入，使豚足袋狸逐渐丧失了栖息地，于1907年灭绝。

兔耳袋狸 *Macrotis lagotis*（Common rabbit-eared bandicoot）

隶属于有袋目兔袋狸科。体长39-56厘米，尾长12-34厘米，体重4.7千克。吻尖，端部为粉红色。嘴侧生有短的灰白色胡须。眼小而圆。耳长。体毛主要为暗灰色，腹面较浅。四肢白色。尾长 。

分布于澳大利亚西部等地。栖息于沙漠地带。夜行性。单独活动。善于挖掘洞穴。以昆虫等为食。

兔耳袋狸

瓦纳帕袋貂

瓦纳帕袋貂 *Phalanger carmelitae*（Mountain cuscus）

隶属于有袋目袋貂科。体长37-43厘米，尾长31-37厘米，体重1.7-2.6千克。吻部略尖。耳小而圆。背面体毛主要为褐色，腹面为白色。尾长而裸露，根部有粗糙的瘤结。

分布于新几内亚。栖息于海拔1400-2000米之间的森林地带。在树洞中筑巢。以植物果实、叶等为食。全年均可繁殖。每胎产1仔。

裸耳袋貂 *Phalanger gymnotis*（Grey phalanger）

隶属于有袋目袋貂科。体长31-54厘米，尾长29-40厘米，体重1.5-4.8千克。吻部略尖。耳圆，裸露而突出。背面体毛主要为黑灰色，腹部为白色。尾根部有粗糙的瘤结。

分布于新几内亚、阿卢群岛等地。栖息于海拔2700米以下的森林地带。白天隐藏在树根下的地洞中。以植物果实、叶等为食。全年均可繁殖。每胎产1仔。幼仔108-138天可以出育儿袋，160-200天后完全离开育儿袋。

裸耳袋貂

斑袋貂

斑袋貂 *Phalanger maculatus*（Spotted phalanger）

隶属于有袋目袋貂科。体长36-55厘米，尾长37-54厘米，体重2.3-6千克。吻部略尖。耳小，隐藏在被毛中。全身体毛为白色，或灰白色。尾长而裸露。

分布于新几内亚、澳大利亚等地。栖息于海拔1200米以下的森林地带。树栖。夜行性。以植物为食。每胎产1仔。寿命为11年。

北灰袋貂 *Phalanger orientalis*（Northern common cuscus）

隶属于有袋目袋貂科。体长39-47厘米，尾长28-43厘米，体重1.6-3.5千克。吻部略尖。耳小而圆。眼圆。雄兽体毛为灰白色，雌兽体毛为红褐色，背部有暗色条纹。尾长。

分布于新几内亚、澳大利亚、所罗门群岛、摩鹿加群岛、苏拉威西岛等地。栖息于海拔1500米以下的森林地带。以植物果实、叶等为食。每胎产1-2仔。

北灰袋貂

衣袋貂 *Phalanger* vestitus （Stein's phalanger）

隶属于有袋目袋貂科。体长35-49厘米，尾长29-36厘米，体重1.4-2.4千克。吻部略尖。耳小而圆。眼圆。体毛主要为灰色，背部有宽的黑色纵条纹，肘部有白斑。尾长而裸露，根部有粗糙的瘤结。

分布于新几内亚。栖息于海拔1200-2200米之间的森林地带。以植物果实、叶、花、嫩芽等为食。每胎产1 仔。

衣袋貂

南灰袋貂 *Phalanger intercastellanus* （Southern common cuscus）

隶属于有袋目袋貂科。体长35-44厘米，尾长28-33厘米，体重1.4-2.2千克。吻部略尖。耳小而圆。眼圆。雄兽体毛主要为灰白色，雌兽体毛主要为红褐色，腹部白色，背部有黑色纵条纹。尾长而裸露，颜色较深。

分布于新几内亚南部、澳大利亚等地。栖息于海拔1250米以下的森林地带。以植物果实、叶、花、种子等为食。每胎产1-2仔。

南灰袋貂

细毛灰袋貂

细毛灰袋貂 *Phalanger sericeus*（Silky cuscus）

隶属于有袋目袋貂科。体长38-46厘米，尾长27-32厘米，体重1.7-2.4千克。吻部略尖。耳小而圆，隐藏在被毛中。眼圆。体毛为黑褐色至黑色。尾长而裸露，基部没有粗糙的瘤结。

分布于新几内亚。栖息于海拔1500-3900米之间的森林地带。夜行性，白天隐藏在树洞中。以植物果实、叶等为食。每胎产1仔。

帚尾袋貂

帚尾袋貂 *Trichosurus vulpecula*（Brush-tailed possum）

隶属于有袋目袋貂科。体重2-3.5千克。吻部略尖。耳圆。体毛主要为黑灰色。尾长而裸露，具缠绕性。

分布于澳大利亚和塔斯马尼亚岛等地。栖息于森林地带。夜行性。以植物果实、叶、芽等为食。每胎产1仔。

埃氏袋鼯 *Petaurus abidi*（Northern glider）

隶属于有袋目袋鼯科。体长25-28厘米，尾长35-39厘米，体重228-332克。吻部略尖。耳尖。眼圆。体毛为灰黄褐色。有皮膜，能滑翔。尾长，为黑色。

分布于新几内亚北部。栖息于海拔1000-1220米之间的森林地带。夜晚鸣叫。以昆虫、植物果实等为食。

埃氏袋鼯

黄腹袋鼯

黄腹袋鼯 *Petaurus australis*（Fluffy glider）

隶属于有袋目袋鼯科。吻部略尖，末端粉红色。耳尖而长。眼圆。体毛为灰黄褐色。有皮膜，能滑翔。尾长。

分布于澳大利亚南部等地。栖息于沿海岸的雨林地带。善于攀树和滑翔。以昆虫和植物叶、花等为食。

小袋鼯 *Petaurus breviceps*（Sugar glider）

隶属于有袋目袋鼯科。体长12-17厘米，尾长15-18厘米，体重69-114克。吻部略尖，端部裸露，为粉红色。耳尖。眼圆。面部有黑白相间的斑纹。体毛为黄褐色。有皮膜，能滑翔。尾粗而长。

分布于新几内亚、澳大利亚、塔斯马尼亚岛等地。栖息于海拔3000米以下的森林地带。夜晚鸣叫。以昆虫、植物果实等为食。寿命为5-7年。

小袋鼯

鼠袋鼯

鼠袋鼯 *Petaurus norfolcensis*（Squirrel glider）

隶属于有袋目袋鼯科。吻部略尖，端部裸露，为粉红色。耳圆。眼圆。头部有三条黑色纵条纹。体毛主要为灰色，有黑色斑。腹面白色。有皮膜，能滑翔。尾粗，尾毛蓬松。

分布于澳大利亚东部等地。栖息于森林地带。善于攀树和滑翔。以昆虫和植物叶、花等为食。

大尾缟袋貂 *Dactylopsila megalura*（Large-tailed possum）

隶属于有袋目袋鼯科。体长20-24厘米，尾长28-29厘米。吻部略尖。耳尖。眼圆。体毛为黑色，有2条白色的纵条纹和许多白色斑块。尾特别粗而长。

分布于新几内亚西北部和中部等地。栖息于海拔1400米左右的森林地带。

大尾缟袋貂

长指缟袋貂

长指缟袋貂 *Dactylopsila palpator*（Long-fingered possum）

隶属于有袋目袋鼯科。体长20-26厘米，尾长17-24厘米，体重260-550克。吻部略尖，端部裸露，为粉红色。耳略尖。眼圆。体毛为黑色，从吻端开始有1条白色条纹，至头顶分为2条一直向后延伸，此外还有许多白色斑块。尾粗而长。前肢第四趾特别长。

分布于新几内亚。栖息于海拔1200-2950米之间的森林地带。巢穴位于树洞中，或在树根部的地下。喜欢大声鸣叫。主要以昆虫为食，可以用前肢延长的趾来钩取树干缝中的幼虫。

利氏袋鼯

利氏袋鼯 *Gymnobelideus leadbeateri*（Leadbeater's possum）

隶属于有袋目袋鼯科。吻部略尖。耳圆。眼圆。颊部白色。背部体毛主要为灰色，从颈部至尾基部有一条黑色纵条纹。腹部白色。尾长。

分布于澳大利亚东南部。栖息于森林地带。

三纹缟袋貂

三纹缟袋貂 *Dactylopsila trivirgata*（Common striped possum）

隶属于有袋目袋鼯科。体长24-28厘米，尾长31-39厘米，体重280-470克。吻部略尖，端部裸露，为粉红色。耳略尖。眼圆。体毛为黑色，从吻端开始有1条白色条纹，至头顶分为2条一直向后延伸，此外还有许多白色斑块。尾粗而特长，末端白色。

分布于新几内亚、澳大利亚等地。栖息于海拔2300米以下的森林地带。夜行性。巢穴位于树洞中。常大声鸣叫。以昆虫、蜂蜜、小型无脊椎动物，以及植物的叶、果实等为食。交配期为2-8月。每胎产1-2仔。

大袋鼯

大袋鼯 *Schoinobates volans*（Greater glider）

隶属于有袋目袋鼯科。体长30-48厘米，尾长45-55厘米。吻部略尖。耳小而圆。眼圆。体毛为灰色，腹部白色。有皮膜，能滑翔。尾长。

分布于澳大利亚。栖息于森林地带。夜行性。树栖。善于滑翔。单独行动。以桉树叶等为食。每胎产1仔。一般在7-8月生产。

白头环尾袋貂 *Pseudocheirus canescens*（Lowland ringtail）

隶属于有袋目袋鼯科。体长20-23厘米，尾长17-20厘米，体重235-380克。吻部略尖。耳小而圆，耳后有大型黑斑。眼圆。体毛为灰色或红褐色，背部有1个黑色纵条纹，腹部白色。尾长。

分布于新几内亚。栖息于海拔1300米以下的森林地带。巢穴位于树洞中。以苔藓、地衣、蕨类和植物的叶等为食。全年均可繁殖。每胎产1-3仔。

白头环尾袋貂

威山环尾袋貂

威山环尾袋貂 *Pseudocheirus caroli*（Weyland mountains raintail）

隶属于有袋目袋鼯科。体长27-36厘米，尾长29-37厘米，体重440克。吻部略尖。耳小而圆，耳后白斑。眼圆。体毛为灰褐色，背部有1条黑色纵条纹。尾长，末端白色。

分布于新几内亚中部和西部一带。栖息于海拔30-2200米之间的森林地带。性情活跃，有时白天也活动。

东环尾袋貂 *Pseudocheirus corinnae*（Eastern ringtail）

隶属于有袋目袋鼯科。体长30-37厘米，尾长26-37厘米，体重925-1300克。吻部略尖。耳小而圆。眼圆。体毛为金黄色，背部有3个平行的纵条纹。尾长而多毛。

分布于新几内亚等地。栖息于海拔1200-2900米之间的森林地带。白天喜欢卧在树枝上睡觉。巢穴位于树洞中。以植物的叶等为食。

东环尾袋貂

苔林环尾袋貂

苔林环尾袋貂 *Pseudocheirus forbesi*（Moss-forest ringtail）

隶属于有袋目袋鼯科。体长19-31厘米，尾长20-31厘米，体重450-835克。吻部略尖。耳小而圆。眼圆。面部橘黄色，中央和四周有褐色斑纹。体毛主要为黄褐色。尾长，为褐色，末端裸露。

分布于新几内亚。栖息于海拔500-2800米之间的森林地带。巢穴位于树洞中。以植物的叶等为食。全年均可繁殖。每胎产1-2仔。

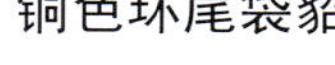

铜色环尾袋貂 *Pseudocheirus cupreus*（Coppery ringtail）

隶属于有袋目袋鼯科。体长36-41厘米，尾长27-31厘米，体重1.3-2.2千克。吻部略尖。耳小而圆。眼圆。体毛为铜褐色。尾长，末端裸露。

分布于新几内亚。栖息于海拔1700-3996米之间的森林地带。有时白天也出来活动。巢穴位于树洞中或地下洞穴中。以植物的叶等为食。

铜色环尾袋貂

侏环尾袋貂

侏环尾袋貂 *Pseudocheirus mayeri*（Pygmy ringtail）

隶属于有袋目袋鼯科。体长18-21厘米，尾长15-19厘米，体重105-206克。吻部略尖。耳小而圆。眼圆。体毛主要为蓝灰色，毛尖为土褐色。尾长。

分布于新几内亚。栖息于海拔500-2800米之间的森林地带。夜行性。以苔藓、地衣、蕨类、真菌和植物的叶、花粉等为食。

阿山环尾袋貂 *Pseudocheirus* schlegeli（Arfak mountains ringtail）

隶属于有袋目袋鼯科。体长21-23厘米，尾长21-25厘米，体重244-305克。吻部略尖。耳小而圆。眼圆。体毛主要为褐色。尾长。

分布于新几内亚西北部。栖息于海拔750-1900米之间的森林地带。

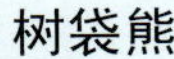
阿山环尾袋貂

树袋熊 *Phascolarctos cinereus*（Koala）

树袋熊

隶属于有袋目树袋熊科。体长50-60厘米，体重10-20千克。身体肥胖臃肿。眼大。耳大，密被绒毛。鼻部光滑无毛，呈灰黑色。腹部有育儿袋。前后肢均有5趾，后肢比前肢短。尾退化。被毛柔软，呈青灰色或银灰色。

分布于澳大利亚东南部、西南部等地。栖息于桉树林中。性情温和。善于攀树和在树枝间跳跃，很少在地面行走。夜行性。白天抱着树枝睡觉。以桉树叶为食。繁殖期为11月至翌年2月。怀孕期为23-30天。每胎产1仔。幼仔出生后在育儿袋中继续发育，6-7个月后出袋，常趴在雌兽背上活动。4岁达到性成熟。

树顶袋貂

树顶袋貂 *Acrobates pygmaeus*（Pygmy flying phalanger）

隶属于有袋目侏袋貂科。体长6-7厘米，尾长7厘米，体重7克。吻部略尖，末端裸露，为粉红色。耳圆。眼圆。背部体毛主要为灰色，腹面白色。眼周较深。尾长，末端较宽，有成片状的毛。

分布于澳大利亚东部一带。栖息于林地中。可以在树枝间进行短距离滑翔。

长尾鼠袋貂 *Cercartetus caudatus*（Long-tailed pygmy possum）

隶属于有袋目侏袋貂科。体长9-11厘米，尾长14-16厘米，体重16-24克。吻部略尖，末端裸露，为粉红色。耳较大。眼圆。面部中央白色，两边有穿过眼睛的黑色条纹。体毛主要为灰褐色。尾特长，大部分裸露。

分布于新几内亚、澳大利亚等地。栖息于海拔1500-3450米之间的森林地带。以蛾、甲虫等昆虫、蜘蛛，以及植物果实等为食。幼仔出生45天后离开育儿袋。

长尾鼠袋貂

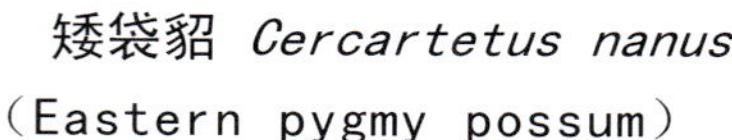

矮袋貂 *Cercartetus nanus*（Eastern pygmy possum）

隶属于有袋目侏袋貂科。吻部略尖，末端裸露，为粉红色。耳较大。眼圆。体毛主要为灰色，腹面较浅。尾长，末端裸露。

分布于澳大利亚东部、塔斯马尼亚等地。栖息于森林地带。以植物花蜜、果实，以及昆虫等为食。

矮袋貂

羽尾鼠袋貂 *Distoechurus pennatus*（Feather-tailed possum）

羽尾鼠袋貂

隶属于有袋目侏袋貂科。体长10-13厘米，尾长13-16厘米，体重38-62克。吻部略尖，末端裸露，为粉红色。耳小而圆。眼圆。面部中央白色，两边有穿过眼睛的黑色条纹，外侧还各有1条白色和黑色条纹。体毛主要为灰褐色。尾特长，尾毛较长。

分布于新几内亚。栖息于海拔1900米以下的森林地带。善于在树上攀爬。巢穴位于树洞中。以昆虫、植物果实等为食。幼仔出生45天后离开育儿袋。

袋熊 *Vombatus ursinus*（Common wombat）

隶属于有袋目袋熊科。体长70-110厘米，体重50-70千克。身体矮胖敦实，形态似熊，但较熊小。眼、耳均小。腹部有育儿袋，袋内有两个乳头，袋口向后开。前后肢均有5趾，爪强壮有力。尾退化，仅留痕迹。被毛较粗，呈灰褐色。

分布于澳大利亚东部、南部，以及塔斯马尼亚等地。栖息于草原或丘陵地带。穴居，善于挖洞。通常单独活动，有时也2-3只在一起生活。夜行性。白天隐藏在洞穴中睡觉。以青草等为食。大多在夏季繁殖，怀孕期为1个月，每胎产1仔。幼仔出生后在育儿袋中继续发育。2-3岁达到性成熟。寿命为15-20年。

袋 熊

毛鼻袋熊 *Lasiorhinus latifrons*（Southern hairy-nosed womhat）

隶属于有袋目袋熊科。体长 87-99 厘米，尾长 2-3 厘米，体重 19-32 千克。身体矮胖敦实，形态似熊，但较熊小。眼、耳均小。腹部有育儿袋。体毛柔软、光亮、细腻，主要为灰色至褐色。

分布于澳大利亚南部，以及塔斯马尼亚等地。栖息于草原、灌丛等地带。单独活动。夜行性。以植物性食物为食。怀孕期为 20-22 天。寿命为 18 年。

毛鼻袋熊

澳洲长鼻袋鼠 *Potorous longipes*（Long-footed potoroo）

隶属于有袋目鼠袋鼠科。体长 38-42 厘米，尾长 31-32 厘米，体重 1.6-2.1 千克。吻部略尖。耳小而圆。眼圆。体毛主要为灰褐色，腹面白色。尾长而裸露。

分布于澳大利亚东南部。

澳洲长鼻袋鼠

长鼻鼠袋鼠 *Potorous tridactylus*（Long-nosed potoroo）

隶属于有袋目鼠袋鼠科。体长 34-41 厘米，尾长 16-23 厘米，体重 0.7-2.1 千克。吻部略尖。耳小而圆。眼圆。体毛主要为灰褐色，腹面白色。尾长而裸露。

分布于澳大利亚东南部和塔斯马尼亚岛等地。栖息于热带雨林等密林中。以植物果实、草类和昆虫、蜗牛等小型动物为食。怀孕期为 38 天。通常在冬季产仔。幼仔出生 150 天后离开育儿袋。寿命为 9-10 年。

长鼻鼠袋鼠

盖氏袋鼠 *Bettongia gaimardi*（Eastern bettong）

隶属于有袋目鼠袋鼠科。体长 32-33 厘米，尾长 29-35 厘米，体重 1.2-2.3 千克。吻部略尖。耳小而圆。眼圆。体毛主要为灰褐色，腹面白色。尾长，末端黑色。

分布于澳大利亚东南部和塔斯马尼亚岛等地。栖息于平原草地、林地中。以植物根、草类和小型动物等为食。全年均可繁殖。怀孕期为 21 天。幼仔出生 110 天后离开育儿袋。寿命为 8 年。

盖氏袋鼠

草原袋鼠 *Bettongia lesueuri* （Boodie）

隶属于有袋目鼠袋鼠科。体长32-37厘米，尾长28-31厘米。吻部略尖。耳小而圆。眼圆。体毛主要为棕褐色。尾长。

分布于澳大利亚西部、西南部等地。栖息于林地中。穴居。以植物根、茎、种子等为食。

草原袋鼠

毛尾袋鼠

毛尾袋鼠 *Bettongia penicillata* （Woylie）

隶属于有袋目鼠袋鼠科。体长30-38厘米，尾长29-36厘米，体重1.1-1.6千克。吻部略尖。耳小而圆。眼圆。体毛主要为棕褐色，腹面白色。尾长，末端黑色。

分布于澳大利亚南部、西南部等地。栖息于开阔林地中。以植物茎、种子和昆虫等小型动物为食。全年均可繁殖。幼仔出生90天后离开育儿袋，180天后达到性成熟。

赤褐袋鼠 *Aepyprymnus rufescens* （Rufous rat-kangaroo）

隶属于有袋目鼠袋鼠科。体长36-41厘米，尾长37-40厘米，体重1.4-3.6千克。吻部略尖，末端红色。耳小而圆。眼圆。体毛主要为灰色。尾长。

分布于澳大利亚东北部等地。栖息于开阔林地、草地等环境。单独或结小群活动。以草类、叶和根等为食。怀孕期为23天。每胎产1仔。幼仔出生114天后离开育儿袋。1年达到性成熟。寿命为8年。

赤褐袋鼠

麝袋鼠

麝袋鼠 *Hypsiprymnodon moschatus* （Musky rat-kangaroo）

隶属于有袋目鼠袋鼠科。体长15-25厘米，尾长13-16厘米，体重300-700克。吻部略尖。耳小而圆。眼圆。体毛主要为灰褐色。尾长而裸露。

分布于澳大利亚东北部。栖息于热带雨林中。善于用落叶堆成球形巢穴。以植物果实、种子和小型动物等为食。通常在2-7月产仔。每胎产2仔。幼仔出生21天后离开育儿袋。1岁达到性成熟。

眼镜兔袋鼠

眼镜兔袋鼠 *Lagorchestes conspicillatus* (Spectacled hare-wallaby)

隶属于有袋目袋鼠科。体长49-52厘米，尾长43-46厘米，体重1.6-4.5千克。吻部略尖。耳小而圆。眼圆。体毛主要为灰褐色。眼睛周围为红棕色。尾长而裸露。

分布于澳大利亚东北部。栖息于开阔林地、灌丛或草地中。巢穴位于灌木下。以植物叶等为食。全年繁殖。通常在3-9月产仔。幼仔出生150天后离开育儿袋。1岁达到性成熟。

蓬毛兔袋鼠 *Lagorchestes hirsutus* （Western hare-wallaby）

隶属于有袋目袋鼠科。体长31-39厘米，尾长25-31厘米，体重0.8-2千克。吻部略尖。耳小而圆。眼圆。体毛主要为棕褐色。尾长而裸露。

分布于澳大利亚中部。栖息于荒漠地带。挖掘较浅的洞为巢穴。以植物果实等为食。

蓬毛兔袋鼠

纹兔袋鼠 *Lagostrophus fasciatus* （Banded hare-wallaby）

纹兔袋鼠

隶属于有袋目袋鼠科。体长40-45厘米，尾长35-40厘米，体重1.3-3千克。吻部略尖。耳小而圆。眼圆。体毛主要为深灰褐色，背后部有黑色横条纹。尾长而裸露。

分布于澳大利亚西南部及其附近岛屿。栖息于草地、林地中。以草类、灌木等为食。通常在2-8月产仔。幼仔出生6个月后离开育儿袋。2岁达到性成熟。

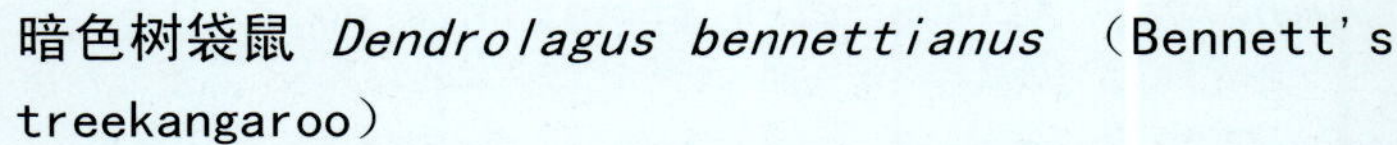

暗色树袋鼠 *Dendrolagus bennettianus* （Bennett's treekangaroo）

隶属于有袋目袋鼠科。体长50-65厘米，尾长63-94厘米，体重13千克。吻尖。耳大而尖。体毛主要为棕褐色，腹面色浅。尾长，腹面和末端为黑色。

分布于澳大利亚东北部。栖息于热带雨林及其附近开阔地带。主要在树上活动。善于跳跃。以植物果实、叶等为食。

暗色树袋鼠

多丽树袋鼠 *Dendrolagus dorianus* (Unicolored tree kangaroo)

隶属于有袋目袋鼠科。体长52-73厘米，尾长45-66厘米，体重6.5-14.5千克。吻部略尖。耳小而尖。全身体毛为褐色。尾较长。

分布于新几内亚。栖息于海拔600-3300米之间的森林地带。昼行性。主要在树上活动。以植物叶等为食。

多丽树袋鼠

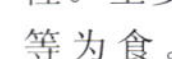

古氏树袋鼠

古氏树袋鼠 *Dendrolagus goodfellowi* (Ornate tree kangaroo)

隶属于有袋目袋鼠科。体长54-64厘米，尾长59-76厘米，体重6.7-9.1千克。吻尖。耳大而尖。体毛主要为棕红色，腹面金黄色。尾长，杂有金黄色。

分布于新几内亚东部和中部。栖息于海拔680-2865米之间的森林地带。昼行性。主要在树上活动。以植物果实、叶等为食。

灰树袋鼠 *Dendrolagus inustus* (Grizzled tree kangaroo)

隶属于有袋目袋鼠科。体长62-77厘米，尾长62-87厘米，体重10-17千克。吻尖。耳大而尖，为黑色。头部深灰色。体毛主要为灰色，腹面颜色较浅。尾长，末端有硬结。

分布于新几内亚西部和北部。栖息于海拔100-1400米之间的森林地带。昼行性。主要在树上活动。以植物果实、叶等为食。每胎产1-2仔。

灰树袋鼠

拉姆氏树袋鼠

拉姆氏树袋鼠 *Dendrolagus lumholtzi* (Lumholtz's tree kangaroo)

隶属于有袋目袋鼠科。体长50-60厘米，尾长60-74厘米，体重3.7-10千克。吻尖。耳大而尖。面部为黑色。体毛主要为黑灰色，腹面金黄色。尾长，腹面和末端为黑色。

分布于澳大利亚东北部一带。栖息于热带雨林中。昼行性。主要在树上活动。以植物果实、叶和小型动物等为食。

西岛树袋鼠

西岛树袋鼠 *Dendrolagus scottae*（Tenkile）

隶属于有袋目袋鼠科。体长61-63厘米，尾长53-59厘米，体重9-1.1千克。吻尖。耳尖。体毛主要为黑色。尾长 。

分布于新几内亚北部。栖息于海拔900-1520米之间的森林中。树栖生活，但也在地面上活动。以植物果实、叶等为食。全年均可繁殖。

马氏树袋鼠 *Dendrolagus matschiei*（Matschie's tree kangaroo）

隶属于有袋目袋鼠科。体长41-63厘米，尾长41-69厘米。吻尖，端部裸露，为粉红色。耳大而尖，为棕色。体毛主要为褐色，腹面颜色较浅，四肢末端为金黄色。尾长，为金黄色。

分布于新几内亚东北部。栖息于海拔1000-3300米之间的森林地带。昼行性，主要于早晨和下午活动。主要在树上生活，也在地面活动。交配在地面进行。怀孕期为43-45天。

马氏树袋鼠

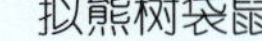

拟熊树袋鼠

拟熊树袋鼠 *Dendrolagus ursinus*（Vogelkop tree kangaroo）

隶属于有袋目袋鼠科。体长53-66厘米，尾长59-72厘米。吻尖。耳大而尖，有簇毛。面颊为红棕色。体毛主要为黑褐色，腹面黄白色。尾长，末端白色。

分布于新几内亚西北部。栖息于海拔2300米以下的森林中。适应树栖的生活，在林中上下攀援非常灵活，在地面上跳跃前进，但步伐很小，速度也不快。常结成小群栖息，白天隐藏于枝叶茂密地林中，早晨和黄昏活动最为频繁。以植物果实、叶等为食。怀孕期为32天。每胎产1仔。寿命为20年。

黑白树袋鼠 *Dendrolagus* sp.（Dingiso）

隶属于有袋目袋鼠科。体长66-67厘米，尾长42-52厘米，体重8.5-9千克。吻尖。耳尖。体毛主要为黑色，额部有一个白色星状斑点，吻部两侧和颈部有白色条纹，向下变为1条宽的纵条纹一直延伸到腹部下方。尾长。

分布于新几内亚西部。栖息于海拔3200-3500米之间的森林中。树栖，但也在地面上活动。它是一个1990年才发现的新物种，尚未确定拉丁学名。

黑白树袋鼠

小岩袋鼠 *Peradorcas concinna* （Little rock-wallaby）

隶属于有袋目袋鼠科。体长21-34厘米，尾长23-35厘米，体重1.1-1.7千克。吻部略尖。耳小而圆。眼圆。体毛主要为灰棕色，腹面白色。颊部有白色斑纹。尾长。

分布于澳大利亚西北部和北部。栖息于多岩石的草地等环境中。以草类等植物为食。怀孕期为31天。幼仔出生180天后离开育儿袋。2岁达到性成熟。

小岩袋鼠

短尾矮袋鼠

短尾矮袋鼠 *Setonix brachyurus* （Quokka）

隶属于有袋目袋鼠科。体长40-54厘米，尾长25-31厘米，体重2.7-4.2千克。吻部略尖。耳小而圆。眼圆。体毛主要为深灰褐色。尾长而裸露。

分布于澳大利亚西部、西南部及其附近岛屿。栖息于草地等环境中。以植物为食。怀孕期为27天。通常在1-3月产仔。幼仔出生6个月后离开育儿袋。2岁达到性成熟。

短耳岩袋鼠 *Petrogale brachyotis* （Short-eared rock-wallaby）

隶属于有袋目袋鼠科。体长38-51厘米，尾长34-49厘米，体重4.2千克。吻部略尖。耳小而圆。眼圆。体毛主要为灰褐色。尾长。

分布于澳大利亚北部一带。栖息于多岩石的草地等环境中。以植物为食。

短耳岩袋鼠

加氏岩袋鼠

加氏岩袋鼠

Petrogale godmani （Godman's rock-wallaby）

隶属于有袋目袋鼠科。体长46-53厘米，尾长48-59厘米，体重5千克。头小，颜面部较长。眼大。耳长。前肢小，后肢长。尾粗长。体毛主要为灰褐色，腹面颜色较浅。颊部有白色斑纹。雌兽的腹部有一个育儿袋。

分布于澳大利亚东北部一带。栖息于热带雨林以及开阔林地等地带。以植物为食。

帚尾岩袋鼠

帚尾岩袋鼠 *Petrogale penicillata* (Brush-tailed rock-wallaby)

隶属于有袋目袋鼠科。体长47-54厘米，尾长42-65厘米，体重5-6千克。头小，颜面部较长。眼大。耳长。前肢小，后肢长。尾粗长。体毛呈褐色。雌兽的腹部有一个育儿袋。

分布于澳大利亚东南部一带。栖息于多岩石的森林、灌丛和草地等地带。结小群活动。善于在岩石上攀缘。以各种草本植物为食。

黑肋岩袋鼠 *Petrogale lateralis*（Black-footed rock-wallaby）

隶属于有袋目袋鼠科。体长47-67厘米，尾长45-51厘米，体重3.5-7.7千克。头小，颜面部较长，颊部有白色斑纹。眼大。耳长。前肢小，后肢长。尾粗长，末端黑色。体毛主要为深灰褐色。雌兽的腹部有一个育儿袋。

分布于澳大利亚中部一带。栖息于多岩石的草地等地带。以植物为食。

黑肋岩袋鼠

素色岩袋鼠 *Petrogale inornata*（Unadorned rock-wallaby）

隶属于有袋目袋鼠科。体长50-55厘米，尾长51-60厘米，体重4.2-5.5千克。头小，颜面部较长。眼大。耳长。前肢小，后肢长。尾粗长。体毛主要为灰褐色。雌兽的腹部有一个育儿袋。

分布于澳大利亚东北部一带。栖息于林地、草地等地带。以各种草本植物为食。全年均可繁殖。怀孕期为30-32天。幼仔出生227天后离开育儿袋。

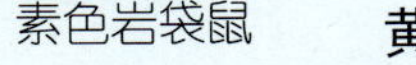
素色岩袋鼠

黄足岩袋鼠 *Petrogale xanthopus*（Yellow-footed rock-wallaby）

隶属于有袋目袋鼠科。体长60-80厘米，尾长57-65厘米，体重6.1-7.5千克。头小，颜面部较长，颊部有白色条纹。眼大。耳长。前肢小，后肢长。尾粗长。体毛呈棕褐色。雌兽的腹部有一个育儿袋。

分布于澳大利亚南部一带。栖息于多岩石的森林、草地等地带。以植物为食。全年均可繁殖。怀孕期为32天。幼仔出生195天后离开育儿袋。寿命可达12年。

黄足岩袋鼠

北甲尾袋鼠 *Onychogalea unguifera*（Northern nail-tailed wallaby）

隶属于有袋目袋鼠科。体长49-69厘米，尾长60-73厘米，体重4.5-9千克。头小，颜面部较长。眼大。耳长。前肢小，后肢长。尾粗长。体毛呈淡黄褐色。雌兽的腹部有一个育儿袋。

分布于澳大利亚北部一带。栖息于灌丛、草地等地带。以草根、叶等为食。

北甲尾袋鼠

大林袋鼠 *Dorcopsis hageni*（Greater forest wallaby）

隶属于有袋目袋鼠科。体长42-60厘米，尾长32-38厘米，体重5-6千克。头小，颜面部较长。眼大。耳长。前肢小，后肢长。尾粗长而裸露。体毛主要呈黑灰色，头部、颈部有白斑，背部中央有白色纵条纹。雌兽的腹部有一个育儿袋。

分布于新几内亚北部一带。栖息于森林地带。夜行性，有时白天也活动。

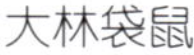

大林袋鼠

森林袋鼠 *Dorcopsis brunii*（Grey dorcopsis）

隶属于有袋目袋鼠科。体长53-97厘米，尾长31-39厘米，体重3.5-11千克。头小，颜面部较长。眼大。耳长。前肢小，后肢长。尾粗长。体毛主要呈黑灰色，有白斑。雌兽的腹部有一个育儿袋。

分布于新几内亚南部和阿卢岛一带。栖息于森林地带。结群活动。以各种植物为食。幼仔出生后180-190天离开育儿袋，15个月达到性成熟。

森林袋鼠

褐林袋鼠

褐林袋鼠 *Dorcopsis muelleri*（Brown dorcopsis）

隶属于有袋目袋鼠科。体长60-77厘米，尾长47-54厘米，体重5千克。头小，颜面部较长。眼大。耳长。前肢小，后肢长。尾粗长。体毛主要呈黑灰色，腹面较浅。雌兽的腹部有一个育儿袋。

分布于新几内亚东部一带。栖息于森林地带。每胎产1仔。

红腹袋鼠

红腹袋鼠 *Thylogale billardieri* （Red-bellied pademelon）

隶属于有袋目袋鼠科。体长56-63厘米，尾长32-48厘米，体重2.4-12千克。头小，颜面部较长。眼大。耳长。前肢小，后肢长。尾粗长。体毛主要为灰褐色。雌兽的腹部有一个育儿袋。

分布于澳大利亚东南部和塔斯马尼亚岛一带。栖息于林地、草地中。以各种草类等为食。怀孕期为30天。通常在4-6月产仔。幼仔出生200天后离开育儿袋。14-15个月达到性成熟。

红腿袋鼠 *Thylogale stigmatica* （Red-leggd pademelon）

隶属于有袋目袋鼠科。体长58厘米，尾长39厘米。头小，颜面部较长。眼大。耳长。前肢小，后肢长。尾粗长。体毛主要为赤褐色，腹面较浅。雌兽的腹部有一个育儿袋。

分布于澳大利亚北部、新几内亚南部一带。栖息于林地、灌丛和草地中。夜行性。单独活动。

红腿袋鼠

红颈袋鼠

红颈袋鼠 *Thylogale thetis* （Red-necked pademelon）

隶属于有袋目袋鼠科。体长29-62厘米，尾长27-51厘米，体重1.8-9.1千克。头小，颜面部较长。眼大。耳长。前肢小，后肢长。尾粗长。体毛主要为褐色，颈部为红棕色。雌兽的腹部有一个育儿袋。

分布于澳大利亚东部一带。栖息于热带雨林中，有时也到附近的草地上活动。以各种草本植物、树木果实和种子，以及昆虫等为食。

深色袋鼠 *Thylogale browni*（New Guinea pademelon）

隶属于有袋目袋鼠科。体长49-67厘米，尾长30-52厘米，体重3-9千克。头小，颜面部较长。眼大。耳长。前肢小，后肢长。尾粗长。体毛主要为深灰色。雌兽的腹部有一个育儿袋。

分布于新几内亚、阿卢群岛、俾斯麦群岛等地。栖息于林地、草地等地带。

深色袋鼠

黑尾沙袋鼠 *Wallabia bicolor* （Swamp wallaby）

隶属于有袋目袋鼠科。体长66-85厘米，尾长64-86厘米，体重10-21千克。头小，颜面部较长。眼大。耳长。前肢小，后肢长。尾粗长。体毛呈赤褐色。雌兽的腹部有一个育儿袋。

分布于澳大利亚东部、东南部一带。栖息于森林、灌丛、草地和沼泽等地带。以真菌、灌木等为食。幼仔出生后在育儿袋中继续发育，8-9个月后出袋活动。15个月达到性成熟。

黑尾沙袋鼠

敏袋鼠 *Macropus agilis* （River wallaby）

隶属于有袋目袋鼠科。体长60-85厘米，尾长58-84厘米，体重15-27千克。头小，颜面部较长。眼大。耳长。前肢短小，后肢特别长。尾粗长而有力。体毛呈赤褐色。雌兽的腹部有一个育儿袋。

分布于澳大利亚东北部、巴布亚新几内亚东南部等地。栖息于岸边平原的草地、沙地等地带。结小群生活。善于跳跃。以草类、灌木等为食。没有固定的繁殖季节。怀孕期为29天。幼仔出生后在雌兽的育儿袋里继续发育。219天后独立生活。

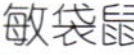

敏袋鼠

羚大袋鼠 *Macropus antilopinus* （Antelope kangaroo）

隶属于有袋目袋鼠科。体长78-120厘米，尾长68-89厘米，体重16-49千克。头小，颜面部较长。眼大。耳长。前肢短小，后肢特别长。尾粗长而有力。体毛呈浅棕色。雌兽的腹部有一个育儿袋。

分布于澳大利亚北部。栖息于开阔的森林和草原地带。喜欢成群活动，一般为4-5只。以树叶、草类等为食。通常在3-4月产仔。

羚大袋鼠

黑纹大袋鼠 *Macropus dorsalis* （Black-striped wallaby）

隶属于有袋目袋鼠科。体长112-159厘米，尾长54-83厘米，体重6-20千克。头小，颜面部较长，喉部有白斑。眼大。耳长。前肢短小，后肢特别长。尾粗长而有力。体毛呈灰褐色，腹面白色。雌兽的腹部有一个育儿袋。

分布于澳大利亚东部。栖息于开阔的森林地带。成群活动，一般为20只左右。以植物为食。怀孕期为30-35天。幼仔出生后在雌兽的育儿袋里继续发育。210天后独立生活。14个月达到性成熟。

黑纹大袋鼠

尤氏大袋鼠

尤氏大袋鼠 *Macropus eugenii* （Dama wallaby）

隶属于有袋目袋鼠科。体长52-68厘米，尾长33-45厘米，体重4-10千克。头小，颜面部较长。颊部、喉部白色。眼大。耳长。前肢小，后肢长。尾粗长。体毛呈赤褐色。雌兽的腹部有一个育儿袋。

分布于澳大利亚东南部、南部等地。栖息于沿岸、岛屿的灌丛地带。善于跳跃。以灌丛、草类为食。没有固定的繁殖期。怀孕期为32天。幼仔出生后在雌兽的育儿袋里继续发育。大约256天后独立生活。17-24个月达到性成熟。

烟色大袋鼠 *Macropus fuliginosus* （Western grey kangaroo）

隶属于有袋目袋鼠科。体长95-223厘米，尾长43-100厘米，体重3-54千克。头小，颜面部较长。喉部白色。眼大。耳长。前肢小，后肢长。尾粗长。体毛呈灰褐色，腹面颜色较浅。雌兽的腹部有一个育儿袋。

分布于澳大利亚西南部、南部等地。栖息于沿岸的森林地带。善于跳跃。以草类等植物为食。全年均可繁殖。怀孕期为30天。幼仔出生后在雌兽的育儿袋里继续发育。大约320天后独立生活。17个月达到性成熟。

烟色大袋鼠

大灰袋鼠 *Macropus giganteus* （Eastern grey kangaroo）

隶属于有袋目袋鼠科。体长110-130厘米，尾长100-110厘米，体重60-80千克。头小，颜面部较长。眼大。耳长。前肢短小，后肢特别长。尾粗长而有力。体毛呈深灰色。雌兽的腹部有一个育儿袋。

分布于澳大利亚南部、西部一带。栖息于灌木丛中。结群生活，多在早晨和黄昏活动。善于跳跃。以树叶、草类等为食。没有固定的繁殖季节。每胎产1仔。幼仔出生后在雌兽的育儿袋里继续发育，284天后出袋活动，17个月达到性成熟。寿命为15-18年。

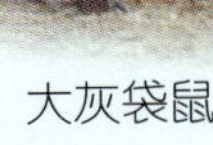

大灰袋鼠

西大袋鼠 *Macropus irma* （Western brush wallaby）

隶属于有袋目袋鼠科。体长84厘米，尾长69厘米，体重7-9千克。头小，颜面部较长。颊部有白色斑。眼大。耳长。前肢小，后肢长。尾粗长。体毛主要为灰褐色，腹面棕黄色。雌兽的腹部有一个育儿袋。

分布于澳大利亚西南部等地。栖息于开阔林地中。善于跳跃。以草类为食。

西大袋鼠

白喉袋鼠 *Macropus parma* （Parma wallaby）

隶属于有袋目袋鼠科。体长46-53厘米，尾长41-53厘米，体重3.2-5.4千克。头小，颜面部较长。喉部有白色斑。眼大。耳长。前肢小，后肢长。尾粗长。体毛呈黑褐色。雌兽的腹部有一个育儿袋。

分布于澳大利亚东南部等地。栖息于茂密的森林地带。善于跳跃。以草类等为食。怀孕期为35天。幼仔大多在2-6月出生。幼仔出生后在雌兽的育儿袋里继续发育。大约212天后独立生活。12个月达到性成熟。

白喉袋鼠

岩大袋鼠 *Macropus robustus*（Hill kangaroo）

隶属于有袋目袋鼠科。体长90-120厘米，尾长70-90厘米，体重60-70千克。头小，颜面部较长。眼大。耳长。前肢短小，后肢较粗。尾粗长而有力。体毛呈赤褐色。

分布于澳大利亚东部、西部和北部等地。栖息于多岩石的干旱的丘陵山区。结群生活，多在早晨和黄昏活动。善于跳跃。以树叶、草类等为食，还经常吃一些较硬的多刺植物。幼仔1-2岁达到性成熟。寿命为18-20年。

岩大袋鼠

帕氏大袋鼠 *Macropus parryi* （Whiptail wallaby）

隶属于有袋目袋鼠科。体长65-92厘米，尾长73-105厘米，体重7-26千克。头小，颜面部较长。颊部有白色斑。眼大。耳长。前肢小，后肢长。尾粗长。体毛主要为灰褐色，腹面白色。雌兽的腹部有一个育儿袋。

分布于澳大利亚东部、东北部等地。栖息于林地、灌丛等地带。结群生活。善于跳跃。以草类、灌木叶等为食。怀孕期为36天。幼仔大多在1月出生。幼仔出生后在雌兽的育儿袋里继续发育。大约281天后独立生活。寿命为9年。

帕氏大袋鼠

大赤袋鼠 *Macropus rufus* （Red kangaroo）

隶属于有袋目袋鼠科。体长130-150厘米，尾长120-130厘米，体重70-90千克。头小，颜面部较长，鼻孔两侧有黑色须痕。眼大。耳长。前肢短小，后肢特别长。尾粗长而有力。体毛呈赤褐色。雌兽的腹部有一个育儿袋。

分布于澳大利亚东南部。栖息于开阔的草原地带。结群生活，多在早晨和黄昏活动。善于跳跃。以草类为食。没有固定的繁殖季节。怀孕期为1个月，每胎产1仔。幼仔出生半年以后出袋活动，10个月后独立生活。1.5-2岁达到性成熟。寿命为20-22年。

大赤袋鼠

十三、食虫目 INSECTIVORA

食虫目动物均为身体有柔毛或硬刺的、外形似鼠类的小型有胎盘类兽类。有胎盘类又称真兽类，是比原兽类（单孔目）、后兽类（有袋目）更高等的动物。胚胎器官在母体子宫壁之间接触的区域称为胎盘，是富有血管的海绵状器官。胚胎在母体子宫内发育，通过胎盘从母体吸取营养一直到成熟。胎盘是真兽类所特有的器官，它们的幼仔一生下来即为活泼的小动物。现生的绝大多数兽类都属于有胎盘类。食虫目动物在中生代上白垩纪地层中就已出现，是有胎盘兽类中最原始和最古老的一支，在兽类的进化史中起过举足轻重的作用。通常认为大多数较高等的目（食肉目、翼手目、啮齿目等）都是由早期的食虫目分化出来的。

食虫目动物的被毛通常柔软细密，吻鼻延伸成灵活的吻突。具五趾型附肢，并具钩爪，多跖行性。足和尾上有鳞。乳腺具乳头。头颅扁平，脑小，大脑半球无沟回，向后不能掩盖小脑，智力低下。嗅叶大，嗅觉非常灵敏。眼睛不发达。头骨的颜面部延长，脑盒小，通常无眶后突，鼓骨常呈环形的薄板而不成鼓室。牙齿一般为26-44枚，属异型齿，但分化程度较弱，显示出原始的特点，伴随着体形的特化而出现齿数减少。

大多数种类（鼹类除外）的上颌内门齿相当大，但不呈凿形。犬齿不呈食肉兽的典型形态，与邻近的外门齿、前臼齿难以区别。上下颌最后一枚前臼齿特别大，有2一3个齿尖，与臼齿少有差别；在不同的类群中，这枚大前臼齿总是稳定地存在，齿数减少多出现在其前的单尖齿（小前臼齿、外门齿与中门齿，）臼齿缺失的情况较少。臼齿齿尖可达5一7枚，上臼齿居中有二个发达的齿尖（前尖与后尖），内侧有明显的原尖，观察齿冠面呈“W”型的切缘就是以前尖和后尖为基础联合附尖而形成的。这样的齿型称为食虫型齿。

食虫目动物主要吃动物性食物，尤以昆虫及蠕虫居多。大多为夜行性。胆小而且缺乏自卫能力。有些种类身上有保护性尖刺或有能放出刺鼻臭味的臭腺。大多为陆栖性，许多种类在地面生活，也有地下穴居、半水栖、半树栖的，个别种类善跳跃，似跳鼠。广泛分布于亚洲、欧洲、非洲、北美洲和南美洲的西北部。

食虫目共有8科，即：猬科（Erinaceidae）、马岛猬科（Tenrecidae）、獭鼩科（Potamagalidae）、沟齿鼩科（Solenodontidae）、金鼹科（Chrysochloridae）、跳鼩科（Macroscelididae）、鼩鼱科（Soricidae）和鼹鼠科（Talpidae）。

刺猬 *Erinaceus europaeus*（European hedgehog）

隶属于食虫目猬科。体长22-26厘米，尾长2-4厘米，体重600-1000克。除腹部和四肢外，全身都披有粗而硬的棘刺。体毛短，淡黄色。四肢短，爪锐利而弯曲。耳短。眼睛很小。

分布于中国东北、华北和华东等地区，以及欧洲、俄罗斯和朝鲜等地。栖息于森林、草原等环境中。夜行性。穴居。以昆虫等小型无脊椎动物，以及瓜、果、豆类等植物为食。每年春季发情。怀孕期为49天。6月产仔。每年产1胎，每胎3-6仔。翌年春季达到性成熟。寿命为7年。

刺 猬

北非刺猬 *Erinaceus algirus*（Algerian hedgehog）

隶属于食虫目猬科。体长14-27厘米，尾长1-5厘米，体重250-1600克。除腹部和四肢外，全身都披有粗而硬的棘刺。体毛短，脸部、腹部为白色。四肢短，爪锐利而弯曲。耳短而圆。眼睛很小。

分布于非洲阿尔及利亚、摩洛哥、利比亚和欧洲法国、西班牙等地。栖息于荒漠、草原等地带。夜行性。单独活动。平时行动缓慢。穴居。以昆虫等小型无脊椎动物为食，也吃鼠、爬行动物和植物果实等。怀孕期为35-48天。每胎产2-10仔。

北非刺猬

南非刺猬 *Erinaceus frontalis*（Southern African hedgehog）

隶属于食虫目猬科。体长18厘米，尾长2厘米，体重240-800克。除腹部和四肢外，全身都披有粗而硬的棘刺。从额部向两侧有一条白色斑纹。四肢短，爪锐利而弯曲。耳短。眼睛很小。

分布于南非、安哥拉、津巴布韦、纳米比亚等地。栖息于森林、灌丛等多种环境中。夜行性，有时也在白天活动。穴居。以昆虫、蜥蜴、蛙、鸟卵等为食，也吃一些植物性食物。怀孕期为5-6周。

南非刺猬

白腹猬

白腹猬 *Erinaceus albiventris*（White-bellied bedgehog）

隶属于食虫目猬科。体长 14-27 厘米，尾长 1-5 厘米，体重 250-1600 克。除腹部和四肢外，全身都披有粗而硬的棘刺。体毛短，脸部、腹部为白色。四肢短，爪锐利而弯曲。耳短而圆。眼睛很小。

分布于塞内加尔、尼日利亚、加纳等地。栖息于荒漠、草原等地带。夜行性。单独活动。平时行动缓慢。穴居。以昆虫等小型无脊椎动物为食，也吃鼠、爬行动物和植物果实等。怀孕期为 35-48 天。每胎产 2-10 仔。

沙漠猬 *Paraechinus aethiopicus* （Desert hedgebog）

隶属于食虫目猬科。体长 14-27 厘米，尾长 1-5 厘米，体重 250-1600 千克。除腹部和四肢外，全身都披有粗而硬的棘刺。体毛短，脸部、腹部为淡黄色。四肢短，爪锐利而弯曲。耳短而圆。眼睛很小。

分布于非洲阿尔及利亚、摩洛哥、苏丹和亚洲阿拉伯半岛、伊拉克等地。栖息于荒漠、草原等地带。夜行性。单独活动。平时行动缓慢。穴居。以昆虫等小型无脊椎动物为食，也吃鼠、爬行动物和植物果实等。怀孕期为 35-48 天。每胎产 2-10 仔。

沙漠猬

大耳猬 *Hemiechinus auritus* （Long-eared hedgehog）

隶属于食虫目猬科。体长 17-22 厘米，尾长 3-4 厘米，体重 280-500 克。除腹部和四肢外，全身都披有粗而硬的棘刺。体毛短，淡黄色。四肢短，爪锐利而弯曲。耳特别长。眼小。

分布于中国新疆、内蒙古西部，以及印度西部、巴基斯坦、亚洲中部和非洲北部等地。栖息于荒漠、半荒漠地带。夜行性。穴居。单独活动。有冬眠习性。以昆虫、蜥蜴、鼠类等小型动物为食，也吃瓜、菜等植物性食物。每年春季和夏季发情。怀孕期为 35-42 天。每胎产 2-6 仔。1 岁达到性成熟。

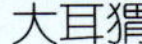

大耳猬

达乌尔猬 *Hemiechinus dauuricus*（Daurian hedgebog）

隶属于食虫目猬科。体长 25 厘米，尾长 2-3 厘米，体重 500 克。除腹部和四肢外，全身都披有粗而硬的棘刺。体毛短，淡黄色。四肢短，爪锐利而弯曲。耳长超过棘刺的长度。眼小。

分布于中国陕西、山西、内蒙古、宁夏，以及蒙古等地。栖息于草原、沙丘、柳丛等地带。夜行性。穴居。单独活动。有冬眠习性。以昆虫、蜥蜴、鼠类等小型动物为食，也吃瓜、菜等植物性食物。每年春季发情。每年产 1 胎。一般在 6-7 月生产。每胎产 3-7 仔。1 岁达到性成熟。

达乌尔猬

刺氏鼩猬 *Echinosorex gymnurus* (Moonrat)

隶属于食虫目猬科。体长25-45厘米，尾长15-20厘米，体重500克。体毛粗糙，主要为黄褐色。头部白色，眼周黑色。吻部尖而长。耳短而圆。眼小。尾巴长而裸露。

分布于马来西亚、泰国、缅甸和印度尼西亚等地。栖息于沼泽地带。夜行性，白天隐藏在地洞或树洞中。以蜗牛、蠕虫、昆虫，以及鱼、蟹、蛙等为食。

刺氏鼩猬

马岛猬

马岛猬 *Tenrec ecaudatus* (Tailless tenrec)

隶属于食虫目马岛猬科。体长25-39厘米，尾长1厘米，体重500-1500克。除脸部、腹部外，全身都披有可以竖立起来的长刺毛。吻部尖。身体主要为黄褐色。耳短。眼小。尾巴很短。

分布于非洲马达加斯加岛、科摩多岛。栖息于森林地带。夜行性。穴居。有冬眠习性。以蚯蚓、昆虫和植物块茎等为食。怀孕期为60天。每胎产15-34仔。

纹猬 *Hemicentetes semispinosus* (Streaked tenrec)

隶属于食虫目马岛猬科。体长13-19厘米，体重90-220克。除脸部、腹部外，全身都披有粗而硬的棘刺。身体主要为黑褐色，从额部至吻部、臀部分别有多条黄色斑纹。腹面为栗褐色。耳短。眼睛很小。

分布于非洲马达加斯加岛东部。栖息于雨林地带。夜行性，有时白天也出来活动。穴居。呈小群活动。以蚯蚓等小型无脊椎动物为食。怀孕期为45-55天。每胎产5-8仔。

纹　猬

黑头纹猬

黑头纹猬 *Hemicentetes nigriceps* (Black-headed tenrec)

隶属于食虫目马岛猬科。体长12-16厘米，体重70-160克。除脸部、腹部外，全身都披有粗而硬的棘刺。头部为黑色。身体主要为黑褐色，有多条白色斑纹。腹面为白色。耳短。眼睛很小。

分布于非洲马达加斯加岛东南部。栖息于森林地带。夜行性。穴居。以小型无脊椎动物为食。雌兽的怀孕期为30-35天。每胎产1-5仔。

大马岛猬

大马岛猬 *Setifer setosus* （Greater hedgehog tenrec）

隶属于食虫目马岛猬科。体长16-21厘米，尾长1-2厘米，体重180-270克。除脸部、腹部外，全身都披有粗而硬的棘刺。身体主要为灰褐色。耳短。眼睛很小。

分布于非洲马达加斯加岛。栖息于森林地带。夜行性。单独活动。以昆虫等小型无脊椎动物，以及植物果实等为食。9-10月发情交配。怀孕期为51-69天。每胎产1-4仔。

小马岛猬 *Echinops telfairi* （Lesser hedgehog tenrec）

隶属于食虫目马岛猬科。体长14-18厘米，尾长1厘米，体重110-230克。除脸部、腹部外，全身都披有粗而硬的棘刺。身体主要为浅灰色至石板灰色。耳短。眼睛很小。

分布于非洲马达加斯加岛西部、西南部一带。栖息于森林地带。夜行性。以昆虫等小型无脊椎动物，以及植物果实等为食。10月发情交配。怀孕期为60-68天。每胎产1-10仔。

小马岛猬

柯氏鼩猬

柯氏鼩猬 *Microgale cowani*（Dowan's shrew tenrec）

隶属于食虫目马岛猬科。体长7-10厘米，尾长6-8厘米，体重10-16克。身体主要为暗褐色至棕褐色。腹面灰色，染有红褐色。耳大而圆。眼小。尾巴较长。

分布于非洲马达加斯加岛东部一带。栖息于森林地带。以植物叶片等为食。

多氏鼩猬 *Microgale dobsoni* （Dobson's shrew tenrec）

隶属于食虫目马岛猬科。体长8-11厘米，尾长9-13厘米，体重25-45克。身体主要为褐色，杂有皮黄色斑纹。喉部近红色。耳大而圆。眼小。尾巴较长，上面为灰色，下面为皮黄色。

分布于非洲马达加斯加岛东部一带。栖息于森林地带。以植物叶片等为食。怀孕期为62-64天。每胎产1-5仔。

多氏鼩猬

马岛鼩猬 *Microgale drouhardi* (Striped shrew tenrec)

隶属于食虫目马岛猬科。体长6-8厘米，尾长6-8厘米，体重11克。身体背面主要为暗灰褐色至暗棕褐色，杂有黄色斑。从头部两耳之间至尾巴基部有一条暗褐色纵纹。腹面为银灰色，染有皮黄色。耳大而圆。眼小。尾巴较长，上面为暗灰色，下面为皮黄色。

分布于非洲马达加斯加岛东部一带。栖息于海拔300-2350米的森林地带。一般在落叶下面活动。行动敏捷。

马岛鼩猬

穴居稻田猬

穴居稻田猬 *Geogale aurita* (Large-eared tenrec)

隶属于食虫目马岛猬科。体长6-8厘米，尾长3厘米，体重6-8克。身体背面主要为灰色。腹面为白色。耳大而圆。眼小。尾巴较长。

分布于非洲马达加斯加岛西南部和南部一带。栖息于森林地带。夜行性。以蚂蚁、白蚁等昆虫和无脊椎动物为食。怀孕期为54-69天。每胎产1-5仔。一般在11月至翌年2月生产。

蹼足猬 *Limnogale mergulus* (Web-footed tenrec)

隶属于食虫目马岛猬科。体长12-17厘米，尾长12-16厘米，体重60-90克。头部、身体背面主要为褐色，杂有红色和黑色。腹面为浅黄灰色。耳小。眼小。尾巴长而裸露。

分布于非洲马达加斯加岛东南部一带。栖息于海拔600-2200米的溪流地带。夜行性。以蛙、鱼、甲壳动物、水生昆虫等为食。每胎产3仔。

蹼足猬

海地沟齿鼩

海地沟齿鼩 *Solenodon paradoxus* (Haitian solenodon)

隶属于食虫目沟齿鼩科。体长28-33厘米，尾长22-25厘米，体重700-1000克。吻部长而尖。体毛粗糙，背面主要为灰褐色，腹面较浅。耳小。眼小。尾巴长而裸露，末端白色。

分布于北美洲海地西南部、多米尼加东北部等地。栖息于森林地带。夜行性。白天隐藏在土洞、树洞中。以昆虫、植物果实等为食。每胎产1-3仔。

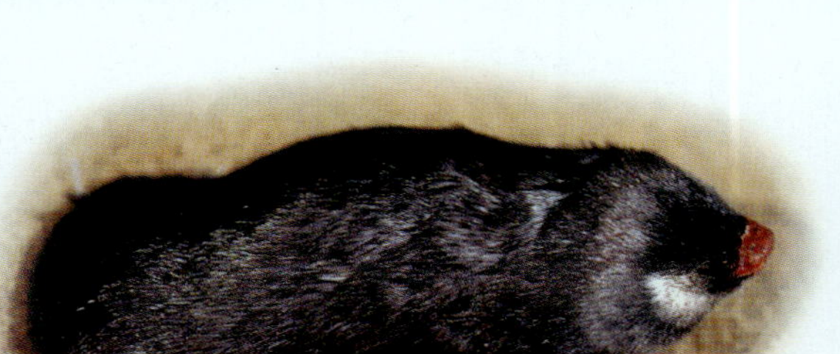
金毛鼹

金毛鼹 *Chrysochloris asiatica* (Cape goldon mole)

隶属于食虫目金鼹科。体长10-12厘米，体重50克。体毛为柔软呈丝状，主要为黑色至暗褐色，闪耀铜色、绿色或紫色光泽，腹面较暗。颏、喉和前肢皮黄褐色。眼睛退化。吻端红色。

分布于坦桑尼亚、津巴布韦、乌干达、扎伊尔、南非等地。栖息于沙土草地带。夜行性。穴居，一般单独居住。以蚯蚓、昆虫等小型无脊椎动物为食。一般每胎产2仔。

黄金鼹 *Calcochloris obtusirostris* (Yellow golden mole)

隶属于食虫目金鼹科。体长9-11厘米，体重25-30克。体毛主要为橙黄色至褐色，腹面金黄色，微染红褐色。脸部有宽的皮黄色斑纹。眼睛退化。吻端肉色。

分布于莫桑比克、津巴布韦、南非东北部等地。栖息于沙土草地。夜行性。穴居。单独活动。以蚯蚓、昆虫、蜗牛、蜘蛛等小型无脊椎动物为食。每胎产1-3仔。

黄金鼹

赤金鼹

赤金鼹 *Amblysomus hottentotus*（Hottentot golden mole）

隶属于食虫目金鼹科。体长11-14厘米，体重40-70克。体毛主要为黑色至红褐色，有铜绿色或紫色光泽，腹面较浅，呈淡灰色。眼睛退化。吻端肉色。

分布于南非东部、南部和东南部一带。栖息于森林、草地等地带。夜行性。穴居。以蚯蚓、昆虫等小型无脊椎动物为食。每胎产1-2仔。

斯氏金鼹 *Chlorotalpa sclateri* (Sclater's golden mole)

隶属于食虫目金鼹科。体长10厘米，体重35-40克。体毛主要为红褐色，腹面暗灰色，微染红色。眼睛退化。吻端皮黄色。

分布于南非。栖息于岩石山区、草地等环境中。夜行性。穴居。以蚯蚓、昆虫等小型无脊椎动物为食。每胎产1-2仔。

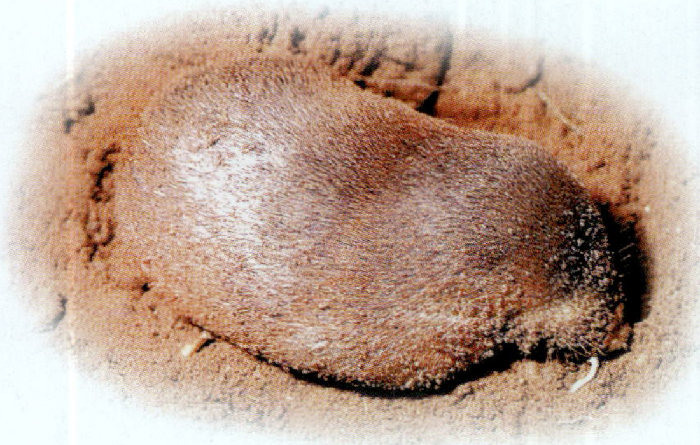
斯氏金鼹

巨金鼹 *Chrysospalax trevelyani*（Giant golden mole）

隶属于食虫目金鼹科。体长23厘米，体重500克。体毛为有光泽的暗褐色，腹面颜色较浅。眼区、喉部为淡黄色。眼睛退化。吻端红色。

分布于南非开普省东部。栖息于林下灌木、草本植物丰盛的森林中。夜行性。穴居。一般单独活动，有时数只一起在洞穴中冬眠。以蚯蚓、昆虫等小型无脊椎动物为食。

巨金鼹

沙金鼹 *Eremitalpa granti*（Grant's desert golden mole）

隶属于食虫目金鼹科。体长9厘米，体重25-30克。体毛主要为灰黄色，腹面黄色斑纹。眼睛退化。吻端肉色。

分布于纳米比亚、南非西部等地。栖息于荒漠、沙土地带。夜行性。穴居。单独行动。以昆虫、蜘蛛、小型蜥蜴等为食。每胎产1-2仔。

沙金鼹

短耳象鼩 *Macroscelides proboscideus*（Short-eared elephant shrew）

隶属于食虫目跳鼩科。体长23厘米，体重40克。吻鼻部尖而特别延长。眼大而圆。颊部有斑纹。耳大而圆。体毛主要为灰棕色。尾巴长而裸露。

分布于纳米比亚、博茨瓦纳和南非等地。栖息于荒漠、半荒漠长有低矮灌丛的多岩石地带。昼夜均可活动。单独或成对活动。以昆虫、蜘蛛等小型无脊椎动物，以及植物嫩芽、果实等为食。雌兽的怀孕期为2个月。每胎产1-2仔。5-6周达到性成熟。

短耳象鼩

短吻象鼩

短吻象鼩 *Elephantulus brachyrhynchus*（Short-snouted elephant-shrew）

隶属于食虫目跳鼩科。吻鼻部尖而特长，端部黑色。眼大而圆。有白色眼圈。耳大而圆。体毛主要为深灰褐色。尾巴长而裸露。

分布于肯尼亚、莫桑比克等地。栖息于多岩石地带。性情胆怯。穴居。以昆虫、植物嫩芽等为食。

埃氏象鼩

埃氏象鼩 *Elephantulus edwardi* （Cape elephant shrew）

隶属于食虫目跳鼩科。体长25厘米，尾长26厘米，体重50克。吻鼻部尖而特长，端部黑色。眼大而圆。有白色眼圈。耳大而圆。体毛主要为灰褐色。尾巴长而裸露，上面为黑色，末端有簇毛。

分布于南非开普省。栖息于生有低矮植被的多岩石地带。昼夜均活动。单独或成对活动。以蚂蚁、白蚁等昆虫为食。每胎产1-2仔。

沙地象鼩 *Elephantulus intufi* （Bushveld elephant shrew）

隶属于食虫目跳鼩科。体长24厘米，尾长25厘米，体重50克。吻鼻部尖而特长。眼大而圆。有白色眼圈。耳大而圆，耳后有锈红色斑块。体毛主要为棕灰色。尾巴长而裸露。

分布于安哥拉、纳米比亚、博茨瓦纳和南非等地。栖息于干旱地带。昼行性。单独活动。以蚂蚁等昆虫为食。每胎产2仔。

沙地象鼩

赤褐象鼩

赤褐象鼩 *Elephantulus rufescens*（Rufous elephant shrew）

隶属于食虫目跳鼩科。吻鼻部尖而特长。眼大而圆。有白色眼圈。耳大而圆。体毛主要为灰褐色。尾巴裸露。

分布于苏丹、索马里、肯尼亚、坦桑尼亚和莫桑比克等地。栖息于草原等地带。以蚂蚁、白蚁等昆虫为食。

南非象鼩 *Elephantulus myurus*（Transvaal elephant shrew）

隶属于食虫目跳鼩科。体长26厘米，体重60克。吻鼻部尖而特长。眼大而圆。有白色眼圈。耳大而圆，耳后有浅色斑块。体毛主要为灰色。尾巴裸露，略长于体长。

分布于津巴布韦、博茨瓦纳和南非等地。栖息于多岩石的地带。昼行性，有时也在夜晚活动。单独或成对活动。行动敏捷。以蚂蚁、白蚁等昆虫为食。怀孕期为8周。每胎产1-2仔。5-6周达到性成熟。

南非象鼩

岩象鼩

岩象鼩 *Elephantulus rupestris*（Rock elephant shrew）

隶属于食虫目跳鼩科。体长 26 厘米，尾长 27 厘米，体重 65 克。吻鼻部尖而特长，端部有狭窄的褐色斑纹。眼大而圆。有狭窄的白色眼圈。耳大而圆，耳后有皮黄色斑块。体毛主要为棕褐色。尾巴裸露，末端有簇毛。

分布于苏丹、索马里、肯尼亚、坦桑尼亚和莫桑比克等地。栖息于半干旱地区的多岩石地带。以蚂蚁、白蚁等昆虫为食，有时也吃一些植物性食物。每胎产 1-2 仔。

四趾岩跳鼩 *Petrodromus tetradactylus*（Four-toed elephant shrew）

隶属于食虫目跳鼩科。体长 35 厘米，尾长 26 厘米，体重 200 克。吻鼻部尖而特长。眼大而圆。有白色眼圈。耳大而圆。颊部有红褐色斑纹。体毛主要为灰棕色。尾巴裸露，基部有裸斑。

分布于非洲东部、中部、南部和西南部等地。栖息于沿岸灌丛茂盛地带及阔叶林中。昼夜均活动。单独或成对活动。以蚂蚁、白蚁、甲虫等昆虫为食。全年均可繁殖。每胎产 1 仔。

四趾岩跳鼩

高山鼩鼱

高山鼩鼱 *Sorex alpinus*（Alpine shrew）

隶属于食虫目鼩鼱科。体长 6-9 厘米，尾长 6-8 厘米，体重 5-11 克。眼小。吻部尖而长，吻端红色。体毛主要为黑色。尾巴长而裸露。

分布于法国、意大利、德国、瑞士、波兰和南斯拉夫等地。

普通鼩鼱 *Sorex araneus*（Eurasian common shrew）

隶属于食虫目鼩鼱科。体长 7-9 厘米，尾长 3-6 厘米，体重 7-13 克。眼小。吻部尖而长。体毛主要为棕褐色。尾巴长而裸露。

分布于欧洲东南部、亚洲北部和东部一带。

普通鼩鼱

贝氏鼩鼱 *Sorex bendirii* （Marsh shrew）

隶属于食虫目鼩鼱科。体长7-10厘米，尾长6-8厘米，体重7.5-21克。眼小。吻部尖而长。体毛主要为灰褐色。尾巴长而裸露。

分布于美国西北部、加拿大西南部等地。栖息于沼泽地带。善于挖掘洞穴。以蜗牛、蜘蛛、白蚁、蚯蚓等无脊椎动物为食。

贝氏鼩鼱

中鼩鼱

中鼩鼱 *Sorex caecutiens* （Laxmann's shrew）

隶属于食虫目鼩鼱科。体长5-7厘米，尾长3-4厘米，体重7.6-9克。眼小。吻部尖而长。背部体毛主要为棕褐色，腹部为淡棕黄色带黄白色。尾巴长而裸露。

分布于中国西北、东北地区，以及日本、蒙古、朝鲜、俄罗斯东部等地。栖息于森林、灌丛、草地等地带。以昆虫等无脊椎动物为食。怀孕期为25天。每胎产2-8仔。

假面鼩鼱 *Sorex cinereus* （Masked shrew）

隶属于食虫目鼩鼱科。体长5-8厘米，尾长3-5厘米，体重2.2-5.4克。眼小。吻部尖而长。背部体毛主要为褐色，腹部为灰白色。尾巴长而裸露，上面为褐色，下面较浅，末端黑色。

分布于阿拉斯加、加拿大和美国等地。栖息于森林、灌丛、草原等地带。夜行性。善于挖掘洞穴。以昆虫等无脊椎动物为食。每胎产4-7仔。

假面鼩鼱

王冠鼩鼱

王冠鼩鼱 *Sorex coronatus*

隶属于食虫目鼩鼱科。体长7-8厘米，尾长4-6厘米，体重6-12克。眼小。吻部尖而长。体毛主要为褐色，腹面白色。尾巴长而裸露。

分布于欧洲东南部、亚洲北部和东部一带。

哈氏鼩鼱 *Sorex haydeni* （Prairie shrew）

隶属于食虫目鼩鼱科。体长5-6厘米，尾长3-4厘米，体重2-5克。眼小。吻部尖而长。背部体毛主要为褐色，腹部为灰白色。尾巴长而裸露。

分布于加拿大南部、美国北部等地。栖息于平原、草原等地带。夜行性。单独活动。善于挖掘洞穴。以昆虫、蠕虫、蜘蛛等无脊椎动物为食。怀孕期为19-22天。每胎产4-10仔。

哈氏鼩鼱

霍氏鼩鼱

霍氏鼩鼱 *Sorex hoyi* （Pygmy shrew）

隶属于食虫目鼩鼱科。体长4-7厘米，尾长2-4厘米，体重2.1-7.3克。眼小。吻部尖而长。背部体毛主要为灰色至褐色，腹部较浅。尾巴长而裸露，上面为暗褐色，下面较浅。

分布于阿拉斯加、加拿大和美国等地。栖息于森林、沼泽、草原等地带。夜行性。善于挖掘洞穴。以昆虫、蠕虫、蜘蛛等无脊椎动物为食，也吃植物种子、浆果等。每胎产2-8仔。

长吻鼩鼱 *Sorex longirostris*（South-eastern shrew）

隶属于食虫目鼩鼱科。体长5-6厘米，尾长3-4厘米，体重2-5.8克。眼小。吻部尖而长。背部体毛主要为褐色，腹部较浅。尾巴长而裸露。

分布于美国东南部一带。栖息于森林、沼泽、草原等地带。昼夜均活动。善于挖掘洞穴。以昆虫等无脊椎动物为食。每胎产1-6仔。

长吻鼩鼱

小鼩鼱

小鼩鼱 *Sorex minutus*（Eurasian pygmy shrew）

隶属于食虫目鼩鼱科。体长4-6厘米，尾长4-5厘米，体重3-5克。眼小。吻部尖而长。体毛主要为褐色，腹面白色。尾巴长而裸露。

分布于从欧洲西部至俄罗斯、中国西北、内蒙古东北部一带。栖息于森林、灌丛等地带。穴居。以昆虫、蚯蚓、蜗牛等无脊椎动物为食。怀孕期为24-25天。每年产1-2胎。每胎产4-8仔。寿命为14-15个月。

暗黑鼩鼱

暗黑鼩鼱 *Sorex monticolus* （Dusky shrew）

隶属于食虫目鼩鼱科。体长7-8厘米，尾长3-6厘米，体重4.4-10.2克。眼小。吻部尖而长。背部体毛主要为褐色，腹部较浅。尾巴长而裸露。

分布于阿拉斯加、加拿大西部、美国西部等地。栖息于河岸附近的森林、草原等地带。夜行性。善于挖掘洞穴。以昆虫等无脊椎动物为食。每胎产2-9仔。

丽鼩鼱 *Sorex ornatus* （Ornate shrew）

隶属于食虫目鼩鼱科。体长5-7厘米，尾长3-5厘米，体重2.9-8.7克。眼小。吻部尖而长。背部体毛主要为灰褐色，腹部较浅。尾巴长而裸露。

分布于美国西南部、墨西哥西北部一带。栖息于森林、沼泽等地带。昼夜均活动。善于挖掘洞穴。以昆虫等无脊椎动物为食。怀孕期为21天。每胎产4-6仔。

丽鼩鼱

巨鼩鼱

巨鼩鼱 *Sorex pacificus* （Pacific shrew）

隶属于食虫目鼩鼱科。体长6-7厘米，尾长6-7厘米，体重10-18克。眼小。吻部尖而长。体毛主要为红褐色。尾巴长而裸露 。

分布于美国西部。栖息于河岸附近的草地等地带。善于挖掘洞穴。以昆虫、蜗牛等无脊椎动物为食。每胎产2-6仔。

沼泽鼩鼱 *Sorex palustris* （American water shrew）

隶属于食虫目鼩鼱科。体长6-8厘米，尾长6-9厘米，体重8-18克。眼小。吻部尖而长。背部体毛主要为黑褐色，腹部较浅。尾巴长而裸露。

分布于美国、加拿大等地。栖息于河岸附近的森林、沼泽等地带。夜行性，有时白天也出来活动。善于挖掘洞穴。以昆虫等无脊椎动物为食。怀孕期为21天。每胎产3-10仔。

沼泽鼩鼱

特氏鼩鼱 *Sorex trowbridgii* (Trowbridge's shrew)

隶属于食虫目鼩鼱科。体长6-7厘米，尾长5-6厘米，体重3.8-5克。眼小。吻部尖而长。背部体毛主要为褐色，腹部较浅。尾巴长而裸露。

分布于美国西部、加拿大西南部一带。栖息于森林、沼泽等地带。夜行性，有时白天也出来活动。善于挖掘洞穴。以昆虫、蠕虫等无脊椎动物为食，也吃植物性食物。每胎产3-6仔。

特氏鼩鼱

地中海水鼩鼱

地中海水鼩鼱 *Neomys anomalus* (Mediterranean water shrew)

隶属于食虫目鼩鼱科。体长6-9厘米，尾长4-6厘米，体重8-16克。眼小。吻部尖而长。体毛主要为黑灰色，腹面白色。尾巴长而裸露。

分布于从法国至亚洲西北部一带。

水鼩鼱 *Neomys fodiens* (Eurasian water shrew)

隶属于食虫目鼩鼱科。体长7-10厘米，尾长5-8厘米，体重12-19克。眼小。吻部尖而长，吻端暗红色。体毛主要为深灰色，腹面白色。尾巴长而裸露。

分布于欧洲、俄罗斯、蒙古和中国东北等地。

水鼩鼱

南短尾鼩鼱

南短尾鼩鼱 *Blarina carolinensis* (Southern short-tailed shrew)

隶属于食虫目鼩鼱科。体长6-8厘米，尾长1-3厘米，体重5.5-13克。眼小。吻部尖而长。背部体毛主要为黑褐色，腹部较浅。尾巴较短而裸露。

分布于美国东南部一带。栖息于森林、沼泽等地带。夜行性，有时白天也出来活动。善于挖掘洞穴。以昆虫、蠕虫等无脊椎动物为食。每胎产2-6仔。

美国短尾鼩鼱

美国短尾鼩鼱 *Blarina hylophaga*（Elliot's short-tailed shrew）

隶属于食虫目鼩鼱科。体长7-10厘米，尾长2-3厘米，体重13-16克。眼小。吻部尖而长。背部体毛主要为褐灰色，腹部较浅。尾巴较短而裸露。

分布于美国中部一带。栖息于森林等地带。夜行性。单独活动。善于挖掘洞穴。以昆虫、蠕虫等无脊椎动物为食。雌兽的怀孕期为3周。每胎产6-7仔。

美国小耳鼩 *Cryptotis parva*（American least shrew）

隶属于食虫目鼩鼱科。体长4-5厘米，尾长2-4厘米，体重3-10克。眼小。吻部尖而长。背部体毛主要为褐色或灰色，腹部较浅。尾巴较短而裸露。

分布于从美国东部、墨西哥至巴拿马等地。栖息于灌丛、草地、沼泽等地带。夜行性。单独活动。善于挖掘洞穴。以昆虫等无脊椎动物为食。怀孕期为21-23天。每胎产2-7仔。

美国小耳鼩

赤灰白齿鼩

赤灰白齿鼩 *Crocidura cyanea*（Reddish-grey musk shrew）

隶属于食虫目鼩鼱科。眼小。吻部尖而长。尾巴长而裸露。

分布于苏丹、扎伊尔、赞比亚和南非等地。

乱毛白齿鼩 *Crocidura hirta*（Lesser red musk shrew）

隶属于食虫目鼩鼱科。体长9厘米，尾长5厘米。眼小。吻部尖而长。体毛主要为浅棕色。尾巴长而裸露。

分布于乌干达、肯尼亚、莫桑比克、博茨瓦纳和南非等地。栖息于各种林地中。夜行性，晨昏活动频繁。单独行动。以昆虫、蜗牛等小型无脊椎动物为食。怀孕期为22天。

乱毛白齿鼩

白腹麝鼩

白腹麝鼩 *Crocidura leucodon* (Bicolor white-toothed shrew)

隶属于食虫目鼩鼱科。体长6-8厘米，尾长3-4厘米，体重7-13克。眼小。吻部尖而长。体毛主要为深灰色，腹面和四肢末端白色。尾巴长而裸露。

分布于欧洲、俄罗斯、蒙古和中国新疆等地。

赞比亚白齿鼩 *Crocidura mariquensis* (Swamp musk shrew)

隶属于食虫目鼩鼱科。体长8厘米，尾长6厘米，体重11克。眼小。吻部尖而长。体毛主要为黑灰色，腹面白色。尾巴长而裸露。

分布于赞比亚。栖息于沼泽地带。夜行性，有时白天也出来活动。性情活泼。行动敏捷。以蜗牛等小型无脊椎动物为食。

赞比亚白齿鼩

中麝鼩

中麝鼩 *Crocidura russula* (European musk shrew)

隶属于食虫目鼩鼱科。体长6-8厘米，尾长3-5厘米，体重6-14克。眼小。吻部尖而长，吻端红色。体毛主要为深灰色，腹面和四肢末端白色。尾巴长而裸露。

分布于从欧洲至非洲中部、亚洲东部一带。

小麝鼩 *Crocidura suaveolens* (Tiny musk shrew)

隶属于食虫目鼩鼱科。体长6-8厘米，尾长3-4厘米，体重5-8克。眼小。吻部尖而长，吻端淡红色。体毛主要为浅灰色，腹面白色。尾巴长而裸露，有稀疏的长毛。四肢纤细。

分布于从欧洲、非洲至亚洲东部一带。栖息于森林、草原、荒漠等地带。穴居。夜行性。以昆虫、蚯蚓、蜗牛等无脊椎动物为食。怀孕期为24-32天。每年产2胎。每胎产3-7仔。

小麝鼩

臭鼩 *Suncus murinus*（House shrew）

隶属于食虫目鼩鼱科。体长 9-14 厘米，尾长 5-8 厘米，体重 30-85 克。眼小。吻部尖而长。体毛主要为灰色，腹面白色。尾巴长而裸露，有稀疏的短毛。体侧有臭腺 。

分布于中国、日本、菲律宾、中南半岛、马来西亚、印度尼西亚、斯里兰卡、亚洲西部和埃及、埃塞俄比亚等地。栖息于平原、沼泽、灌丛、草地等地带。夜行性。以昆虫、蚯蚓等为食，也吃植物果实、种子等。怀孕期为 20 天。每年产 2-3 胎。每胎产 1-7 仔。6 周到达性成熟。寿命为 2-3 年。

臭 鼩

小臭鼩

小臭鼩 *Suncus etruscus*（Pygmy white-toothed shrew）

隶属于食虫目鼩鼱科。体长 3-5 厘米，尾长 2-3 厘米。眼小。吻部尖而长。尾巴长而裸露。体侧有臭腺。

分布于非洲北部、东部和南部，以及中国云南、泰国、斯里兰卡等地。栖息于森林、草原等地带。夜行性。以昆虫、蚯蚓等为食，也吃植物果实、种子等。

杂色臭鼩 *Suncus varilla* （Lesser dwarf shrew）

隶属于食虫目鼩鼱科。体长 6 厘米，尾长 3 厘米，体重 4 克。眼小。吻部尖而长。体毛主要为灰褐色，腹面白色。尾巴长而裸露。

分布于扎伊尔、坦桑尼亚和南非等地。栖息于各种森林中，以及一些草原地带。幼仔大多在 8-10 月出生。

杂色臭鼩

长尾鼠鼩

长尾鼠鼩 *Myosorex longicaudatus*（Long-tailed forest shrew）

隶属于食虫目鼩鼱科。体长 8 厘米，尾长 6 厘米，体重 13 克。眼小。吻部尖而长。体毛主要为暗灰褐色，腹面白色。尾巴长而裸露。

分布于南非中部和南部等地。栖息于沿岸山地森林地带。以昆虫等小型无脊椎动物为食。

森林鼠鼩 *Myosorex varius*（Forest shrew）

隶属于食虫目鼩鼱科。体长8厘米，尾长4厘米，体重12克。眼小。吻部尖而长。体毛主要为灰褐色至暗灰褐色，有斑纹。腹面白色。尾巴长而裸露。

分布于南非。栖息于各种森林中，以及一些草原地带。夜行性，晨昏活动频繁。挖掘洞穴居住。以昆虫、蜘蛛、蚯蚓等小型无脊椎动物为食。

森林鼠鼩

欧　鼹

欧鼹 *Talpa europaea*（European mole）

隶属于食虫目鼹鼠科。体长12-14厘米，尾长3-4厘米，体重17-20克。眼小。吻部尖而长，吻端淡红色。体毛主要为黑色。尾短。

分布于从欧洲至亚洲中部一带。

北美鼩鼹 *Neurotrichus gibbsii*（American shrew mole）

隶属于食虫目鼹鼠科。体长8-11厘米，尾长1-2厘米，体重9-11克。眼小。外耳壳退化。吻部尖而长，末端为红色。体毛主要为灰色至黑色。尾巴较短而裸露。

分布于美国西北部、加拿大西南部一带。栖息于灌丛、草地等地带。昼夜均活动。挖掘洞穴居住。以昆虫等小型无脊椎动物为食。每胎产1-4仔。

北美鼩鼹

毛尾鼹

毛尾鼹 *Parascalops breweri*（Hairy-tailed mole）

隶属于食虫目鼹鼠科。体长13-14厘米，尾长3-4厘米，体重41-63克。眼退化。外耳壳退化。吻部尖而长，末端为红色。体毛主要为灰褐色至黑褐色。尾巴较短而被毛，为褐色。

分布于美国东北部、加拿大东南部一带。栖息于森林等地带。挖掘洞穴居住。3-4月发情交配。以昆虫等小型无脊椎动物为食。每胎产4-5仔。

东美鼹鼠

东美鼹鼠 *Scalopus aquaticus*（Eastern American mole）

隶属于食虫目鼹鼠科。体长9-17厘米，尾长2-4厘米，体重32-140克。眼退化。外耳壳退化。吻部尖而长，末端为红色。体毛主要为黑色。尾巴较短而裸露。

分布于美国东部一带。栖息于草地等地带。挖掘洞穴居住。以昆虫等小型无脊椎动物为食。每胎产2-5仔。

宽足西鼹

宽足西鼹 *Scapanus latimanus*（Broad-footed mole）

隶属于食虫目鼹鼠科。体长12-15厘米，尾长2-5厘米，体重39-55克。眼退化。外耳壳退化。吻部尖而长。体毛主要为黑褐色。尾巴较短而裸露。

分布于美国西部、墨西哥西部一带。栖息于山坡地带。挖掘洞穴居住。以昆虫等小型无脊椎动物为食。每胎产2-5仔 。

托氏西鼹

托氏西鼹 *Scapanus townsendii*（Townsend's mole）

隶属于食虫目鼹鼠科。体长15-18厘米，尾长3-6厘米，体重50-171克。眼退化。外耳壳退化。吻部尖而长。体毛主要为黑色。尾巴较短而裸露。

分布于美国西北部、墨西哥西南部一带。栖息于草甸等地带。挖掘洞穴居住。以昆虫等小型无脊椎动物为食。每胎产2-5仔。

星鼻鼹 *Condylura cristata*（Star-nosed mole）

隶属于食虫目鼹鼠科。体长8-13厘米，尾长5-10厘米，体重40-85克。眼退化。外耳壳退化。吻部尖而长，末端有22条附肢围绕。体毛主要为黑褐色至黑色，腹面较浅。尾巴长而裸露。

分布于美国东北部、加拿大东南部一带。栖息于草地、灌丛、沼泽等地带。昼夜均活动。挖掘洞穴居住。以昆虫等小型无脊椎动物为食。每胎产3-7仔。

星鼻鼹

十四、皮翼目 DERMOPTERA

皮翼目动物通称为鼯猴类，因为它们的面部与灵长目中的狐猴相似，又能在树木间滑翔。它们的体形中等。眼大。体毛为棕色、栗色或灰色，缀有不规则的白斑。臼齿基本上保持三齿尖的食虫类型，上下颚颊齿咬合关系说明齿系的功能在撕裂而不足磨碎。从耳后的颈部两侧开始，有皮肤延伸形成的翼膜经前、后肢向后一直延伸到尾尖和趾端。前后肢均五趾，具尖锐的弯爪以便握住树枝。与翼手目动物相似，胸椎的髓棘短，胸骨有龙骨突起，肋骨宽扁，桡骨长，尺骨的远端退化。乳头位于胸部。阴茎由腹部分离而悬挂。肠管长达4米，约为体长的9倍左右。盲肠较大。

皮翼目动物栖息于热带森林中。夜行性。白天隐藏在树洞内，同一树洞内可有数个个体群栖。善于攀缘，缓慢而灵巧。在树间的滑翔距离可达100米。但在地面行动困难。以植物的叶、芽、花、果等为食。分布于亚洲东南部一带。

皮翼目仅有1科，即：鼯猴科（Cynocephalidae）。

斑鼯猴 *Cynocephalus variegatus*（Malayan flying lemur）

隶属于皮翼目鼯猴科。体长34-42厘米，尾长22-27厘米，体重1千克左右。吻部略尖。体毛主要为灰褐色至红褐色，杂有白色斑点，腹面较浅。眼周有白斑。皮肤从身体两侧至尾尖形成皮膜。

分布于马来西亚、泰国、柬埔寨和印度尼西亚等地。栖息于热带雨林中。夜行性，白天在树洞中或树枝上倒挂着休息。善于攀爬和滑翔。以植物叶、嫩芽、花和果实等为食。怀孕期为60天。每胎产1-2仔。

菲律宾鼯猴 *Cynocephalus volans*（Philippine flying lemur）

隶属于皮翼目鼯猴科。体长33-38厘米，尾长22-27厘米，体重1-1.5千克。吻部略尖。体毛主要为暗灰褐色，杂有少量白色斑点，腹面较浅。皮肤从身体两侧至尾尖形成皮膜。

分布于菲律宾。栖息于热带雨林中。夜行性，白天在树洞中或树枝上倒挂着休息。善于攀爬和滑翔。以植物叶、嫩芽、花和果实等为食。怀孕期为60天。每胎产1-2仔。

十五、翼手目 CHIROPTERA

翼手目是兽类中古老而十分特化的一支。早在古新世时期，有一种树栖的食虫目动物就发展成了会飞翔的兽类，即早期的翼手目动物。这些原始种类化石的牙齿构造非常像食虫目动物，如果没有同时发现它们能飞翔的前肢和其他骨骼，要分辨出它们是食虫目动物还是翼手目动物就比较困难。

翼手目动物能持久飞行。前肢特化成翼，掌骨和指骨除第一指外均特别长；前后肢与体侧张有弹性的飞膜，后肢扭转，膝向背侧；第一指不包在翼膜内，很短，该指的爪和后足各趾的爪都很发达，呈钩状，便于将身体倒挂着休息。耳廓相当大，许多种类有发达的耳屏；大多数种类有长尾，完全或部分地包被于股间膜之间，这些游离膜以起自跟部的软骨或骨质距所支持；许多种类沿距的基部有延展的小片皮膜（距缘膜）。乳头有1对，位于腹部。

它们的头骨愈合程度很高，轻而坚固，吻部较短，听泡特别膨大，颌间骨通常发育不良甚或缺失。牙齿属于异型齿，比典型的原始兽类缺少第一对门齿及第一对前臼齿，下门齿非常弱小，犬齿（特别是上颌的）较大，为典型的肉食型牙齿；原始的第二、三对前臼齿为小前臼齿，呈圆锥形，仅有单一齿尖，最后一对前臼齿为大前臼齿，齿尖几乎达到犬齿的高度，可作为翼手目动物的特征；典型臼齿的齿冠有“W”形的切缘，具二枚齿根。

翼手目动物为夜行性，其中以昆虫为食的种类在不同程度上都有回声定位系统，因此有“活雷达”之称。借助这一系统，它们能在完全黑暗的环境中飞行和捕捉食物，在大量干扰下进行回声定位，发出超声波信号时不会影响正常的呼吸。它们头部的口鼻部上长着被称作“鼻状叶”的结构，在其周围还有很复杂的特殊皮肤皱褶，这是一种奇特的超声波装置，具有发射超声波的功能，能连续不断地发出高频率超声波。如果碰到障碍物或飞舞的昆虫时，这些超声波就能反射回来，然后由它们的大耳廓所接收，使反馈的信息在它们的大脑中进行分析。这种超声波探测灵敏度和分辩力极高，使它们能根据回声判别方向、障碍物和不同的昆虫，为自身的飞行路线定位和进行有效的回避或追捕。

在气候温和的中纬度地带生活的翼手目动物大多具有季节性迁飞的习性，并且能选择适当的隐蔽所进入冬眠，冬眠时体温可以降低到与环境温度相一致。特别奇特的是：翼手目动物在秋季交配时并不排卵，由雄兽射出的精子只是在雌兽的生殖道里过冬，直到春季再次交配时雌兽才排卵与精子结合。在温带地区，一般每年仅产1胎，每胎产1—2仔，有时产3仔。

翼手目动物是兽类中仅次于啮齿目的第二大类群，除两极和某些海洋岛屿之外，分布遍及全球，尤其是热带、亚热带的种类与数量最多。它们可以大体上分成大蝠类和小蝠类两大类，大蝠类分布于东半球热带和亚热带地区，体形较大，身体结构也较原始。它们的化石，除了在欧洲的渐新世和中新世地层中找到过一些以外，在别的地区还没有发现过。小蝠类分布于东、西半球的热带、温带地区，体型较小，身体结构更为特化。最早在欧洲和北美洲的中始新统地层中就已发现过带有发育很好的翅膀的小蝠类化石。它们的化石也比较稀少，但在更新世的洞穴堆积中往往会有大量的发现，例如在我国北京周口店就发现有更新世的长翼蝙蝠、菊头蝠等。

翼手目动物的外形一般是：头、颜面部狭长。吻部尖。耳长且直立。眼大而圆。颈部长。前肢很长，仅有1指，后肢短，有5趾。前肢和后肢完全由皮肤演变成的飞膜联结在一起。

翼手目动物一般栖息于森林或岩洞中。夜行性。白天倒悬在树枝上睡觉和休息，黄昏后外出觅食。善于飞翔。喜爱合群，多时可达到成千上万只。有些种类以花蜜、果实等植物性食物为食，有的可以捕食鱼、青蛙、昆虫，吸食动物血液，甚至捕食其他翼手目动物。一般来说，大蝠类主要以植物果实、花蜜等为食，而大多数小蝠类则以捕食昆虫为主。

翼手目动物共有19科，即：狐蝠科（Pteropodidae）、鼠尾蝠科（Rhinopomatidae）、鞘尾蝠科（Emballonuridae）、混合蝠科（Craseonycteridae）、兔唇蝠科（Noctilionidae）、裂颜蝠科（Nycterididae）、巨耳蝠科（Megadermatidae）、吸血蝠科（Desmodontidae）、菊头蝠科（Rhinolophidae）、蹄蝠科（Hipposideridae）、叶口蝠科（Phyllostomatidae）、妖面蝠科（Mormoopidae）、筒耳蝠科（Natalidae）、狂翼蝠科（Furipteridae）、盘翼蝠科（Thyropteridae）、吸盘足蝠科（Myzopodidae）、蝙蝠科（Vespertilionidae）、髭蝠科（Mystacopidae）和犬吻蝠科（Molossidae）。

眼镜狐蝠 *Pteropus conspicillatus*（Spectacled flying fox）

隶属于翼手目狐蝠科。体长23-24厘米，体重600-650克。没有尾巴。身体主要呈黑褐色，眼周有白斑，后颈有黄色斑。

分布于新几内亚、澳大利亚北部等地。栖息于森林地带。以植物果实、花为食。

眼镜狐蝠

琉球狐蝠 *Pteropus dasymallus*（Ryukyu flying fox）

隶属于翼手目狐蝠科。体长20厘米。没有尾巴。身体主要呈黑褐色，额部灰色，后颈黄色或灰黄色。颈、肩部有金黄色或乳白色环纹。

分布于中国台湾、日本琉球群岛、八重山群岛等地。栖息于热带森林地带。以植物果实为食。怀孕期为140-150天。每胎产1仔。

琉球狐蝠

小狐蝠

小狐蝠 *Pteropus hypomelanus*（Small flying fox）

隶属于翼手目狐蝠科。没有尾巴。身体主要呈浅黑褐色，腹面黄褐色，面部黑色。

分布于中南半岛、泰国、菲律宾、印度尼西亚的苏门答腊和新几内亚等地。

岬狐蝠 *Pteropus scapulatus*（Little reddish fruit bat）

隶属于翼手目狐蝠科。身体主要为棕褐色，脸部黑灰色。

分布于澳大利亚北部、新几内亚南部等地。栖息于森林地带。以植物果实汁液、花、种子等为食。幼仔18个月达到性成熟。

岬狐蝠

马达加斯加狐蝠

马达加斯加狐蝠 *Pteropus rufus*（Madagascar flying fox）

隶属于翼手目狐蝠科。体长24-27厘米，体重500-750克。没有尾巴。身体主要为褐色，上胸部、肩部、额部、脸部颜色较浅。

分布于非洲马达加斯加岛。栖息于森林地带。以植物果实汁液等为食。每胎产1-2仔。

草色果蝠 *Eidolon helvum*（Straw-coloured fruit bat）

隶属于翼手目狐蝠科。体长19厘米，体重240-280克。没有尾巴。背部、肩部主要呈草黄色，腰部较暗。

分布于非洲大部分地区和马达加斯加岛，以及亚洲阿拉伯半岛南部一带。栖息于森林地带。喜爱合群，最多可达2万只。以植物果实为食。每胎产1仔。一般在11月生产。

草色果蝠

埃及果蝠 *Rousettus aegyptiacus*（Egyptian fruit bat）

隶属于翼手目狐蝠科。体长15厘米，体重130-170克。没有尾巴。背部主要呈暗褐色，腹部为灰色。肩部有稀疏的细条纹。

分布于非洲大部分地区，以及叙利亚、塞浦路斯等地。栖息于森林地带。常数千只栖息在一起。以植物果实为食。每胎产1仔。一般在夏季生产。

埃及果蝠

抱尾果蝠 *Rousettus amplexicaudatus*（Geoffroy's rousette）

隶属于翼手目狐蝠科。体长10-12厘米，尾长1-2厘米，体重71-108克。背部主要呈暗褐色，腹部为浅皮黄色。

分布于马来西亚、泰国、柬埔寨、新几内亚、印度尼西亚的爪哇和苏门答腊等地。栖息于森林地带。以植物果实为食。怀孕期为15周。

抱尾果蝠

吵闹果蝠

吵闹果蝠 *Rousettus angolensis*（Bocage's fruit bat）

隶属于翼手目狐蝠科。体长12厘米。没有尾巴。背部主要呈浓褐色，腹部较浅。雄兽在繁殖季节喉部、颈部呈橙黄色。

分布于安哥拉、喀麦隆、肯尼亚、赞比亚、津巴布韦等地。栖息于森林地带。以植物果实为食。

马达加斯加果蝠

马达加斯加果蝠 *Rousettus madagascariensis*（Madagascar rousette）

隶属于翼手目狐蝠科。体长12-15厘米，体重50-80克。没有尾巴。背部主要呈灰褐色，带有红褐色，腹面较浅。

分布于非洲马达加斯加岛。栖息于森林地带。喜合群，一般为300-500只。以植物果实为食。怀孕期为4个月。每胎产1-2仔。

小裸背果蝠 *Dobsonia minor*（Lesser naked-backed bat）

隶属于翼手目狐蝠科。体长10-11厘米，尾长1-2厘米，体重68-90克。尾巴很短。背部主要呈灰褐色，腹面较浅。

分布于新几内亚。栖息于森林地带。栖息于森林地带。以植物果实为食。

小裸背果蝠

大裸背果蝠

大裸背果蝠 *Dobsonia moluccensis*（Greater naked-backed bat）

隶属于翼手目狐蝠科。体长19-23厘米，尾长3-4，体重360-600克。尾巴很短。背部主要呈灰褐色，腹面较浅。

分布于澳大利亚北部、新几内亚和摩鹿加岛等地。栖息于森林地带。以植物果实为食。

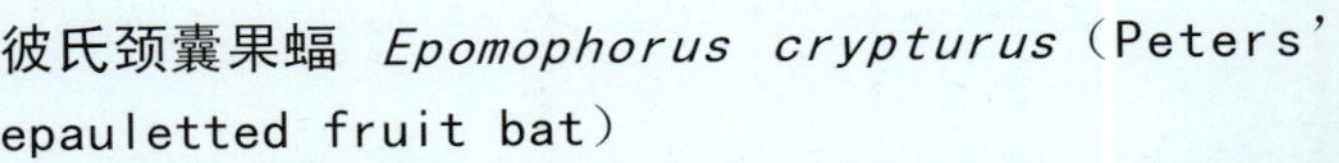

彼氏颈囊果蝠 *Epomophorus crypturus*（Peters' epauletted fruit bat）

隶属于翼手目狐蝠科。体长12-15厘米，体重90-140克。没有尾巴。背部主要呈褐色，腹部为色浅。耳基部有白斑。

分布于非洲东部、东南部和南部一带。栖息于常绿阔叶林中。集群一般为100只以上。以植物果实为食。每胎产1仔。一般在夏季生产。

彼氏颈囊果蝠

韦氏颈囊果蝠 *Epomophorus wahlbergi*（Wahlberg's epauletted fruit bat）

隶属于翼手目狐蝠科。体长14厘米，体重100-140克。没有尾巴。背部主要呈皮黄褐色，腹部色浅。耳基部有白斑。

分布于非洲东部、中部和南部一带。栖息于常绿阔叶林中。以植物果实为食。每胎产1仔。一般在夏季生产。

韦氏颈囊果蝠

小长舌果蝠

小长舌果蝠 *Macroglossus minimus*（Common long-tongue fruit bat）

隶属于翼手目狐蝠科。体长6-7厘米，体重14-21克。没有尾巴。背部主要呈皮黄褐色，腹部色浅。

分布于缅甸、泰国、马来西亚、印度尼西亚的爪哇、苏门答腊和巴厘等地。栖息于森林中。结小群活动。以植物花、果实等为食。

无花果蝠 *Syconycteris australis*（Queensland blossom bat）

隶属于翼手目狐蝠科。体长5-7厘米，体重13-20克。没有尾巴。背部主要呈皮黄褐色，腹部色浅。

分布于澳大利亚北部、新几内亚等地。栖息于森林中。夜行性。善于飞翔。以植物花、果实为食。

无花果蝠

苔藓林果蝠

苔藓林果蝠 *Syconycteris hobbit*（Moss-forest blossom bat）

隶属于翼手目狐蝠科。体长6-7厘米，体重15-20克。没有尾巴。背部主要呈灰褐色，腹部色浅。

分布于新几内亚一带。栖息于森林中。

宽纹管鼻果蝠 *Nyctimene aello*（Broad-striped tube-nosed bat）

隶属于翼手目狐蝠科。体长10-11厘米，尾长2-3厘米，体重8-9克。尾巴很短。背部主要呈皮黄色，腹部色浅。

分布于新几内亚、哈马黑拉岛等地。栖息于森林地带。以植物果实为食。

宽纹管鼻果蝠

白腹管鼻果蝠 *Nyctimene albiventer*（Common tube-nosed bat）

隶属于翼手目狐蝠科。体长7-8厘米，尾长1-3厘米，体重27-33克。尾巴很短。背部主要呈褐灰色，有白色斑点，腹部白色。

分布于新几内亚、所罗门群岛等地。栖息于森林地带。以植物果实为食，有时也吃昆虫。

白腹管鼻果蝠

印尼管鼻果蝠 *Nyctimene draconilla*（Lesser tube-nosed bat）

隶属于翼手目狐蝠科。体长7-8厘米，尾长2厘米，体重29克。尾巴很短。背部主要呈褐色，有白色斑点，腹部颜色较浅。

分布于新几内亚。栖息于森林地带。

印尼管鼻果蝠

山地管鼻果蝠 *Nyctimene certans*（Mountain tube-nosed bat）

隶属于翼手目狐蝠科。体长8-9厘米，尾长2-3厘米，体重40-48克。尾巴很短。背部主要呈暗褐色，腹部较浅。

分布于新几内亚。栖息于森林地带。

山地管鼻果蝠

副管鼻果蝠 *Paranyctimene raptor*（Lesser tube-nosed bat）

隶属于翼手目狐蝠科。体长6-9厘米，尾长1-2厘米，体重22-33克。尾巴很短。背部主要褐灰色，腹部较浅。

分布于新几内亚、西伊里安等地。栖息于森林地带。

副管鼻果蝠

豕果蝠 *Aproteles bulmerae*（Bulmer's fruit bat）

隶属于翼手目狐蝠科。体长24厘米，尾长3厘米，体重600克。尾巴很短。背部主要呈灰色，腹部较浅。

分布于新几内亚。栖息于森林地带。以植物果实等为食。

豕果蝠

新几内亚鞘尾蝠 *Emballonura beccarii*（Beccari's sheath-tailed bat）

隶属于翼手目鞘尾蝠科。体长3-4厘米，体重4-5克。尾巴很短。背部主要呈深褐色，腹部较浅。

分布于新几内亚。栖息于森林地带。以昆虫等为食。

新几内亚鞘尾蝠

无色鞘尾蝠 *Emballonura nigrescens*（Lesser sheath-tailed bat）

隶属于翼手目鞘尾蝠科。体长3-4厘米，尾长1厘米，体重3-4克。尾巴很短。背部主要呈浅褐色，腹部较浅。

分布于所罗门群岛、新几内亚等地。栖息于森林地带。

无色鞘尾蝠

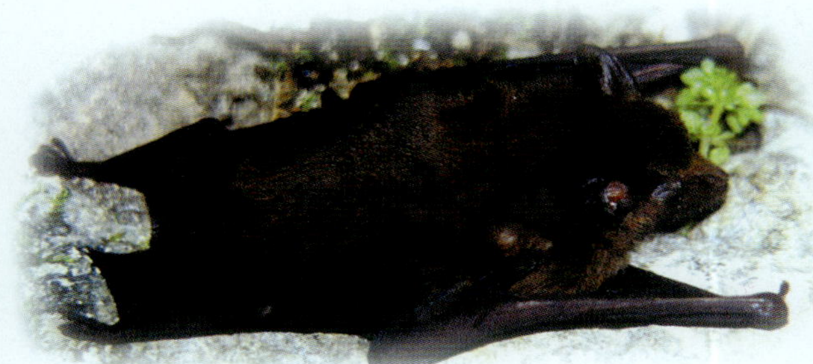
西兰鞘尾蝠

西兰鞘尾蝠 *Emballonura raffrayana*（Raffray's sheath-tailed bat）

隶属于翼手目鞘尾蝠科。体长4-5厘米，尾长1厘米，体重4-6克。尾巴很短。背部主要深褐色，腹部较浅。

分布于新几内亚、所罗门群岛等地。栖息于森林地带。

南非墓蝠 *Taphozous mauritianus*（Mauritian tomb bat）

隶属于翼手目鞘尾蝠科。体长11厘米，体重36克。没有尾巴。背部主要呈灰色，腹部为白色。

分布于非洲东部、南部，以及毛里求斯、马达加斯加岛等地。栖息于稀树草原地带。以昆虫等为食。每胎产1仔。一般在夏季生产。

南非墓蝠

埃及墓蝠

埃及墓蝠 *Taphozous perforatus*（Epyptian tomb bat）

隶属于翼手目鞘尾蝠科。体长11厘米，体重36克。没有尾巴。背部主要呈暗褐色，喉部、颊部为浅褐色，腹部为褐灰色至白色。

分布于非洲埃及、苏丹、肯尼亚、扎伊尔、安哥拉、南非，以及亚洲阿拉伯半岛等地。栖息于稀树草原地带。以昆虫等为食。

黄腹墓蝠 *Saccolaimus flaviventris*（Yellow-bellied pouched bat）

隶属于翼手目鞘尾蝠科。体长8厘米，尾长3-4厘米。尾巴短。背部主要呈灰褐色，腹部为黄白色。

分布于澳大利亚北部和东部、新几内亚东南部等地。栖息于林地、旷野等地带。

黄腹墓蝠

昆土兰墓蝠

昆土兰墓蝠 *Saccolaimus mixtus*（Troughton's pouched bat）

隶属于翼手目鞘尾蝠科。体长8厘米，尾长2厘米。尾巴短。背部主要呈深灰色，腹部杂有白色。

分布于澳大利亚北部、新几内亚东部和南部等地。栖息于森林地带。

粗毛凹脸蝠

粗毛凹脸蝠 *Nycteris hispida*（Hairy slit-faced bat）

隶属于翼手目裂颜蝠科。体长9厘米。没有尾巴。背部主要呈褐色腹部较浅。

分布于非洲西部、中部和南部等地。栖息于森林、稀树草原等地带。夜行性。集小群活动。白天倒悬在树上睡觉。善于飞翔。以昆虫等为食。

大耳凹脸蝠

大耳凹脸蝠 *Nycteris macrotis*（Greater slit-faced bat）

隶属于翼手目裂颜蝠科。体长10厘米。头、颜面部狭长。吻部尖。耳长且直立。眼小。颈部长。前肢和后肢完全由皮肤演变成的飞膜联结在一起。没有尾巴。背部主要呈褐色。腹部较浅。

分布于非洲坦桑尼亚、肯尼亚、扎伊尔、安哥拉、冈比亚等地。栖息于森林、稀树草原等地带。夜行性。白天倒悬在树上睡觉。善于飞翔。以昆虫等为食。

非洲凹脸蝠

非洲凹脸蝠 *Nycteris thebaica*（Egyptian slit-faced bat）

隶属于翼手目裂颜蝠科。体长10厘米，体重10-11克。没有尾巴。背部主要呈皮黄褐色，有灰色斑纹。腹部皮黄色或近白色。

分布于非洲撒哈拉沙漠以南的广大地区，以及亚洲阿拉伯半岛一带。栖息于森林、稀树草原等地带。集群活动，常达600多只。以昆虫等为食。

印度假吸血蝠 *Megaderma lyra*（Greater false vampire）

隶属于翼手目巨耳蝠科。体长89-95厘米，体重50-70克。没有尾巴。背部主要呈灰褐色，腹部较浅。

分布于中国南方、印度、孟加拉国、巴基斯坦、缅甸、不丹、泰国等地。栖息于低山阔叶林带。集群活动，常达数十只。以鼠类、小鸟、蛙、其他蝙蝠类、昆虫等为食。怀孕期为5-6个月。每胎产1-2仔。15-19个月达到性成熟。

印度假吸血蝠

非洲假吸血蝠

非洲假吸血蝠 *Cardioderma cor*（Heart-nosed bat）

隶属于翼手目巨耳蝠科。体长4厘米。没有尾巴。背部主要呈灰褐色，腹部较浅。

分布于非洲埃塞俄比亚、坦桑尼亚、苏丹南部、赞比亚北部等地。

毛腿吸血蝠 *Diphylla ecaudata*（Hairy-legged vampire bat）

隶属于翼手目吸血蝠科。体长8-9厘米，体重24-43克没有尾巴。体毛主要呈暗褐色。腹部较浅。

分布于从美国南部、墨西哥东部，一直到南美洲巴西、巴拉圭、秘鲁等地。以鸟类和哺乳动物的血液为食。每胎产1仔。

毛腿吸血蝠

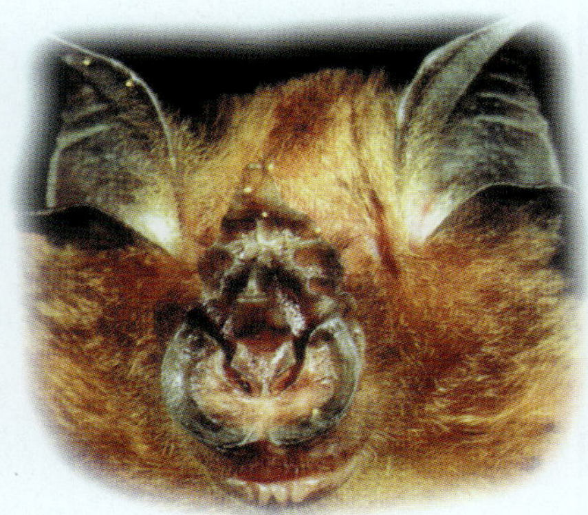

弓形菊头蝠

弓形菊头蝠 *Rhinolophus arcuatus*（Arcuate horseshoe bat）

隶属于翼手目菊头蝠科。体长7-8厘米，尾长1-2厘米，体重11-12克。鼻叶发达。尾巴很短。背部主要呈棕褐色，腹部较浅。

分布于菲律宾、沙捞越、新几内亚和印度尼西亚的苏门答腊等地。

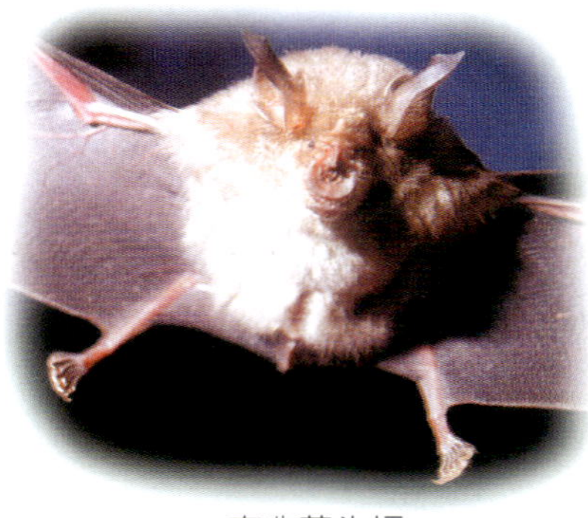
南非菊头蝠

南非菊头蝠 *Rhinolophus capensis*（Cape horseshoe bat）

隶属于翼手目菊头蝠科。没有尾巴。背部主要呈暗褐色。腹部较浅 。

分布于南非。栖息于稀树草原等地带。以昆虫等为食。每胎产1仔。通常在12 月生产。

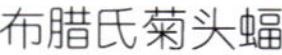
布腊氏菊头蝠

布腊氏菊头蝠 *Rhinolophus blasii*（Blasius horseshoe bat）

隶属于翼手目菊头蝠科。体长8厘米，体重2-7克。没有尾巴。背部主要呈褐色。腹部较浅。

分布于欧洲南部、非洲北部至东南部，以及亚洲西部一带。栖息于稀树草原等地带。以昆虫等为食。

婆罗菊头蝠

婆罗菊头蝠 *Rhinolophus borneensis* （Bornean horseshoe bat）

隶属于翼手目菊头蝠科。鼻叶发达。背部主要呈黄褐色。腹部较浅。

分布于沙捞越、加里曼丹、帝汶、苏拉威西岛等地。

佐氏菊头蝠

佐氏菊头蝠 *Rhinolophus clivosus*（Geoffroy's horseshoe bat）

隶属于翼手目菊头蝠科。没有尾巴。背部主要呈褐色。腹部较浅。

分布于非洲北部、中部、南部，以及亚洲阿拉伯半岛等地。栖息于稀树草原等地带。以昆虫等为食。每胎产1仔。通常在夏季生产。

达氏菊头蝠

达氏菊头蝠 *Rhinolophus darlingi*（Darling's horseshoe bat）

隶属于翼手目菊头蝠科。体长 9 厘米，体重 9 克。眼小、颈长、没有尾巴。背部主要呈褐灰色。腹部浅灰色。

分布于非洲津巴布韦、莫桑比克、马拉维、博茨瓦纳、安哥拉、坦桑尼亚和南非等地。栖息于稀树草原等地带。以昆虫等为食。每胎产 1 仔。通常在夏季生产。

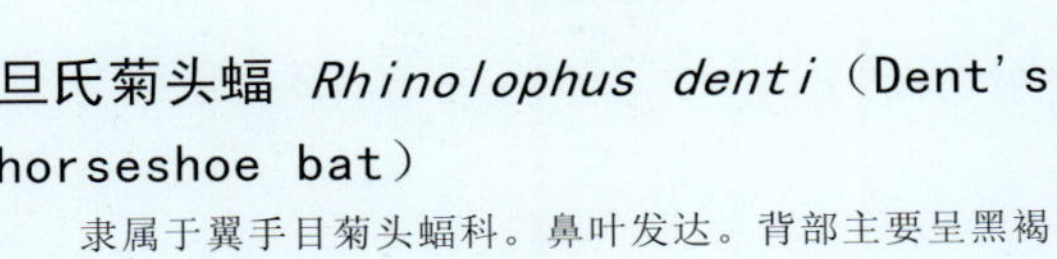

旦氏菊头蝠 *Rhinolophus denti*（Dent's horseshoe bat）

隶属于翼手目菊头蝠科。鼻叶发达。背部主要呈黑褐色，腹部浅灰色。

分布于非洲东部、南部一带。

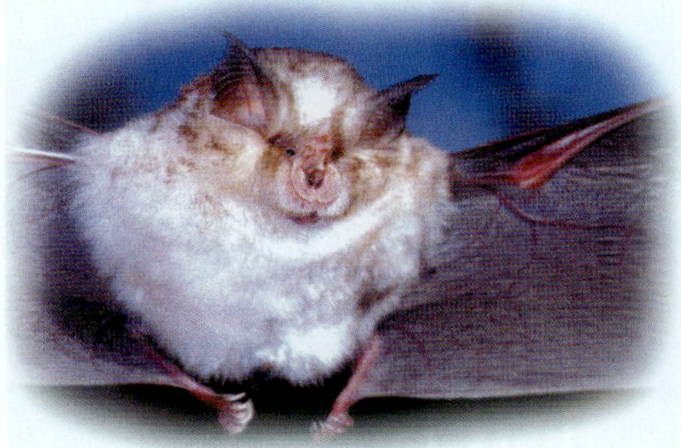

旦氏菊头蝠

地中海菊头蝠

地中海菊头蝠 *Rhinolophus euryale*（Mediterranean horseshoe bat）

隶属于翼手目菊头蝠科。鼻叶发达。体毛主要为浅褐色。

分布于从欧洲南部到非洲北部、亚洲中部一带。

马铁菊头蝠 *Rhinolophus ferrumequinum*（Greater hourseshoe bat）

隶属于翼手目菊头蝠科。鼻叶发达。体毛主要为黑褐色。

分布于从欧洲到非洲北部、亚洲西部和中部一带。

马铁菊头蝠

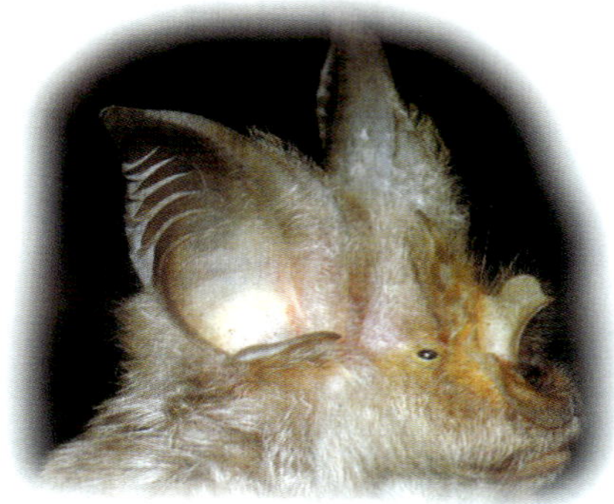

达马拉菊头蝠

达马拉菊头蝠 *Rhinolophus fumigatus*（Ruppell's horseshoe bat）

隶属于翼手目菊头蝠科。体长10厘米，体重14克。颈长、没有尾巴。背部主要呈灰色。腹部较浅。

分布于非洲东部、南部和西南部等地。栖息于稀树草原等地带。以昆虫等为食。

喜氏菊头蝠

喜氏菊头蝠 *Rhinolophus hildebrandtii*（Hildebrandt's horseshoe bat）

隶属于翼手目菊头蝠科。体长11厘米，体重27克。颈长、没有尾巴。背部主要呈灰色。腹部较浅。

分布于非洲索马里、赞比亚、莫桑比克和南非等地。栖息于稀树草原等地带。以昆虫等为食。每胎产1仔。通常在初夏生产。

小菊头蝠

小菊头蝠 *Rhinolophus hipposideros* （Lesser horseshoe bat）

隶属于翼手目菊头蝠科。体长4-5厘米，体重4-10克。体毛主要为黑色。

分布于从欧洲到非洲北部、亚洲东部一带。

东非菊头蝠 *Rhinolophus landeri*（Lander's horse-shoe bat）

隶属于翼手目菊头蝠科。鼻叶发达。体毛主要为棕褐色。

分布于非洲中部、东部、南部等地。

东非菊头蝠

鲁氏菊头蝠 *Rhinolophus rouxi*（Roux's horseshoe bat）

隶属于翼手目菊头蝠科。体长5-6厘米，尾长2-3厘米，体重11-14克。鼻叶发达。体毛主要呈棕褐色。

分布于中国南方、印度、斯里兰卡、缅甸、尼泊尔、泰国等地。栖息于低山地带。有冬眠习性。以昆虫等为食。秋季发情交配。每胎产1仔。通常在6月生产。2岁达到性成熟。

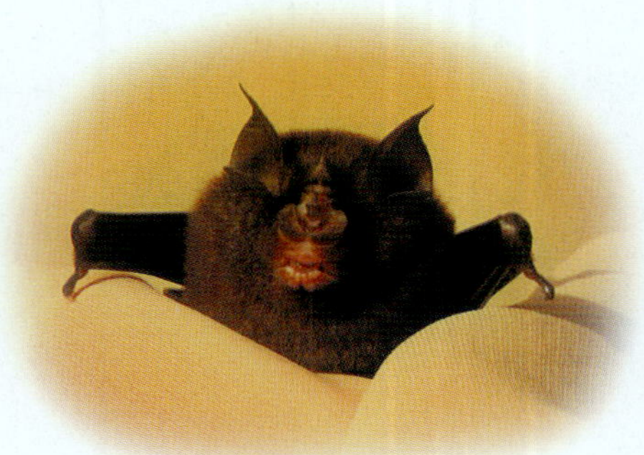

鲁氏菊头蝠

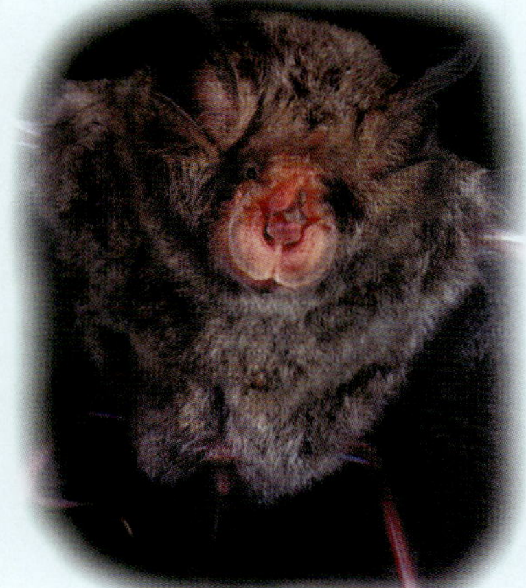

南方菊头蝠

南方菊头蝠 *Rhinolophus megaphyllus*（Southern horseshoe bat）

隶属于翼手目菊头蝠科。体长5厘米，尾长2厘米，体重9-11克。鼻叶发达。体毛主要为黑灰色。

分布于澳大利亚东部、新几内亚等地。栖息于森林地带。

灌丛菊头蝠 *Rhinolophus simulator*（Bushveld horseshoe bat）

隶属于翼手目菊头蝠科。背部主要呈暗褐色。腹部为灰白色。

分布于非洲东南部一带。栖息于稀树草原等地带。以昆虫等为食。每胎产1仔。通常在11-12月生产。

灌丛菊头蝠

史氏菊头蝠

史氏菊头蝠 *Rhinolophus swinnyi*（Swinny's horseshoe bat）

隶属于翼手目菊头蝠科。背部主要呈褐色。腹部较浅。

分布于非洲扎伊尔、赞比亚、津巴布韦、莫桑比克、南非等地。栖息于稀树草原等地带。以昆虫等为食。每胎产1仔。通常在初夏生产。

大蹄蝠 *Hipposideros armiger*（Himalayan leaf-nosed bat）

隶属于翼手目蹄蝠科。体长 8-11 厘米，尾长 5-7 厘米，体重 50-70 克。背部主要呈褐色。腹部较浅。

分布于中国南方、日本琉球群岛、印度、尼泊尔、缅甸、泰国、越南、马来西亚等地。栖息于低山地带。有冬眠习性。以昆虫等为食。每胎产 1-2 仔。通常在 5-6 月生产。1 岁达到性成熟。

大蹄蝠

黑色蹄蝠

黑色蹄蝠 *Hipposideros ater*（Dusky leaf-nosed bat）

隶属于翼手目蹄蝠科。体长 4-5 厘米，尾长 2 厘米，体重 8 克。鼻叶发达。背部主要呈黄褐色。腹部较浅。

分布于印度、菲律宾、印度尼西亚的爪哇、新几内亚和澳大利亚北部等地。栖息于森林地带。以昆虫等为食。4 月发情交配。通常在 10-11 月生产。

南非蹄蝠 *Hipposideros caffer*（Sundevall's leaf-nosed bat）

隶属于翼手目蹄蝠科。体长 8 厘米，体重 7-8 克。鼻叶发达。背部主要呈暗灰褐色。腹部较浅。

分布于非洲东部、南部、北部，以及亚洲阿拉伯半岛一带。栖息于稀树草原等地带。以昆虫等为食。每胎产 1 仔。通常在初夏生产。

南非蹄蝠

距蹄蝠

距蹄蝠 *Hipposideros calcaratus*（Spurred leaf-nosed bat）

隶属于翼手目蹄蝠科。尾长 3-4 厘米，体重 8-11 克。背部主要呈黄褐色。腹部较浅。

分布于新几内亚、所罗门群岛、俾斯麦群岛等地。

黄褐蹄蝠

黄褐蹄蝠 *Hipposideros cervinus*（Fawn horseshoe bat）

隶属于翼手目蹄蝠科。体长5-6厘米，尾长2-3厘米，体重8-13克。背部主要呈深褐色。腹部较浅。

分布于菲律宾、马来西亚、新几内亚、印度尼西亚、所罗门群岛和澳大利亚北部一带。栖息于森林地带。以昆虫等为食。每胎产1仔。通常在11月生产。

康氏蹄蝠 *Hipposideros commersoni*（Commerson's leaf-nosed bat）

隶属于翼手目蹄蝠科。体长15厘米，体重130克。背部主要呈茶褐色。腹部较浅。

分布于非洲东部、南部、西南部和马达加斯加岛等地。栖息于稀树草原等地带。以昆虫等为食。

康氏蹄蝠

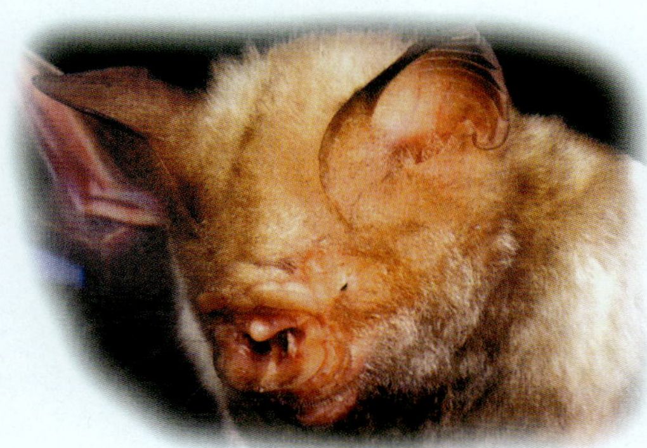

冕蹄蝠

冕蹄蝠 *Hipposideros diadema*（Diadem leaf-nosed bat）

隶属于翼手目蹄蝠科。体长8-9厘米，尾长4-5厘米，体重33-43克。背部主要呈浅褐色。腹部较浅。

分布于中南半岛、缅甸、泰国、印度尼西亚、马来西亚、菲律宾、新几内亚和澳大利亚等地。栖息于森林地带。以昆虫等为食。每胎产1仔。通常在夏季生产。

新几内亚蹄蝠 *Hipposideros wollastoni*（Wollaston's leaf-nosed bat）

隶属于翼手目蹄蝠科。体长4-5厘米，尾长2-3厘米，体重6-8克。背部主要呈浅褐色。腹部较浅。

分布于新几内亚西南部。

新几内亚蹄蝠

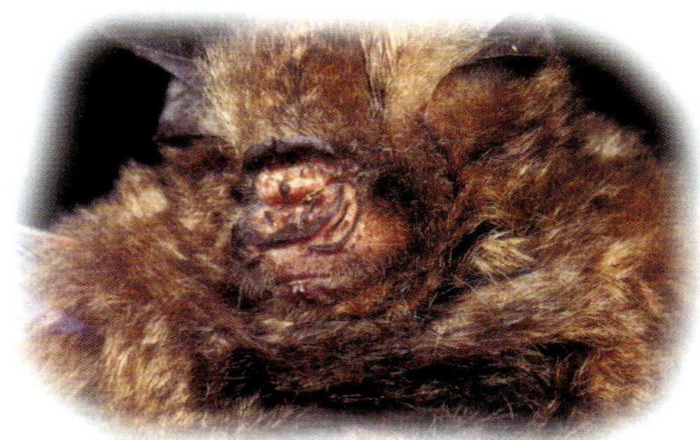

泰氏蹄蝠

泰氏蹄蝠 *Hipposideros corynophyllus*（Telefomin horseshoe bat）

隶属于翼手目蹄蝠科。体长 5-6 厘米，尾长 1 厘米，体重 10-17 克。背部主要呈褐色。腹部较浅。

分布于新几内亚中部。

约翰氏蹄蝠

约翰氏蹄蝠 *Hipposideros edwardshilli* （John Hill's horseshoe bat）

隶属于翼手目蹄蝠科。体长 5-6 厘米，尾长 1-2 厘米，体重 10-13 克。背部主要呈褐色。腹部较浅。

分布于新几内亚北部。

非洲三叶鼻蝠

非洲三叶鼻蝠 *Cloeotis percivali* （Short-eared trident bat）

隶属于翼手目蹄蝠科。体长 7 厘米，体重 4 克。眼小、颈长。没有尾巴。背部主要呈皮黄褐色。腹部白色，微染黄色。

分布于非洲肯尼亚、坦桑尼亚、津巴布韦、赞比亚、扎伊尔和南非等地。栖息于稀树草原等地带。以昆虫等为食。

澳洲三叶蹄蝠 *Aselliscus tricuspidatus*（Dobson's trident bat）

隶属于翼手目蹄蝠科。体长 4 厘米，尾长 2 厘米，体重 3-5 克背部主要呈棕褐色。腹部较浅。

分布于新几内亚、所罗门群岛、摩鹿加群岛、西伊里安群岛等地。

澳洲三叶蹄蝠

波斯叶鼻蝠 *Triaenops persicus*（Persian trident bat）

隶属于翼手目蹄蝠科。体长14厘米。没有尾巴。背部主要呈黄褐色，微染橙黄色。腹部较浅。

分布于亚洲从伊朗到阿拉伯半岛，以及非洲东南部和马达加斯加岛等地。栖息于稀树草原等地带。以昆虫等为食。

波斯叶鼻蝠

加州叶鼻蝠 *Macrotus californicus*（California leaf-nosed bat）

隶属于翼手目叶口蝠科。体长6-7厘米，尾长3-4厘米，体重12-22克。背部主要呈灰色。腹部较浅。

分布于美国西南部、墨西哥西北部一带。栖息于沙漠地带。以昆虫等为食。怀孕期为9个月。每胎产1仔。一般在5-6月生产。

加州叶鼻蝠

墨西哥长舌蝠 *Choeronycteris mexicana*（Mexican long-tongued bat）

隶属于翼手目叶口蝠科。体长8-9厘米，尾长1厘米，体重10-25克。尾短。背部主要呈灰色至褐色。腹部较浅。

分布于美国西南部、墨西哥、洪都拉斯、危地马拉等地。栖息于森林地带。以植物果实、花蜜等为食，也吃昆虫。每胎产1仔。

墨西哥长舌蝠

库腊索长舌蝠 *Leptonycteris curasoae*（Southern long-nosed bat）

隶属于翼手目叶口蝠科。体长8-9厘米，体重15-25克。耳圆、眼小、无尾。背部主要呈灰色。腹部较浅。

分布于美国西南部、墨西哥、萨尔瓦多、哥伦比亚、委内瑞拉以及库腊索岛等地。栖息于稀树草原等地带。以花蜜为食，也吃植物果实、昆虫等。每胎产1仔。

库腊索长舌蝠

筑幕蝠 *Uroderma bilobatum*（Tent-building bat）

隶属于翼手目叶口蝠科。耳圆。眼小。背部主要呈浅褐色。腹部较浅。

分布于从墨西哥南部、中美洲到南美洲的玻利维亚、巴西、秘鲁等地。

筑幕蝠

白长舌蝠

白长舌蝠 *Leptonycteris nivalis*（Mexican long-nosed bat）

隶属于翼手目叶口蝠科。体长8-9厘米，体重18-30克。耳圆、眼小、无尾。背部主要呈褐色。腹部较浅。

分布于美国南部、墨西哥、尼加拉瓜、危地马拉等地。栖息于森林地带。以花蜜等为食。

大叶怪脸蝠 *Mormoops megalophylla*（Peters' ghost-faced bat）

隶属于翼手目妖面蝠科。体长6-7厘米，尾长2-3厘米，体重15-16克。耳圆、眼小。背部主要呈肉桂红。腹部较浅。

分布于从美国西南部、墨西哥、洪都拉斯、萨尔瓦多至南美洲哥伦比亚、厄瓜多尔、秘鲁北部等地。栖息于森林地带。以昆虫等为食。

大叶怪脸蝠

双色蝠

双色蝠 *Vespertilio murinus*（Particoloured bat）

隶属于翼手目蝙蝠科。体长5-6厘米，体重8-13克。耳圆、眼小。体毛主要呈黄褐色。腹部较浅。

分布于欧洲、俄罗斯、蒙古、日本和中国新疆等地。栖息于森林地带。以大型水生昆虫、鱼类等为食。

爪哇大足鼠耳蝠

爪哇大足鼠耳蝠 *Myotis adversus* (Large-footed bat)

隶属于翼手目蝙蝠科。体重5-9克。耳圆、眼小。体毛主要呈褐色。腹部较浅。

分布于中国台湾、马来西亚、加里曼丹、印度尼西亚的爪哇、新几内亚和澳大利亚等地。

北美鼠耳蝠 *Myotis auriculus* (Southwestern myotis)

隶属于翼手目蝙蝠科。体长5-6厘米，尾长3-5厘米，体重6-8克。耳长且直、眼小。体毛主要呈褐色。腹部较浅。

分布于美国西南部、墨西哥等地。栖息于荒漠、草原、森林等地带。以昆虫等为食。每胎产1仔。一般在6月生产。

北美鼠耳蝠

东南鼠耳蝠

东南鼠耳蝠 *Myotis austroriparius* (Southeastern myotis)

隶属于翼手目蝙蝠科。体长5-6厘米，尾长3-4厘米，体重5-8克。耳长且直、眼小。体毛主要呈褐色。腹部较浅。

分布于美国东南部。栖息于水域附近。以昆虫等为食。每胎产2仔。

长耳鼠耳蝠 *Myotis bechsteini* (Bechstein’s bat)

隶属于翼手目蝙蝠科。体长4-6厘米，体重7-13克。耳长且直、眼小。体毛主要为褐色。

分布于从欧洲到亚洲西北部一带。

长耳鼠耳蝠

尖耳鼠耳蝠 *Myotis blythi*（Lesser mouse-eared bat）

隶属于翼手目蝙蝠科。体长6-7厘米，体重18-30克。耳长且直、眼小。体毛主要为灰褐色，腹面白色。

分布于从欧洲中部、南部和东部到土耳其、俄罗斯和中国西北部一带。

尖耳鼠耳蝠

棕红鼠耳蝠 *Myotis bocagei*（Rufous mouse-eared bat）

隶属于翼手目蝙蝠科。体长10厘米，体重7克。耳长且直、眼小。没有尾巴。背部主要呈棕红色。腹部颜色较浅，微染红色。

分布于非洲从东部马拉维至西部利比里亚、津巴布韦一带。栖息于灌丛、草原、森林等地带。

棕红鼠耳蝠

布氏鼠耳蝠 *Myotis brandti*

隶属于翼手目蝙蝠科。体长3-4厘米，体重5-9克。耳长且直、眼小。体毛主要为黑灰色。

分布于从欧洲西部到亚洲中部一带。

布氏鼠耳蝠

加州鼠耳蝠

加州鼠耳蝠 *Myotis californicus*（California myotis）

隶属于翼手目蝙蝠科。体长7-9厘米，体重3-5克。没有尾巴。体毛主要呈橙黄色。腹部较浅。

分布于加拿大西南部、美国西部、墨西哥等地。栖息于水域附近的林缘、旷野等地带。单独或成小群活动。以昆虫等为食。春季发情交配。每胎产1仔。一般在6-7月生产。

长指鼠耳蝠

长指鼠耳蝠 *Myotis capaccinii*（Long-fingered bat）

隶属于翼手目蝙蝠科。体长3-4厘米，体重8-15克。体毛主要为浅黑色，腹面白色。

分布于欧洲南部、中部、东部和非洲北部等地。

道氏鼠耳蝠 *Myotis daubentoni*（Daubenton's bat）

隶属于翼手目蝙蝠科。体长4-5厘米，体重7-10克。体毛主要为黑色。

分布于从欧洲到俄罗斯西伯利亚和中国东北一带。

道氏鼠耳蝠

沼鼠耳蝠

沼鼠耳蝠 *Myotis dasycheme*（Pond bat）

隶属于翼手目蝙蝠科。体长4-5厘米。体毛主要为灰褐色。

分布于欧洲东部、西部和北部一带。

佐氏鼠耳蝠 *Myotis emarginatus*（Geoffroy's bat）

隶属于翼手目蝙蝠科。体长4-5厘米，体重7-10克。体毛主要为黑褐色，腹面白色。

分布于从欧洲到亚洲中部一带。

佐氏鼠耳蝠

北美长耳鼠耳蝠

北美长耳鼠耳蝠 *Myotis evotis*（Long-eared myotis）

隶属于翼手目蝙蝠科。体长9-10厘米，体重5-8克。没有尾巴。体毛主要呈暗褐色。腹部较浅。

分布于加拿大西南部、美国西部等地。栖息于森林等地带。以昆虫等为食。每胎产1仔。一般在5-7月生产。

灰鼠耳蝠 *Myotis grisescens*（Grey bat）

隶属于翼手目蝙蝠科。体长8-10厘米，体重7-16克。没有尾巴。体毛主要呈灰色。腹部较浅。

分布于美国东南部等地。栖息于森林等地带。以昆虫等为食。每胎产1仔。一般在5-6月生产。

灰鼠耳蝠

凯氏鼠耳蝠

凯氏鼠耳蝠 *Myotis keenii*（Keen's myotis）

隶属于翼手目蝙蝠科。体长4-6厘米，体重4-6克。没有尾巴。体毛主要呈暗褐色。腹部较浅。

分布于加拿大西南部、美国西北部等地。栖息于森林等地带。以昆虫等为食。

莹鼠耳蝠 *Myotis lucifugus*（Little brown myotis）

隶属于翼手目蝙蝠科。体长6-10厘米，体重7-13克。没有尾巴。体毛主要呈褐色。腹部较浅。

分布于阿拉斯加、加拿大、美国和墨西哥等地。栖息于水域附近。以昆虫等为食。每胎产1仔。一般在6月生产。

莹鼠耳蝠

大鼠耳蝠 *Myotis myotis*（Large mouse-eared bat）

隶属于翼手目蝙蝠科。体长7-8厘米，体重20-40克。体毛主要为黑褐色，腹面白色。

分布于从欧洲到亚洲中部一带。

大鼠耳蝠

须鼠耳蝠

须鼠耳蝠 *Myotis mystacinus*（Whiskered bat）

隶属于翼手目蝙蝠科。体重4-8克。体毛主要为浅黑色，腹面白色。

分布于从欧洲中部、东部和南部到伊朗、阿富汗一带。

纳氏鼠耳蝠 *Myotis nattereri*（Natterer's bat）

隶属于翼手目蝙蝠科。体重5-10克。体毛主要为褐色。

分布于从欧洲到俄罗斯西伯利亚、中国东北、朝鲜和日本等地。

纳氏鼠耳蝠

大足鼠耳蝠

大足鼠耳蝠 *Myotis ricketti*（Rickett's big-footed bat）

隶属于翼手目蝙蝠科。体长6-7厘米，尾长5厘米，体重20-23克。体毛主要为烟褐色，腹面灰白色。

分布于中国广东、福建、安徽、山东、广西、江西等地。栖息于山地、丘陵地带。有冬眠习性。以昆虫等为食。每年秋末冬初发情交配。每胎产1仔。一般在6月生产。

社鼠耳蝠 *Myotis sodalis*（Social bat）

隶属于翼手目蝙蝠科。体长3-6厘米，尾长3-4厘米，体重3.5-10克。背部主要呈暗褐色。腹部较浅。

分布于美国东部等地。栖息于灌丛、草原等地带。以昆虫等为食。

社鼠耳蝠

缨鼠耳蝠

缨鼠耳蝠 *Myotis thysanodes*（Fringed myotis）

隶属于翼手目蝙蝠科。体长4-6厘米，尾长4-5厘米，体重6-12克。背部主要呈暗褐色。腹部较浅。

分布于加拿大西南部、美国西部、墨西哥等地。栖息于荒漠、草原、森林等地带。以昆虫等为食。4月发情交配。怀孕期为50天。每胎产1仔。一般在6-7月生产。

南非鼠耳蝠 *Myotis tricolor*（Cape hairy bat）

隶属于翼手目蝙蝠科。体长10厘米。没有尾巴。背部为灰褐色，肩部为红铜色。

分布于南非东部、东南部和南部一带。栖息于灌丛、草原等地带。集小群活动。以昆虫等为食。每胎产1仔。一般在夏季生产。

南非鼠耳蝠

洞鼠耳蝠

洞鼠耳蝠 *Myotis velifer*（Cave myotis）

隶属于翼手目蝙蝠科。体长4-6厘米，尾长4-5厘米，体重9-14克。体毛主要呈浅褐色至黑色。腹部较浅。

分布于美国南部、墨西哥、洪都拉斯等地。栖息于山区地带。以昆虫等为食。怀孕期为60-70天。每胎产1仔。一般在6-7月生产。

长腿鼠耳蝠

长腿鼠耳蝠 *Myotis volans*（Long-legged bat）

隶属于翼手目蝙蝠科。体长5-6厘米，尾长3-5厘米，体重5-10克。体毛主要呈暗褐色至红棕色。腹部较浅。

分布于加拿大西南部、美国西部、墨西哥等地。栖息于山地森林地带。以昆虫等为食。每胎产1仔。一般在5-8月生产。

魏氏鼠耳蝠 *Myotis welwitschii*（Welwitsch's hairy bat）

隶属于翼手目蝙蝠科。体长12厘米，体重14克。耳长且直，眼大而圆，没有尾巴。背部主要呈浅红褐色。腹部为白色。

分布于南非东部、中部、南部和西南部一带。栖息于灌丛、草原地带。

魏氏鼠耳蝠

尤马鼠耳蝠

尤马鼠耳蝠 *Myotis yumanensis*（Yuma myotis）

隶属于翼手目蝙蝠科。体长5厘米，尾长3-4厘米，体重5-7克。体毛主要呈暗褐色。腹部较浅。

分布于加拿大西南部、美国西部、墨西哥等地。栖息于森林地带。以昆虫等为食。每胎产1仔。一般在5-6月生产。

南非棕蝠 *Eptesicus capensis*（Cape serotine bat）

隶属于翼手目蝙蝠科。体长8-9厘米，体重6-7克。耳长且直、眼大而圆、没有尾巴。背部主要呈黄褐色至灰色。腹部为黄白色至白色。

分布于非洲东部、中部、西南部和南部等地。栖息于森林地带。以昆虫等为食。每胎产2仔。通常在11-12月生产。

南非棕蝠

大棕蝠 *Eptesicus fuscus*（Big brown bat）

隶属于翼手目蝙蝠科。体长5-8厘米，尾长3-6厘米，体重11-23克。耳短而圆、眼小。体毛主要呈棕褐色。腹部较浅。

分布于从加拿大南部、美国、墨西哥、古巴、哥斯达黎加、牙买加，一直到哥伦比亚等地。栖息于森林地带。以昆虫等为食。怀孕期为60天。每胎产2仔。通常在5-6月生产。

大棕蝠

长尾棕蝠

长尾棕蝠 *Eptesicus hottentotus*（Long-tailed house bat）

隶属于翼手目蝙蝠科。体长12厘米，体重17克。耳长且直、眼大而圆。背部主要呈浅黄褐色或暗褐色。腹部较浅。

分布于非洲津巴布韦、马拉维、莫桑比克、纳米比亚和南非等地。栖息于灌丛、草原等地带。

家棕蝠 *Eptesicus melckorum*（Melck's house bat）

隶属于翼手目蝙蝠科。体长12厘米，体重17克。耳长且直、眼大而圆。背部主要呈灰色。腹部为污白色。

分布于非洲赞比亚、南非等地。栖息于森林等地带。集小群活动。以昆虫等为食。

家棕蝠

北棕蝠

北棕蝠 *Eptesicus nilssoni*（Northern bat）

隶属于翼手目蝙蝠科。体长5-6厘米，体重8-13克。耳长且直、眼大而圆。背部主要呈黑色。腹部为黄褐色。

分布于从欧洲至俄罗斯东部、蒙古、朝鲜和中国西北部等地。

祖鲁棕蝠

祖鲁棕蝠 *Eptesicus zuluensis*（Aloe serotine bat）

隶属于翼手目蝙蝠科。体长 12 厘米，体重 17 克。耳长且直、眼大而圆。背部主要呈灰色。腹部为污白色。

分布于非洲赞比亚、津巴布韦、纳米比亚、博茨瓦纳和南非等地。栖息于灌丛、草原等地带。以昆虫等为食。

博茨瓦纳长耳蝠 *Laephotis botswanae*（Botswana long-eared bat）

隶属于翼手目蝙蝠科。体长 10 厘米，体重 6 克。耳长且直、眼大而圆、没有尾巴。背部主要呈皮黄褐色。腹部为白色。

分布于非洲博茨瓦纳、赞比亚、扎伊尔和南非等地。栖息于灌丛、草原等地带。

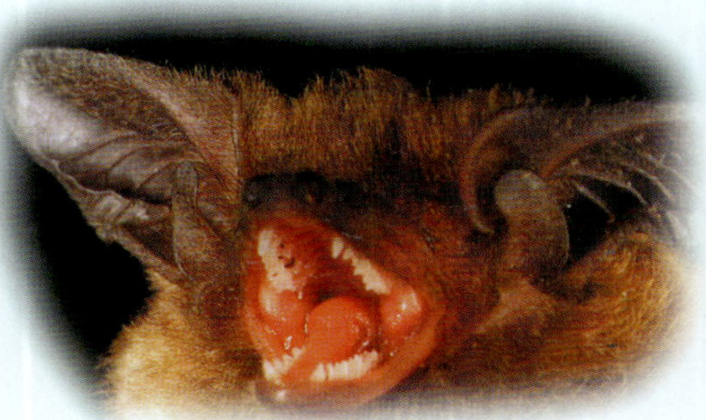

博茨瓦纳长耳蝠

纳米比亚长耳蝠

纳米比亚长耳蝠 *Laephotis namibensis*（Namib long-eared bat）

隶属于翼手目蝙蝠科。体长 11 厘米。耳长且直、眼大而圆、没有尾巴。背部主要呈浅皮黄褐色。腹部为灰白色。

分布于非洲纳米比亚。栖息于森林地带。以昆虫等为食。

温氏长耳蝠 *Laephotis wintoni*（De Winton's long-eared bat）

隶属于翼手目蝙蝠科。耳长且直、眼大而圆。背部主要呈灰褐色。腹部为灰白色。

分布于非洲肯尼亚、埃塞俄比亚等地。栖息于森林地带。以昆虫等为食。

温氏长耳蝠

毛翼山蝠

毛翼山蝠 *Nyctalus lasiopterus*（Giant noctule）

隶属于翼手目蝙蝠科。体长6-7厘米，体重35-76克。耳长且直、眼大而圆。体毛主要为棕红色。

分布于从法国、意大利、瑞士到俄罗斯、中国、日本等地。

小山蝠 *Nyctalus leisleri*（Lesser noctule）

隶属于翼手目蝙蝠科。体长5-7厘米，体重13-20克。耳长且直、眼大而圆。体毛主要为棕褐色。

分布于从欧洲到俄罗斯、印度北部一带。

小山蝠

山　蝠

山蝠 *Nyctalus noctula*（Noctule）

隶属于翼手目蝙蝠科。长7-8厘米，尾长4-5厘米，体重18-48克。耳短而宽、眼大而圆。体毛主要为棕褐色。

分布于从欧洲到中国、日本、尼泊尔、缅甸和马来西亚一带。栖息于山区地带。以昆虫等为食。怀孕期为50-60天。一般在5-6月生产。每胎产2仔。

安氏伏翼 *Pipistrellus anchietai*（Anchieta's pipistrelle）

隶属于翼手目蝙蝠科。耳长且直、眼大而圆、没有尾巴。背部主要呈浅褐色。腹部白色。

分布于非洲扎伊尔、喀麦隆、安哥拉、赞比亚和南非等地。栖息于灌丛、草原等地带。

安氏伏翼

库氏伏翼 *Pipistrellus kuhlii* (Kuhl's pipistrelle)

隶属于翼手目蝙蝠科。体长4-8厘米，体重5-10克。耳长且直、眼大而圆。体毛主要为浅棕褐色。

分布于欧洲、非洲和亚洲西北部一带。

库氏伏翼

香蕉伏翼

香蕉伏翼 *Pipistrellus nanus*（Banana bat）

隶属于翼手目蝙蝠科。体长8厘米，体重4克。耳长且直、眼大而圆、没有尾巴。背部主要呈褐色。腹部较浅。

分布于非洲东部、南部、东南部和马达加斯加岛等地。栖息于森林地带。以昆虫等为食。每胎产2仔。通常在11-12月生产。

纳氏伏翼 *Pipistrellus nathusii* (Nathusiu's pipistrelle)

隶属于翼手目蝙蝠科。体长5-6厘米，体重5-12克。耳长且直、眼大而圆。体毛主要为棕褐色。

分布于从欧洲到俄罗斯、伊朗、约旦一带。

纳氏伏翼

伏 翼

伏翼 *Pipistrellus pipistrellus* (Common pipistrelle)

隶属于翼手目蝙蝠科。体长3-5厘米，体重3-8克。体毛主要为棕褐色。

分布于从欧洲到俄罗斯、中国、朝鲜、日本一带。以昆虫等为食。每胎产1-2仔。一般在初夏生产。1岁达到性成熟。

儒氏伏翼 *Pipistrellus* rueppellii (Ruppell's bat)

隶属于翼手目蝙蝠科。体长10厘米，体重7克。耳长且直、眼大而圆。背部主要呈灰色或褐灰色。腹部为纯白色。

分布于非洲埃及、苏丹、坦桑尼亚、乌干达、扎伊尔、安哥拉，以及亚洲伊拉克等地。栖息于森林地带。以昆虫等为食。

儒氏伏翼

东方伏翼

东方伏翼 *Pipistrellus subflavus* (Eastern pipistrelle)

隶属于翼手目蝙蝠科。体长4-5厘米，尾长3-5厘米，体重6-10克。耳长且直、眼小。体毛主要呈黄褐色或褐灰色。腹部较浅。

分布于美国东部、墨西哥等地。栖息于森林地带。以昆虫等为食。怀孕期为60天。每胎产2仔。一般在6月生产。

山伏翼 *Pipistrellus collinus* (Mountain pipistrelle)

隶属于翼手目蝙蝠科。体长3-5厘米，尾长4-5厘米，体重5-7克。体毛主要呈黄褐色。腹部较浅。

分布于新几内亚。栖息于森林等地带。

山伏翼

新几内亚伏翼

新几内亚伏翼 *Pipistrellus angulatus* (New Guinea pipistrelle)

隶属于翼手目蝙蝠科。体长3-4厘米，尾长3-4厘米，体重3-4克。体毛主要呈深褐色。腹部较浅。

分布于新几内亚东部、北部一带。栖息于森林地带。

欧洲宽耳蝠

欧洲宽耳蝠 *Barbastella barbastellus*（Western barbastelle）

隶属于翼手目蝙蝠科。体长5厘米。背部主要呈黄褐色，腹部较浅。

分布于欧洲、俄罗斯和非洲摩洛哥等地。

马达加斯加黄蝠 *Scotophilus borbonicus*（Lesser yellow house bat）

隶属于翼手目蝙蝠科。体长12厘米，体重16克没有尾巴。背部主要呈深浅不同的黄褐色。腹部为白色或灰白色。

分布于非洲南部和马达加斯加岛、留尼旺等地。栖息于森林地带。单独或集小群活动。以昆虫等为食。秋季交配。每胎产2仔。通常在11-12月生产。

马达加斯加黄蝠

非洲黄蝠

非洲黄蝠 *Scotophilus dinganii*（African yellow house bat）

隶属于翼手目蝙蝠科。体长13厘米，体重27克。没有尾巴。背部主要呈褐色，微染橄榄色、灰色或红色。腹部为亮黄色。

分布于非洲撒哈拉沙漠以南的大部分地区。栖息于稀树草原地带。以昆虫等为食。秋季交配。每胎产2仔。通常在11-12月生产。

家黄蝠 *Scotophilus nigrita*（Giant yellow house bat）

隶属于翼手目蝙蝠科。体长18厘米。没有尾巴。背部主要呈暗褐色或褐色，微染红色、黄色或灰色。腹部为黄色至白色。

分布于非洲大部分地区。栖息于森林、草原等地带。以昆虫等为食。

家黄蝠

大耳蝠

大耳蝠 *Plecotus auritus*（Common long-eared bat）

隶属于翼手目蝙蝠科。体长5厘米，尾长5厘米，体重7克。耳特大，长且直立。眼小。背部体毛主要呈灰褐色。腹部较浅。

分布于欧洲、非洲北部、亚洲中部、俄罗斯、中国北部和西部、印度、尼泊尔和日本等地。栖息于森林地带。有冬眠习性。以昆虫等为食。秋末发情交配。怀孕期为56-100天。一般在春季生产。每胎产1-2仔。

灰大耳蝠 *Plecotus austriacus*（Grey long-eared bat）

隶属于翼手目蝙蝠科。体长4-6厘米，体重5-14克。耳特大，长且直立。眼小。背部体毛主要呈灰褐色。腹部白色。

分布于从欧洲至非洲北部、亚洲中部、俄罗斯西伯利亚、中国东北、西北和西南部、印度、尼泊尔和日本等地。

灰大耳蝠

艾氏大耳蝠

艾氏大耳蝠 *Plecotus phyllotis*（Allen's big-eared bat）

隶属于翼手目蝙蝠科。体长6-8厘米，尾长4-5厘米，体重8-16克。耳大，长且直立。眼小。体毛主要呈黄灰色至黑褐色。腹部较浅。

分布于美国西南部、墨西哥等地。栖息于森林地带。以昆虫等为食。

拉氏大耳蝠 *Plecotus rafinesquii*（Rafinesque's big-eared bat）

隶属于于翼手目蝙蝠科。体长4-6厘米，尾长4-5厘米，体重8-10克。耳大，长且直立。眼小。体毛主要呈烟灰色。腹部较浅。

分布于美国东南部一带。栖息于森林地带。以昆虫等为食。

拉氏大耳蝠

汤氏大耳蝠

汤氏大耳蝠 *Plecotus townsendii*（Townsend's big-eared bat）

隶属于翼手目蝙蝠科。体长5-6厘米，尾长4-5厘米，体重9-12克。耳大，长且直立。眼小。背部体毛主要呈红褐色。腹部为皮黄色。

分布于加拿大西南部、美国西部和中部、墨西哥等地。栖息于森林地带。以昆虫等为食。每胎产1仔。一般在6月生产。

暗灰蝶蝠

暗灰蝶蝠 *Chalinolobus nigrogriseus*（Hoary bat）

隶属于翼手目蝙蝠科。体长4-5厘米。耳大。眼小。头部、肩部为浅黄色。喉部灰色。背部主要呈暗灰色。腹部较浅。

分布于新几内亚东南部、澳大利亚等地。栖息于森林地带。以昆虫等为食。每胎产1-2仔。

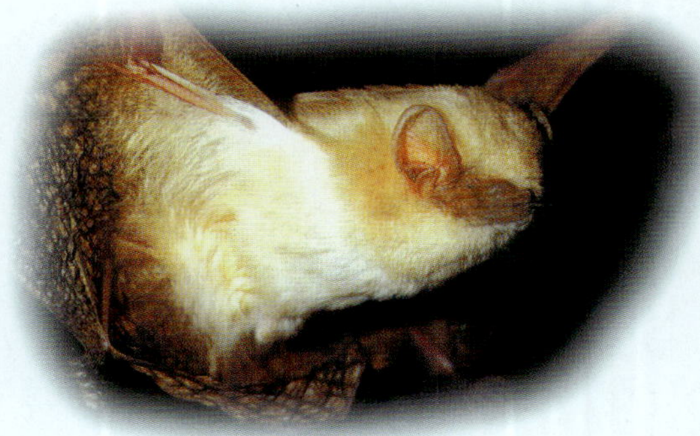
彩蝶蝠

彩蝶蝠 *Chalinolobus variegatus*（Butterfly bat）

隶属于翼手目蝙蝠科。体长11厘米，体重12-14克。耳长且直、眼大而圆、颈长、没有尾巴。头部、肩部为浅黄色。喉部灰色。背部主要呈黄色。腹部为白色或浅灰色。

分布于非洲东部、东南部和西南部一带。栖息于灌丛、草原等地带。

美洲暮蝠

美洲暮蝠 *Nycticeius humeralis*（Evening bat）

隶属于翼手目蝙蝠科。体长5-6厘米，尾长3-4厘米，体重9-14克。耳短而圆、眼小。体毛主要呈暗褐色至红褐色。腹部较浅。

分布于美国东部、墨西哥等地。栖息于森林地带。以昆虫等为食。每胎产2-3仔。通常在6月生产。

施氏暮蝠 *Nycticeius schlieffeni*（Schlieffen's bat）

隶属于翼手目蝙蝠科。体长8厘米，体重5克。耳长且直、眼大而圆、颈长、没有尾巴。背部主要呈浅茶黄色。腹部较浅。

分布于非洲埃及、苏丹、埃塞俄比亚、肯尼亚、扎伊尔、乌干达、纳米比亚、莫桑比克、南非北部，以及亚洲阿拉伯半岛等地。栖息于森林、稀树草原等地带。以昆虫等为食。秋季交配。每胎产2仔。通常在11-12月生产。

施氏暮蝠

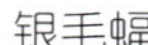

银毛蝠

银毛蝠 *Lasionycteris noctivagans*（Silver-haired bat）

隶属于翼手目蝙蝠科。体长6-7厘米，尾长3-5厘米，体重9-12克。耳宽而圆、眼小。体毛主要呈暗褐色至黑色。腹部较浅。

分布于阿拉斯加东南部、加拿大南部、美国等地。栖息于森林、草原等地带。以昆虫等为食。怀孕期为50-60天。每胎产2仔。通常在6月生产。

花尾蝠 *Euderma maculatum*（Spotted bat）

隶属于翼手目蝙蝠科。体长6-7厘米，尾长5-6厘米，体重15-22克。耳宽而圆、眼小。体毛主要呈黑色，背部有3个白色斑块。

分布于美国西部、墨西哥等地。栖息于森林地带。以昆虫等为食。通常在6月生产。

花尾蝠

赤蓬毛蝠

赤蓬毛蝠 *Lasiurus borealis*（Red bat）

隶属于翼手目蝙蝠科。体长5-6厘米，尾长5-6厘米，体重7-16克。体毛主要呈砖红色至棕红色。腹部较浅。

分布于从加拿大南部、美国、古巴、墨西哥，一直到南美洲北部一带。栖息于旷野、城郊的林地中。以昆虫等为食。怀孕期为80-90天。每胎产1-5仔。通常在6月生产。

埃加蓬毛蝠

埃加蓬毛蝠 *Lasiurus ega*（Southern yellow bat）

隶属于翼手目蝙蝠科。体长5-6厘米，尾长4-6厘米，体重10-14克。耳短而圆。眼小。体毛主要为黄色。

分布于从美国西南部、墨西哥，一直到南美洲乌拉圭、阿根廷等地。栖息于森林地带。以昆虫等为食。每胎产1仔。通常在5-7月生产。

灰蓬毛蝠

灰蓬毛蝠 *Lasiurus cinereus*（Hoary bat）

隶属于翼手目蝙蝠科。体长8-9厘米，体重20-35克。体毛主要为褐色和灰色混杂。

分布于从加拿大南部、美国、墨西哥，一直到南美洲。栖息于森林地带。以昆虫等为食。每胎产1-4仔。通常在5-7月生产。

墨西哥蓬毛蝠

墨西哥蓬毛蝠 *Lasiurus intermedius*（Northern yellow bat）

隶属于翼手目蝙蝠科。体长7厘米，尾长5-6厘米，体重14-20克。体毛主要为黄褐色或黄灰色。

分布于美国南部、墨西哥、古巴等地。栖息于森林地带。以昆虫等为食。每胎产2-4仔。通常在5-6月生产。

佛罗里达蓬毛蝠

佛罗里达蓬毛蝠 *Lasiurus seminolus*（Seminole bat）

隶属于翼手目蝙蝠科。体长5-6厘米，尾长4-5厘米，体重9-14克。体毛主要为锈红色。

分布于美国东南部等地。栖息于森林地带。以昆虫等为食。每胎产1-4仔。通常在5-6月生产。

南长翼蝠 *Miniopterus australis*（Little long-fingered bat）

隶属于翼手目蝙蝠科。体长4-5厘米，体重7-9克。体毛主要为棕色。

分布于中国华南地区、印度、菲律宾、印度尼西亚、新几内亚和澳大利亚等地。

南长翼蝠

普通长翼蝠

普通长翼蝠 *Miniopterus schreibersi*（Schreiber's long-fingered bat）

隶属于翼手目蝙蝠科。体长6厘米。体毛主要为棕色。

分布于从欧洲、非洲北部至中国、日本、缅甸、泰国、印度、尼泊尔、斯里兰卡、印度尼西亚和澳大利亚等地。

小美岛长翼蝠 *Miniopterus macrocneme*（Small melanesian bent-winged bat）

隶属于翼手目蝙蝠科。体长4-5厘米，尾长4-5厘米，体重8-10克。体毛主要为棕色。

分布于新几内亚。

小美岛长翼蝠

大美岛长翼蝠

大美岛长翼蝠 *Miniopterus propitristis*（Large melanesian bent-winged bat）

隶属于翼手目蝙蝠科。体长5-8厘米，尾长5-7厘米，体重13-16克。体毛主要为黑褐色。

分布于新几内亚。

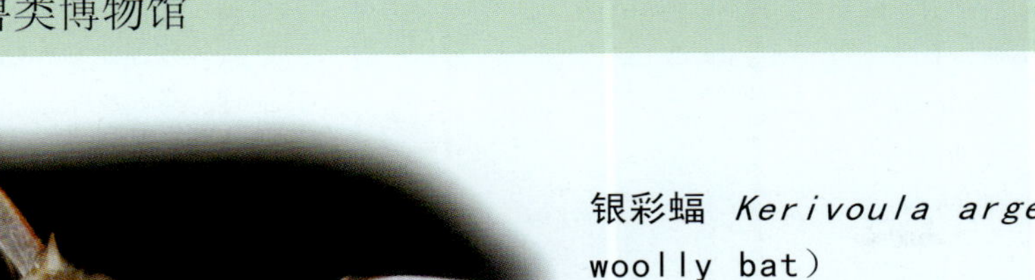

银彩蝠

银彩蝠 *Kerivoula argentata*（Damara woolly bat）

隶属于翼手目蝙蝠科。体长10厘米，体重6-9克。没有尾巴。背部主要呈栗红色，有银白色条纹。腹部为灰褐色。

分布于非洲肯尼亚、赞比亚、坦桑尼亚、马拉维、纳米比亚、莫桑比克、津巴布韦等地。栖息于森林、稀树草原等。地带以昆虫等为食。

弗莱彩蝠 *Kerivoula muscina*（Fly river trumpet-eared bat）

隶属于翼手目蝙蝠科。体长3-4厘米，尾长3-4厘米，体重4-5克。背部主要呈棕褐色。腹部较浅。

分布于新几内亚。

弗莱彩蝠

花管鼻蝠

花管鼻蝠 *Murina florium*（Flores tube-nosed bat）

隶属于翼手目蝙蝠科。体长4-5厘米，尾长3-4厘米，体重4-6克。体毛主要为暗褐色。

分布于新几内亚、澳大利亚、小巽他群岛等地。栖息于森林地带。

北方长耳蝠 *Nyctophilus bifax*（Northern Queensland long-eared bat）

隶属于翼手目蝙蝠科。体长4-5厘米，尾长4-5厘米。背部主要呈黑褐色。腹部较浅。

分布于新几内亚、澳大利亚等地。

北方长耳蝠

澳洲大长耳蝠

澳洲大长耳蝠 *Nyctophilus timoriensis*（Greater long-eared bat）

隶属于翼手目蝙蝠科。背部主要呈浅褐色。腹部较浅。

分布于新几内亚、帝汶、澳大利亚等地。栖息于森林地带。

巴布亚长耳蝠

巴布亚长耳蝠 *Nyctophilus microtis*（Papuan lang-eared bat）

隶属于翼手目蝙蝠科。体长4-5厘米，尾长3-4厘米，体重6-8克。背部主要呈褐色。腹部较浅。

分布于新几内亚。栖息于森林地带。

苍白洞蝠 *Antrozous pallidus*（Pallid bat）

隶属于翼手目蝙蝠科。体长6-8厘米，尾长4-5厘米，体重14-24克。体毛主要呈褐色。腹部较浅。

分布于加拿大西南部、美国西部、墨西哥等地。栖息于森林地带。以昆虫等为食。每胎产1-2仔。

苍白洞蝠

银白真蝠

银白真蝠 *Eumops glaucinus*（Wagner's mastiff bat）

隶属于翼手目犬吻蝠科。体长8-9厘米，尾长4-6厘米，体重25-55克。体毛主要呈褐色。腹部较浅。

分布于墨西哥、古巴、牙买加、巴拉圭等地。栖息于森林地带。以昆虫等为食。每胎产1仔。

非洲大耳犬吻蝠

非洲大耳犬吻蝠 *Otomops martiensseni*（Martienssen's free-tailed bat ）

隶属于翼手目犬吻蝠科。体长 14 厘米，体重 33 克。没有尾巴。体毛主要呈黑褐色，有浅色斑纹。从肩部到膝部有白色条纹。

分布于非洲埃塞俄比亚、肯尼亚、扎伊尔、坦桑尼亚、马拉维、南非等地。栖息于半干旱地带或森林地带。以昆虫等为食。

罗氏扁头蝠

罗氏扁头蝠 *Sauromys petrophilus*（Robert's flat-headed bat）

隶属于翼手目犬吻蝠科。体长 11 厘米，体重 13-15 克。没有尾巴。背部主要呈橄榄色或褐灰色。腹部较浅。

分布于非洲津巴布韦、纳米比亚、博茨瓦纳和南非等地。栖息于荒漠、稀树草原等地带。以昆虫等为食。

安氏皱唇蝠

安氏皱唇蝠 *Chaerephon ansorgei*（Ansorge's free-tailed bat）

隶属于翼手目犬吻蝠科。体长 15 厘米。没有尾巴。头、喉、颈部为深褐色。背部主要呈褐色。腹部较浅。

分布于非洲坦桑尼亚、赞比亚、安哥拉、扎伊尔、喀麦隆、苏丹等地。栖息于林地中。以昆虫等为食。

高冠皱唇蝠

高冠皱唇蝠 *Chaerephon chapini*（Chapin's free-tailed bat）

隶属于翼手目犬吻蝠科。体长 15 厘米。耳长且直、眼大而圆、颈长、没有尾巴。背部主要呈肉桂褐色。腹部灰褐色，有白色纵斑纹。

分布于非洲从塞拉里昂到扎伊尔、乌干达、纳米比亚等地。栖息于林地中。以昆虫等为食。

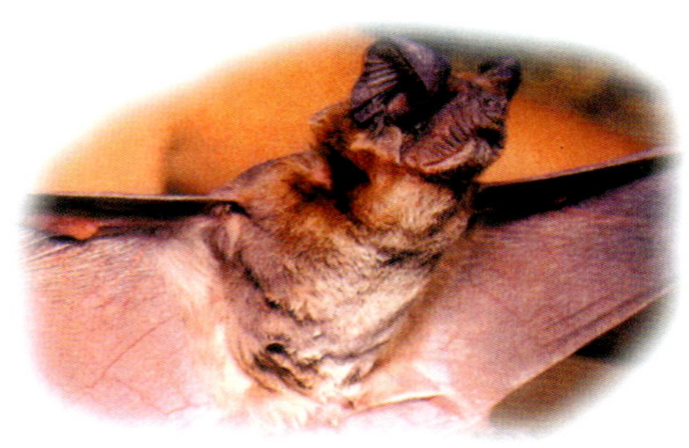
北方犬吻蝠

北方犬吻蝠 *Chaerephon jobensis*（Northern mastiff bat）

隶属于翼手目犬吻蝠科。体长6厘米，尾长3厘米。背部主要呈褐色。腹部较浅。

分布于澳大利亚、新几内亚、所罗门群岛等地。

贝氏犬吻蝠 *Tadarida beccarii*（Beccari's mastiff bat）

隶属于翼手目犬吻蝠科。体长6-7厘米，尾长3厘米，体重14-17克。背部主要呈棕褐色。腹部较浅。

分布于澳大利亚、新几内亚等地。栖息于林地中。以昆虫等为食。

贝氏犬吻蝠

北非皱唇蝠 *Tadarida aegyptiaca*（Egyptian free-tailed bat）

隶属于翼手目犬吻蝠科。体长11厘米，体重15克。没有尾巴。头部、颈部黑色。背部主要呈褐色。腹部较浅。

分布于非洲的埃及、苏丹、索马里、乌干达、扎伊尔、肯尼亚、南非，以及亚洲的印度、巴基斯坦、斯里兰卡等地。栖息于森林地带。以昆虫等为食。

北非皱唇蝠

巴西犬吻蝠

巴西犬吻蝠 *Tadarida brasiliensis*（Brazilian free-tailed bat）

隶属于翼手目犬吻蝠科。体长9-11厘米，体重10-15克。体毛主要呈褐色。腹部较浅。

分布于从美国南部、墨西哥，一直到南美洲的广大地区。栖息于森林地带。以昆虫等为食。每胎产1仔。一般在6月生产。

宽耳犬吻蝠

宽耳犬吻蝠 *Tadarida teniotis*（European free-tailed bat）

隶属于翼手目犬吻蝠科。体长9厘米，尾长5-6厘米，体重32-34克。耳宽大而直、眼小。尾巴较长，末端伸出股间膜后缘。体毛主要呈褐色或灰褐色。腹部较浅。

分布于欧洲南部和东部、非洲北部、俄罗斯、中国、朝鲜和日本等地。栖息于山区地带。单独或呈2-3只的小群活动。有冬眠习性。以昆虫等为食。秋末发行交配。每胎产1仔。一般在夏季生产。1岁达到性成熟。

侏儒皱唇蝠 *Tadarida pumila*（Little free-tailed bat）

隶属于翼手目犬吻蝠科。体长9厘米，体重12克。没有尾巴。颊部、翼基部有白色斑纹。背部主要呈黑褐色至褐色。腹部较浅。

分布于非洲苏丹、乌干达、肯尼亚、莫桑比克、安哥拉、南非，以及亚洲阿拉伯半岛一带。栖息于森林、稀树草原等地带。以昆虫等为食。

侏儒皱唇蝠

小耳犬吻蝠 *Tadarida kuboriensis*（Small-eared mastiff bat）

隶属于翼手目犬吻蝠科。体长7-8厘米，尾长4-5厘米，体重23-28克。体毛主要呈棕褐色。腹部较浅。

分布于新几内亚。栖息于森林地带。

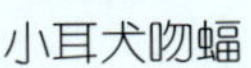

小耳犬吻蝠

孙氏皱唇蝠 *Mops midas*（Sundevall's free-tailed bat）

隶属于翼手目犬吻蝠科。体长14厘米，体重33克。没有尾巴。额部有白色斑纹。背部主要呈暗褐色，有浅色斑纹。腹部较浅。

分布于非洲苏丹、津巴布韦、马拉维、马达加斯加，以及亚洲也门等地。栖息于稀树草原等地带。以昆虫等为食。

孙氏皱唇蝠

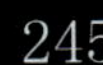

肿尾皱唇蝠

肿尾皱唇蝠 *Mops condylurus*（Angola free-tailed bat）

隶属于翼手目犬吻蝠科。体长 10 厘米，体重 15 克。没有尾巴。背部主要呈暗褐色，有浅色斑纹。腹部白色。

分布于非洲安哥拉、博茨瓦纳、津巴布韦、莫桑比克、南非等地。栖息于半干旱地带和森林地带。以昆虫等为食。

兜犬吻蝠 *Nyctinomops femorosaccus*（Pocketed free-tailed bat）

隶属于翼手目犬吻蝠科。体长 6-7 厘米，尾长 3-5 厘米，体重 14-17 克。耳短而圆、眼小。体毛主要呈褐色或灰褐色。腹部较浅。

分布于美国西南部、墨西哥等地。栖息于半干旱地区的灌丛地带。以昆虫等为食。每胎产 1 仔。一般在 7 月生产。

兜犬吻蝠

大犬吻蝠

大犬吻蝠 *Nyctinomops macrotis*（Big free-tailed bat）

隶属于翼手目犬吻蝠科。体长 10 厘米，尾长 4-6 厘米，体重 22-30 克。体毛主要呈暗褐色、红褐色至黑色。腹部较浅。

分布于从美国西部、墨西哥，一直到南美洲。栖息于多岩石地带。以昆虫等为食。每胎产 1 仔。

十六、兔形目 LAGOMORPHA

兔形目动物是典型的食草动物，以草本植物及树木的嫩枝、嫩叶为食，有的冬季还啃食树皮，一般不喝水。虽然不反刍，但具有双重消化功能。它们的粪便有两种，一种是圆形的硬粪便，是一边取食一边排出的；另一种是由盲肠富集了大量维生素和蛋白质，由胶膜裹着的软粪便，常常在休息时排出，这时它们就将嘴伸到尾下接住，再重新吃掉，以充分利用其中比普通粪便多4-5倍的维生素和蛋白质等营养物质。正是因为具有这种双重消化的功能，它们才能忍受恶劣的自然环境和避免天敌的侵袭。

由于具有无犬齿、部分门齿及部分前臼齿，以及在门齿与颊齿之间有一段宽阔的齿隙等与啮齿目相似的特征，兔形目动物过去长期被并入啮齿目中。但事实上，它们的系统发生和身体结构与啮齿目有很多差异，两类动物是沿着完全不同的独立道路平行发展的。从兔形目动物的化石来看，其头骨和牙齿的构造与啮齿目动物的基本不同，所以现生种类的一些相似之处，只是演化上的趋同现象。兔形目动物是从古代真兽类祖先分化出来的一个适应草原地带生活的类群，最早的化石是发现于古新世晚期的原古兔，尚无2对上门齿的分化。此后分化为两支：一支是耳朵短圆、四肢短而几乎等长、尾巴退化得只剩下痕迹的鼠兔类；另一支是向快速奔跑方向发展的兔类，耳朵长，前腿短，适于着地，后腿长，适于跳跃和奔跑。

兔形目动物的主要特征有：上颌具有两对前后重迭的门齿，前1对较大，前方有明显的纵沟；后1对极小，隐于前1对的后方，呈圆柱状。下颌具有门齿1对，无犬齿，在门齿与前臼齿之间有很长的齿隙。门齿的釉质为单层。颊齿为单侧高冠齿，上颊齿的间距比下颊齿的间距宽，上下颌颊齿每次仅能在单侧交合，但门齿却能同时咬合，咬肌的特化程度比较低，咀嚼食物时以下颌骨左右移动为主，使植物性食物能在梭状颊齿的咀嚼面上充分研磨。上唇中部有纵裂。耳长。尾巴短小。后肢显著长于前肢，善于跳跃；前肢不能抱着食物吃。阴囊位于阴茎的前面，没有阴茎骨。头骨的门齿孔极大，左右门齿孔常汇合到一处，使腭部骨质部分相当不完整，腭骨与上颌骨相联接，仅成为一个窄的骨桥。具典型的双角子宫。盘状蜕膜胎盘，一个小的尿囊绒毛膜，一个大的杯形内陷的卵黄膜。胸椎12块，腰椎7块。

兔形目动物分布于亚洲、欧洲、非洲、北美洲和南美洲的广大地区。

兔形目共有2科，即：鼠兔科（Ochotonidae）和兔科（Leporidae）。

斑颈鼠兔 *Ochotona collaris*（Alaskan pika）

隶属于兔形目鼠兔科。体长为18-10厘米，体重为117-145克。体毛主要为灰褐色，颈部、肩部有灰色斑，腹面为白色。

分布于阿拉斯加东部、加拿大西北部等地。栖息于多岩石的草地上。白天活动。以植物为食。一年繁殖2胎。怀孕期为30天。每胎产2-6仔。

斑颈鼠兔

黑唇鼠兔

黑唇鼠兔 *Ochotona curzoniae*（Black-lipped pika）

隶属于兔形目鼠兔科。体长为14-19厘米，体重为130-195克。体毛主要为棕黄色或沙黄褐色，腹面为浅黄色或白色。上下唇缘为黑褐色。

分布于中国西藏、青海、甘肃南部等地。栖息于高山草甸等地带。穴居。结群。白天活动。以植物为食。一年繁殖2-3胎。每胎产1-8仔。

间颅鼠兔 *Ochotona cansus*（Gansu pika）

隶属于兔形目鼠兔科。体长为11-16厘米，体重为51-82克。耳壳黑褐色，边缘白色。夏季体毛主要为暗黄褐色，冬季为灰黄褐色。腹面为白色。

分布于中国四川、青海、甘肃等地。栖息于高山草甸、灌丛、草原等地带。穴居。结群。白天活动。以植物为食。一年繁殖2胎。怀孕期为30天。每胎产2-6仔。寿命为5年。

间颅鼠兔

达乌尔鼠兔

达乌尔鼠兔 *Ochotona daurica*（Daurian pika）

隶属于兔形目鼠兔科。体长为13-19厘米，体重为110-150克。体毛主要为黄褐色，杂有黑色毛。

分布于中国华北、西北，以及俄罗斯、蒙古等地。栖息于草原、农田等地带。穴居。结群。白天活动。以植物根、茎、叶和种子等为食。一年繁殖2-3胎。怀孕期约为30天，每胎产3-7仔。21天达到性成熟。

大耳鼠兔

大耳鼠兔 *Ochotona macrotis* (Large-eared pika)

隶属于兔形目鼠兔科。体长为16-20厘米，体重为120-200克。耳壳背面淡褐色，内面灰白色。体毛主要为浅灰褐色或浅棕黄色，腹面为白色。

分布于亚洲中部、克什米尔、中国西北和西南地区、尼泊尔等地。栖息于高山裸岩等地带。单独活动。白天活动。以植物为食。一年繁殖1-3胎。每胎产1-8仔。

北美鼠兔 *Ochotona princeps* (American pika)

隶属于兔形目鼠兔科。体长为16-22厘米，体重为121-176克。体毛主要为浅棕黄色，杂有褐色，腹面为白色。

分布于美国西部、加拿大西南部。栖息于海拔2500米以上的草甸地带。白天活动。以植物为食。一年繁殖2胎。每胎产3仔。

北美鼠兔

藏鼠兔

藏鼠兔 *Ochotona thibetana* (Mouping mouse-hare)

隶属于兔形目鼠兔科。体长为11-16厘米，体重为44-67克。耳壳背面黑褐色，内面棕黑色。体毛主要为棕黑色，腹面为灰白色。

分布于中国西北和西南地区、锡金等地。栖息于高山灌丛、草丛等地带。昼夜均活动。以植物为食。

墨西哥兔 *Lepus alleni* (Antelope jack rabbit)

隶属于兔形目兔科。体长为55-67厘米，尾长5-8厘米，体重为2.7-5.9千克。耳特别长大，边缘白色。身体背面主要为黄褐色，杂有黑色，颊、喉、腹面和尾巴近白色。

分布于美国西南部、墨西哥等地。栖息于荒漠、草原等地带。穴居。夜行性。以草本植物为食。一年繁殖3-4胎。怀孕期约为42天，每胎产1-5仔。

墨西哥兔

美洲兔

美洲兔 *Lepus americanus* (Snowshoe hare)

隶属于兔形目兔科。体长为36-52厘米，尾长3-6厘米，体重为0.9-2.2千克。身体背面主要为暗褐色，颊、腹面为灰色。

分布于阿拉斯加、加拿大和美国北部等地。栖息于沼泽、森林等地带。晨昏活动。穴居。以草本植物为食。一年繁殖2-5胎。怀孕期约为34-40天，每胎产1-8仔。

黑尾兔 *Lepus californicus* (Black-tailed jack rabbit)

隶属于兔形目兔科。体长为47-63厘米，尾长5-11厘米，体重为1.3-3.3千克。身体背面主要为暗灰色至褐色，背的后部至尾巴上面为黑色，腹面、尾巴下面为浅灰色。耳的边缘和耳尖为黑色。

分布于美国西部、墨西哥北部等地。栖息于旷野等地带。夜行性。穴居。以草本植物为食。一年繁殖3-7胎。怀孕期约为43天，每胎产2-5仔。

黑尾兔

草 兔

草兔 *Lepus capensis* (Brown hare)

隶属于兔形目兔科。体长为38-48厘米，尾长9-10厘米，体重为2-3千克。身体背面为黄褐色至赤褐色，腹面白色，耳尖暗褐色，尾的背面为黑褐色，两侧及下面白色。

分布于中国东北、华北、西北和长江中下游一带，以及欧洲、俄罗斯和蒙古等地。栖息于山坡林地、农田附近、半荒漠地区的绿洲和沙丘灌丛等地带。穴居。昼夜活动。以草本植物为食。冬末发情，春季产仔。一年繁殖3-4胎。怀孕期约为42天，每胎产2-6仔。寿命为5-6年。

云南兔 *Lepus comus* (Yunnan hare)

隶属于兔形目兔科。体长为41-50厘米，尾长7-8厘米，体重为1.8-2.2千克。身体背面为浅棕黄色和黑褐色相间，腹面灰白色。耳特长。尾的背面中央为灰黑色。

分布于中国云南、贵州、四川南部等地。栖息于高山草甸、草原、灌丛等地带。成对活动。以草本植物、灌木嫩叶等为食。一年繁殖2胎。每胎产1-4仔。

云南兔

黑颈兔 *Lepus nigricollis* (Indian hare)

隶属于兔形目兔科。体毛主要呈黄褐色，颈部有黑斑。分布于印度、斯里兰卡、不丹、尼泊尔、巴基斯坦等地。

黑颈兔

高原兔

高原兔 *Lepus oiostolus* (Woolly hare)

隶属于兔形目兔科。体长为35-56厘米，尾长7-12厘米，体重为3千克。体毛长而蓬松，背面为棕黄色至灰黄色，腹面灰白色，耳尖颜色较深。尾的背面为暗灰色，两侧及下面白色。

分布于中国甘肃、青海、西藏，以及尼泊尔、克什米尔等地。栖息于高山草甸、灌丛等地带。昼夜活动，晨昏活动最为频繁。以草本植物、灌木嫩叶等为食。春季发情交配。一年繁殖2胎。每胎产4-6仔。

薮兔 *Lepus saxatilis* (Scrub hare)

隶属于兔形目兔科。体重1.5-4.5千克。身体背面为灰褐色，腹面白色。尾的背面为黑色，下面白色。

分布于纳米比亚、南非等地。栖息于灌丛、高草地、稀树草原等地带。单独活动。以草本植物等为食。每胎产1-3仔。

薮　兔

短耳兔

短耳兔 *Lepus sinensis* (Chinese hare)

隶属于兔形目兔科。体长为36-40厘米，尾长2-7厘米。头部和身体背面为棕土黄色，腹面为淡棕黄色。耳尖黑褐色。

分布于中国长江流域以南地区。栖息于山地、平原和江湖沿岸杂草、灌丛等地带。以杂草、树苗、竹笋等为食。全年均可繁殖。每胎产1-3仔。

雪兔 *Lepus timidus* (Arctic hare)

隶属于兔形目兔科。体长为45-54厘米，尾长5-7厘米，体重为2-5.5千克。夏季体毛为淡栗褐色并杂有黑色毛尖针毛，头顶及耳背部杂有大量的黑褐色短毛，耳尖呈黑褐色，喉部、胸部及前后肢的外侧为淡黄褐色，颏、腹部及四肢内侧为纯白色，前肢脚掌的刷毛呈浅栗色，尾的背面有褐色斑纹。冬季全身呈雪白色，厚密而柔软，仅有耳尖和眼圈为黑褐色。前腿较短，具5趾，后腿较长，具4趾。

分布于欧洲北部、俄罗斯、日本北海道、蒙古和中国东北、新疆北部等地。栖息于寒温带或亚寒带针叶林区的沼泽地的边缘、河谷的芦苇丛、柳树丛中及白杨林中。单独活动。胆小，性情温和。穴居，清晨、黄昏及夜里出来活动。以草本植物及树木的嫩枝、嫩叶为食，冬季还啃食树皮。3-5月交配。一年繁殖2-3胎，怀孕期约为50天，每胎产2-10仔。9-11个月达到性成熟。寿命为10-13年。

雪　兔

白尾兔

白尾兔 *Lepus townsendii* (White-tailed rabbit)

隶属于兔形目兔科。体长为57-62厘米，尾长7-10厘米，体重2.5-4.3千克。身体背面为黄褐色至灰褐色，腹面为白色或浅灰色，喉部较暗。冬季体毛为白色。耳尖为黑色。尾巴为白色。

分布于美国中部、西部和加拿大西南部等地。栖息于草原等地带。夜行性。以草本植物等为食。每年繁殖1-4胎。怀孕期为30-43天。每胎产1-11仔。

塔里木兔 *Lepus yarkandensis* (Yarkand hare)

隶属于兔形目兔科。体长为35-43厘米，尾长5-9厘米，体重1.4-1.6千克。头部和身体背面为沙褐色，杂以黑色细斑纹，体侧为沙黄色，腹面为白色。尾巴背面有灰褐色条斑。

分布于中国新疆塔里木盆地及附近地区。栖息于荒漠、绿洲等地带。晨昏活动。白天隐蔽在灌丛下。以芦苇嫩茎、灌木叶和细枝条等为食。每年繁殖2-3胎。每胎产3-5仔。

塔里木兔

南非灌丛穴兔

南非灌丛穴兔 *Bunolagus monticularis* (Riverine rabbit)

隶属于兔形目兔科。体重1.4-1.9千克。从颊部到耳基部有暗褐色斑纹。头部和身体背面为灰褐色，腹面为乳黄色。

分布于南非中部。栖息于山地灌丛等地带。夜行性。单独活动。以草类等为食。怀孕期为35-36天。每胎产1-2仔。

穴兔 *Oryctolagus cuniculus* (Common rabbit)

隶属于兔形目兔科。体长35-50厘米，尾长4-7厘米，体重1.5-3千克。背部体毛为棕色，腹部为黄白色。耳朵较长。眼睛很大，位于头的两侧。尾短，略呈圆形。腿肌发达而有力，前腿较短，具5趾，后腿较长，具4趾。

分布于欧洲西部、北部和非洲摩洛哥、阿尔及利亚等地。栖息于草原、森林、农田等地带。夜行性。胆子很小，性情温和。善于挖掘洞穴，也善于跳跃和奔跑。以草本植物等为食。每年产3-5胎。雌兽的怀孕期为28-33天。每胎产3-6仔。寿命为10年。

穴　兔

家　兔

家兔 *Oryctolagus cuniculus var. domesticus* (Domestic rabbit)

隶属于兔形目兔科。体长35-55厘米，尾长5厘米。体毛为白色、褐色等。耳朵较长。眼睛很大，位于头的两侧。尾短，略呈圆形。腿肌发达而有力，前腿较短，具5趾，后腿较长，具4趾，脚下的毛多而蓬松。

由野生穴兔驯化而成的家畜，世界各地均有饲养。胆子很小，性情温和。善于挖掘洞穴，也善于跳跃和奔跑。以草本植物等为食。3-5月发情交配。每胎产4-12仔。6-8个月达到性成熟。寿命为10年。

沼泽棉尾兔

沼泽棉尾兔 *Sylvilagus aquaticus*（Swamp rabbit）

隶属于兔形目兔科。体长45-55厘米，尾长5-7厘米，体重1.6-2.7千克。背部体毛为棕褐色至黑色，腹面为白色。眼周为肉桂色。

分布于美国南部和西南部一带。栖息于沼泽等地带。夜行性。以草本植物等为食。雌兽的怀孕期为37天。每胎产3仔。

荒漠棉尾兔 *Sylvilagus audduboni*（Desert cottontail）

隶属于兔形目兔科。体长37-40厘米，尾长5-6厘米，体重755-1250克。背部体毛为灰褐色，杂有黑色，腹面较浅。

分布于美国西部、西南部和墨西哥等地。栖息于荒漠、草原、灌丛等地带。夜行性。以草本植物、灌木等为食。雌兽的怀孕期为28-30天。每胎产2-4仔。

荒漠棉尾兔

粗尾棉尾兔

粗尾棉尾兔 *Sylvilagus bachmani*（Brush rabbit）

隶属于兔形目兔科。体长30-37厘米，尾长1-3厘米，体重511-917克。耳短，四肢短。背部体毛为暗灰色，腹面较浅 。

分布于美国西部、墨西哥西北部等地。栖息于灌丛等地带。夜行性。能爬树，以躲避敌害。以草本植物等为食。每年产3-4胎。每胎产3仔。

佛罗里达棉尾兔 *Sylvilagus floridanus*（Eastern cottontail）

隶属于兔形目兔科。体长40-48厘米，尾长3-6厘米，体重801-1533克。背部体毛为灰色至褐色，腹面为白色。

分布于美国东部、中部、墨西哥和中美洲等地。栖息于草原、荒漠、沼泽和森林等地带。夜行性。以草本植物等为食。每年产7胎。雌兽的怀孕期为30天。每胎产3-6仔。

佛罗里达棉尾兔

纳氏棉尾兔 *Sylvilagus nuttalli* (Nuttall's cottontail)

隶属于兔形目兔科。体长34-39厘米，尾长3-5厘米，体重629-871克。耳短而圆。背部体毛为深灰色，杂有白色，腹面为白色。

分布于美国西部、西北部、加拿大西南部等地。栖息于灌丛等地带。夜行性。以草本植物等为食。每年产5胎。雌兽的怀孕期为28-30天。每胎产4-8仔。

纳氏棉尾兔

湿地棉尾兔 *Sylvilagus palustris* (Marsh rabbit)

隶属于兔形目兔科。体长43-44厘米，尾长3-4厘米，体重1.2-2.2千克。耳短而圆。背部体毛为暗褐色，腹面较浅。

分布于美国东南部。栖息于沼泽地带。夜行性。善于游泳。以草本植物、水生植物等为食。怀孕期为30-37天。每胎产2-3仔。

湿地棉尾兔

阿山棉尾兔 *Sylvilagus transitionalis* (New England cottontail)

隶属于兔形目兔科。体长40-44厘米，尾长5-7厘米，体重995-1347克。耳短而圆。背部体毛为灰黑色，腹面较浅。

分布于美国东北部。栖息于森林等地带。夜行性。以草本植物、灌木等为食。雌兽的怀孕期为28天。每胎产3-8仔。

阿山棉尾兔

纳塔尔红兔

纳塔尔红兔 *Pronolagus crassicaudatus* (Natal red hare)

隶属于兔形目兔科。体重2.6千克。头部灰色，吻部褐色。从颊部到耳基部有白色斑纹。身体背面为红棕色，腹面为灰色，尾巴红褐色。

分布于肯尼亚、南非等地。栖息于海岸至海拔1550米的陡峭岩石山坡地带。夜行性。白天隐藏在岩洞或草丛中。集小群活动。以草类等为食。

高地红兔 *Pronolagus randensis* (Rand red hare)

隶属于兔形目兔科。体重2.3千克。颊部白色。体毛主要灰棕褐色。腹面较浅。尾巴末端黑色。

分布于赞比亚、纳米比亚、博茨瓦纳、津巴布韦、南非等地。栖息于山地岩石地带。夜行性。白天隐藏在岩洞或草丛中。单独活动。以草类等为食。全年均可繁殖。每胎产1-2仔。

高地红兔

红 兔

红兔 *Pronolagus rupestris* (Smith's red hare)

隶属于兔形目兔科。体长43-67厘米，尾长3-13厘米，体重1.3-3千克。体毛主要为红褐色，腹面较浅。尾巴短。

分布于非洲东部、东南部一带。栖息于山地岩石地带。夜行性。白天隐藏在岩洞或草丛中。单独活动。以草类等为食。每胎产1-2仔。

十七、啮齿目 RODENTIA

啮齿目动物无论种类和数量都是兽类中最多的，种数占全世界兽类总种数的40%以上。它们也是在生物演化上最为成功的一个类群，具有种类多、形态和习性多样化、体形小、性成熟早、繁殖力强、数量大、环境适应能力强、分布广的特点。在地球上的绝大多数地区都能见到，适应于森林、草原、苔原、高山、盐碱、沙漠、湿地、人类居住区等各种各样的栖息环境，可以地栖、树栖、半水栖，甚至有的种类（如鼯鼠等）还有在空中滑翔的能力。最小的种类（如巢鼠等）体重仅有几克，最大的种类（如水豚鼠等）体重可达50千克以上。主要以植物为食，但很多种类也吃昆虫及其他动物。

迄今为止所发现的最原始的啮齿目动物是出现在北美洲的古新世和始新世地层中的副鼠，它被认为能在地下挖洞，并在洞中生活。类似副鼠的啮齿类的祖先在新生代时期沿着几条路线发展，根据头骨和下颌骨上的咬肌发育程度不同，分为松鼠形类、鼠形类和豪猪形类等。我国的啮齿类化石从始新世一直到更新世的地层中都有发现。如河南、内蒙古晚古新世的豫鼠，甘肃、内蒙古渐新世的查干鼠，山西上新世的中国河狸、原鼢鼠，甘肃、河北、江苏、云南、广西等地的豪猪等。

啮齿动物的主要特征是：上、下颌均具1对特别发达的门齿，仅前面被有珐琅质，呈凿状，没有齿根，终生持续生长，必须不断地啃咬东西才能把门齿磨短。门齿与颊齿之间缺少部分门齿、前臼齿和没有犬齿，形成一个宽阔的齿隙。上门齿位置在前、下门齿位置在后，在上下颊齿咬合的时候门齿不能咬合，在咀嚼食物的时候，下颌只能前后移动、旋转，以使食物在臼齿的咀嚼面上充分研磨。嚼肌特别发达，适于啮咬坚硬的物体。足具爪，前肢可以转动。盲肠发达，但无螺旋瓣。雄兽的睾丸在非繁殖季节缩回在腹腔里，在繁殖季节才落下在阴囊中。雌兽为双角子宫。

啮齿目共有33科，即：山狸科（Aplodontidae）、松鼠科（Sciuridae）、衣囊鼠科(Geomyidae)、异鼠科(Heteromyidae)、河狸科(Castoridae)、鳞尾松鼠科(Anomaluridae)、跳兔科(Pedetidae)、鼠科(Muridae)、仓鼠科(Cricetidae)、瞎鼠科(Spalacidae)、竹鼠科(Rhizomyidae)、睡鼠科(Gliridae)、刺睡鼠科(Platacanthomyidae)、荒漠睡鼠科(Seleviniidae)、林跳鼠科(Zapodidae)、跳鼠科(Dipodidae)、豪猪科(Hystricidae)、美洲豪猪科(Erethizontidae)、豚鼠科(Caviidae)、水豚科(Hydrochoeridae)、花背豚鼠科(Dinomyidae)、毛臀刺鼠科(Dasyproctidae)、兔豚鼠科(Cuniculidae)、绒鼠科(Chinchillidae)、八齿鼠科(Octodontidae)、梳鼠科(Ctenomyidae)、华毛鼠科(Abrocomidae)、针鼠科(Echimyidae)、牛鼠科(Capromyidae)、藤鼠科(Thryonomyidae)、岩鼠科(Petromyidae)、滨鼠科(Bathyeridae)、栉趾鼠科(Ctenodactylidae)。

山河狸 *Aplodontia rufa* （Mountain beaver）

隶属于啮齿目山狸科。体长30-46厘米，尾长2-6厘米，体重806-1325克。耳小。眼小。吻部有长的白色触须。体毛主要为暗褐色。耳下有小的白色斑点。尾短。

分布于加拿大西南部、美国西北部等地。栖息于平原、山地潮湿的森林地带。夜晚活动。善于挖掘洞穴。以植物性食物为食。怀孕期为1个月。每胎产2-4仔。

山河狸

毛耳鼯鼠

毛耳鼯鼠 *Belomys pearsonii* （Hairy-footed flying squirrel）

隶属于啮齿目松鼠科。体长18-26厘米，尾长10-16厘米。身体背面体毛为红棕色，杂有灰黑色。飞膜黑棕色。腹面为浅锈色。尾巴栗棕色，尾毛蓬松。眼周有黑色眼圈。耳较小，基部有一簇长毛。

分布于中国南方、印度东北部、锡金、缅甸、泰国、中南半岛等地。栖息于热带、亚热带山地森林中。夜晚活动。善于滑翔。以植物果实、枝叶等为食。

复齿鼯鼠 *Trogopterus xanthipes* （Complex-toothed flying squirrel）

隶属于啮齿目松鼠科。体长27-30厘米，尾长26-27厘米。身体背面体毛为黄褐色或红色，眼圈赤褐色，耳簇毛长而黑。身体腹面为白色。尾灰色，末端有黑色毛。

分布于中国东北、华北、西北和西南地区。栖息于山地森林中。营巢于山洞或石隙中。夜晚活动。善于滑翔。攀爬能力很强。以植物果实、枝叶等为食。每年12月至翌年1月发情。怀孕期74-82天。每年产1胎，每胎产1-2仔。哺乳期90-120天。寿命为10年。

复齿鼯鼠

红白鼯鼠 *Petaurista alborufus* (Red and white flying squirrel)

隶属于啮齿目松鼠科。体长35-60厘米，尾长40-50厘米，体重2千克。身体背面体毛为红色，面部和身体腹面为白色。眼圈赤栗色。

分布于中国西南地区和台湾，以及印度东北部、缅甸、泰国等地。栖息于热带雨林、针阔叶混交林内。夜晚活动。居住在枯树洞中。单独活动。以树木的果实、种子、嫩芽、嫩叶等为食。每年产2胎，每胎产2仔。寿命为14年。

红白鼯鼠

灰鼯鼠 *Petaurista xanthotis* (Chinese giant flying squirrel)

隶属于啮齿目松鼠科。体长34-40厘米，尾长31-36厘米，体重730-1200克。身体背面体毛为黄褐色或黑褐色。耳壳黑褐色，背面有橙黄色斑。尾巴较长，尾毛蓬松。

分布于中国四川西部、云南北部、青海东部和甘肃等地。栖息于高山针叶林带。夜晚活动。白天在枯树洞中睡觉。以树皮和植物的果实、种子、嫩芽、嫩叶，以及昆虫等为食。每胎产2仔。

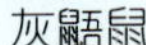

灰鼯鼠

北美飞鼠 *Glaucomys sabrinus* (Northern flying squirrel)

隶属于啮齿目松鼠科。体长15-19厘米，尾长13-15厘米，体重75-140克。身体背面为暗灰色，腹面较浅。前肢和后肢之间有皮膜。

分布于阿拉斯加、加拿大、美国东北部和西北部等地。栖息于山地森林地带。夜行性。能在树间滑翔。以植物坚果、果实、种子，以及昆虫、鸟卵和其他小动物等为食。怀孕期为37-42天。每胎产2-4仔。

北美飞鼠

美洲飞鼠

美洲飞鼠 *Glaucomys volans* (Southern flying squirrel)

隶属于啮齿目松鼠科。体长12-14厘米，尾长8-12厘米，体重46-85克。身体背面为褐色至灰褐色，腹面白色。前肢和后肢之间有皮膜。

分布于美国东南部、墨西哥、危地马拉、洪都拉斯等地。栖息于山地森林地带。夜行性。能在树间滑翔。以植物坚果、果实、种子，以及昆虫、鸟卵和其他小动物等为食。怀孕期为40天。每胎1-6仔。

岩松鼠 *Sciurotamias davidianus* (David's rock squirrel)

隶属于啮齿目松鼠科。体长20-23厘米，尾长12-14厘米，体重220-300克。身体背面为灰棕黄色，腹面为肉黄色。耳后有淡黄色或白色斑。

分布于中国华北、华中和西南地区等地。栖息于山区林缘的多岩石地带。白天活动。地栖。在岩石缝中筑窝。以树木的坚果、种子等为食。每年3-10月繁殖。每年产2胎。每胎产2-5仔。

岩松鼠

缨耳松鼠 *Sciurus aberti* (Tassel-eared squirrel)

隶属于啮齿目松鼠科。体长26-30厘米，尾长20-28厘米，体重540-971克。身体、尾巴背面为灰色，背部有大块棕色斑，腹面为白色，杂有灰色和黑色。耳长，有黑色长簇毛。

分布于美国西南部、墨西哥等地。栖息于森林地带。以植物的坚果、浆果、花、芽、种子等为食。3月中旬开始发情交配。怀孕期为40-46天。每胎产2-4仔。

缨耳松鼠

亚里桑那松鼠 *Sciurus arizonensis* (Arizona grey squirrel)

隶属于啮齿目松鼠科。体长26-27厘米，尾长20-31厘米，体重527-884克。身体、尾巴背面为灰色，杂有褐色或黑色，腹面为白色。

分布于美国西南部、墨西哥西北部等地。栖息于森林地带。以植物的坚果、浆果、花、芽、种子等为食。每胎产2-4仔。

亚里桑那松鼠

北美灰松鼠

北美灰松鼠 *Sciurus carolinensis*（Eastern grey squirrel）

隶属于啮齿目松鼠科。体长23-29厘米，尾长15-24厘米，体重338-750克。身体背面为灰色，杂有红褐色，腹面为白色。

分布于美国东部、加拿大东南部等地。栖息于森林地带。昼行性。以植物的果实、花、芽、种子、树皮，以及鸟卵、昆虫等为食。1-2月开始发情交配。怀孕期为40天。每胎产1-6仔。

纳亚里特松鼠

纳亚里特松鼠 *Sciurus nayaritensis*（Nayarit squirrel）

隶属于啮齿目松鼠科。体长26-31厘米，尾长24-30厘米，体重338-750克。身体背面为红褐色，腹面为橙黄色。

分布于墨西哥。栖息于森林地带。昼行性。以植物的果实、花、芽、种子等为食。每胎产2-3仔。

普通松鼠 *Sciurus vulgaris*（Eurasian red squirrel）

隶属于啮齿目松鼠科。体长20-24厘米，尾长18-21厘米，体重260-445克。全身体毛为黑褐色，耳尖有长而粗的黑色簇毛。四肢内侧白色。尾巴棕黑色。

分布于中国东北、华北和新疆北部，以及俄罗斯东部、蒙古和日本等地。栖息于针叶林和针阔叶混交林内。白天活动。在树洞或树杈间筑窝。行动敏捷。以树木的果实、种子、嫩芽，以及昆虫等为食。每年2-3月发情。怀孕期为35-45天。每年产2胎，每胎产3-6仔。5-8月龄达到性成熟。寿命为8-9年。

普通松鼠

黑松鼠

黑松鼠 *Sciurus niger*（Eastern fox squirrel）

隶属于啮齿目松鼠科。体长25-37厘米，尾长20-33厘米，体重696-1233克。身体背面为褐色，腹面为红棕色或橙黄色。

分布于美国东部等地。栖息于草原、旷野等地带。昼行性。以植物的果实、花、种子等为食。

道氏红松鼠 *Tamiasciurus douglasii* (Douglas squirrel)

隶属于啮齿目松鼠科。体长 17-19 厘米，尾长 10-16 厘米，体重 141-312 克。身体背面为褐灰色，中央有栗褐色条纹，腹面为灰色至橙色。

分布于美国西北部、加拿大西南部等地。栖息于森林地带。昼行性。以植物的果实、苔藓，以及鸟卵等为食。怀孕期为 38-39 天。每胎产 4-6 仔 。

道氏红松鼠

红松鼠

红松鼠 *Tamiasciurus hudsonicus* (American red squirrel)

隶属于啮齿目松鼠科。体长 18-20 厘米，尾长 10-15 厘米，体重 140-250 克。身体背面为橄榄褐红色，腹面为白色。

分布于美国西北部、东北部、加拿大和阿拉斯加等地。栖息于森林地带。昼行性。以植物的果实、真菌，以及鸟卵、小动物等为食。怀孕期为 33-35 天。每胎产 2-5 仔。

赤腹松鼠 *Callosciurus erythraeus* (Red-bellied squirrel)

隶属于啮齿目松鼠科。体长 19-24 厘米，尾长 16-22 厘米，体重 280-420 克。身体背面为橄榄黄色，腹面为栗红色或栗棕色。

分布于中国长江流域以南地区，以及印度东北部、缅甸、泰国、中南半岛和马来西亚等地。栖息于热带、亚热带森林内。白天活动。以树木的果实、种子、嫩芽，以及昆虫、鸟卵等为食。每年 3 - 10 月繁殖。每年产 2 胎，每胎产 2-5 仔。

赤腹松鼠

隐纹花松鼠

隐纹花松鼠 *Tamiops swinhoei* (Swinhoe's striped treesquirrel)

隶属于啮齿目松鼠科。体长 12-14 厘米，尾长 7-11 厘米，体重 66-90 克。身体背部有明暗相间的条纹 7 条，最外侧的条纹色泽明亮。腹面为淡黄色。

分布于中国黄河流域以南地区，以及中南半岛、缅甸等地。栖息于亚热带森林内。白天活动。在树洞中筑窝。以树木的果实、种子、嫩叶，以及昆虫等为食。每年 3-10 月繁殖。每年产 2 胎，每胎产 1-5 仔。

珀氏长吻松鼠

珀氏长吻松鼠 *Dremomya pernyi* (Perny's long-nosed squirrel)

隶属于啮齿目松鼠科。体长17-20厘米，尾长14-17厘米，体重160-210克。吻部长而尖。身体背部为橄榄黄色，腹面为白色。耳后具白色斑。

分布于中国西南、华南、东南地区，以及印度东南部、缅甸等地。栖息于热带、亚热带森林内。树栖，也在地面活动。主要在晨昏活动。在树洞中筑窝。以植物果实、昆虫等为食。每年3-10月繁殖。每胎产2-6仔。

两色巨松鼠 *Ratufa bicolor* (Pallid giant squirrel)

隶属于啮齿目松鼠科。体长为27-46厘米，尾长为36-51厘米，体重为1.3-2.3千克。头小而短圆，耳壳显著并长有蓬松的短簇毛，尾毛蓬松而圆。背部、四肢的外侧和整个尾巴都是乌黑色，从下颌到鼠蹊部以及四肢的内侧为橙黄色。脸上的颊部有淡黄色白斑，眼眶为黑色，颊部向鼻梁经上唇须延伸出一条黑带，下唇具2块小黑斑点。前足宽。爪短而坚硬，弯曲锐利。

分布于印度东北部、尼泊尔、中南半岛、马来西亚、印度尼西亚的爪哇、苏门答腊和中国云南、广西、海南等地。栖息于热带、亚热带湿性季雨林中。树栖。营巢居生活，善于在高大树上筑巢。单独或成对活动。昼行性。行动敏捷，跳跃能力很强。以树木的果实、嫩芽和花等为食。冬季发情交配。怀孕期为28-35天，每胎产1-2仔。寿命为20年以上。

两色巨松鼠

印度巨松鼠

印度巨松鼠 *Ratufa indica* (Indian giant squirrel)

隶属于啮齿目松鼠科。体长为31-45厘米，尾长37-51厘米，体重为2-3千克。头小而短圆。背部、四肢的外侧和整个尾巴都是棕褐色，颈部白色。从下颌到鼠蹊部以及四肢的内侧为白色。尾毛蓬松。

分布于印度西部、南部一带。栖息于森林地带。树栖。善于在高大树上奔跑。以树木果实等为食。

南非红松鼠

南非红松鼠 *Paraxerus palliatus* (Red squirrel)

隶属于啮齿目松鼠科。体重368克。身体背面为褐色，腹面为红褐色。尾长，为红褐色。

分布于索马里、津巴布韦、莫桑比克等地。栖息于平原、山区林地中。昼行性。以植物果实、种子、花、叶，以及昆虫等为食。怀孕期为60-65天。每胎产1-2仔。

丛林松鼠 *Paraxerus cepapi* (Smith's bush squirrel)

隶属于啮齿目松鼠科。体长17厘米，尾长18厘米，体重200克。颊部白色、黄色或皮黄色。身体背面为褐色，腹面为白色。尾长，有2-3个黑色环纹 。

分布于非洲东部、南部和东南部一带。栖息于稀树草原等地带。昼行性。以植物果实、种子、叶，以及昆虫等为食。怀孕期为56天。每胎产1-3仔。

丛林松鼠

库氏非洲松鼠

库氏非洲松鼠 *Funisciurus congicus* (Kuhl's tree squirrel)

隶属于啮齿目松鼠科。体长31厘米，尾长33厘米，体重110克。身体背面为黄褐色，侧面有白色纵条纹。腹面为白色。尾长。

分布于扎伊尔、安哥拉、纳米比亚等地。栖息于山区林地中。昼行性。集小群活动。以植物果实、种子、叶，以及昆虫等为食。每胎产2仔。一般在10月至翌年3月出生。

赤道地松鼠 *Xerus erythropus* (Geoffroy's ground squirrel)

隶属于啮齿目松鼠科。体长22-40厘米，尾长18-30厘米，体重0.5-1千克。耳小。体毛为灰色至红褐色。腹面较浅。尾长，为黑色和白色相杂。

分布于非洲从肯尼亚至塞内加尔一带。栖息于半干旱、干旱地区多岩石的旷野地带。昼行性。集小群活动。地栖。以植物为食，也吃昆虫等。怀孕期为45天。每胎产1-3仔。

赤道地松鼠

南非地松鼠 *Xerus inauris* (Cape ground squirrel)

隶属于啮齿目松鼠科。体长45厘米，体重1千克。身体背面为肉桂色，侧面有白色纵条纹。腹面为白色。尾长，有2条黑色斑纹。

分布于南非、纳米比亚等地。栖息于平原草地等地带。昼行性。集小群活动。地栖。以植物为食。每胎产2-6仔。6个月达到性成熟。

南非地松鼠

西南非地松鼠

西南非地松鼠 *Xerus princeps* (Kaokoveld ground squirrel)

隶属于啮齿目松鼠科。体重1.4千克。身体背面为茶黄色，侧面有白色纵条纹。腹面为白色。尾长，有3条黑色斑纹。

分布于南非西北部、纳米比亚、安哥拉等地。栖息于山区。昼行性。地栖。以植物为食。怀孕期为48天。每胎产3仔。

东非地松鼠 *Xerus rutilus* (Unstriped ground squirrel)

隶属于啮齿目松鼠科。体长22-40厘米，尾长18-30厘米，体重0.5-1千克。耳小。体毛为灰色至红褐色。腹面较浅。尾长，为黑色和白色相杂。

分布于非洲索马里、苏丹、埃塞俄比亚、肯尼亚等地。栖息于半干旱、干旱地区多岩石的旷野地带。昼行性。集小群活动。地栖。以植物为食，也吃昆虫等。怀孕期为45天。每胎产1-3仔。

东非地松鼠

高山花鼠

高山花鼠 *Tamias alpinus* (Alpine chipmunk)

隶属于啮齿目松鼠科。体长10-11厘米，尾长6-8厘米，体重28-46克。头顶、贯眼纹褐色。背面体毛茶黄色，有5条黑色、4条白色纵条纹相间排列。腹面橙黄色。尾巴末端黑色。

分布于美国西部一带。栖息于高山草甸、裸岩地带。善于爬树和挖掘洞穴。以杂草种子、鸟卵等为食。

灰领花鼠 *Tamias cinereicollis* (Grey-collared chipmunk)

隶属于啮齿目松鼠科。体长12-13厘米，尾长9-11厘米，体重55-70克。头顶、贯眼纹褐色。颊部灰色。背面体毛为浅灰色，有5条黑色或褐色、4条白色纵条纹相间排列。腹面灰黄色。

分布于美国西南部等地。栖息于山地森林地带。善于爬树和挖洞。以植物果实、种子等为食，偶尔也吃昆虫等。怀孕期为30天。每胎产4-6仔。一般在6月生产。

灰领花鼠

崖花鼠 *Tamias dorsalis* (Cliff clipmunk)

隶属于啮齿目松鼠科。体长12-13厘米，尾长8-11厘米，体重55-67克。头顶、贯眼纹褐色。背面体毛烟灰色，有5条黑色、4条白色纵条纹相间排列。体侧为肉桂色或褐色。腹面乳白色。

分布于美国西南部、墨西哥北部等地。栖息于森林地带。善于爬树和挖洞。以植物果实、种子等为食。每年3月发情交配。怀孕期为30天。每胎产5-6仔。

崖花鼠

米氏花鼠 *Tamias merriami* (Merriam's chipmunk)

隶属于啮齿目松鼠科。体长14厘米，尾长10-12厘米，体重70-80克。头顶、贯眼纹褐色。背面体毛主要为灰色，有5条黑色、4条白色纵条纹相间排列。体侧为肉桂色或褐色。腹面乳白色。

分布于美国西南部等地。栖息于山地森林地带。善于爬树和挖洞。以植物果实、种子等为食。

崖花鼠

黄松花鼠

黄松花鼠 *Tamias amoenus* (Yellow-pine chipmunk)

隶属于啮齿目松鼠科。体长18-25厘米，尾长7-10厘米，体重30-73克。头顶、贯眼纹褐色。耳的前面为黑色，后面为白色。背面体毛茶黄色，有5条黑色、4条白色纵条纹相间排列。腹面灰黄色。

分布于美国西北部、加拿大西南部等地。栖息于森林、灌丛地带。善于爬树和在地面上挖掘洞穴。洞穴一般只有一个洞口，深度为18-54厘米，长度为45-90厘米。以树木果实等为食，偶尔也吃昆虫等。每年4-5月发情交配。每胎产4-7仔。

小花鼠

小花鼠 *Tamias minimus*（Least chipmunk）

隶属于啮齿目松鼠科。体长10-11厘米，尾长8-11厘米，体重32-50克。头顶、贯眼纹褐色。背面体毛烟灰色，有5条黑色、4条白色纵条纹相间排列。体侧为灰褐色或红褐色。腹面乳白色。

分布于美国西部和北部、加拿大等地。栖息于森林地带。善于爬树和挖洞。以植物果实、种子等为食，也吃昆虫、鸟卵等。怀孕期为28-30天。每胎产3-8仔。

暗色花鼠 *Tamias obscurus*（California chipmunk）

隶属于啮齿目松鼠科。体长13厘米，尾长7-12厘米，体重60-84克。头顶、贯眼纹褐色。背面体毛主要为灰色，有5条黑色、4条白色纵条纹相间排列。体侧为灰褐色或红褐色。腹面乳白色。

分布于美国西南部、墨西哥西北部等地。栖息于山地森林地带。善于爬树和挖洞。以植物果实、种子等为食。

暗色花鼠

帕氏花鼠

帕氏花鼠 *Tamias palmeri*（Palmer's chipmunk）

隶属于啮齿目松鼠科。体长12-13厘米，尾长9-10厘米，体重50-69克。头顶、贯眼纹褐色。背面体毛主要为灰色，有5条黑色、4条白色纵条纹相间排列。体侧为肉桂色。腹面乳白色。

分布于美国西南部。栖息于森林地带。善于爬树和挖洞。以植物果实、种子等为食，也吃昆虫等。怀孕期为33天。每胎产3-4仔。

长耳花鼠 *Tamias quadrimaculatus*（Long-eared chipmunk）

隶属于啮齿目松鼠科。体长13-14厘米，尾长9-10厘米，体重74-105克。耳长。耳后有白斑。头顶、贯眼纹褐色。背面体毛主要为红褐色，有5条黑色、4条白色纵条纹相间排列。腹面乳白色。尾巴黑褐色。

分布于美国西南部。栖息于森林地带。善于爬树和挖洞。以植物果实、种子等为食，也吃昆虫等。4-5月发情交配。怀孕期为1个月。每胎产5仔。一般在5-7月生产。

长耳花鼠

四纹花鼠 *Tamias quadrivittatus* (Colorado chipmunk)

隶属于啮齿目松鼠科。体长12-13厘米，尾长8-12厘米，体重54-80克。头顶灰色。贯眼纹褐色。背面体毛主要为灰色，有5条黑色、4条白色纵条纹相间排列。腹面乳白色。尾巴黑褐色。

分布于美国西南部。栖息于森林地带。善于爬树和挖洞。以植物果实、种子等为食，也吃昆虫、鸟卵等。怀孕期为1个月。

四纹花鼠

红尾花鼠

红尾花鼠 *Tamias ruficaudus* (Red-tailed chipmunk)

隶属于啮齿目松鼠科。体长12-13厘米，尾长10-12厘米，体重53-62克。头顶灰黄色。贯眼纹褐色。背面体毛主要为红褐色，有5条黑色、4条白色纵条纹相间排列。腹面乳白色。尾巴红色。

分布于美国西北部、加拿大西南部一带。栖息于森林地带。善于爬树和挖洞。以植物果实、种子等为食，也吃昆虫、鸟卵等。怀孕期为31天。每胎产4-6仔。一般在5-7月生产。

垂花鼠 *Tamias senex* (Allen's chipmunk)

隶属于啮齿目松鼠科。体长13-16厘米，尾长9-12厘米，体重90-120克。头顶肉桂色。贯眼纹褐色。背面体毛主要为橙红色，有5条黑色、4条白色纵条纹相间排列。腹面乳白色。尾巴黑褐色。

分布于美国西部一带。栖息于森林地带。善于爬树和挖洞。以植物果实、种子等为食。怀孕期为28天。每胎产4仔。一般在5-6月生产。

垂花鼠

花 鼠

花鼠 *Tamias sibiricus* (Siberian chipmunk)

隶属于啮齿目松鼠科。体长15-17厘米，尾长10-12厘米，体重100克。头顶棕黑色。身体背面有5条黑色纵条纹，臀部逐渐呈锈红色。腹面为浅肉黄色。

分布于中国东北、华北，以及俄罗斯东部、蒙古和朝鲜等地。栖息于山区和平原的森林、灌丛等地。白天活动。行动敏捷。以树木的果实、种子、嫩芽和树叶等为食。每年4月发情。怀孕期为35-40天。每年产1胎，每胎产3-6仔。10月龄达到性成熟。

索诺马花鼠

索诺马花鼠 *Tamias sonomae*（Sonoma chipmunk）

隶属于啮齿目松鼠科。体长12-14厘米，尾长10-13厘米，体重63-77克。头顶、贯眼纹褐色。背面体毛主要为橙红色，有5条黑色、4条白色纵条纹相间排列。腹面乳白色。尾巴为黑褐色与红褐色相杂。

分布于美国西部一带。栖息于森林地带。善于爬树和挖洞。以植物果实、种子等为食。每胎产3-5仔。

俄勒冈花鼠 *Tamias siskiyou*（Sisikiyou）

隶属于啮齿目松鼠科。体长15厘米，尾长10-12厘米，体重65-85克。头顶灰褐色。贯眼纹褐色。背面体毛主要为橙黄色，有5条黑色、4条白色纵条纹相间排列。腹面乳白色。尾巴黑褐色。

分布于美国西北部一带。栖息于森林地带。善于爬树和挖洞。以植物果实、种子等为食。每胎产4-6仔。

俄勒冈花鼠

倩花鼠

倩花鼠 *Tamias speciosus*（Lodgepole chipmunk)）

隶属于啮齿目松鼠科。体长12厘米，尾长7-10厘米，体重50-70克。头顶灰色。贯眼纹褐色。背面体毛主要为灰色，有5条黑色、4条白色纵条纹相间排列。腹面乳白色。尾巴末端为黑色。

分布于美国西部一带。栖息于森林地带。善于爬树和挖洞。以植物果实、种子等为食。5月发情交配。怀孕期为1个月。

东美花鼠 *Tamias striatus*（Eastern chipmunk）

隶属于啮齿目松鼠科。体长14-17厘米，尾长8-12厘米，体重80-150克。头顶灰色。贯眼纹褐色。背面体毛主要为橙色或褐色，有5条黑色、4条白色纵条纹相间排列。腹面乳白色。

分布于加拿大东南部、美国东部一带。栖息于森林地带。善于爬树和挖洞。以植物果实、种子等为食。怀孕期为1个月。每胎产4-5仔。

东美花鼠

西岸花鼠

西岸花鼠 *Tamias townsendii*（Townsend's chipmunk）

隶属于啮齿目松鼠科。体长14-16厘米，尾长10-12厘米，体重90-118克。头顶、贯眼纹褐色。背面体毛主要为暗褐色，有5条黑色、4条白色纵条纹相间排列。腹面乳白色。

分布于加拿大西南部、美国西北部一带。栖息于森林地带。善于爬树和挖洞。以植物果实、种子等为食。每胎产4仔。

犹他花鼠 *Tamias umbrinus*（Uinta chipmunk）

隶属于啮齿目松鼠科。体长12-13厘米，尾长8-12厘米，体重51-74克。头顶灰色。贯眼纹褐色。背面体毛主要为褐色，有5条黑色、4条白色纵条纹相间排列。腹面乳白色。

分布于美国西部一带。栖息于森林地带。善于爬树和挖洞。以植物果实、种子等为食。怀孕期为1个月。

犹他花鼠

花白旱獭

花白旱獭 *Marmota caligata*（Hoary marmot）

隶属于啮齿目松鼠科。体长46-60厘米，尾长17-25厘米，体重5-6千克。身体长大而肥壮，头部短而阔。颈部粗短，耳朵短小。体毛主要为灰色和白色。

分布于阿拉斯加、加拿大西部和美国西北部等地。栖息于草甸、草原等地带。家族群居生活。善于挖掘洞穴。白昼活动。以草本植物为食。每胎产2-4仔。

长尾旱獭 *Marmota caudata*（Long-tailed marmot）

隶属于啮齿目松鼠科。体长47-53厘米，尾长15-20厘米，体重3-7千克。身体主要为锈红色或赭黄色。尾巴末端为黑色。

分布于中国新疆、克什米尔、阿富汗、蒙古和亚洲中部等地。栖息于高山草甸、高山裸岩和寒漠边缘地带。家族群居生活。白昼活动。以草类的茎叶、种子，以及昆虫等为食。怀孕期为30-32天。每胎产4-5仔。2岁达到性成熟。

长尾旱獭

黄腹旱獭 *Marmota flaviventris*（Yellow-bellied marmot）

隶属于啮齿目松鼠科。体长34-48厘米，尾长13-22厘米，体重1.6-5.2千克。身体长大而肥壮，头部短而阔。颈部粗短，耳朵短小。体毛主要为灰色。颈侧、腹部为黄色。

分布于加拿大西南部、美国西部等地。栖息于草甸、草原等地带。家族群居生活。善于挖掘洞穴。白昼活动。以草本植物为食。怀孕期为1个月。每胎产3-8仔。

黄腹旱獭

喜马拉雅旱獭

喜马拉雅旱獭 *Marmota himalayana*（Himalayan marmot）

隶属于啮齿目松鼠科。体长50-60厘米，尾长10-12厘米，体重3.5-9千克。身体长大而肥壮。颈部又粗又短，耳朵短小。尾短而稍扁平。四肢短而粗壮。自鼻端经两眼眉间到两耳前方之间有一个近似于三角形的黑色毛区。嘴的四周为黄白色。身体的背部为深褐色或草黄色。背部有不规则的黑色细斑纹。腹面呈灰黄色。尾巴末端呈褐黑色。

分布于印度、尼泊尔、锡金、克什米尔和中国的西藏、甘肃等地。栖息于海拔2500-5200米之间的高山草甸草原地带。家族群居生活。善于挖掘洞穴。白昼活动。以草本植物为食，偶而也取食昆虫和小型啮齿动物。雌兽的怀孕期约为35天左右，每胎产1-9仔。3岁时达到性成熟，寿命为9年左右。

旱獭 *Marmota marmota*（Alpine marmot）

隶属于啮齿目松鼠科。体长45-58厘米，尾长14-20厘米，体重3-5.8千克。身体长大而肥壮。耳朵短小。尾短而稍扁平。四肢短而粗壮。嘴的四周为淡黄色。身体的背部为棕黄色，有褐色斑。腹面呈浅灰黄色。

分布于欧洲东部、中部、俄罗斯和中国新疆等地。栖息于草原等地带。家族群居生活。善于挖掘洞穴。白昼活动。以草本植物为食。

旱 獭

白尾草原犬鼠

白尾草原犬鼠 *Cynomys leucurus* (White-tailed prairie dog)

隶属于啮齿目松鼠科。体长28-32厘米，尾长4-7厘米，体重705-1675克。身体长大而肥壮，头部短而阔。颈部粗短，耳朵短小。体毛主要为灰褐色。颈侧、腹部为沙黄色。尾巴末端为白色。

分布于美国中西部、墨西哥北部等地。栖息于草原等地带。家族群居生活。善于挖掘洞穴。白昼活动。以草本植物为食。雌兽的怀孕期为30天。

犹他草原犬鼠 *Cynomys parvidens* (Utah prairie dog)

隶属于啮齿目松鼠科。体长24-31厘米，尾长5-6厘米，体重410-1250克。身体长大而肥壮，头部短而阔。颈部粗短，耳朵短小。体毛主要为红褐色至肉桂色。腹部为灰黄色。尾巴末端为白色。

分布于美国中西部。栖息于草原等地带。家族群居生活。善于挖掘洞穴。白昼活动。以草本植物为食。每胎产3-6仔。

犹他草原犬鼠

黑尾草原犬鼠

黑尾草原犬鼠 *Cynomys ludovicianus* (Black-tailed prairie dog)

隶属于啮齿目松鼠科。体长28-33厘米，尾长6-10厘米，体重575-1490克。身体长大而肥壮，头部短而阔。颈部粗短，耳朵短小。体毛主要为灰褐色。腹部为灰黄色。尾巴末端为黑色。

分布于美国中西部、墨西哥北部等地。栖息于草原等地带。家族群居生活。善于挖掘洞穴。白昼活动。以草本植物为食。每胎产2-3仔。

洛基山黄鼠 *Spermophilus armatus* (Uinta ground squirrel)

隶属于啮齿目松鼠科。体长23-24厘米，尾长4-8厘米，体重250-600克。眼上有白色细斑纹。头部、颈部和尾巴下面为灰色。身体背面为灰色或褐色。腹面为灰白色或皮黄色。

分布于美国西部一带。栖息于山区草甸地带。昼行性。地栖。善于挖掘洞穴。以草类、植物种子等为食。雌兽的怀孕期为23天。每胎产5-6仔。

洛基山黄鼠

加州黄鼠 *Spermophilus beecheyi*（California ground squirrel）

隶属于啮齿目松鼠科。体长21-27厘米，尾长15-23厘米，体重350-885克。眼上有白色细斑纹。身体背面为褐色。颈部、肩部有灰色斑纹。腹面为浅灰色。

分布于美国西部、墨西哥西北部等地。栖息于农田、草地等地带。昼行性。地栖。善于挖掘洞穴。以草类、植物种子、浆果等为食，也吃鸟卵。怀孕期为30天。每胎产5-6仔。

加州黄鼠

拜氏黄鼠

拜氏黄鼠 *Spermophilus beldingi*（Belding's ground squirrel）

隶属于啮齿目松鼠科。体长21-24厘米，尾长6-8厘米，体重230-450克。身体背面为灰色，染有粉红色，背部有褐色条纹。尾巴下面为红色，末端黑色。

分布于美国西部。栖息于农田、草甸等地带。昼行性。地栖。善于挖洞。以草类、植物种子等为食。雌兽的怀孕期为23-25天。每胎产3-8仔。

爱达荷黄鼠 *Spermophilus brunneus*（Idaho ground squirrel）

隶属于啮齿目松鼠科。体长17-20厘米，尾长4-6厘米，体重120-290克。身体背面为暗褐色，杂有白色，吻部、四肢和尾巴下面为锈红色。

分布于美国西北部。栖息于草甸等地带。昼行性。地栖。善于挖掘洞穴。以草类、植物种子、花等为食。每胎产2-10仔。

爱达荷黄鼠

黄 鼠

黄鼠 *Spermophilus citellus*（European souslik）

隶属于啮齿目松鼠科。体长16-23厘米，尾长4-8厘米，体重154-264克。身体背面为沙黄色，杂有黑褐色，腹面较浅。尾巴上面中央黑色，边缘黄色。眼周具白圈。

分布于欧洲中部和东部、亚洲中部和西部、蒙古和中国西北、华北、东北等地。栖息于草原等地带。昼行性。地栖。善于挖掘洞穴。以植物性食物为食。4月开始发情交配。雌兽的怀孕期为1个月。每胎产1-9仔。

哥伦比亚黄鼠 *Spermophilus columbianus*（Columbian ground squirrel）

隶属于啮齿目松鼠科。体长17-29厘米，尾长8-12厘米，体重340-812克。身体背面为灰色，杂有黑色，脸部、腹部和四肢为红褐色。

分布于美国西北部、加拿大西南部。栖息于草甸等地带。昼行性。地栖。善于挖掘洞穴。以草类、植物种子、花、果实等为食，偶尔也吃昆虫等。

哥伦比亚黄鼠

达乌尔黄鼠 *Spermophilus dauricus*（Daurian ground squirrel）

隶属于啮齿目松鼠科。体长16-23厘米，尾长6-8厘米，体重160-230克。身体背面为深黄色，体侧和前肢外侧为沙黄色。

分布于中国东北、华北等地。栖息于干旱的草原地带。单独活动。昼行性。地栖。善于挖掘洞穴。有冬眠习性。以草类、种子，以及昆虫等为食。4月发情交配。雌兽的怀孕期为28天。每胎产5-6仔。寿命为7年。

达乌尔黄鼠

华丽黄鼠 *Spermophilus elegans*（Wyoming ground squirrel）

隶属于啮齿目松鼠科。体长19-23厘米，尾长6-8厘米，体重286-411克。身体背面为灰褐色，脸部、腹部和四肢为红褐色。

分布于美国西北部。栖息于草甸等地带。昼行性。地栖。善于挖掘洞穴。以草类等为食。雌兽的怀孕期为22-23天。每胎产6仔。

华丽黄鼠

赤颊黄鼠 *Spermophilus erythrogenys*（Red-cheeked ground squirrel）

隶属于啮齿目松鼠科。体长18-25厘米，尾长3-5厘米，体重210-500克。身体背面为灰黄色或沙黄褐色，有黄白色波状斑纹。耳前及两颊为棕黄色。

分布于中国新疆和亚洲中部一带。栖息于低山、丘陵草原、荒漠地带。昼行性。善于挖掘洞穴。有冬眠习性。以草类、植物块根、种子，以及昆虫等为食。雌兽的怀孕期为25-28天。每胎产3-11仔。

赤颊黄鼠

弗氏黄鼠

弗氏黄鼠 *Spermophilus franklinii* (Franklin's ground squirrel)

隶属于啮齿目松鼠科。体长24-25厘米，尾长12-16厘米，体重340-950克。耳短。头部、颈部和尾巴为灰色。眼圈白色。身体背面为灰褐色，腹面为灰白色。

分布于美国中北部，加拿大南部一带。栖息于草地上。昼行性。地栖。善于挖掘洞穴。以草类、植物果实、种子等为食。雌兽的怀孕期为26-28天。每胎产2-13仔。

金背黄鼠 *Spermophilus lateralis* (Golden mantled ground squirrel)

隶属于啮齿目松鼠科。体长18-20厘米，尾长7-12厘米，体重175-350克。身体背面为灰褐色，背部两侧各有一条白色宽条纹和两条黑色宽条纹，腹面为灰白色。颈部、尾巴下面为棕红色。

分布于美国西部，加拿大西南部一带。栖息于林缘、灌丛、草地和岩石山坡等地带。昼行性。单独活动。地栖。善于挖掘洞穴。以草类、植物叶、花、果实、种子，以及鸟卵、小动物等为食。雌兽的怀孕期为28天。每胎产2-8仔。

金背黄鼠

墨西哥黄鼠

墨西哥黄鼠 *Spermophilus mexicanus* (Mexican ground squirrel)

隶属于啮齿目松鼠科。体长17-21厘米，尾长11-17厘米，体重137-330克。身体背面为褐色，有9列白色斑点，腹面为白色至皮黄色。

分布于美国南部、墨西哥等地。栖息于草地上。昼行性。地栖。善于挖掘洞穴。以草类、植物种子等为食。雌兽的怀孕期为28天。每胎产4-6仔。

莫哈维黄鼠 *Spermophilus mohavensis* (Mohave ground squirrel)

隶属于啮齿目松鼠科。体长15-16厘米，尾长6-7厘米，体重70-300克。身体背面为浅褐色，有9列白色斑点，腹面为白色。四肢染有粉红色或肉桂色。

分布于美国西南部。栖息于荒漠、草地等环境。昼行性。地栖。善于挖掘洞穴。以草类、植物种子等为食。雌兽的怀孕期为30天。每胎产4-9仔。

莫哈维黄鼠

瑞氏黄鼠

瑞氏黄鼠 *Spermophilus richardsonii* (Richardson's ground squirrel)

隶属于啮齿目松鼠科。体长20-25厘米，尾长6-9厘米，体重120-745克。吻部上方有红褐色斑。身体背面为灰褐色，腹面为土黄色。

分布于美国北部、加拿大南部等地。栖息于草地等环境。昼行性。地栖。善于挖掘洞穴。以草类、植物种子等为食。雌兽的怀孕期为23天。

丽色黄鼠 *Spermophilus saturatus* (Cascade golden mantled ground squirrel)

隶属于啮齿目松鼠科。体长20-21厘米，尾长9-12厘米，体重200-300克。头部、肩部锈红色。身体背面为灰褐色，侧面有白色和黑色的宽条纹，腹面为皮黄色。

分布于美国西北部、加拿大西南部。栖息于森林、草地等环境。昼行性。地栖。善于挖掘洞穴。以草类、植物种子等为食。雌兽的怀孕期为28天。每胎产1-5仔。

丽色黄鼠

缀黄鼠

缀黄鼠 *Spermophilus spilosoma* (Spotted ground squirrel)

隶属于啮齿目松鼠科。体长13-16厘米，尾长6-9厘米，体重100-200克。身体背面为褐色，腹面为灰白色。

分布于美国西南部、墨西哥北部。栖息于荒漠、草地等环境。昼行性。地栖。善挖洞。以草类、植物种子，以及昆虫等小动物为食。怀孕期为28天。每胎产5-8仔。

圆尾黄鼠 *Spermophilus tereticaudus* (Round-tailed ground squirrel)

隶属于啮齿目松鼠科。体长14-17厘米，尾长6-11厘米，体重110-170克。头侧为白色或灰色。身体背面为褐色或肉桂色，腹面为白色。

分布于美国西南部、墨西哥西北部。栖息于荒漠地带。昼行性。地栖。善挖洞。以草类、植物种子、叶、芽，以及小动物等为食。怀孕期为25-35天。每胎产1-12仔。

圆尾黄鼠

汤氏黄鼠 *Spermophilus townsendii* (Townsend's ground squirrel)

隶属于啮齿目松鼠科。体长16-18厘米，尾长4-5厘米，体重125-174克。头侧为白色。身体背面为灰褐色，腹面为白色。

分布于美国西北部。栖息于荒漠地带。昼行性。地栖。善挖洞。以草类、植物种子，以及昆虫等为食。每胎产4-16仔。

汤氏黄鼠

多纹黄鼠

多纹黄鼠 *Spermophilus tridecemlineatus* (Thirteen-lined ground squirrel)

隶属于啮齿目松鼠科。体长11-18厘米，尾长6-13厘米，体重110-140克。身体背面为浅灰褐色，背部有13条深浅相间的纵条纹，以及许多白色斑点。腹面为灰白色。

分布于美国中部、加拿大南部。栖息于草原地带。昼行性。地栖。善挖洞。以草类、植物种子，以及昆虫等为食。怀孕期为27-28天。每胎产6-13仔 。

长尾黄鼠 *Spermophilus undulatus* (Long-tailed suslik)

隶属于啮齿目松鼠科。体长22-28厘米，尾长9-14厘米，体重250-580克。身体背面为黄褐色，有不明显、不规则的斑点状条纹，臀部条纹较为明显。

分布于中国新疆、亚洲中部、蒙古和俄罗斯中部等地。栖息于山地草原、高山草甸等地带。昼行性。善挖洞。有冬眠习性。以草类的茎叶等为食。怀孕期为30天。每胎产3-11仔。

长尾黄鼠

岩黄鼠

岩黄鼠 *Spermophilus variegatus* (Rock squirrel)

隶属于啮齿目松鼠科。体长27-28厘米，尾长19-23厘米，体重450-875克。身体背面为灰褐色，腹面为灰白色。

分布于美国中部、加拿大南部。栖息于多岩石的山坡地带。昼行性。地栖。善挖洞。以草类、植物种子、果实、芽，以及昆虫等为食。每胎产1-7仔。

华盛顿黄鼠 *Spermophilus washingtoni* (Washington ground squirrel)

隶属于啮齿目松鼠科。体长15-19厘米，尾长3-7厘米，体重120-300克。耳小。身体背面为灰褐色，有许多白色斑点，腹面为灰白色。

分布于美国西北部。栖息于森林、草原等地带。昼行性。地栖。善挖洞。以草类、植物种子、果实、芽、花，以及昆虫等为食。每胎产5-11仔。

华盛顿黄鼠

白尾羚松鼠 *Ammospermophilus leucurus* (White-tailed antelope squirrel)

隶属于啮齿目松鼠科。体长14-15厘米，尾长4-9厘米，体重96-117克。眼上有白色细斑纹。身体背面为浅褐色，体侧有白色纵纹。腹面为白色。尾巴下面为白色。

分布于美国西南部、墨西哥西北部等地。栖息于荒漠地带。晨昏活动。地栖。善挖洞。以植物种子，以及昆虫、小型鼠类等为食。怀孕期为1个月。每胎产5-14仔。

白尾羚松鼠

尼氏羚松鼠 *Ammospermophilus nelsoni* (Nelson's antelope squirrel)

隶属于啮齿目松鼠科。体长17-19厘米，尾长7-8厘米，体重142-179克。眼周有白色细斑纹。身体背面为黄褐色，体侧后部有白色纵纹。腹面为白色。

分布于美国西南部一带。栖息于旷野地带。晨昏活动。地栖。善挖洞。以植物种子，以及小型鼠类、蜥蜴等为食。怀孕期为26天。每胎产6-11仔。一般在3-4月生产。

尼氏羚松鼠

平原囊鼠

平原囊鼠 *Geomys bursarius* (Plains pocket gopher)

隶属于啮齿目衣囊鼠科。体长17-21厘米，尾长6-12厘米，体重120-250克。身体背面为浅褐色、浓褐色至黑色，腹面为灰色至皮黄色。

分布于美国中部一带。栖息于草原、农田等地带。单独活动。地栖。善挖洞。以植物根、块茎、叶等为食。每年产1-2胎。每胎产1-8仔。

博塔囊鼠

博塔囊鼠 *Thomomys bottae* (Botta's poeket gopher)

隶属于啮齿目衣囊鼠科。体长11-19厘米，尾长6-9厘米，体重80-250克。身体背面为黑褐色、红褐色、浅灰色至近白色，腹面较浅，喉部有白斑。

分布于美国西南部、墨西哥等地。栖息于草原、荒漠等地带。地栖。善挖洞。以植物根、块茎、叶等为食。怀孕期为19-21天。每胎产4-10仔。

俄勒冈囊鼠 *Thomomys bulbivorus* (Camas pocket gopher)

隶属于啮齿目衣囊鼠科。体长18-21厘米，尾长9厘米，体重344-457克。身体背面为暗褐色，鼻部黑色，腹面灰褐色，喉部有白斑。

分布于美国西北部。栖息于农田等地带。单独活动。地栖。善挖洞。以植物根、果实等为食。每胎产4-9仔。

俄勒冈囊鼠

西岸囊鼠

西岸囊鼠 *Thomomys mazama* (Western pocket gopher)

隶属于啮齿目衣囊鼠科。体长14-15厘米，尾长5-8厘米，体重75-125克。身体背面为暗红褐色，耳朵下面黑色，腹面灰色至皮黄色。

分布于美国西北部。栖息于高山草甸等地带。单独活动。地栖。善挖洞。以植物根、芽等为食。

山囊鼠 *Thomomys monticola* (Mountain pocket gopher)

隶属于啮齿目衣囊鼠科。体长14-15厘米，尾长5-8厘米，体重75-125克。身体背面为暗红褐色，耳朵下面黑色，腹面灰色至皮黄色。

分布于美国西北部。栖息于高山草甸、草原、岩石山坡等地带。单独活动。地栖。善挖洞。以植物根等为食。每胎产3-4仔。

山囊鼠

北囊鼠

北囊鼠 *Thomomys talpoides* (Northern pocket gopher)

隶属于啮齿目衣囊鼠科。体长13-18厘米，尾长4-8厘米，体重60-160克。身体背面为褐色、灰褐色至黄褐色，腹面灰白色。

分布于美国西北部、加拿大西南部等地。栖息于高山草甸、苔原、农田、森林等地带。单独活动。地栖。善挖洞。以植物根、叶等为食。怀孕期为18-20天。每胎产4-7仔。

内华达囊鼠 *Thomomys townsendii* (Townsend's pocket gopher)

隶属于啮齿目衣囊鼠科。体长18-21厘米，尾长6-10厘米，体重122-417克。身体背面为浅灰色、肉桂色至暗褐色，鼻部乌黑色、灰色至暗褐色，腹面较浅。

分布于美国西部。栖息于山谷草地等地带。单独活动。地栖。善挖洞。以植物根、果实等为食。每胎产3-7仔。

内华达囊鼠

黄面囊鼠

黄面囊鼠 *Pappogeomys castanops* (Yellow-faced pocket gopher)

隶属于啮齿目衣囊鼠科。体长16-22厘米，尾长6-10厘米，体重225-410克。身体背面为皮黄色至红褐色，腹面白色至橙黄色。

分布于美国南部、墨西哥北部等地。栖息于草地、农田等地带。单独活动。地栖。善挖洞。以植物根等为食。每胎产1-4仔。

粗毛囊鼠 *Orthogeomys hispidus* (Hispid pocket gopher)

隶属于啮齿目衣囊鼠科。体长11-12厘米，尾长9-11厘米，体重30-47克。身体背面为橄榄橙黄色，腹面白色，染有橙黄色。

分布于美国中部、墨西哥、洪都拉斯和危地马拉等地。栖息于草地等地带。单独活动。地栖。善挖洞。以植物根、种子等为食。每胎产4-7仔。

粗毛囊鼠

白耳小囊鼠 *Perognathus alticola* (White-eared pocket mouse)

隶属于啮齿目异鼠科。体长6-8厘米，尾长7-10厘米，体重16-24克。身体背面为黄褐色，腹面较浅。

分布于美国西南部。栖息于草地、森林等地带。夜行性。地栖。善挖洞。以植物叶、种子，以及昆虫等为食。

白耳小囊鼠

平原小囊鼠

平原小囊鼠 *Perognathus flavescens* (Plains pocket mouse)

隶属于啮齿目异鼠科。体长7-8厘米，尾长5-9厘米，体重7-16克。身体背面为橙黄色，腹面为白色。

分布于美国中部、墨西哥北部等地。栖息于平原沙丘等地带。夜行性。单独活动。地栖。善于挖掘洞穴。以植物种子，以及昆虫等为食。怀孕期为25-26天。每胎产2-7仔。

黄小囊鼠 *Perognathus flavus* (Silky pocket mouse)

隶属于啮齿目异鼠科。体长6-7厘米，尾长4-6厘米，体重5-10克。身体背面为黄褐色至红褐色，腹面为白色。耳朵下面和体侧有皮黄色斑。

分布于美国西南部、墨西哥等地。栖息于半荒漠、草原等地带。夜行性。单独活动。地栖。善挖洞。以植物种子，以及昆虫等为食。

黄小囊鼠

素色小囊鼠

素色小囊鼠 *Perognathus inornatus* (San Joaquin pocket mouse)

隶属于啮齿目异鼠科。体长7-8厘米，尾长7-8厘米，体重7-12克。身体背面为黄色，杂有黑色，腹面为白色。

分布于美国西部。栖息于荒漠、草原等地带。夜行性。单独活动。地栖。善挖洞。以植物种子等为食。

纤小囊鼠 *Perognathus longimembris* (Little pocket mouse)

隶属于啮齿目异鼠科。体长5-6厘米，尾长6-9厘米，体重7-11克。身体背面为灰色至红褐色，腹面为浅皮黄色至白色。

分布于美国西南部、墨西哥西北部等地。栖息于荒漠、草原等地带。夜行性。地栖。善挖洞。以植物种子等为食。怀孕期为25天。每胎产3-4仔。

纤小囊鼠

大盆地小囊鼠

大盆地小囊鼠 *Perognathus parvus* (Great basin pocket mouse)

隶属于啮齿目异鼠科。体长5-6厘米，尾长9-10厘米，体重17-31克。身体背面为灰色至红褐色，腹面为浅皮黄色至白色。

分布于美国西部等地。栖息于荒漠、草原、灌丛等地带。夜行性。地栖。善挖洞。以植物种子等为食。怀孕期为21-28天。每胎产2-8仔。

加州更格卢鼠 *Dipodomys californicus* (California kangaroo rat)

隶属于啮齿目异鼠科。体长11-12厘米，尾长15-22厘米，体重60-85克。身体背面为棕褐色，腹面为白色。尾巴很长，末端白色。

分布于美国西部。栖息于灌丛等地带。地栖。善挖洞。以植物种子、叶等为食。每胎产2-3仔。

加州更格卢鼠

戎更格卢鼠

戎更格卢鼠 *Dipodomys compactus* (Gulf coast kangaroo rat)

隶属于啮齿目异鼠科。体长10-15厘米，尾长10-14厘米，体重44-60克。身体背面为橙黄色，杂有黑色，颊部、腹面为白色。尾巴较长。

分布于美国南部。栖息于植被稀疏的沙土地带。地栖。善挖洞。以植物种子等为食。

得克萨斯更格卢鼠

得克萨斯更格卢鼠 *Dipdomys elator*（Texas kangaroo rat）

隶属于啮齿目异鼠科。体长10-14厘米，尾长16-21厘米，体重65-90克。身体背面为皮黄色，杂有黑色，腹面为白色。鼻部、眼圈为黑色。尾巴很长，末端白色。

分布于美国南部。栖息于植被稀疏的黏土地带。夜行性。地栖。善挖洞。以植物种子、叶、果实，以及昆虫等为食。每胎产2-4仔。

海氏更格卢鼠 *Dipdomys heermanni*（Heermann's kangaroo rat）

隶属于啮齿目异鼠科。体长9-11厘米，尾长16-20厘米，体重70-80克。身体背面为棕色，颊部有白斑，腹面为白色。尾巴很长。

分布于美国西部。栖息于山区各种环境中。夜行性。单独活动。地栖。善挖洞。以植物种子、叶等为食。每胎产2-3仔。

海氏更格卢鼠

梅氏更格卢鼠

梅氏更格卢鼠 *Dipdomys merriami*（Merriam's kangaroo rat）

隶属于啮齿目异鼠科。体长15-16厘米，尾长12-18厘米，体重33-53克。身体背面为棕褐色，腹面为白色。尾巴很长。

分布于美国西南部、墨西哥北部等地。栖息于沙土、岩石等地带。夜行性。单独活动。地栖。善挖洞。以植物种子等为食。

弗雷兹诺更格卢鼠 *Dipdomys nitratoides*（Fresno kangaroo rat）

隶属于啮齿目异鼠科。体长8-11厘米，尾长13-14厘米，体重40-53克。身体背面为棕褐色，脸部有白斑，腹面为白色。尾巴很长。

分布于美国西南部。栖息于草地、灌丛等地带。夜行性。单独活动。地栖。善挖洞。以植物种子等为食。怀孕期为32天。每胎产2-3仔。

弗雷兹诺更格卢鼠

奥氏更格卢鼠 *Dipdomys ordii*（Ord's kangaroo rat）

隶属于啮齿目异鼠科。体长9-24厘米，尾长12-13厘米，体重52克。身体背面为棕褐色，眼上方有白斑，腹面为白色。尾巴很长。

分布于美国西部、加拿大西南部、墨西哥等地。栖息于草地、灌丛等地带。夜行性。单独活动。地栖。善挖洞。以植物种子等为食。怀孕期为28-32天。每胎产1-6仔。

奥氏更格卢鼠

巴拿明更格卢鼠

巴拿明更格卢鼠 *Dipodomys panamintinus*（Panamint kangaroo rat）

隶属于啮齿目异鼠科。体长12厘米，尾长17厘米，体重72克。身体背面为浅棕褐色，眼上方有白斑，腹面为白色。鼻部黑色。耳壳后面为白色。尾巴很长。

分布于美国西南部。栖息于林地等地带。夜行性。单独活动。地栖。善挖洞。以植物种子等为食。怀孕期为29-30天。每胎产3-4仔。

旗尾更格卢鼠 *Dipodomys spectabilis*（Banner-tailed kangaroo rat）

隶属于啮齿目异鼠科。体长13-14厘米，尾长18-21厘米，体重98-132克。身体背面为黄褐色，眼上方有白斑，腹面为白色。鼻部有黑斑。尾巴很长，末端白色。

分布于美国西南部、墨西哥等地。栖息于荒漠、草原等地带。夜行性。单独活动。地栖。善挖洞。以植物种子等为食。怀孕期为22-27天。每胎产1-3仔。

旗尾更格卢鼠

史氏更格卢鼠

史氏更格卢鼠 *Dipodomys stephensi*（Stephens' kangaroo rat）

隶属于啮齿目异鼠科。体长12-13厘米，尾长16-18厘米，体重45-73克。身体背面为黄褐色，眼上方有白斑，腹面为白色。鼻部有黑斑。尾巴很长，末端白色。

分布于美国西南部。栖息于草原等地带。夜行性。单独活动。地栖。善挖洞。以植物种子等为食。每胎产2-3仔。

北美河狸

北美河狸 *Castor canadensis*（American beaver）

隶属于啮齿目河狸科。体长70-75厘米，尾长25-30厘米，体重20-25千克。头圆，眼小，耳短小。颈短，前足瘦小，后足肥大，趾间具蹼。尾宽扁，上被鳞片，体毛长，有较厚的绒毛，通体棕黑色，腹部毛色较浅。

分布于美国、加拿大、墨西哥等地。栖息于森林地区的河、湖边。半水栖。穴居，洞筑于水边，一般有两个洞口开在水中，洞穴的最高处为“卧室”。结小群夜出活动，极善于游泳和潜水。善于通过采伐树木，构筑堤坝，把洞穴周围的水圈成一个深水域，防御敌害的侵犯和用于贮存食物。以各种树皮和树叶等为食，也吃水生植物。每年秋季发情交配。雌兽的怀孕期为4个月，每胎产4-6仔。2岁达到性成熟。寿命为12-15年。

河狸 *Castor fiber*（Eurasian beaver）

隶属于啮齿目河狸科。体长70-100厘米，尾长21-30厘米，体重11-30千克。体型肥胖溜圆，毛色主要为棕褐色，杂以黑、灰、黄、白等。前肢弱小，无蹼，但具有一对利爪；后肢短健，趾间生长着宽大的蹼。尾巴宽大扁平，上面覆盖着小鳞片。

分布于中国新疆北部、蒙古西部，以及欧洲等地。栖息于河谷林带的高原荒漠冷水性河流附近。善于游泳和潜水。栖居方式大体有洞居、巢居和洞巢居结合体三类，能用树枝、石块和软泥等垒成堤坝。白天躲在洞穴内睡觉，夜间出外活动觅食。性情温和、机敏。以植物为食。1-3月发情交配。怀孕期为105-107天。每胎产2-4只。一般在6-7月生产。寿命为12-20年。

河　狸

跳　兔

跳兔 *Pedetes capensis*（Springhare）

隶属于啮齿目跳兔科。体长35-43厘米，尾长37-47厘米，体重3-4千克。背面体毛为黄褐色至棕褐色。腹面为白色至浅橙色。尾长。

分布于非洲索马里、肯尼亚、乌干达、坦桑尼亚、安哥拉、纳米比亚、博茨瓦纳、津巴布韦、莫桑比克、南非等地。栖息于沙土草地地带。群居。以植物根块、茎、种子等为食。雌兽的怀孕期为77天。每胎产1仔。8个月达到性成熟。

长尾卷尾鼠

长尾卷尾鼠 *Pogonomys macrourus* (Long-tailed tree mouse)

隶属于啮齿目鼠科。体长 9-15 厘米，尾长 13-19 厘米，体重 28-60 克。背面体毛为红褐色。腹面为白色。尾长而卷曲。

分布于新几内亚等地。栖息于平原、低山的森林地带。以植物性食物为食。每胎产 1-3 仔。

洛氏卷尾鼠 *Pogonomys loriae* (Large tree mouse)

隶属于啮齿目鼠科。体长 12-17 厘米，尾长 18-25 厘米，体重 53-128 克。背面体毛为灰色。腹面为白色。尾长而卷曲。

分布于新几内亚等地。栖息于森林地带。以植物花、叶等为食。每胎产 2-3 仔。

洛氏卷尾鼠

灰腹卷尾鼠 *Pogonomys sylvestris* (Grey-bellied tree mouse)

隶属于啮齿目鼠科。体长 11-14 厘米，尾长 14-17 厘米，体重 29-66 克。背面体毛为红褐色。腹面为灰白色。尾长而卷曲，末端白色。

分布于新几内亚。栖息于山地森林地带。以植物性食物为食。每胎产 1-3 仔。

灰腹卷尾鼠

大卷尾鼠 *Chiruromys forbesi* (Greater tree mouse)

隶属于啮齿目鼠科。体长 14-15 厘米，尾长 21-24 厘米。背面体毛为红褐色。腹面为灰白色。尾长而卷曲。

分布于新几内亚。栖息于山地森林地带。以植物性食物为食。每胎产 2-3 仔。

大卷尾鼠

巴布亚卷尾鼠

巴布亚卷尾鼠 *Chiruromys vates*（Lesser tree mouse）

隶属于啮齿目鼠科。体长 8-13 厘米，尾长 13-18 厘米，体重 23-68 克。背面体毛为红褐色。腹面为白色。尾长而卷曲。

分布于新几内亚。栖息于平原、低山森林地带。以植物性食物为食。

灵卷尾鼠

灵卷尾鼠 *Chiruromys lamia*（Broad-headed tree mouse）

隶属于啮齿目鼠科。体长 10-12 厘米，尾长 15-17 厘米，体重 41-56 克。背面体毛为红褐色。腹面为白色。尾长而卷曲。

分布于新几内亚东南部。栖息于山地森林地带。以植物性食物为食。

巢 鼠

巢鼠 *Micromys minutus*（Harvest mouse）

隶属于啮齿目鼠科。体长 6-7 厘米，尾长 6-8 厘米，体重 5-11 克。背面体毛为棕黄色，腹面为白色。尾巴较长，尾端几乎无毛。

分布于欧洲、俄罗斯、中国、朝鲜、印度东北部、缅甸和越南北部等地。栖息于丘陵草丛、林缘和农田等地带。昼夜均活动，以夜晚为主。善于在芒草秆、麦秆上用枯草叶编织精致的球形巢。以植物枝叶、种子、果实等为食，也吃昆虫等。怀孕期为 17-18 天。每年产 2-5 胎。每胎产 3-10 仔。35-40 天达到性成熟。寿命为 16-18 个月。

黄喉姬鼠

黄喉姬鼠 *Apodemus flavicollis*（Yellow-necked mouse）

隶属于啮齿目鼠科。体长 9-12 厘米，尾长 17-24 厘米，体重 30-50 克。背面体毛为棕褐色，腹面为白色，在体侧有明显的分界。尾巴很长。

分布于欧洲、亚洲的广大地区。

林姬鼠

林姬鼠 *Apodemus sylvaticus* (Wood mouse)

隶属于啮齿目鼠科。体长8-11厘米，尾长7-9厘米，体重30-40克。背面体毛为沙棕色或灰褐色，腹面为白色，在体侧有明显的分界。尾巴较长，上面为灰褐色，下面灰白色。

分布于欧洲、非洲西北部、亚洲中部、中国西部、印度东北部和缅甸北部等地。栖息于草原、荒漠和高山草甸等地带。昼夜均活动。以植物枝叶、种子等为食，也吃昆虫等。一般在夏季生产。每胎产3-9仔。

南非线鼠 *Grammomys dolichurus* (Woodland mouse)

隶属于啮齿目鼠科。体长10厘米，尾长16-17厘米，体重30克。背面体毛为茶红色至暗灰色，腰部染有红色。腹面为白色。尾长。

分布于非洲从西部的马里到东部的苏丹，南部至南非的广大地区。栖息于森林中。夜行性。树栖。在树洞中筑巢。以植物性食物为食。一般在夏季生产。

南非线鼠

滑尾鼠 *Mallomys rothschildi* (Smooth-tailed giant rat)

隶属于啮齿目鼠科。体长34-40厘米，尾长34-42厘米，体重0.9-1.5千克。背面体毛为褐色。腹面为白色。尾长。

分布于新几内亚。栖息于森林中。夜行性。在树洞中筑巢。以竹笋等植物性食物为食。每胎产1仔。

滑尾鼠

威氏滑尾鼠 *Mallomys aroaensis* (De Vis' woolly rat)

隶属于啮齿目鼠科。体长34-42厘米，尾长34-44厘米，体重1.4-2千克。背面体毛为灰色，有白色斑纹。腹面为白色。颊部有白斑。尾长。

分布于新几内亚。栖息于森林中。夜行性。在树洞中筑巢。以植物叶、芽、竹笋等为食。每胎产1仔。

威氏滑尾鼠

非洲水鼠 *Dasymys incomtus* (African marsh rat)

隶属于啮齿目鼠科。体长16厘米，尾长14厘米，体重124克。背面体毛为暗灰黑色。腹面为皮黄白色。颊部为灰色。尾巴较长，上面颜色较深，下面较浅。

分布于非洲从西部的塞拉里昂到东部的苏丹、肯尼亚，南部至南非的广大地区。栖息于生长有芦苇丛或半水生草类的水域。昼行性。善于游泳。以杂草、种子等为食，也吃昆虫等。一般在夏季生产。每胎产2-9仔。

非洲水鼠

蔷薇草鼠 *Lemniscomys rosalia* (Single-striped mouse)

隶属于啮齿目鼠科。体长14厘米，体重80克。背面体毛为红褐色，从颈部到尾基部有1条深褐色纵条纹。腹面为污白色。颏、喉部为白色。尾巴较长。

分布于非洲肯尼亚、安哥拉、赞比亚、坦桑尼亚、马拉维、纳米比亚、博茨瓦纳、津巴布韦、莫桑比克、南非等地。栖息于草原、灌丛等地带。昼行性。以杂草、种子等为食。一般在9月至翌年5月生产。每胎产5-7仔。

蔷薇草鼠

斑草鼠 *Lemniscomys striatus* (Striped grass mouse)

隶属于啮齿目鼠科。背面体毛为红褐色，从颈部到尾基部有多条深褐色纵条纹。腹面颜色较浅。尾巴较长。

分布于非洲埃塞俄比亚、肯尼亚、扎伊尔、尼日利亚、加纳等地。栖息于草原等多种地带。

斑草鼠

四纹鼠 *Rhabdomys pumilio* (Four-striped grass mouse)

隶属于啮齿目鼠科。体长11厘米，尾长11厘米，体重55克。背面体毛为灰褐色，有4条黑色或红褐色纵条纹。腹面较浅。尾巴上面为暗褐色，下面颜色较浅。

分布于肯尼亚、安哥拉、赞比亚、坦桑尼亚、马拉维、乌干达、扎伊尔、博茨瓦纳、津巴布韦、莫桑比克、南非等地。栖息于草原地带。营穴居生活。以植物性食物为食，也吃小型无脊椎动物等。怀孕期为25天。一般在9月至翌年4月生产。每胎产2-9仔。8-9周达到性成熟。

四纹鼠

青毛鼠

青毛鼠 *Thallomys paedulcus* (Acacia rat)

隶属于啮齿目鼠科。背面体毛为褐色。腹面白色。尾巴上面为褐色，下面白色。耳大。尾长。

分布于非洲撒哈拉沙漠以南的广大地区。栖息于树林中。夜行性。善于爬树。以植物性食物为食。

黑尾青毛鼠

黑尾青毛鼠 *Thallomys nigricauda* (Black-tailed tree rat)

隶属于啮齿目鼠科。体长13-16厘米，尾长14-19厘米，体重100-190克。背面体毛为石板灰色。腹面白色。耳大。脸部有大块的黑色斑。尾巴较长，为黑色。

分布于非洲安哥拉、纳米比亚、博茨瓦纳和南非等地。栖息于稀树草原地带。集小群活动。善于爬树。以植物性食物为食。一般在夏季生产。每胎产2-5仔。

缅鼠 *Rattus exulans* (Polynesian rat)

隶属于啮齿目鼠科。体长7-8厘米，尾长10厘米。背面体毛为灰褐色或棕褐色。腹面灰白色。尾长。

分布于中国云南、缅甸、泰国、马来西亚、菲律宾、印度尼西亚、新几内亚和澳大利亚等地。栖息于村落等地带。每年产1-3胎。怀孕期为19-20天。每胎产4仔。

缅 鼠

西泽鼠

西泽鼠 *Rattus fuscipes* (Western swamp rat)

隶属于啮齿目鼠科。背面体毛为黄褐色或棕褐色。腹面灰白色。尾长。

分布于澳大利亚西部和南部沿海地带。栖息于居民区附近。

黄毛鼠

黄毛鼠 *Rattus losea* (Lesser ricefield rat)

隶属于啮齿目鼠科。体长12-18厘米，尾长12-18厘米，体重60-145克。背面体毛为黄褐色或棕褐色。腹面灰白色。

分布于中国东南、西南和华南地区，以及越南、泰国等地。栖息于旷野、农田等地带。夜行性，主要在黄昏活动。以植物种子、块根、块茎、叶等为食，也吃昆虫等。怀孕期为21-22天。每胎产6-7仔。

小刺鼠 *Rattus steini* (Small spiny)

隶属于啮齿目鼠科。体长14-19厘米，尾长14-16厘米，体重110-220。背面体毛为灰褐色。腹面白色。尾巴很长。

分布于新几内亚等地。栖息于草地等地带。夜行性。善于挖掘洞穴。以植物果实等为食。每胎产2-5仔 。

小刺鼠

金毛蹊鼠

金毛蹊鼠 *Aethomys chrysophilus* (Red veld rat)

隶属于啮齿目鼠科。体长15厘米，尾长17厘米，体重101克。背面体毛为茶红色。腹面污白色。耳大而圆。四肢较短，为白色。尾巴较长。

分布于非洲赞比亚、坦桑尼亚、肯尼亚、马拉维、莫桑比克、津巴布韦、纳米比亚、博茨瓦纳和南非等地。栖息于草原、灌丛、森林等地带。以植物、昆虫等为食。全年均可繁殖。雌兽的怀孕期为21-23天。每胎产2-7仔。

纳马卡蹊鼠 *Aethomys namaquensis* (Namaqua rock mouse)

隶属于啮齿目鼠科。体长11厘米，尾长15厘米，体重58克。背面体毛为黄褐色。腹面白色。耳大而圆。尾巴较长。

分布于非洲赞比亚、马拉维、莫桑比克、安哥拉、纳米比亚、博茨瓦纳和南非等地。栖息于多岩石地带。夜行性。以植物性食物为食。一般在3-4月生产。每胎产2-7仔。

纳马卡蹊鼠

南非柔毛鼠 *Praomys coucha*（Multimammat mouse）

隶属于啮齿目鼠科。体长15厘米，尾长16厘米，体重56-70克。背面体毛为灰色至黄色、褐色。腹面白色至暗灰色。耳大而圆。尾长，上面为褐色，下面白色。

分布于莫桑比克、津巴布韦、纳米比亚和南非等地。栖息于草原、灌丛等环境中。夜行性。以植物种子、昆虫等为食。

南非柔毛鼠

纳塔柔毛鼠 *Praomys natalensis*（Natal multimammat mouse）

隶属于啮齿目鼠科。体长15厘米，尾长16厘米，体重56-70克。背面体毛为灰色至黄色、褐色。腹面白色至暗灰色。耳大而圆。尾长，上面为褐色，下面白色。

分布于非洲东部、中部、南部、西南部和西北部等地。栖息于草原、灌丛等多种环境中。夜行性。以植物种子、昆虫等为食。全年均可繁殖。怀孕期为23天。每胎产10-16仔。100天达到性成熟。

纳塔柔毛鼠

肖氏柔毛鼠 *Praomys shortridgei*（Shortridge's mouse）

隶属于啮齿目鼠科。体长11厘米，尾长10厘米，体重67克。背面体毛为烟灰色。腹面灰色。四肢为白色。耳大而圆。尾长，上面为褐色，下面白色。

分布于非洲纳米比亚、博茨瓦纳等地。栖息于芦苇、沼泽地带。夜行性。以草类等为食。

肖氏柔毛鼠

海岬柔毛鼠

海岬柔毛鼠 *Praomys verreauxii*（Verreaux's mouse）

隶属于啮齿目鼠科。体长11厘米，尾长14厘米，体重54克。背面体毛为暗褐灰色。腹面白色或浅灰色。耳大而圆。两耳之间有1条褐色斑纹。四肢为白色。尾长。

分布于南非南部。栖息于山区森林、灌丛、草地等地带。夜行性。以植物种子、昆虫等为食。

白腹裸尾鼠

白腹裸尾鼠 *Melomys leucogaster* (White-bellied melomys)

隶属于啮齿目鼠科。体长11-18厘米，尾长11-17厘米，体重65-175克。背面体毛为灰色至灰褐色。腹面白色。尾长，上面为灰褐色，下面较浅。

分布于新几内亚及其附近岛屿。栖息于森林地带。

小裸尾鼠

小裸尾鼠 *Melomys lutillus* (Little melomys)

隶属于啮齿目鼠科。体长9-12厘米，尾长11-12厘米。背面体毛为暗褐灰色。腹面白色。尾长，上面为褐灰色，下面较浅。

分布于新几内亚、所罗门群岛等地。栖息于草原地带。每胎产2-3仔。

低地裸尾鼠

低地裸尾鼠 *Melomys platyops* (Lowland melomys)

隶属于啮齿目鼠科。体长13-16厘米，尾长11-13厘米，体重65-102克。背面体毛为褐色，腹面较浅。四肢为白色。尾长。

分布于新几内亚。栖息于平原、山区森林地带。夜行性。以昆虫等为食。

高山裸尾鼠 *Melomys rubex* (Highland melomys)

隶属于啮齿目鼠科。体长10-13厘米，尾长10-14厘米，体重31-57克。背面体毛为暗褐色，腹面灰白色。四肢为肉色。尾长。

分布于新几内亚。栖息于森林地带。善于挖掘洞穴。每胎产2仔。

高山裸尾鼠

淡红裸尾鼠 *Melomys rufescens* (Rufescent melomys)

隶属于啮齿目鼠科。体长10-15厘米，尾长11-18厘米，体重37-102克。背面体毛为棕红色，腹面白色。尾长。

分布于新几内亚及其附近岛屿。栖息于森林地带。善于攀爬树木。每胎产1-4仔。

淡红裸尾鼠

托氏裸尾鼠

托氏裸尾鼠 *Melomys mollis* (Thomas' melomys)

隶属于啮齿目鼠科。体长12-16厘米，尾长11-14厘米，体重72-117克。背面体毛为褐色，腹面灰褐色。尾长。

分布于新几内亚。栖息于森林地带。以植物性食物为食。

迈氏芒鼠 *Pogonomelomys mayeri* (Shaw Mayer's brush mouse)

隶属于啮齿目鼠科。体长13-15厘米，尾长15-21厘米，体重75-144克。背面体毛为浅褐色，腹面灰白色。尾长。

分布于新几内亚。栖息于山地森林地带。在树洞中筑巢。

迈氏芒鼠

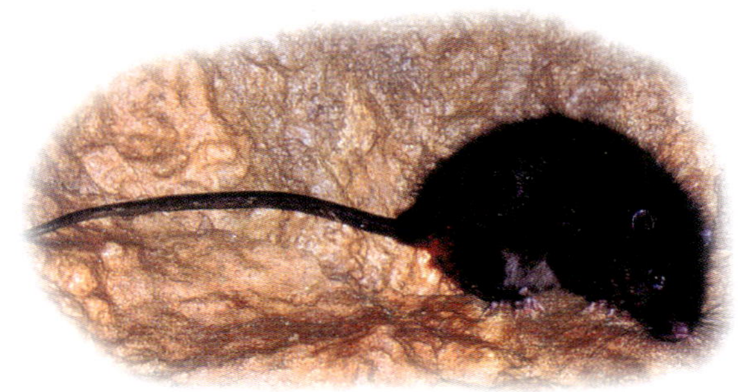
黑尾裸尾鼠

黑尾裸尾鼠 *Uromys anak* (Black-tailed tree rat)

隶属于啮齿目鼠科。体长27-34厘米，尾长23-40厘米，体重450-1020克。背面体毛为黑褐色，腹面较浅。尾长，黑色。

分布于新几内亚。栖息于山地森林地带。以植物果实等为食。

南非小家鼠

南非小家鼠 *Mus minutoides*（Pygmy mouse）

隶属于啮齿目鼠科。体长6厘米，尾长5厘米，体重8克。背面体毛为褐色。腹面白色。尾较长。

分布于非洲东部、中部、南部和西南部等地。栖息于较松软的土地。夜行性。以杂草种子、昆虫等为食。怀孕期为19天。一般在夏季生产。每胎产1-7仔。

小家鼠 *Mus musculus*（House mouse）

隶属于啮齿目鼠科。体长8厘米，尾长8厘米。背面体毛为皮黄褐色。腹面浅褐色。尾较长，上面为褐色，下面较浅。

分布于欧洲，现已传布于世界各地。栖息于人类居住的各种环境中。夜行性。杂食性。怀孕期为19天。每胎产6仔。40天达到性成熟。

小家鼠

莫桑比克刺毛鼠

莫桑比克刺毛鼠 *Acomys spinosissimus*（Spiny mouse）

隶属于啮齿目鼠科。体长9厘米，尾长9厘米，体重33克。背面体毛为红褐色。腹面白色。耳圆。四肢较短。尾长，上面颜色较暗，下面较浅。

分布于赞比亚、坦桑尼亚、扎伊尔、博茨瓦纳、津巴布韦、莫桑比克和南非等地。栖息于多岩石地带。夜行性。集小群活动。以杂草、种子等为食，也吃昆虫。一般在夏季生产。每胎产2-5仔。

索马里刺毛鼠 *Acomys subspinosus*（Cape spiny mouse）

隶属于啮齿目鼠科。体长9厘米，尾长9厘米，体重20-22克。背面体毛为灰褐色。上腹部浅灰色，下腹部白色。颊部白色。耳圆。四肢较短。尾长，上面颜色较暗，下面较浅。

分布于肯尼亚、乌干达、索马里、苏丹南部和南非等地。栖息于多岩石地带。夜行性。以杂草、种子等为食，也吃昆虫、蜗牛等动物。一般在夏季生产。每胎产2-5仔。

索马里刺毛鼠

南非囊鼠

南非囊鼠 *Saccostomus campestris*（Pouched mouse）

隶属于啮齿目鼠科。体长11厘米，尾长5厘米，体重48-68克。背面体毛为褐灰色。腹面较浅。眼大。耳圆。四肢较短。尾较短而裸露，上面为褐色，下面白色。

分布于非洲赞比亚、纳米比亚、莫桑比克和南非等地。栖息于森林地带。夜行性。单独活动。以植物性食物以及昆虫等为食。怀孕期为20-21天。一般在夏季生产。每胎产5-10仔。

非洲巨鼠

非洲巨鼠 *Cricetomys gambianus*（African giant rat）

隶属于啮齿目鼠科。体长34厘米，尾长41厘米，体重1.2-1.3千克。背面体毛为灰皮黄色。腹面较浅。耳圆。四肢较短。尾长而裸露，末端白色。

分布于非洲东部、中部、西部和南部的广大地区。栖息于森林地带。单独活动。以植物性食物以及昆虫等为食。怀孕期为27天。一般在夏季生产。每胎产2-4仔。

苔藓林鼠 *Stenomys niobe*（Moss-forest rat）

隶属于啮齿目鼠科。体长9-14厘米，尾长12-15厘米，体重36-56克。背面体毛为暗褐色。腹面较浅。尾长而裸露，末端白色。

分布于新几内亚。栖息于森林、草原等地带。每胎产2仔。

苔藓林鼠

阿氏林鼠

阿氏林鼠 *Stenomys omlichodes*（Arianus' rat）

隶属于啮齿目鼠科。体长13-14厘米，尾长9-10厘米，体重69-78克。背面体毛为暗灰色。腹面较浅。尾长而裸露。

分布于新几内亚。栖息于森林地带。

冰川林鼠

冰川林鼠 *Stenomys richardsoni* (Glacier rat)

隶属于啮齿目鼠科。体长12-13厘米，尾长13-14厘米，体重59-74克。背面体毛为暗灰褐色。腹面较浅。尾长而裸露。

分布于新几内亚。栖息于森林和有冰川遗迹的多岩石地带。

苗条林鼠 *Stenomys verecundus* (Slender rat)

隶属于啮齿目鼠科。体长13-17厘米，尾长14-17厘米，体重88-133克。背面体毛为暗褐色。腹面较浅。尾长而裸露。

分布于新几内亚。栖息于森林等多种环境中。以植物种子、昆虫等为食。

苗条林鼠

粗毛水鼠

粗毛水鼠 *Parahydromys asper* (Coarse-haired hydromyine)

隶属于啮齿目鼠科。体长21-23厘米，尾长23-28厘米，体重490-590克。背面体毛为暗褐色。腹面较浅。尾长而裸露。

分布于新几内亚。栖息于溪流沿岸地带。以植物根、芽等为食。每胎产2仔。

单齿鼩形鼠 *Mayermys ellermani* (One-toothed shrew-mouse)

隶属于啮齿目鼠科。体长8-10厘米，尾长8-11厘米，体重19-30克。背面体毛为灰色。腹面较浅。尾长而裸露，末端较浅。

分布于新几内亚。栖息于森林地带。以植物果实、昆虫等为食。

单齿鼩形鼠

梅氏长足水鼠

梅氏长足水鼠 *Leptomys ernstmayeri* (Ernst Mayer's leptomys)

隶属于啮齿目鼠科。体长11-13厘米，尾长14-16厘米，体重38-52克。背面体毛为褐色。腹面白色。尾长而裸露，末端白色。

分布于新几内亚。栖息于低山溪流附近。

朱肋水鼠 *Paraleptomys rufilatus* (Red-sided hydromyine)

隶属于啮齿目鼠科。体长11-14厘米，尾长13-15厘米，体重54-58克。背面体毛为褐色，肋部橙黄色。腹面较浅。四肢白色。尾长而裸露，末端白色。

分布于新几内亚北部。栖息于森林地带。

朱肋水鼠

无耳水鼠

无耳水鼠 *Crossomys moncktoni* (Earless water rat)

隶属于啮齿目鼠科。体长18-20厘米，尾长21-26厘米，体重165克。外耳壳非常小。背面体毛为灰色。腹面较浅。尾长而裸露。

分布于新几内亚东北部。栖息于溪流中。善于游泳。在河岸挖掘洞穴。以青蛙、蝌蚪等为食。

黑背攀鼠 *Dendromus melanotis* (Grey climbing mouse)

隶属于啮齿目鼠科。体长7厘米，尾长9厘米，体重10克。背面体毛为红褐色，从颈部到尾基部有1条暗色条纹。腹部白色。耳圆，为暗褐色，基部有白斑。四肢较短。尾长而裸露，上面颜色较暗，下面较浅。

分布于肯尼亚、坦桑尼亚、扎伊尔、赞比亚、安哥拉、纳米比亚、博茨瓦纳和南非等地。栖息于草地、沼泽等地带。夜行性。以杂草种子等为食，也吃昆虫等动物。一般在夏季生产。每胎产3-4仔。

黑背攀鼠

须攀鼠

须攀鼠 *Dendromus mystacalis* (Chestnut climbing mouse)

隶属于啮齿目鼠科。体长6厘米，尾长9厘米，体重14克。背面体毛为皮黄褐色，从颈部到尾基部有1条暗色条纹。腹部白色。耳圆。四肢较短。尾长而裸露，上面颜色较暗，下面较浅。

分布于埃塞俄比亚、肯尼亚、坦桑尼亚、扎伊尔、赞比亚、津巴布韦、莫桑比克和南非等地。栖息于草地、沼泽等地带。夜行性。以杂草种子等为食，也吃昆虫等动物。

布拉特肥鼠 *Steatomys pratensis* (Peter's fat mouse)

隶属于啮齿目鼠科。体长9厘米，尾长4厘米，体重29克。背面体毛为锈褐色。腹部白色。耳圆。四肢较短。尾裸露。

分布于扎伊尔、赞比亚、安哥拉、纳米比亚、博茨瓦纳、津巴布韦、莫桑比克和南非等地。栖息于沙土地带。夜行性。单独或成对活动。以杂草种子等为食，也吃昆虫等动物。一般在10月至翌年5月生产。每胎产3-4仔。

布拉特肥鼠

长耳攀鼠

长耳攀鼠 *Malacothrix typica* (Gerbil mouse)

隶属于啮齿目鼠科。体长8厘米，尾长4厘米，体重16克。背面体毛为红褐色至灰皮黄色。腹部污白色。耳特大，较圆。两耳之间和肩部下方有大块黑斑。四肢较短。尾裸露。

分布于安哥拉、纳米比亚、博茨瓦纳和南非等地。栖息于草原、灌丛等地带。夜行性。一般在8月至翌年3月生产。70天达到性成熟。

阿贡沼鼠 *Otomys angoniensis* (Angoni vlei rat)

隶属于啮齿目鼠科。体长22厘米，尾长11厘米，体重100克。背面体毛为皮黄色。腹面暗灰色。喉部有皮黄色斑。耳大。四肢较短。尾巴上面较暗，下面为皮黄白色。

分布于安哥拉、津巴布韦、莫桑比克和南非等地。栖息于各种草原地带。穴居。昼行性，有时在夜晚活动。以植物性食物为食。一般在8月至翌年3月生产。每胎产2-5仔。

阿贡沼鼠

露沼鼠

露沼鼠 *Otomys irroratus* (Vlei rat)

隶属于啮齿目鼠科。体长15厘米，尾长9厘米，体重114-122克。背面体毛为暗灰色，有皮黄色斑点。腹面较浅。耳大。四肢较短。尾巴上面为暗褐色，下面为皮黄色。

分布于肯尼亚、赞比亚、安哥拉、津巴布韦和南非等地。栖息于各种草原地带。穴居。昼行性，有时在夜晚活动。以植物性食物为食。一般在8月至翌年5月生产。每胎产1-4仔。

岬沼鼠 *Otomys karoensis* (Cape vlei rat)

隶属于啮齿目鼠科。体长15厘米，尾长10厘米，体重100克。背面体毛为浅皮黄色。腹面皮黄灰色。耳大。四肢较短。尾巴上面为皮黄白色，下面为皮黄灰色。

分布于南非南部。栖息于多岩石山坡地带。昼行性。以植物性食物为食。

岬沼鼠

山沼鼠

山沼鼠 *Otomys sloggetti* (Sloggett's karroo rat)

隶属于啮齿目鼠科。体长15厘米，尾长6厘米。背面体毛为红褐色。腹面浅皮黄色。吻部和耳后有棕黄色斑。耳大。四肢、尾巴较短。

分布于南非。栖息于海拔2500-3300米之间的多岩石山地。穴居。昼行性。以植物性食物为食。怀孕期为38天。一般在10月至翌年3月生产。每胎产1-2仔。

单沟沼鼠 *Otomys unisulcatus* (Bush karroo rat)

隶属于啮齿目鼠科。体长15厘米，尾长10厘米。背面体毛为灰色，杂有黑色毛。腹面白色。耳大。四肢较短。

分布于南非南部、西南部一带。栖息于灌丛地带。集松散的群体。以植物性食物为食。全年均可繁殖。每胎产1-3仔。

单沟沼鼠

布氏旱台鼠 *Parotomys brantsi* (Brant's whistling rat)

隶属于啮齿目鼠科。体长15厘米，尾长9厘米。背面体毛为黄褐色。腹面灰白色。耳大。四肢较短 。

分布于非洲纳米比亚、博茨瓦纳和南非等地。栖息于半干旱地区的沙土地带。群居。以植物性食物为食。一般在春夏季生产。每胎产1-3仔。

布氏旱台鼠

里氏旱台鼠

里氏旱台鼠 *Parotomys littledalei* (Littledale's whistling rat)

隶属于啮齿目鼠科。体长15厘米，尾长10厘米。背面体毛为黄褐色。腹面灰白色。耳大。四肢较短。

分布于非洲纳米比亚、南非等地。栖息于半干旱地区的沙土地带。昼行性。单独活动。以植物性食物为食。每胎产1-3仔。

沼泽稻鼠 *Oryzomys palustris* (Marsh rice rat)

隶属于啮齿目仓鼠科。体长10-14厘米，尾长9-12厘米，体重40-80克。背面体毛为灰褐色。腹面为白色。尾巴较长。

分布于美国东南部、墨西哥和中美洲一带。栖息于沿海岸的沼泽地带。夜行性。善于游泳和潜水。以甲壳动物、蜗牛、昆虫、鱼、雏鸟和鸟卵等为食，也吃植物性食物。怀孕期为25天。每胎产5仔。

沼泽稻鼠

东美禾鼠

东美禾鼠 *Reithrodontomys humulis* (Eastern harvest mouse)

隶属于啮齿目仓鼠科。体长6-7厘米，尾长5-6厘米，体重10-15克。背面体毛为灰褐色。腹面为灰白色。尾巴较长。

分布于美国东南部一带。栖息于草原等地带。以昆虫、植物种子和芽等为食。每胎产2-7仔。

大耳禾鼠

大耳禾鼠 *Reithrodontomys megalotis* (Long-eared harvest mouse)

隶属于啮齿目仓鼠科。体长7-11厘米，尾长5-6厘米，体重8-15克。背面体毛为红褐色。腹面为白色。四足白色。

分布于加拿大西部、美国西部和墨西哥等地。栖息于荒漠、草原、沼泽、森林等地带。以昆虫、植物种子等为食。怀孕期为23-25天。每胎产3-7仔。

盐沼禾鼠 *Reithrodontomys raviventris* (Salt marsh harvest mouse)

隶属于啮齿目仓鼠科。体长6-8厘米，尾长6-10厘米，体重8-15克。背面体毛为红褐色。腹面为白色。四足白色。

分布于美国东南部。栖息于沼泽地带。善于游泳。以昆虫、植物种子等为食。每胎产2-3仔。

盐沼禾鼠

得克萨斯鹿鼠

得克萨斯鹿鼠 *Peromyscus attwateri* (Texas mouse)

隶属于啮齿目仓鼠科。体长9-11厘米，尾长10-11厘米，体重25-35克。背面、尾巴上面体毛为黑褐色。腹面、尾巴下面为白色。四足白色。

分布于美国南部。栖息于草地、森林、多岩石地带等。以昆虫、植物种子、浆果、叶等为食。每胎产1-6仔。

波氏白足鼠 *Peromyscus boylei* (Brush mouse)

隶属于啮齿目仓鼠科。体长9-10厘米，尾长9-12厘米，体重22-36克。背面体毛为灰褐色，胁部有橙黄色斑。腹面为白色。尾长。

分布于美国西部、墨西哥、危地马拉等地。栖息于森林、灌丛等地带。以植物果实、种子等为食。怀孕期为23天。每胎产2-5仔。

波氏白足鼠

加州白足鼠 *Peromyscus californicus*（California mouse）

隶属于啮齿目仓鼠科。体长10-13厘米，尾长12-16厘米，体重33-54克。背面体毛为黄褐色至黑褐色，腹面为灰色。尾长。

分布于美国西南部、墨西哥西北部。栖息于森林地带。夜行性。善于攀树。以植物果实、种子，以及无脊椎动物等为食。怀孕期为30-33天。每胎产1-3仔。

加州白足鼠

峡谷白足鼠 *Peromyscus crinitus*（Canyon mouse）

隶属于啮齿目仓鼠科。体长6-8厘米，尾长8-12厘米，体重13-23克。背面体毛为黑褐色，腹面为白色。尾长。

分布于美国西部、墨西哥西北部。栖息于荒漠等地带。夜行性。以植物果实、种子，以及小动物等为食。怀孕期为24-31天。每胎产1-5仔。

峡谷白足鼠

荒漠白足鼠 *Peromyscus eremicus*（Cactus mouse）

隶属于啮齿目仓鼠科。体长8-10厘米，尾长9-12厘米，体重18-40克。背面体毛为灰色，胁部为红褐色，腹面为白色。尾长。

分布于美国西南部、墨西哥北部。栖息于荒漠、岩石等地带。夜行性。以植物种子、昆虫等为食。怀孕期为20-25天。每胎产1-4仔。

荒漠白足鼠

佛罗里达白足鼠 *Peromyscus floridanus*（Florida mouse）

隶属于啮齿目仓鼠科。体长10-12厘米，尾长8-10厘米，体重27-47克。背面体毛为灰色，颊部、肩部、胁部为红褐色，腹面为白色。尾长。

分布于美国东南部。栖息于海岸沙丘灌丛地带。夜行性。以植物种子、昆虫等为食。怀孕期为23天。每胎产1-5仔。

佛罗里达白足鼠

棉 鼠

棉鼠 *Peromyscus gossypinus*（Cotton mouse）

隶属于啮齿目仓鼠科。体长8-11厘米，尾长6-10厘米，体重17-46克。耳、眼均大而圆。背面体毛为暗褐色，腹面为白色。尾长。

分布于美国东南部。栖息于森林、湿地等环境中。夜行性。以植物种子、昆虫等为食。怀孕期为23天。每胎产3-4仔。

白足鼠 *Peromyscus leucopus*（White-footed mouse）

隶属于啮齿目仓鼠科。体长8-11厘米，尾长7-10厘米，体重15-25克。背面体毛为棕黄褐色，腹面为白色。尾长。

分布于加拿大南部、美国中部和东部、墨西哥等地。栖息于森林、农田等地带。夜行性，有时白天也活动。以植物种子、昆虫等为食。怀孕期为22天。每胎产4-6仔。

白足鼠

拉布拉多白足鼠

拉布拉多白足鼠 *Peromyscus maniculatus*（Deer mouse）

隶属于啮齿目仓鼠科。体长8-10厘米，尾长5-13厘米，体重10-30克。背面体毛为黄褐色，腹面为白色。尾长。

分布于加拿大、美国、墨西哥等地。栖息于森林、草原、荒漠等地带。夜行性。单独活动。以植物种子、昆虫等为食。怀孕期为21-27天。每胎产1-8仔。

白肘白足鼠 *Peromyscus pectoralis*（White-ankled mouse）

隶属于啮齿目仓鼠科。体长8-10厘米，尾长5-13厘米，体重10-30克。背面体毛为暗褐色，腹面为白色。尾长。

分布于美国南部、墨西哥等地。栖息于岩石山坡等地带。夜行性。单独活动。以植物种子、昆虫等为食。怀孕期为23天。每胎产2-5仔。

白肘白足鼠

皮农鹿鼠

皮农鹿鼠 *Peromyscus truei*（Pinyon mouse）

隶属于啮齿目仓鼠科。体长9-11厘米，尾长8-12厘米，体重15-50克。背面体毛为黄褐色至灰褐色，腹面为白色。四足白色。尾长。

分布于美国西南部、墨西哥等地。栖息于岩石山坡等地带。夜行性。单独活动。以植物种子、浆果，以及无脊椎动物等为食。雌兽的怀孕期为26天。每胎产3-6仔。

北侏鼠

北侏鼠 *Baiomys taylori*（Northern pygmy mouse）

隶属于啮齿目仓鼠科。体长5-8厘米，尾长3-5厘米，体重6-10克。背面体毛为红褐色至近黑色，腹面为白色至灰色。尾长。

分布于美国南部、墨西哥等地。栖息于草原、灌丛、森林等地带。夜行性。以植物种子、浆果，以及小动物等为食。雌兽的怀孕期为20-23天。每胎产1-5仔。

沙居食蝗鼠

沙居食蝗鼠 *Onychomys arenicola*（Mearns' grasshopper mouse）

隶属于啮齿目仓鼠科。体长8-10厘米，尾长4-6厘米，体重20-35克。背面、尾巴上面体毛为黄褐色。腹面、尾巴下面为白色。

分布于美国西南部、墨西哥等地。栖息于荒漠地带。以昆虫等为食。

白腹食蝗鼠

白腹食蝗鼠 *Onychomys leucogaster*（Northern grasshopper mouse）

隶属于啮齿目仓鼠科。体长9-13厘米，尾长3-6厘米，体重26-49克。背面体毛为灰褐色。腹面白色。

分布于加拿大南部、美国中西部和墨西哥北部等地。栖息于草原、灌丛等地带。以昆虫等小动物为食，也吃植物种子。

南食蝗鼠

南食蝗鼠 *Onychomys torridus* (Southern grasshopper mouse)

隶属于啮齿目仓鼠科。体长 13-16 厘米，尾长 4-6 厘米，体重 20-40 克。背面体毛为暗灰褐色。腹面灰白色。

分布于美国西南部、墨西哥北部等地。栖息于荒漠地带。以昆虫等为食。

亚利桑那棉鼠 *Sigmodon arizonae* (Apizona cotton rat)

隶属于啮齿目仓鼠科。体长 11-19 厘米，尾长 9-16 厘米，体重 125-211 克。背面体毛为暗灰褐色。鼻部黄色。腹面茶黄色。尾巴较长。

分布于美国西南部、墨西哥西北部等地。栖息于草地、农田等地带。怀孕期为 27 天。每胎产 2-10 仔。

亚利桑那棉鼠

刚毛棉鼠

刚毛棉鼠 *Sigmodon hispidus* (Hispid cotton rat)

隶属于啮齿目仓鼠科。体长 14-20 厘米，尾长 8-17 厘米，体重 100-225 克。背面体毛为暗褐色。腹面暗灰色。尾巴较长。

分布于美国南部、墨西哥、尼加拉瓜、洪都拉斯、萨尔瓦多、巴拿马等地。栖息于草地、农田等地带。以草类、昆虫等为食。怀孕期为 27 天。每胎产 2-9 仔。

白喉林鼠 *Neotoma albigula* (White-throated woodrat)

隶属于啮齿目仓鼠科。体长 20-21 厘米，尾长 8-19 厘米，体重 188-224 克。背面体毛为褐色。腹面白色。尾巴较长。

分布于美国西南部、墨西哥等地。栖息于草地、农田等地带。夜行性。以仙人掌类等植物为食。怀孕期为 38 天。每胎产 2-3 仔。

白喉林鼠

狐尾林鼠 *Neotoma cinerea* (Bushy-tailed woodrat)

隶属于啮齿目仓鼠科。体长15-25厘米，尾长12-22厘米，体重166-585克。背面体毛为黑褐色至灰色。腹面白色至皮黄色。尾巴较长。

分布于美国西部、加拿大西部等地。栖息于灌丛、岩石等地带。夜行性。以植物性食物为食。雌兽的怀孕期为30天。每胎产2-4仔。

狐尾林鼠

佛罗里达林鼠

佛罗里达林鼠 *Neotoma floridana* (Eastern woodrat)

隶属于啮齿目仓鼠科。体长17-27厘米，尾长13-18厘米，体重174-384克。背面体毛为黑褐色至灰色。腹面白色至皮黄色。尾巴较长。

分布于美国东南部。栖息于草地、灌丛等地带。夜行性。单独活动。以植物果实、种子、叶等为食。

暗足林鼠 *Neotoma fuscipes* (Dusky-footed woodrat)

隶属于啮齿目仓鼠科。体长18-23厘米，尾长16-24厘米，体重205-360克。背面体毛为灰褐色。腹面白色。尾巴较长。

分布于美国西部等地。栖息于灌丛、森林等地带。夜行性。单独活动。以植物性食物为食。雌兽的怀孕期为33天。每胎产2-4仔。

暗足林鼠

荒漠林鼠

荒漠林鼠 *Neotoma lepida* (Desert woodrat)

隶属于啮齿目仓鼠科。体长13-29厘米，尾长10-19厘米，体重130-160克。背面体毛为褐色。腹面白色。尾巴较长。

分布于美国西南部、墨西哥西北部等地。栖息于灌丛、森林等地带。夜行性。以植物性食物为食。

墨西哥林鼠 *Neotoma mexicana* (Mexican woodrat)

隶属于啮齿目仓鼠科。体长18-21厘米，尾长11-21厘米，体重151-253克。背面体毛为灰褐色。腹面白色。尾巴较长。

分布于美国西南部、墨西哥等地。栖息于灌丛、森林等地带。夜行性。单独活动。以植物种子、浆果等为食。怀孕期为33天。每胎产1-4仔。

墨西哥林鼠

灰仓鼠 *Cricetulus migratorius* (Grey hamster)

隶属于啮齿目仓鼠科。体长10-12厘米，尾长3-4厘米，体重30-46克。身体背部体毛为灰色、沙黄色或棕黄色，腹面为白色，体侧有明显的界线。尾巴白色。

分布于欧洲东部、亚洲西部和中部、中国新疆、蒙古等地。栖息于荒漠、半荒漠、丘陵草原、农田、居民区和高山草甸等地带。昼夜均活动，以夜晚为主。以植物性食物，以及昆虫、软体动物等为食。每年产2-4胎。每胎产5-8仔。

灰仓鼠

原仓鼠 *Cricetus cricetus* (Common hamster)

隶属于啮齿目仓鼠科。体长20-26厘米，尾长3-6厘米。身体背部体毛为浅黄褐色或棕黄色，腹侧面、前肢、后肢内侧为黑色。体侧面前端各有3块白色或淡土黄色斑。足白色，略带浅黄色。

分布于欧洲、俄罗斯、亚洲中部和中国新疆等地。栖息于荒漠等地带。善于挖掘洞穴。每年产2胎。每胎产8-20仔。

原仓鼠

马岛白尾鼠 *Mystromys albicaudatus* (White-tailed rat)

隶属于啮齿目仓鼠科。体长16厘米，尾长6厘米，体重111克。身体背部体毛为灰皮黄色。腹面为白色。眼大。耳圆。

分布于非洲坦桑尼亚、莫桑比克、南非等地。栖息于草原地带。夜行性。在地下挖掘洞穴。以植物性食物，以及昆虫等为食。全年均可繁殖。怀孕期为37天。每胎产4-5仔。

马岛白尾鼠

巴氏大足鼠

巴氏大足鼠 *Macrotarsomys bastardi* (Western forest mouse)

隶属于啮齿目仓鼠科。体长8-10厘米，尾长10-14厘米，体重20-30克。身体背部体毛为茶褐色。腹面较浅。眼较大。耳大而圆。尾巴长而裸露。

分布于非洲马达加斯加西部和南部。栖息于海岸森林、草地等地带。夜行性。在树洞中筑巢。以植物根、果实、种子等为食。怀孕期为24天。每胎产2-3仔。

短足鼠 *Brachytarsomys albicauda* (White-tailed tree rat)

隶属于啮齿目仓鼠科。体长20-25厘米，尾长19-23厘米，体重200克。身体背部体毛为灰褐色。腹面白色。眼较大。耳小。尾巴较长而裸露。

分布于非洲马达加斯加东部。栖息于海拔450-1300米的森林地带。树栖。在树洞中筑巢。以植物果实、种子等为食。

短足鼠

拉尾鼠

拉尾鼠 *Eliurus myoxinus* (Western tuft-tailed rat)

隶属于啮齿目仓鼠科。体长13-14厘米，尾长14-15厘米，体重40-100克。身体背部体毛为浅沙褐色。腹面灰白色。眼圆。耳大。尾巴较长 。

分布于非洲马达加斯加西部、北部和南部。栖息于森林地带。树栖。在树洞中筑巢。怀孕期为24天。

假衣囊鼠 *Hypogeomys antimena* (Giant jumping rat)

隶属于啮齿目仓鼠科。体长31-35厘米，尾长22-24厘米，体重1.1-1.3千克。身体背部体毛为暗褐色至浅灰褐色。腹面近白色。眼圆。耳大而圆。尾巴较长。

分布于非洲马达加斯加西部。栖息于森林地带。单独、成对或结群活动。夜行性。以植物果实、种子等为食。每胎产1-2仔。

假衣囊鼠

东非冠鼠 *Lophiomys imhausi* (Crested rat)

隶属于啮齿目仓鼠科。身体背部体毛为暗褐色，背中部有白色和黑色斑纹。

分布于非洲苏丹、索马里、肯尼亚、坦桑尼亚等地。栖息于林地中。善于爬树。

东非冠鼠

北泽旅鼠

北泽旅鼠 *Synaptomys borealis* (Northern bog lemming)

隶属于啮齿目仓鼠科。体长9-11厘米，尾长2-3厘米，体重27-35克。身体背部体毛为暗灰色至褐色。腹面浅灰色。耳小，眼小。尾巴很短，上面褐色，下面白色。

分布于阿拉斯加、加拿大等地。栖息于森林、草原、苔原等地带。以植物性食物为食。每胎产2-8仔。

西伯利亚旅鼠 *Lemmus sibiricus* (Siberian lemming)

隶属于啮齿目仓鼠科。体长11-15厘米，尾长2-3厘米，体重45-130克。身体背部体毛为肉桂色至茶褐色。腹面皮黄色。耳小，眼小。尾巴很短。

分布于俄罗斯东部、阿拉斯加、加拿大等地。栖息于苔原地带。以植物性食物为食。雌兽的怀孕期为3周。每胎产3-8仔。5-6周达到性成熟。

西伯利亚旅鼠

里氏环颈旅鼠

里氏环颈旅鼠 *Dicrostonyx richardsoni* (Richardson's collared lemming)

隶属于啮齿目仓鼠科。体长11-13厘米，尾长1-2厘米，体重35-90克。身体背部体毛为红褐色至灰褐色。腹面为灰皮黄色。颊部、胁部为橙红色。耳小，眼小。尾巴很短。

分布于加拿大中部。栖息于苔原地带。以植物果实、花、叶、根等为食。雌兽的怀孕期为20-21天。每胎产1-8仔。

加州䶄

加州䶄 *Clethrionomys californicus* (Western red-backed vole)

隶属于啮齿目仓鼠科。体长9-11厘米，尾长3-6厘米，体重15-40克。身体背部体毛为红褐色至栗褐色。腹面为暗灰色至灰皮黄色。颊部、肋部为橙红色。尾巴很短。

分布于美国西部。栖息于森林地带。夜行性。以植物性食物为食，也吃昆虫等。怀孕期为18天。每胎产1-7仔。

加氏䶄 *Clethrionomys gapperi* (Gapper's red-backed vole)

隶属于啮齿目仓鼠科。体长9-12厘米，尾长3-5厘米，体重6-42克。身体背部体毛为灰褐色，有大片的红褐色至栗褐色斑。腹面为暗灰色至灰皮黄色。颊部、肋部为橙红色。尾巴很短。

分布于美国北部、加拿大等地。栖息于森林地带。夜行性。以植物果实、种子、苔藓、地衣，以及昆虫等为食。怀孕期为17-19天。每胎产4-5仔。

加氏䶄

欧 䶄

欧䶄 *Clethrionomys glareolus* (Bank vole)

隶属于啮齿目仓鼠科。体长9-11厘米，尾长5-7厘米，体重18-35克。身体背部体毛为红褐色，腹面为灰皮黄色。尾巴很短。

分布于欧洲、俄罗斯、亚洲中部和中国新疆等地。栖息于河岸灌丛地带。昼夜均活动。善于挖掘洞穴。能爬树、游泳和潜水。

水䶄 *Arvicola terrestris* (European water vole)

隶属于啮齿目仓鼠科。体长14-17厘米，尾长6-7厘米，体重65-130克。身体背部体毛为棕褐色，腹面为皮黄色。尾短。

分布于欧洲、非洲北部、俄罗斯、亚洲中部和中国新疆等地。

水 䶄

麝鼠 *Ondatra zibethicus*（Muskrat）

隶属于啮齿目仓鼠科。体长23-35厘米，尾长20-28厘米，体重400-1000克。体毛主要为棕色至暗褐色。尾巴侧扁。

原分布于北美洲，后扩散或引入至欧洲、亚洲的广大地区。栖息于江河、湖泊、沼泽等浅水岸边地带。善于挖掘洞穴居住。晨昏活动。以水生植物为食，也吃水边生活的小型动物。每年产3-4胎。怀孕期为25天。每胎产6-7仔。2个月达到性成熟。寿命为3年。

麝 鼠

草原兔尾鼠 *Lagurus lagurus*（Steppe lemming）

隶属于啮齿目仓鼠科。体长8-12厘米，尾长1-2厘米。体毛主要为暗灰色、褐灰色至浅灰黄色，有1条黑色或黑褐色纵纹。腹面为浅黄色。

分布于乌克兰、俄罗斯南部、亚洲中部和中国新疆等地。栖息于草原、荒漠和半荒漠地带。夜行性，有时白天也活动。善于挖掘洞穴。以草类等为食。每年产6胎。怀孕期为14天。每胎产3一7仔。35-45天达到性成熟。

草原兔尾鼠

黄兔尾鼠 *Lagurus luteus*（Yellow stepped lemming）

隶属于啮齿目仓鼠科。体长11-17厘米，尾长1-2厘米。体毛主要为沙黄色，腹面为白色。

分布于中国新疆、青海、甘肃和内蒙古西部一带。栖息于荒漠和半荒漠地带。昼行性。善于挖掘洞穴。以草类等为食。

黄兔尾鼠

黑田鼠 *Microtus agrestis*（Field vole）

隶属于啮齿目仓鼠科。体长10-14厘米，尾长3-4厘米。身体背面的毛色为暗褐色，腹面为浅土黄色。足为污白色。

分布于欧洲、俄罗斯、蒙古和中国新疆等地。栖息于沼泽、草甸和林缘等地带。昼行性。善于挖掘洞穴。以草类等为食。每胎产6仔。

黑田鼠

普通田鼠

普通田鼠 *Microtus arvalis*（Common vole）

隶属于啮齿目仓鼠科。体长9-13厘米。体型较小，耳朵短小，往往为毛所遮盖。四肢和尾巴都很短。背面的毛色为黄褐色至深棕色，腹面为灰白色。

分布于欧洲、亚洲北部和中部，以及中国东北和新疆等地。栖息于草原地带。群居。善挖洞，洞道的结构比较复杂，一般离地面不深，从洞穴中挖出的沙土常形成许多小土堆。冬季能在雪下营巢觅食。夜晚活动或昼夜活动。以植物的根、茎、叶、果实和种子等为食。4-5月发情。雌兽的怀孕期为19-25天。每年繁殖4-5窝。每胎产2-9仔。25-45天达到性成熟。寿命为1年。

犬尾田鼠 *Microtus canicaudus*（Grey-tailed vole）

隶属于啮齿目仓鼠科。体长11-12厘米，尾长3-5厘米，体重35-55克。背面的毛色为黄灰色至褐色，腹面为灰白色。

分布于美国西北部。栖息于草原、农田等地带。善于挖掘洞穴。以植物性食物为食。雌兽的怀孕期为21天。每胎产4-5仔。

犬尾田鼠

岩田鼠

岩田鼠 *Microtus chrotorrhinus*（Rock vole）

隶属于啮齿目仓鼠科。体长10-13厘米，尾长4-6厘米，体重30-48克。头部、背面的毛色为橙黄色，腹面较浅。

分布于美国东北部、加拿大东南部。栖息于森林等地带。善于挖掘洞穴。以植物性食物为食。雌兽的怀孕期为19-21天。每胎产3-6仔。

长尾田鼠 *Microtus longicaudus*（Long-tailed vole）

隶属于啮齿目仓鼠科。体长11-12厘米，尾长5-8厘米，体重36-59克。背面的毛色为深灰色，腹面较浅。

分布于美国西部、加拿大西部、阿拉斯加等地。栖息于森林等地带。善于挖掘洞穴。以植物果实、种子、叶、树皮、真菌等为食。每胎产2-8仔。

长尾田鼠

山田鼠 *Microtus montanus*（Montane vole）

隶属于啮齿目仓鼠科。体长 12-16 厘米，尾长 2-6 厘米，体重 18-90 克。背面的毛色为棕褐色，腹面为灰白色。

分布于美国西部、加拿大西南部。栖息于森林、草原等地带。夜行性。以植物性食物为食。怀孕期为 21 天。每胎产 1-10 仔。

山田鼠

根田鼠

根田鼠 *Microtus oeconomus*（Root vole）

隶属于啮齿目仓鼠科。体长 12-16 厘米，尾长 2-6 厘米，体重 18-90 克。耳短，眼小。背面的毛色为棕褐色，腹面为白色至浅皮黄色。尾短。

分布于欧洲、俄罗斯、蒙古、中国西北部、阿拉斯加和加拿大西北部等地。栖息于苔原、森林、草原等地带。夜行性。以植物性食物为食。雌兽的怀孕期为 20-21 天。每胎产 2-3 仔。

草原田鼠 *Microtus pennsylvanicus*（Meadow vole）

隶属于啮齿目仓鼠科。体长 11-14 厘米，尾长 3-6 厘米，体重 33-65 克。耳短，眼小。背面的毛色为褐灰色，腹面为灰色。尾短。

分布于阿拉斯加、加拿大和美国等地。栖息于草原地带。夜行性。以植物种子、叶等为食。

草原田鼠

赤树䶄

赤树䶄 *Arborimus longicaudus*（Red tree vole）

隶属于啮齿目仓鼠科。体长 10-11 厘米，尾长 6-10 厘米，体重 25-47 克。背面的毛色为红褐色至橙红色，腹面较浅。

分布于美国西北部。栖息于森林等地带。夜行性。以植物性食物为食。雌兽的怀孕期为 48 天。每胎产 1-4 仔。

南非沙鼠

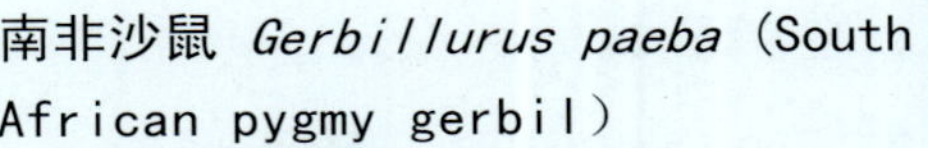

南非沙鼠 *Gerbillurus paeba* (South African pygmy gerbil)

隶属于啮齿目仓鼠科。体长10厘米，尾长11厘米，体重25克。身体背部体毛为暗褐色至橙黄色。腹面为白色。眼大。耳圆。后腿长。尾巴较长。

分布于非洲安哥拉、莫桑比克、津巴布韦、纳米比亚、博茨瓦纳和南非等地。栖息于荒漠地带。单独活动。夜行性。白天在地下挖掘洞穴。以植物性食物，以及昆虫等为食。全年均可繁殖。怀孕期为21天。通常每胎产4仔。

砾原沙鼠 *Gerbillurus setzeri* (Setzer's hairy-footed gerbil)

隶属于啮齿目仓鼠科。体长10厘米，尾长12厘米，体重36克。身体背部体毛为浅褐色。腹面为白色。眼大。耳圆。后腿长。尾巴较长，有银灰色毛。

分布于非洲安哥拉南部和纳米比亚。栖息于沙漠地带。在地下挖掘洞穴。以植物性食物，以及昆虫等为食。全年均可繁殖。怀孕期为21天。

砾原沙鼠

南非大沙鼠

南非大沙鼠 *Tatera afra* (Cape gerbil)

隶属于啮齿目仓鼠科。体长15厘米，尾长15厘米，体重100克。身体背部体毛为橙红色。腹面为白色。眼大。耳圆。尾巴较长。

分布于南非西南部一带。栖息于沙土地带。夜行性。在地下挖掘洞穴。以植物性食物为食。通常在夏季生产。一般每胎产6仔。

海维尔沙鼠 *Tatera brantsii* (Highveld gerbil)

隶属于啮齿目仓鼠科。体长13厘米，尾长13厘米，体重80-95克。身体背部体毛为浅红褐色。腹面为白色。眼大。耳圆。尾巴较长。

分布于津巴布韦、纳米比亚、博茨瓦纳和南非等地。栖息于草原、农田等地带。集小群活动。夜行性。在地下挖掘洞穴。以植物性食物，以及昆虫等为食。全年均可繁殖。怀孕期为22-23天。每胎产3-4仔。

海维尔沙鼠

白腹沙鼠 *Tatera leucogaster* (Bushveld gerbil)

隶属于啮齿目仓鼠科。体长12-13厘米，尾长14-15厘米，体重70克。身体背部体毛为橙黄色至红褐色。腹面为白色。眼大。耳圆。吻部、耳后有白斑。尾巴较长。

分布于赞比亚、马拉维、扎伊尔、坦桑尼亚、安哥拉、莫桑比克、津巴布韦、纳米比亚、博茨瓦纳和南非等地。栖息于沙土地带。单独活动。夜行性。在地下挖掘洞穴。以植物性食物，以及昆虫等为食。通常在夏季生产。每胎产4-5仔。

白腹沙鼠

真沙鼠

真沙鼠 *Tatera valida* (Savanna gerbil)

隶属于啮齿目仓鼠科。身体背部体毛为棕褐色。腹面为白色。眼大。耳圆。耳后有白斑。尾巴较长。

分布于非洲肯尼亚、乌干达、马拉维、安哥拉等地。栖息于干旱地带。夜行性。在地下挖洞居住。以植物根、种子等为食。

短耳沙鼠 *Desmodillus auricularis* (Cape short-eared gerbil)

隶属于啮齿目仓鼠科。体长18厘米，体重50-55克。身体背部体毛为灰褐色至红褐色。腹面为白色。眼大。耳短而圆。耳后有白色斑。四肢和尾巴均很短。

分布于非洲纳米比亚、博茨瓦纳和南非等地。栖息于灌丛、草地等地带。单独活动。夜行性。白天在地下挖洞居住。以植物种子等为食。全年均可繁殖。怀孕期为21天。通常每胎产4仔。

短耳沙鼠

利比亚沙鼠

利比亚沙鼠 *Meriones libycus* (Libyan jird)

隶属于啮齿目仓鼠科。体长13-17厘米，尾长13-17厘米。身体背部体毛为灰棕色，腹面为白色。尾巴棕黄色，末端有黑色簇毛。

分布于利比亚、埃及、阿尔及利亚、突尼斯、苏丹、约旦、阿富汗、巴基斯坦和中国新疆等地。栖息于荒漠草原等地带。昼夜均活动。穴居。以草本植物和沙生灌木的种子等为食。4月发情交配。怀孕期为25天。每年产2胎。每胎产5-8仔。

长爪沙鼠

长爪沙鼠 *Meriones unguiculatus* (Mongolian gerbil)

隶属于啮齿目仓鼠科。体长11-14厘米，尾长9-10厘米，体重48-85克。身体背部体毛为棕灰色，腹面为白色。尾巴上面黑色，下面棕黄色。

分布于俄罗斯东部、蒙古和中国西北、华北、东北等地。栖息于半荒漠草原、农田等地带。昼行性。穴居。以草本植物和植物种子等为食。全年均可繁殖。每年产3-4胎。每胎产5-12仔。

阿尔卑斯松田鼠 *Pitymys multiplex* (Alpine pine vole)

隶属于啮齿目仓鼠科。体长9-11厘米，尾长4-5厘米，体重22克。身体背部体毛为棕灰色，腹面较浅。

分布于瑞士等地。栖息于山区地带。

阿尔卑斯松田鼠

沙氏松田鼠

沙氏松田鼠 *Pitymys savii* (Savi's pine vole)

隶属于啮齿目仓鼠科。体长9-10厘米，尾长3-4厘米，体重24克。身体背部体毛为棕灰色，腹面较浅。

分布于西班牙、葡萄牙、法国南部、意大利南部、西西里岛等地。

欧洲松田鼠 *Pitymys subterraneus* (European pine vole)

隶属于啮齿目仓鼠科。体长7-10厘米，尾长3-4厘米，体重22克。身体背部体毛为褐色，腹面白色。

分布于欧洲西部、中部、南部和东南部一带。

欧洲松田鼠

巴氏岩攀鼠

巴氏岩攀鼠 *Petromyscus barbouri*（Barbour's rock mouse）

隶属于啮齿目仓鼠科。体长7厘米，尾长8厘米。背部体毛主要为褐灰色，腹面白色或浅灰色。外耳壳大而圆。尾长而裸露。

分布于南非西部一带。栖息于多岩石地带。夜行性。

岩攀鼠 *Petromyscus collinus*（Pygmy rock mouse）

隶属于啮齿目仓鼠科。体长9厘米，尾长10厘米，体重20克。背部体毛主要为皮黄色，腹面灰色。外耳壳大而圆。尾长而裸露。

分布于安哥拉、纳米比亚和南非西部一带。栖息于多岩石地带。夜行性。一般在夏季生产。每胎2－3仔。

岩攀鼠

花白竹鼠

花白竹鼠 *Rhizomys pruinosus*（Hoary bamboo rat）

隶属于啮齿目竹鼠科。体长30-39厘米，尾长13-17厘米，体重1.5-2.5千克。体毛主要为灰褐色，毛尖银白色。尾巴裸露无毛。

分布于中国南方、印度东北部、中南半岛、马来西亚、泰国、缅甸等地。栖息于竹丛和芒丛中。在地下营穴居活动。以竹笋和地下茎等为食。雌兽的怀孕期为150天。每胎产1-4仔。

中华竹鼠 *Rhizomys sinensis*（Chinese bamboo rat）

隶属于啮齿目竹鼠科。体长25-29厘米，尾长5-7厘米，体重0.5-1.3千克。身体背部体毛为棕灰色。腹面为灰色。眼小，耳小。四肢和尾巴均很短。

分布于中国中部、南部和西南部一带，以及缅甸北部等地。栖息于山区细竹丛和芒丛中。在地下营穴居活动。以竹笋和地下茎等为食。每年产2胎，春秋各产1胎。每胎产2-5仔。

中华竹鼠

长毛速掘鼠 *Tachyoryctes splendens*（Long-haired mole rat）

隶属于啮齿目竹鼠科。身体前部体毛为深褐色、后部为白色。眼小，耳小。四肢和尾巴均很短。

分布于非洲索马里、埃塞俄比亚、肯尼亚、乌干达等地。栖息于平原沙地竹丛中。在地下营穴居活动。以竹笋和地下茎等为食。

长毛速掘鼠

园睡鼠 *Eliomys quercinus*（Garden dormouse）

隶属于啮齿目睡鼠科。体长 9-13 厘米，尾长 10-17 厘米，体重 45-120 克。身体背部体毛为棕褐色。腹面为白色。眼圈、耳的上边为黑色。尾巴很长，末端白色，中间有黑斑。

分布于欧洲、非洲北部、俄罗斯南部等地。

园睡鼠

林睡鼠 *Dryomys nitedula*（Forest dormouse）

隶属于啮齿目睡鼠科。体长 8-10 厘米，尾长 8-10 厘米。身体背部体毛为棕灰色，腹面为白色。尾巴较长，有蓬松的长毛。

分布于欧洲东部、中部和南部、亚洲中部、阿富汗、印度北部和中国新疆等地。栖息于中、低山山谷地带。善于在树杈上用植物枝叶筑成悬巢居住。大部分时间处于睡眠状态，夜晚出来活动。以植物果实、种子，以及鸟卵等为食。怀孕期为 1 个月。每胎产 2-5 仔。

林睡鼠

榛睡鼠 *Muscardinus avellanarius*（Hazel dormouse）

隶属于啮齿目睡鼠科。体长 6-9 厘米，尾长 6-8 厘米，体重 15-40 克。身体背部体毛为棕灰色，腹面为白色。尾巴较长，有蓬松的长毛。

分布于欧洲西部、东部、中部和南部等地。栖息于森林地带。善于筑巢。大部分时间处于睡眠状态。以植物坚果等为食。

榛睡鼠

肥睡鼠

肥睡鼠 *Glis glis* (Fat dormouse)

隶属于啮齿目睡鼠科。体长11-15厘米，尾长13-19厘米，体重70-180克。身体背部体毛为灰色，杂有黑色，腹面为白色。尾巴较长，有蓬松的长毛。

分布于欧洲西部、东部、中部、南部和亚洲西部等地。

非洲睡鼠 *Graphiurus murinus* (Woodland dormouse)

隶属于啮齿目睡鼠科。身体背部体毛为深灰色。腹面为白色。耳圆。脸部有白色斑。尾巴较长，有蓬松的长毛。

分布于非洲东部、东南部和南部一带。栖息于有植被的多岩石地带。集小群活动。夜行性。以植物果实、种子，以及昆虫等为食。

非洲睡鼠

黑白睡鼠

黑白睡鼠 *Graphiurus ocularis* (Spectacled dormouse)

隶属于啮齿目睡鼠科。身体背部体毛为深灰色。腹面为白色。耳圆。脸部有白色斑。尾巴较长，有蓬松的长毛。

分布于南非等地。栖息于多岩石地带。夜行性。以植物性食物，以及昆虫、蜥蜴等为食。

小非洲睡鼠 *Graphiurus parvus* (Lesser savanna dormouse)

隶属于啮齿目睡鼠科。身体背部体毛为深灰色。腹面为白色。耳圆。尾巴较长，有蓬松的长毛。

分布于非洲从索马里、肯尼亚至马里、塞拉里昂，南至南非等地。栖息于多岩石地带。以植物果实、种子，以及昆虫等为食。

小非洲睡鼠

草地林跳鼠 *Zapus hudsonius*（Meadow jumping mouse）

隶属于啮齿目林跳鼠科。体长 8-9 厘米，尾长 11-14 厘米，体重 12-30 克。身体背部体毛为棕褐色，体侧为橙黄色，腹面白色。尾巴较长。

分布于阿拉斯加、加拿大和美国中东部等地。栖息于草原、丛林等地带。夜行性。从 9-10 至翌年 4-5 月都在休眠。以植物种子、果实、真菌，以及无脊椎动物等为食。怀孕期为 18 天。每胎产 3-6 仔。

草地林跳鼠

美洲林跳鼠

美洲林跳鼠 *Zapus princeps*（Western jumping mouse）

隶属于啮齿目林跳鼠科。体长 9-10 厘米，尾长 13-15 厘米，体重 18-24 克。身体背部体毛为褐色，体侧为橙黄色，腹面白色。尾巴较长。

分布于加拿大西南部、美国西部等地。栖息于高山草甸、沼泽等地带。以植物种子、真菌，以及昆虫等为食。怀孕期为 18 天。每胎产 2-8 仔。

西岸林跳鼠 *Zapus trinotatus*（Pacific jumping mouse）

隶属于啮齿目林跳鼠科。体长 9-10 厘米，尾长 11-16 厘米，体重 20-30 克。身体背部体毛为深褐色，体侧为橙黄色，腹面白色。尾巴较长。

分布于加拿大西南部、美国西北部等地。栖息于草原、森林等地带。夜行性。能爬树。以植物种子、果实，以及昆虫等为食。怀孕期为 18-23 天。每胎产 1-4 仔。

西岸林跳鼠

缘木林跳鼠

缘木林跳鼠 *Napaeozapus insignis*（Woodland jumping mouse）

隶属于啮齿目林跳鼠科。体长 8-10 厘米，尾长 13-16 厘米，体重 14-31 克。身体背部体毛为深褐色，体侧为红橙色，腹面白色。尾巴较长。

分布于加拿大东南部、美国东部等地。栖息于森林地带。以植物种子、果实，以及昆虫等为食。怀孕期为 29 天。每胎产 3-6 仔。

五趾跳鼠

五趾跳鼠 *Allactaga sibirica* (Mongolian five-toed jerboa)

隶属于啮齿目跳鼠科。体长13-15厘米，尾长20厘米，体重95-140克。身体背部体毛为棕黄色。腹面为白色。尾巴末端白色，有黑色环斑。后足5趾，中间3趾发达。

分布于俄罗斯、亚洲中部、蒙古、朝鲜和中国西北、华北等地。栖息于荒漠草原、农田等地带。夜行性。善于跳跃。有冬眠习性。以植物根、茎、叶，以及昆虫等为食。每年产2-3胎。每胎产3-5仔。

肥尾心颅跳鼠 *Salpingotus crassicauda* (Thick-tailed pygmy jerboa)

隶属于啮齿目跳鼠科。体长4-5厘米，尾长10厘米，体重10-14克。身体背部体毛为沙黄灰色。腹面为白色。尾巴基部肥大，末端逐渐变细。后足3趾，足底有毛垫。

分布于亚洲中部、蒙古、中国西北等地。栖息于荒漠地带。夜行性。以植物及昆虫等为食。每胎产2-3仔。

肥尾心颅跳鼠

南非豪猪

南非豪猪 *Hystrix africaeaustralis* (Cape porcupine)

隶属于啮齿目豪猪科。体长71-76厘米，体重12-18千克。全身体毛为黑色或褐色，肩部至尾密被圆形中空的黑色硬棘，末端白色。尾巴短，也有硬棘。

分布于赤道以南非洲大陆的广大地区。栖息于森林、草原、沙漠等地带。夜行性。集小群生活。以植物为食。全年均可繁殖。怀孕期为93-94天。

尼泊尔豪猪 *Hystrix hodgsoni* (Nepalese Porcupine)

隶属于啮齿目豪猪科。体长55-77厘米，尾长8-14厘米，体重10-14千克。全身体毛为黑色或褐色，肩部至尾密被圆形中空的硬棘。尾巴短，也有硬棘。

分布于中国长江流域以南地区，以及尼泊尔、锡金、孟加拉国、印度东北部、缅甸、泰国等地。栖息于热带、亚热带森林、草坡等环境。夜行性。以植物的块根、块茎和果实等为食。每年10-11月发情。怀孕期为4个月。春季产仔。每年产1胎，每胎1-4仔。寿命为12-15年。

尼泊尔豪猪

云南豪猪 *Hystrix yunnanensis* (Yunnan short-tailed porcupine)

隶属于啮齿目豪猪科。体长64-73厘米，尾长6-11厘米，体重17-30千克。全身体毛为黑色或褐色，肩部至尾密被圆形中空的硬棘。尾巴短，也有硬棘。

分布于中国云南西部、缅甸东部等地。栖息于热带、亚热带林缘地带。夜行性。以植物的块根、块茎和果实等为食。怀孕期为112天。每年产1胎，每胎产1-2仔。寿命为20年。

云南豪猪

扫尾豪猪 *Atherurus macrourus* (Asiatic brush-tailed porcupine)

隶属于啮齿目豪猪科。体长40-50厘米，尾长20厘米，体重7-10千克。体毛为暗褐色，头小，吻尖，头部毛刚硬，从肩部至尾部密被长棘刺。四肢短。尾长，尾端有毛束，行走时像扫帚一样拖在身后。

分布于中国南方、马来西亚、泰国、印度东北部、越南北部等地。栖息于热带和亚热带的丛林地区。居于树洞中，成小群生活。夜行性。行动较灵活，能攀爬上树。以植物的根、叶等为食。繁殖期不固定。怀孕期为4个月。每胎产2-4仔。1.5岁性成熟。寿命为14-16年。

扫尾豪猪

非洲帚尾豪猪 *Atherurus africanus* (African brush-tailed porcupine)

隶属于啮齿目豪猪科。体长40-62厘米，尾长15-23厘米，体重2-4千克。全身体毛为黑色或褐色，肩部至尾密被圆形中空的黑白相间的硬棘。

分布于非洲中部、西部从肯尼亚至冈比亚一带。栖息于森林、草原等地带。夜行性。单独或集小群生活。以植物的根、茎、树皮等为食。每胎产1-4仔。

非洲帚尾豪猪

美洲豪猪 *Erethizon dorsatum* (North American porcupine)

隶属于啮齿目美洲豪猪科。体长42-105厘米，尾长18-25厘米，体重3.5-18千克。全身体毛为黑色，杂有白色，身体后部密被硬棘。

分布于阿拉斯加、加拿大、美国中西部和东北部、墨西哥北部等地。栖息于森林、苔原、荒漠等地带。单独活动。以植物的根、茎、果实、树皮等为食。怀孕期为204-215天。

美洲豪猪

卷尾豪猪

卷尾豪猪 *Coendou mexicanus* (Mexican tree porpupine)

隶属于啮齿目美洲豪猪科。身体为棕黄色，杂有黑色或黑褐色。全身密被硬棘。尾巴很长，具缠绕性。

分布于墨西哥至巴拿马西部等地。栖息于森林地带。树栖。夜行性。一般在树顶、树洞或地洞中休息。以植物叶、嫩茎、果实等为食。

玻利维亚卷尾豪猪 *Coendou prehensilis* (Prehensile-tailed porcupine)

隶属于啮齿目美洲豪猪科。全身体毛为黄褐色，身体前部的硬棘为黑色，后部为黄褐色。尾巴可以卷曲。

分布于巴西、玻利维亚、委内瑞拉和圭亚那等地。栖息于森林等地带。能爬树。可以用尾巴缠绕树枝倒挂在树上。以植物叶、根、茎、花和果实等为食。

玻利维亚卷尾豪猪

豚鼠 *Cavia porcellus* (Guiana-pig)

隶属于啮齿目豚鼠科。体长22-34厘米，体重400-700克。体毛有黑、白、灰色、蓝色和花色等，具有光泽。头大。尾巴只有痕迹存在。前肢具4趾，后肢具3趾，趾端具有蹄形爪。

分布于巴西、秘鲁、圭亚那、巴拉圭、哥伦比亚等地。栖息于空旷的荒野中。营穴居生活。夜行性。白天隐藏于洞穴中睡觉。喜欢群居。性情温顺，胆小。以植物性食物为食。每年产3-5胎。怀孕期为2个月。每胎产4-6仔。雌性35-45天达到性成熟，雄性为70天。寿命为4-5年。

豚　鼠

阿根廷长耳豚鼠 *Dolichotis patagonum* (Patagonian cavy)

隶属于啮齿目豚鼠科。体长45-75厘米，尾长4-5厘米。体形较大。背部体毛为黑褐色，体侧、颈部为棕色，腹面为白色。

分布于阿根廷南部一带。栖息于草原、荒漠等地带。营穴居生活。善于奔跑。以植物性食物为食。每胎产3-4仔。

阿根廷长耳豚鼠

水豚 *Hydrochoerus hydrochaeris*（Capybara）

隶属于啮齿目水豚科。体长100一120厘米，体重50-60千克。头大，吻部钝圆。耳小。前肢4趾，后肢3趾，趾间略具蹼。尾退化。体毛粗糙，略似猪毛，呈暗灰黄色。

分布于巴西、巴拉圭、委内瑞拉和阿根廷北部等地。栖息于热带水草丰盛的河、湖及沼泽岸边。结小群生活。昼行性。善于游泳和潜水，能在水底行走。性情温和，胆小，警惕性高，有危险时迅速跃入水中。以水草和岸边的植物为食。繁殖期不固定。怀孕期为4-5个月。每胎产2-6仔。1.5-2岁达到性成熟。寿命为10-12年。

水　豚

长尾豚鼠

长尾豚鼠 *Dinomys branickii*（Pacarana）

隶属于啮齿目花背豚鼠科。体长73-79厘米，尾长20厘米。背部体毛为黑褐色至黑色，后部有许多白色斑点。腹面较浅。

分布于秘鲁、厄瓜多尔、巴西、哥伦比亚和玻利维亚西部等地。栖息于山地森林等地带。营穴居生活。

橙色毛刺豚鼠 *Dasyprocta aguti*（Agouti）

隶属于啮齿目毛臀刺鼠科。背部体毛为棕褐色，腹面较浅。

分布于巴西、圭亚那、委内瑞拉、圣文森特等地。栖息于森林等地带。善于奔跑和游泳。

橙色毛刺豚鼠

绒毛丝鼠

绒毛丝鼠 *Chinchilla laniger*（Chinchilla）

隶属于啮齿目绒鼠科。体长25-26厘米，尾长17-18厘米，体重5-6千克。背部体毛为灰色，有黑色斑。腹面较浅。

分布于智利北部、玻利维亚等地。栖息于干燥的高山岩石地带。群居。以草、苔藓、地衣等为食。每年产1-3胎。怀孕期为100天。每胎产1-6仔。

门多隆栉鼠

门多隆栉鼠 *Ctenomys mendocinus* (Tuco-tuco)

隶属于啮齿目梳鼠科。体长23厘米。耳小，眼小。背部体毛为棕褐色。腹面较浅。

分布于阿根廷等地。栖息于沙土地带。营穴居生活。以植物块根、茎、叶等为食。

河狸鼠 *Myocastor coypus* (Nutria)

隶属于啮齿目牛鼠科。体长50-60厘米，尾长30-33厘米，体重5-6千克。全身体毛主要为灰黄褐色，有光泽。头大，门齿发达，露出唇外。吻部有一圈白色，嘴侧生有粗硬的白色胡须。耳宽而短。眼小。前肢粗短，无蹼；后肢长，1、2趾间无蹼，其余趾间均有蹼。尾呈圆锥形，被有稀疏的毛和角质鳞片。

原分布于巴西南部、巴拉圭、玻利维亚、智利、阿根廷等地，后引入到北美洲、欧洲、亚洲等广大地区。栖息于湖泊、溪流的岸边及沼泽地区。在岸边的斜坡上挖洞为巢，洞口常常是一半露在水面上，一半浸入水中。夜行性。善于游泳和潜水。以水生植物的根、茎、叶为食，也吃陆地上的植物。一年四季均可繁殖，每年产2-3胎。怀孕期为4个月。每胎产5-7仔。4-7个月达到性成熟。寿命为8-9年。

河狸鼠

大藤鼠

大藤鼠 *Thryonomys swinderianus* (Great cane rat)

隶属于啮齿目藤鼠科。体长35-72厘米，尾长7-25。全身体毛主要为黄褐色，有光泽。耳宽而短。眼较小。尾短。

分布于苏丹、乌干达、扎伊尔、中非共和国、尼日利亚、安哥拉、莫桑比克和南非等地。栖息于河岸沼泽地带。集小群活动。以水生植物的嫩芽、根为食。每年产2胎。雌兽的怀孕期为152天。每胎产4仔。

非洲岩鼠 *Petromus typicus* (African rock rat)

隶属于啮齿目岩鼠科。体长14-20厘米，尾长13-18厘米，体重190克。背部体毛主要为灰褐色至栗色，腹面污白色至黄色。耳壳圆。眼较小。

分布于安哥拉南部、纳米比亚和南非西北部等地。栖息于多岩石的地带。白天活动。以植物的花、叶等为食。每胎产1-2仔。

非洲岩鼠

复尾滨鼠 *Bathyergus janetta*（Namaqua dune mole-rat）

隶属于啮齿目滨鼠科。体重450-710克。背部体毛主要为黑褐色，腹面银白色。鼻部有小块白斑。吻鼻部较平。没有外耳壳。眼小。门齿发达，露出唇外。尾短。

分布于南非南部、西南部。栖息于沿岸较软的沙土地带。单独活动。穴居。以植物的根、茎、叶等为食。7-8月发情交配。每年产1-2胎。每胎产2-3仔。

复尾滨鼠

南非滨鼠

南非滨鼠 *Bathyergus suillus*（Cape dune mole-rat）

隶属于啮齿目滨鼠科。体长25-35厘米，体重1-2.5千克。全身体毛主要为褐色，额部有小块白斑。吻鼻部较平。没有外耳壳。眼小。门齿发达，露出唇外。尾短。

分布于南非南部、西南部。栖息于沿岸较软的沙土地带。单独活动。穴居。以植物的根、茎、叶等为食。

岬鼠 *Georychus capensis*（Cape mole-rat）

隶属于啮齿目滨鼠科。体长15-21厘米，尾长1-4厘米，体重180-350克。背部体毛主要为黑色或暗褐色，腹面为灰白色。颊部、喉部、眼周等有大块白色斑。额部、脸部白色。外耳壳很小。眼小。门齿发达，露出唇外。四肢短。尾短。

分布于南非东部、南部等地。栖息于沙土等各种类型的土地中。单独活动。善于挖掘洞穴。以植物的根、茎、叶等为食。怀孕期为44天。每胎产2-10仔。一般在8-12月生产。

岬 鼠

达马拉隐鼠

达马拉隐鼠 *Cryptomys damarensis*（Damara mole-rat）

隶属于啮齿目滨鼠科。体重160-300克。全身体毛主要为棕红色，头部和身体上有白色斑纹。外耳壳很小。眼小。门齿发达，露出唇外。四肢短。尾短。

分布于非洲津巴布韦、博茨瓦纳、纳米比亚和南非北部等地。栖息于沙丘地带。群居。善于挖掘洞穴。以植物的根、茎、叶等为食。怀孕期为80天。每胎产1-5仔。

普通隐鼠

普通隐鼠 *Cryptomys hottentotus*（Common mole-rat）

隶属于啮齿目滨鼠科。体重60-140克。全身体毛主要为灰白色。外耳壳很小。眼小，有白色眼圈。门齿发达，露出唇外。尾短。

分布于非洲苏丹、坦桑尼亚、扎伊尔、乌干达、尼日利亚和南非等地。栖息于各种类型的土地中。群居。善于挖掘洞穴。以植物的根、茎、叶等为食。怀孕期为60天。每胎产1-4仔。

裸鼹鼠 *Heterocephalus glaber*（Naked mole-rat）

隶属于啮齿目滨鼠科。体长8-10厘米，尾长3-4厘米。全身几乎无毛。

分布于非洲肯尼亚、索马里、埃塞俄比亚、苏丹等地。栖息于沙漠地带。营地下生活，偶尔在夜间到地面活动。善于挖掘洞穴居住。群居。以植物的根、茎，以及昆虫等为食。

裸鼹鼠

软毛梳趾鼠 *Pectinator spekei*（Speke's gundi）

隶属于啮齿目梳趾鼠科。背面体毛主要为浅褐色，腹面较浅。眼圈、耳边有白色眼圈。

分布于非洲摩洛哥、突尼斯、利比亚等地。栖息于干旱、半干旱地区的岩石地带。

软毛梳趾鼠

十八、鲸目 CETACEA

鲸目动物的体形差异很大，小型的体长只有1米左右，最大的可达30米以上。它们中的大部分种类生活在海洋中，仅有少数种类栖息在淡水环境中，体形同鱼类十分相似，体形均呈流线型，适于游泳，所以俗称为鲸鱼，但这种相似只不过是生物演化上的一种趋同现象。因为鲸目动物具有胎生、哺乳、恒温和用肺呼吸等特点，与鱼类完全不同，因此属于兽类。

鲸目动物的共同特点是：体温恒定，大约为35.5℃左右；皮肤裸出，没有体毛，仅吻部具有少许刚毛，没有汗腺和皮脂腺；其皮下的脂肪很厚，可以保持体温并减轻身体在水中的比重；头骨发达，但脑颅部小；颜面部大，前额骨和上颌骨显著延长，形成很长的吻部；颈部不明显，颈椎有愈合现象，头与躯干直接连接；前肢呈鳍状，趾不分开，没有爪，肘和腕的关节不能灵活运动，适于在水中游泳；后肢退化，但尚有骨盆和股骨的残迹，呈残存的骨片；尾巴退化成鳍，末端的皮肤左右向水平方向扩展，形成一对大的尾叶，但并不是由骨骼支持的；脊椎骨在狭长的尾干部逐渐变细，最后在进入尾鳍之前消失；尾鳍和鱼类不同，可作上下摆动，是游泳的主要器官。有些种类还具有背鳍，用来平衡身体。它们的骨骼具有海绵状组织，体腔内有较多的脂肪，可以增大身体的体积，减轻身体的比重，增大浮力。

它们的眼睛都很小，没有泪腺和瞬膜，视力较差；耳朵没有外耳壳，外耳道也很细，但听觉十分灵敏，并能感受超声波，靠回声定位来寻找食物、联系同伴或逃避敌害；外鼻孔有1-2个，位于头顶，俗称喷气孔，一般鼻孔位置越靠后者进化程度越高；用肺呼吸，左右各有一叶肺，其中有许多毛细血管，富有弹性，能有助于氧的流通，适应在水面上进行的气体交换，每隔一段时间需要浮出水面来进行换气，也能潜水较长时间；肋骨有10-20对；胃分为4个室；肾脏大多为瘤状；雄兽的睾丸位于腹腔内；雌兽在水中产仔和哺乳，子宫为双角形，有一对乳房，位于生殖器两侧的乳沟内，有细长的乳头，乳汁中含有丰富的钙、磷和大量的脂肪。幼仔在胚胎期间都具有牙齿，但须鲸类的牙齿在出生时被须所取代，而齿鲸类的牙齿则终生保留。

鲸目动物的祖先原来也是在陆上用四肢行走的动物，可能是主要生活在海滨一带的食虫目或食肉目动物，后来由于被水中的鱼类等食物所吸引，经过漫长的岁月，又从陆地回到了海洋，并逐渐了适应海洋生活。最早的鲸是出现在大约5500万-3600万年前的始新世中期的始鲸、始齿鲸和始新世后期的原鲸等，它们和现存的鲸相比：头骨比较小，鼻孔位于头部的前方，尚未移至头的上方，牙齿和古代的食虫目和食肉目动物差不多，都是44枚或不足44枚，齿形、头骨也很相像，已具有适应在海水中生活的、与鱼类相似的体形。

现生的鲸目动物一般分为2个类群，即：须鲸类和齿鲸类。二者最大的区别是须鲸类的口中有须，没有牙齿，外鼻孔有2个，而齿鲸类的口中没有须，有牙齿，外鼻孔只有1个。

鲸目动物以水生动物为食。分布于世界各海洋中，以及亚洲、北美洲和南美洲的少数淡水水域。

鲸目共有11科，即：鼠海豚科（Phocoenidae）、尖嘴海豚科（Stenidae）、海豚科（Delphinidae）、河豚科（Platanistidae）、抹香鲸科（Physeteridae）、剑吻鲸科（Ziphiidae）、一角鲸科（Monodontidae）、圆头鲸科（Globicephalidae）、灰鲸科（Eschrichtiidae）、露脊鲸科（Balaenidae）和长须鲸科（Balaenopteridae）。

无喙鼠海豚 *Phocoenoides dalli*（Dall's porpoise）

隶属于鲸目鼠海豚科。体长210-220厘米，体重210千克。头部较短，吻部短而尖。眼睛较小。背鳍很小，鳍肢也较小。尾鳍分为左右两叶，呈水平状。背面主要为黑色，腹部为白色，延伸至体侧形成大块白斑。

分布于北太平洋、白令海、鄂霍茨克海、日本海等海域。栖息于海洋中。结群活动。以各种海洋鱼类和乌贼等为食。怀孕期为10-11个月。每胎产1仔。3-5岁达到性成熟。寿命为22年。

无喙鼠海豚

大西洋鼠海豚

大西洋鼠海豚 *Phocoena phocoena*（Common porpois）

隶属于鲸目鼠海豚科。体长为170-180厘米，体重90千克。头部较圆，没有喙。背鳍呈三角形，位于身体中间略后，尖端稍向后屈。鳍肢较小，呈卵圆形，具有5指。背部为蓝灰色，腹部为白色，过渡区为晕色，腰部近似黑色。鳍肢和尾柄部分为深蓝色，鳍肢的基部为白色，上面的颜色较深。鳍肢的基部至口角之间有深色带。

分布于大西洋、太平洋，以及黑海、地中海、亚速海等海域。栖息于近海的浅湾处。喜集群，有时多达50只至数百只。以鲱鱼、鳕鱼、鲳鱼等鱼类为食，也吃乌贼、甲壳类，以及鱼卵等。夏季发情交配，怀孕期为1年，每胎产1仔。3-4岁达到性成熟。

江　豚

江豚 *Neophocaena phocaenoides*（Finless porpoise）

隶属于鲸目鼠海豚科。体长120-190厘米，体重100-220千克。头部较短，近似圆形，额部稍微向前凸出，吻部短而阔，上下颌几乎一样长，牙齿短小，左右侧扁呈铲形。眼睛较小。没有背鳍，鳍肢较大，呈三角形。尾鳍较大，分为左右两叶，呈水平状。全身为蓝灰色或瓦灰色，腹部颜色浅亮，唇部和喉部为黄灰色，腹部有一些形状不规则的灰色斑。

分布于中国渤海、黄海、东海、南海和长江等水域，以及西太平洋、印度洋、日本海等热带至温带水域。栖息于咸淡水交界的海域，也能在大小河川的下游地带等淡水中生活。单独、成对或结小群活动。性情活泼。以青鳞鱼、玉筋鱼、鳗鱼、鲈鱼、鲚鱼、大银鱼等鱼类和虾、乌贼等为食。每年10月生产，每胎产1仔。

糙齿长吻海豚 *Steno bredanensis*（Rough-toothed dolphin）

隶属于鲸目尖嘴海豚科。体长223-275厘米，体重120-140千克。身体呈纺锤形，以背鳍处最粗。背鳍较高，呈三角形，后缘似镰刀状凹入。喙特别狭长。鳍肢很长，具有5指。身体大部分为炭灰色或黑色，具白色、淡红色、象牙色的斑点。

分布于大西洋、印度洋、东南太平洋的热带至暖温带海域，偶尔也进入较冷的水域。结群活动。以鱼类为食，有时也吃章鱼等头足类动物。

糙齿长吻海豚

中华白海豚

中华白海豚 *Sousa chinensis*（Indo-Pacific hump-backed dolphin）

隶属于鲸目尖嘴海豚科。体长为220-250厘米，体重为250-235千克。身体浑圆，呈流线型。上、下颌的每侧都有32-36枚圆锥形的牙齿，齿列稀疏。吻部狭、尖而长。鳍肢上具有5指。全身都呈象牙色或乳白色，背部散布有许多细小的灰黑色斑点，有的腹部略带粉红色，短小的背鳍、细而圆的胸鳍和匀称的三角形尾鳍都是近似淡红色的棕灰色。

分布于非洲、中国、印度尼西亚、澳大利亚、几内亚等地的沿海海域。常3-5只在一起单独活动。性情活泼。游泳速度很快。主要以鱼类为食，包括鲻科和石首鱼科鱼类的幼体，也吃小黄鲷和小鲳鱼等。6-7月间在水中交配，雌兽的怀孕期为10个月左右，产仔于翌年3-4月。2-3年达到性成熟。寿命为25-35岁。

热带真海豚 *Delphinus capensis*（Cape dolphin）

隶属于鲸目海豚科。体长193-254厘米，体重135千克。身体呈纺锤形，喙细长。额与喙的交界处有明显的沟状缢缩。背鳍为三角形，中央有一个三角形的淡色区。鳍肢为三角形，末端较尖。身体的背部为蓝黑灰色，腹面为白色。体侧前下方有大块的白色斑。

分布于印度洋、太平洋的热带海域。结群活动。行动敏捷。以鱼类和乌贼等为食。雌兽的怀孕期为10-11个月。

热带真海豚

真海豚

真海豚 *Delphinus delphis*（Common dolphin）

隶属于鲸目海豚科。体长200-220厘米，体重75-85千克。身体呈纺锤形，喙细长。上、下颌的左右两侧各有40-65枚小而尖的牙齿。额与喙的交界处有明显的沟状缢缩。背鳍为三角形。鳍肢为三角形，具5指。身体的背部为蓝黑灰色，腹面为白色。从眼睛向后到肛门之间，通常有两条瓦灰色的带，从鳍肢的基部到下颌还有一条黑色的带。眼睛的周围有一个黑色的环。

分布于太平洋、大西洋和印度洋等各大海洋以及黑海等。常以数十只或几百只为群。行动敏捷。以鱼类和乌贼为食。主要在春季和秋季发情交配。雌兽每隔2-3年生育一次，怀孕期为10-11个月。寿命为25-30年。

白点原海豚 *Stenella attenuata*（White-dotted dolphin）

隶属于鲸目海豚科。体长为160-260厘米，体重100千克。身体呈纺锤形，背鳍为三角形。喙很长。身体背面铁蓝色，腹面灰色。深色部分有灰色细斑点，灰色区有许多白斑点。背鳍、鳍肢和尾鳍都是黑色。

分布于太平洋、印度洋、南大西洋的海域。栖息于海洋中。主要以鱼类为食。春季和秋季交配，雌兽的怀孕期为11个月左右。哺乳期为29个月。8-10年达到性成熟。

白点原海豚

大西洋原海豚

大西洋原海豚 *Stenella clymene*（Atlantic spinner dolphin）

隶属于鲸目海豚科。体长为180-200厘米，体重85千克。身体呈纺锤形，背鳍为三角形，位于身体的中部，后缘呈镰刀状凹入。喙长。身体背面为深灰色，体侧为浅灰色，腹面为白色。鳍肢呈三角形。

分布于大西洋热带、暖温带海域。栖息于海洋中。主要以鱼类为食。

蓝白海豚 *Stenella coeruleoalba*（Striped dolphin）

蓝白海豚

隶属于鲸目海豚科。体长240-270厘米，体重100千克。体形为纺锤形。喙部不太长，为深蓝色。前额呈圆形膨大。背鳍和鳍肢为三角形，具有5指。身体的背面为深蓝色，腹面为白色，全身没有小斑点。眼睛的周围为黑色。从眼睛到喙与额的交界处有一条黑带。

分布于太平洋、大西洋的热带和温带海域。喜欢集群游泳，通常为100只左右。性情比较温顺而胆怯。以乌贼等为食，也吃青鱼、鲱鱼、沙丁鱼、烛光鱼等。怀孕期为11-12个月。9岁达到性成熟。寿命为25-30年。

长吻原海豚 *Stenella longirostris*（Spinner dolphin）

隶属于鲸目海豚科。体长为180-240厘米，体重75千克。喙部很长。背鳍比较小，呈三角形。尾鳍的缺刻比较深。背部为炭灰色，腹部白色或灰色，全身有很多细小的斑点。喙的上部、下颌的唇及前端为黑色。眼睛至额与喙的交界处有一条黑带，从喙的上部往后并越过口角还有一条细的黑带。

分布于太平洋、印度洋和大西洋热带海域。喜欢集成数十只到数百只的大群活动。游泳的速度较快。性情活泼，喜欢跃出水面。以中、上层群栖性鱼类和乌贼等为食。怀孕期为10-11个月。每胎产1仔。

长吻原海豚

花斑原海豚 *Stenella frontalis*（Pantropical spotted dolphin）

花斑原海豚

隶属于鲸目海豚科。体长180-190厘米。身体呈纺锤形。喙不太长。背鳍和鳍肢呈三角形，鳍肢具有5指。身体背面黑色，腹面白色。体侧大部分为灰色，但前半部分带有绛紫色，后半部分带有蓝色，喉部为灰色。喙为黑色。眼睛的周围有黑色环，从黑环向前各有一条黑带。鳍肢的前缘至口角之间也有一条黑带。全身有很多不规则的小斑点。

分布于太平洋、印度洋、大西洋的热带、暖温带海域。大多集成数十只到数百只的大群，性情活泼，喜欢跃出水面。以中、上层鱼类为食，也吃头足类动物。怀孕期为10-11个月。6-8岁达到性成熟。

宽吻海豚 *Tursiops truncatus* (Bottlenosed dolphin)

宽吻海豚

隶属于鲸目海豚科。体长250-370厘米，体重118千克。头部的喙比较长。额部隆起。背鳍为三角形，位于身体中部附近。鳍肢的位置很靠前。上下颌各有20-50对较大的牙齿。身体背面是发蓝的钢灰色或瓦灰色，向腹部逐渐过渡为淡色。喷气孔至前额之间有深色带，眼睛到喙之间也有1-2条深色带。

分布于大西洋、印度洋、南太平洋、地中海、黑海、红海等温带和热带各大海洋中，在我国见于渤海、黄海、东海、南海和台湾海等海域。栖息于靠近陆地的浅海地带。群居。以带鱼、鲅鱼、鲻鱼等鱼类为食，也吃乌贼等头足类动物。每年2-5月交配和产仔。怀孕期为11-12个月，生殖间隔为2年左右。哺乳期为12-18个月，5-12年达到性成熟。寿命为30-35年。

沙捞越海豚 *Lagenodelphis hosei* (Fraser's dolphin)

沙捞越海豚

隶属于鲸目海豚科。体长210-270厘米，体重164-209千克。喙比较短。背鳍三角形。鳍肢和尾鳍较小。背部灰黑色，腹部白色，体侧具有复杂的斑纹。上颌的基部有一条黑带在口角处与起自下颌中部的黑带相连，头部至肛门之间也有一条很宽的黑带。眼睛的周围为黑色，鳍肢和尾鳍都是黑色。

分布于太平洋、印度洋、西大西洋的热带海域。栖息于海洋中。喜欢集群，大多为数十只到百只以上，并且常与瓜头鲸、条纹原海豚等混群。主要以褐鳕、水珍鱼等深水鱼类和乌贼等为食。

白腰斑纹海豚 *Lagenorhynchus acutus* (Atlantic white-sided dolphin)

隶属于鲸目海豚科。体长190-280厘米，体重为180-230千克。喙比较短。背鳍三角形。鳍肢和尾鳍较小。背部灰黑色，腹部白色，体侧具有复杂的灰色、白色和浅黄色斑纹。鳍肢和尾鳍均为黑色。

分布于北大西洋海域。栖息于海洋中。喜欢集群。主要以各种海洋鱼类和乌贼等为食。怀孕期为11个月。一般在夏季生产。6-8年达到性成熟。寿命为22-27年。

白腰斑纹海豚

白吻斑纹海豚

白吻斑纹海豚 *Lagenorhynchus albirostris* (White-beaked dolphin)

隶属于鲸目海豚科。体长180-310厘米，体重为306-354千克。喙比较短。背鳍三角形。鳍肢和尾鳍较小。背部为暗灰色或黑色，腹部白色。鳍肢和尾鳍均为黑色。

分布于北大西洋、波罗的海、北海等海域。栖息于海洋中。喜欢集群。主要以各种海洋鱼类和乌贼等为食。

镰鳍斑纹海豚 *Lagenorhynchus obliquidens* (Pacific white-sided dolphin)

隶属于鲸目海豚科。体长200-230厘米，体重90千克。身体呈纺锤形。有不明显的喙。背部和腹部的侧面有明显的棱状皮肤嵴。背鳍高而呈镰刀状向后弯曲，前边为黑色，后边色淡，近似白色。鳍肢和尾鳍都是黑色，鳍肢呈三角形。头部和上颌为黑色，下颌仅唇部为黑色，其余部分为白色。身体的背面为黑色，腹面白色，体侧灰色，由背部向体侧的过渡区域为晕纹状，体侧从后斜向背鳍前方有一些像毛刷涂抹状的灰色条纹。从口角至鳍肢的前缘、并越过鳍肢经体侧至肛门之间有一条黑带。

分布于北极附近海域和北太平洋、北大西洋等海域。喜欢结群游动，通常为20-30只或100只以上。以乌贼以及鳕鱼等群游鱼类为食。春季和夏季发情交配。怀孕期为10-12个月。

镰鳍斑纹海豚

暗黑斑纹海豚

暗黑斑纹海豚 *Lagenorhynchus obscurus* (Dusky dolphin)

隶属于鲸目海豚科。体长180-210厘米，体重115千克。身体呈纺锤形。喙狭长。背鳍较大，后缘凹入较浅。身体的背面为黑色，腹面白色。喙和眼周围、鳍肢和尾鳍的上、下面均为黑色。鳍肢基部至眼之间有一条细的黑带。腹面自肛门稍后方起伸出几条白色岬，嵌入背部的黑色区内。

分布于南美洲、非洲南部、大洋洲等南半球的温带和寒温带海域。栖息于沿岸地带。

灰海豚 *Grampus griseus*（Risso's dolphin）

隶属于鲸目海豚科。体长为350-430厘米，体重350-400千克。身体的前部很粗，后部很细。头部较圆，没有喙。头部前端的正中线处略微凹陷。口裂非常大，略微向后上方倾斜。鼻孔的后面隆起，呈高而尖的三角形。背鳍狭而高，末端尖，后缘呈镰刀状凹入，位于身体的中部。鳍肢不太大，狭窄而向后屈，具有5指。尾鳍的形状和有喙的海豚类很相似。全身的体色基本上都是灰色，但背部略微带有蓝灰色，腹面稍淡。

分布于以温带海域为主的世界各大海洋。栖息于深水海域中。结小群活动。以小型的乌贼类为食。一般在12月产仔，怀孕期为14个月。寿命为24年。

灰海豚

北鲸豚 *Lissodelphis borealis*（Northern right whale dolphin）

隶属于鲸目海豚科。体长200-310厘米，体重113千克。身体呈流线型。没有背鳍。背部主要为黑色，腹面为白色，喉部白色向体侧扩展，形成半圆形斑。头部为黑色，下颌末端有小白斑。

分布于新西兰附近的南太平洋和非洲南部、西南部海域。栖息于海洋中。结群活动，可达1000只以上。游泳迅速。以深海鱼类、头足类动物等为食。怀孕期为12个月。每胎产1仔。10岁达到性成熟。

北鲸豚

赫氏海豚 *Cephalorhynchus heavisidii*（Heaviside's dolphin）

隶属于鲸目海豚科。体长120-180厘米，体重75千克。喙不明显。背部隆起。背鳍呈三角形，位于身体中部略后，上端尖。鳍肢不大，呈三角形，狭而尖，前缘弧形。尾鳍不大，后缘中央分叉点上有缺刻。背部主要为蓝黑色，下后方有白色斑纹，腹面白色。

分布于新西兰附近的南太平洋和非洲南部、西南部海域。栖息于沿岸海域。主要在夜晚和清晨捕食。以鱼类、头足类动物等为食。

赫氏海豚

白鳍豚 *Lipotes vexillifer*（White-flag dolphin）

隶属于鲸目河豚科。体长190-248厘米，体重64-167千克。吻部狭长，上下颌两边密排着130多枚圆锥形的牙齿，前额呈圆形隆起。皮肤细腻光滑，背面浅灰蓝色，腹面洁白色。前肢为鳍肢，背鳍呈三角形。后肢退化，尾部末端左右平展，分成两叶，呈新月形。有一个长圆形凹穴状的鼻孔或呼吸孔长在头顶的左上方。眼睛很小，已经退化，位于嘴角的后上方。耳朵只有一个小洞，位于眼的后方，外耳道已经消失。

白鳍豚

分布于中国长江及沿江的大型湖泊和较大的支流中。栖息于水深流急的江段，特别是长江与其支流交汇的地方或湖口处，有时进入沿江的大型湖泊中。性情温顺。群居。每隔20-30秒钟要露出水面呼吸一次。以淡水鱼类为食。每年有两次发情期，分别在3-5月和8-10月。怀孕期为10-11个月，每隔一年生1胎，每胎产1仔。

抹香鲸

抹香鲸 *Physeter macrocephalus*（Sperm whale）

隶属于鲸目抹香鲸科。体长1300-2300厘米，体重15-70吨。头部特别大，几乎占体长的四分以一到三分之一。耳孔极小。上颌没有牙齿或仅有10-16枚退化的齿痕，下颌有20-28对圆锥形的狭长大牙齿。鼻孔在头的两侧分开，喷水孔开在头的前端左侧。没有背鳍。鳍肢较短。尾鳍较大。身体的背面为暗黑色，腹面为银灰或白色。

分布于中国黄海、东海、南海和台湾海域，以及世界各大海洋中。喜欢结群生活。游泳十分迅速。潜泳的能力也很强。性情十分凶猛，食量极大。食物为各种乌贼、章鱼，以及鳕鱼、鲈鱼、梭鱼、沙鱼和其他鱼类。春季发情，每胎产1仔。7-8岁时性成熟，寿命可达70年。

小抹香鲸 *Kogia breviceps*（Pygmy sperm whale）

隶属于鲸目抹香鲸科。体长340-400厘米，体重500千克。头较小。吻部的前突呈三角形。喷气孔位置靠前。有背鳍，呈镰刀形，位于身体中部的后面。鳍肢不太长，末端较尖，具有5指。尾鳍中等，背鳍与鳍肢之间是身体最粗的部位，由此向后逐渐变细。肛门至尾鳍之间的体形呈侧扁状。背部为炭灰色或藏蓝色，腹面为灰色或白色。鳍肢的上面为瓦灰色，下面颜色略淡。尾鳍的上下两面都是灰色或瓦灰色。由耳孔向后及后下方有“之”字形的白花纹。

小抹香鲸

分布于大西洋、印度洋和太平洋的热带至温带水域。栖息于海洋中。喜欢集成3-5只的小群在一起活动，以乌贼、鱼类等为食，还吃沿岸一带活动的蟹类。

倭抹香鲸

倭抹香鲸 *Kogia simus*（Dwarf sperm whale）

隶属于鲸目抹香鲸科。体长为210-270厘米，体重300-350千克。体形小，背鳍较高，位于背的中部。背部为炭灰色或藏蓝色，腹面为灰色或白色。

分布于热带和亚热带海域。栖息于海洋中。以乌贼、鱼类等为食。

剑吻鲸 *Ziphius cavirostris*（Cuvier's beaked whale）

隶属于鲸目剑吻鲸科。体长为600-700厘米，体重5600千克。身体呈纺锤形，体高略大于体宽，身体的中部最粗，向两端逐渐变细。躯干部较长，肛门以后尾部较短。喙短而粗。背鳍为三角形，后缘略微凹入。鳍肢较小，前、后缘平行的部分较长。鳍肢上有5指。尾鳍后缘的中央分叉点的缺刻小。背部为棕灰色，腹面的颜色较淡。

分布于北大西洋、地中海、印度洋、日本海、白令海、澳斯海域、南非海域和南美洲海域等世界各大海洋。栖息于海洋中。喜欢结成3-5只的小群。善游泳和潜水。以乌贼为食，也吃底栖鱼类、海参、毛蟹和海星等。怀孕期大约为10个月。

剑吻鲸

北瓶鼻鲸

北瓶鼻鲸 *Hyperoodon ampullatus*（Northern bottle-nose whale）

隶属于鲸目剑吻鲸科。体长730-945厘米，体重2.2-10吨。喙向前伸。雄兽额部隆起。眼小。喷气孔开口于额的基部。背鳍较小，位于身体中间以后，后缘呈镰形。鳍肢较小。背面主要为黑色或深灰色。腹面为淡灰色。

分布于北大西洋、白令海、波罗的海、地中海等海域。栖息于冷水海域中。单独或结群活动。以各种海洋鱼类和乌贼等为食。怀孕期为12个月。每胎产1仔。7-14岁达到性成熟。

瘤齿喙鲸 *Mesoplodon densirostris*（Blainville's beaked whale）

隶属于鲸目剑吻鲸科。体长可达450-473米，体重1033千克。身体呈纺锤形。背鳍呈高三角形，位于身体中部的略后方，上端尖而向后屈。鳍肢不大，狭而尖。全身的颜色均为黑色，腹面稍淡。喙部向前伸出，极为细长。

分布于世界各大海洋中。栖息于温暖海域。以各种海洋鱼类和乌贼等为食。9岁达到性成熟。

瘤齿喙鲸

吉氏喙鲸 *Mesoplodon europaeus*（Gervais' beaked whale）

隶属于鲸目剑吻鲸科。体长可达456-520米，体重1178千克。身体呈纺锤形。背鳍呈高三角形，位于身体中部的略后方，上端尖而向后屈。鳍肢不大，狭而尖。背面的颜色为深灰色，腹面为白色。喙部向前伸出，极为细长。

分布于北大西洋、北海等海域。栖息于温暖的海域中。以各种海洋鱼类和乌贼等为食。

吉氏喙鲸

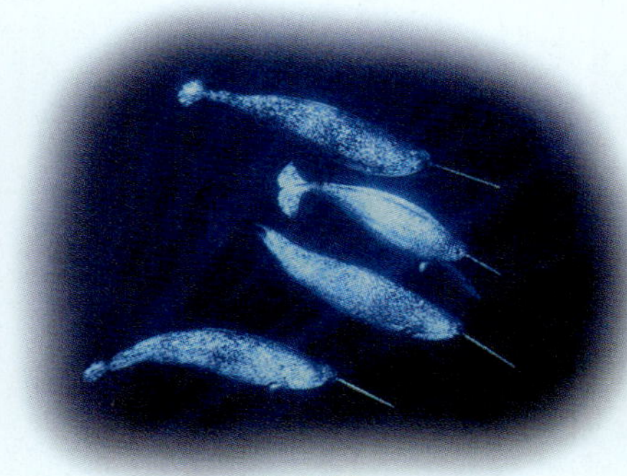

独角鲸

独角鲸 *Monodon monoceros*（Narwhal）

隶属于鲸目一角鲸科。体长360-500厘米，体重900-1600千克。身体呈纺锤形。头小而圆。身体后部背侧有皮肤隆起。鳍肢小，宽而圆。背面的颜色为黑色，有蓝灰色或黑灰色的点状斑纹。腹面为白色。雄兽左上颌齿呈螺旋形向前伸出，形成长角状。

分布于北冰洋等地。栖息于寒冷的海域中。结小群活动。游泳速度很快。以乌贼为食，也吃各种海洋鱼类和甲壳动物等。怀孕期为15个月。一般在7-8月生产。

白鲸 *Delphinapterus leucus*（White whale）

隶属于鲸目一角鲸科。体长330-550厘米，体重540—1500千克。头圆而钝。口大，吻部不形成喙。无背鳍而有皮肤隆起。鳍肢宽而圆，呈团扇形。全身主要为象牙白色。

分布于北冰洋、白海、巴伦支海等海域。栖息于冷水海域中。结群活动。性情活泼。以各种海洋鱼类和乌贼等为食。怀孕期为1年。每胎产1仔。

白 鲸

大吻巨头鲸

大吻巨头鲸 *Globicephala macrorhynchus*（Short-finned pilot whale）

隶属于鲸目圆头鲸科。体长500-700厘米，体重3600千克。前额圆，上颌额部膨隆，向前突出，吻部特别短，没有明显的吻突。嘴极大，口裂由头部前下方斜往后下方切入。身体短粗，但肛门部很细。背鳍小，向后屈，后缘凹进。鳍肢的位置较靠后，狭而长，末端尖，尾鳍不大。身体大部分为黑色，腹面颜色略淡，两个鳍肢的基部之间有十字形或锚形的白斑 。

分布于太平洋、印度洋、大西洋等热带、温带海域。喜欢集群生活，通常结成10余只以上的群体，有时多达数百只。以鱼类和乌贼等为食。怀孕期为15个月，每胎产1仔。

巨头鲸 *Globicephala melaena*（Long-finned pilot whale）

隶属于鲸目圆头鲸科。体长450-625厘米，体重1320-3000千克。前额圆而隆起。口特大，口裂从头部前下方斜往后上方切入。吻部宽平。鳍肢长而尖，位置靠前。背鳍位于身体中部略前。身体主要为深灰色，腹面较浅。

分布于北大西洋、波罗的海、北海、地中海和南半球海域。栖息于海洋中。结群活动。白天休息，夜晚捕食。以乌贼为食，也吃海洋鱼类等。2-3月发情交配。怀孕期为15-16个月。6-12年达到性成熟。

巨头鲸

虎鲸 *Orcinus orca*（Killer whale）

隶属于鲸目圆头鲸科。体长为600-1000厘米，体重5000-8000千克。身体背部为漆黑色，只是在鳍的后面有一个马鞍形的灰白色斑，两眼的后面各有一块梭形的白斑，腹面大部分为雪白的颜色。头部较圆，没有突出的吻部，鼻孔在头顶的右侧。前肢为一对鳍，很发达，后肢退化消失。背鳍三角形，高耸于背部中央。

分布在世界各大海洋中，以南北两极附近水域最多。栖息于较冷的水域中。群居。行动的流动性很大。游泳前进的速度很快。以各种海洋兽类，如：海豚、海豹、海狮、海狗、海象，以及企鹅、乌贼和鳕鱼、鲆鱼、鲽鱼、鲭鱼、沙丁鱼等为食。全年都可以交配，雌兽每3-5年生育一次，怀孕期为1年，每胎产1仔。寿命为20-35岁。

虎　鲸

侏虎鲸 *Feresa attenuata*（Pygmy killer whale）

隶属于鲸目圆头鲸科。体长为210-250厘米，体重150-170千克。鳍肢的位置很靠前，末端较钝，呈宽圆形。背鳍为三角形，上端尖，后缘略微凹入，位于身体的中部。全身均为黑色，但唇部有不规则的白斑，从脐部往后到肛门之间的下腹部，有长圆形的白斑，体侧还有波状的淡色斑，两个鳍肢的基部之间有淡色花纹。

分布于太平洋、大西洋的热带和温带海域。性情凶猛。以各种海洋动物为食，甚至捕食其他海豚。

侏虎鲸

伪虎鲸 *Pseudorca crassidens*（False killer whale）

隶属于鲸目圆头鲸科。体长为330-600厘米，体重665-1360千克。全身的体色均为黑色。头圆，由前端起呈圆弧形过渡到头顶。口大，口裂朝着眼睛的方向切入。没有喙，上颌比下颌略微前突。体形近似于圆柱形。背鳍不算太大，后缘凹入，位于身体中部略前位置。鳍肢很尖，前缘自中部起急剧后屈，后缘通常有2个突出部，位置很靠前。

分布于除北冰洋外的世界各大海洋。群居。游泳速度较慢。以乌贼类为食，也吃带鱼、小沙鱼，以及鲐鱼、黑鲷、鲈鱼和竹荚鱼等。全年都能交配。雌兽每隔7年怀孕一次，怀孕期为15个月。8-11岁达到性成熟。

伪虎鲸

灰鲸 *Eschrichtius robustus*（Grey whale）

隶属于鲸目灰鲸科。体长10-15米，体重30吨。全身灰色、暗灰色或蓝灰色，有白色斑点，腹面的颜色较淡。眼睛为卵圆形，位于口角的后面。耳孔较大，位于眼睛与鳍肢的基部之间。体形粗胖，尤其是鳍肢的附近最粗，然后由此向尾部逐渐变细。头部与体长相比较小。尾部背面有7-15个小的驼峰状隆起。鳍肢宽厚，前缘凹凸不平，尾鳍的大小中等。喷气孔有2个，位于吻部最高处的稍后方。

分布于北太平洋、北大西洋、北美洲沿海、鄂霍次克海、白令海、日本海和中国黄海、东海、南海等温带海域附近。以浮游性小甲壳类、鲱鱼的卵，以及其他鱼类为食，也吃海胆、海星、海螺、寄居蟹、瑟虾、海参以及海藻等。1-2月发情交配，怀孕期为12个月，每胎产1仔，翌年1-2月生产。

灰 鲸

黑露脊鲸 *Balaena glacialis*（Black right whale）

黑露脊鲸

隶属于鲸目露脊鲸科。体长为17-18米，体重为47-100吨。身体的颜色为蓝黑色或黑色。体躯肥大，头部具有形状不规则的角质瘤。下颌的两侧各有一列如同拳头大小的瘤状突起，每个突起上面都生有一根感觉毛。没有背鳍。鳍肢宽大。尾鳍也比较宽。腹部脐的周围常有不规则的白斑。

分布于太平洋、大西洋等海域。栖息于海洋中。在海水中游泳的速度较为缓慢。以小型浮游甲壳动物和小型软体动物等为食。通常在2-4月交配，雌兽每3-4年生育一次，怀孕期大约为12个月，每胎产1仔。5-10岁时达到性成熟。

北极露脊鲸 *Balaena mysticetus*（Bowhead whale）

隶属于鲸目露脊鲸科。体长为14-17米，体重为75-100吨。身体的颜色主要为黑色。颏部有白色斑块。体躯肥大，头部具有形状不规则的角质瘤。没有背鳍。鳍肢宽大。尾鳍也比较宽。

分布于北冰洋、白令海、鄂霍茨克海等海域。栖息于海洋中。以小型浮游甲壳动物、软体动物等为食。怀孕期为13-14个月。每胎产1仔。

北极露脊鲸

南露脊鲸

南露脊鲸 *Eubalaena australis*（Southern right whale）

隶属于鲸目露脊鲸科。头小，嘴小。身体的颜色主要为黑色。颏部有白色斑块。体躯肥大，头部具有形状不规则的角质瘤。没有背鳍。鳍肢宽大。尾鳍也比较宽。

分布于南太平洋、南大西洋等海域。栖息于海洋中。

小鰮鲸 *Balaenoptera acutorostrata*（Minke whale）

隶属于鲸目长须鲸科。体长6-8米，体重2吨。身体呈纺锤形，吻部较尖。背鳍较小，呈镰刀形。尾鳍非常宽。鳍肢上有4指。背部为黑色，腹部为白色，体侧为灰色。鳍肢的基部与末端均为黑色，中间有一条白色的横带。

分布于世界各海洋中。栖息于沿海地带。大多单独或2-3只在一起。以玉筋鱼、小黄鱼、黄鲫和磷虾等为食。9-10月发情交配。怀孕期为10-11个月，翌年6-7月分娩，每胎产1仔。

小鰮鲸

鳁鲸 *Balaenoptera borealis* (Sei whale)

隶属于鲸目长须鲸科。体长为15-20米，体重25吨。体形细长，背鳍高大，呈镰刀形，并且向后倾斜。背部黑色，腹部白色，交界线是波状或云状的，过渡区呈灰色。鳍肢和尾鳍的下面为灰色。

分布于世界各大海洋。在洄游时大多组成小群。游泳的速度很快。以桡足类、磷虾等小型甲壳类动物为食，也吃鲱鱼、玉筋鱼、鳕鱼、六线鱼、秋刀鱼等鱼类。1-3月发情交配。怀孕期为10-11个月。8岁时性成熟。寿命为70年。

鳁　鲸

拟大须鲸 *Balaenoptera edeni*（Bryde's whale）

隶属于鲸目长须鲸科。体长为12-13米，体重26吨。体形粗短。头部除上颌前端至喷气孔间有一条主脊线外，在其两侧、上颌的侧面还各有一条副脊线。背部为黑色，腹部为白色。鳍肢和尾鳍的下面为灰色。背鳍的大小适中，略低而向后屈。鳍肢上有4指。

分布于世界各海洋中。栖息于温暖的海域。游泳的速度较慢。以浮游性小甲壳类、乌贼和秋刀鱼、青鱼等群游性鱼类为食。怀孕期约为12个月，每胎产1仔。寿命为50年。

拟大须鲸

蓝鲸 *Balaenoptera musculus*（Blue whale）

隶属于鲸目长须鲸科。体长24-34米，体重150吨。是世界上最大的鲸类。头较小而扁平，有2个喷气孔，位于头的顶上。嘴大，没有牙齿，上颌生有600-800枚黑色的须板。身体主要为淡蓝色或鼠灰色，背部有淡色的细碎斑纹，胸部有白色的斑点，有20多条褶沟，腹部也布满褶皱，并带有赭石色的黄斑。

分布于世界各大海洋中。单独或呈小群活动。善于游泳。以鳞虾，以及其他虾类、小鱼、水母、硅藻、浮游生物等为食。冬季发情。雌兽一般每2年生育一次，怀孕期为10-12个月。每胎产1仔。8-10岁性成熟。寿命为50年。

蓝　鲸

长须鲸

长须鲸 *Balaenoptera physalus*（Fin whale）

隶属于鲸目长须鲸科。体长为20-26米，体重95吨。身体呈纺锤形。背鳍小，位于肛门正上方的背部。鳍肢较小。眼睛较小，位于口角的后上方。喷气孔有2个，位于眼睛前面一点的背中线上。背部为黑褐色，向腹面逐渐无规则地过渡为纯白色，尾部的中央至肛门之间有一条黑色带。

分布于世界各海洋中。单独或结群活动。游泳的速度缓慢。以磷虾类、糠虾类、桡足类等小型甲壳动物为食，也吃鲱鱼、秋刀鱼、带鱼等群游性鱼类和乌贼等。怀孕期为11-12个月。8-10岁达到性成熟，寿命为90-100年。

座头鲸 *Megaptera novaeangliae*（Humpback whale）

隶属于鲸目长须鲸科。体长1150-1900厘米，体重40-50吨。头相对较小，扁而平，吻宽，嘴大，嘴边有20-30个肿瘤状的突起。背鳍较低，短而小，向上弓起。胸鳍极为窄薄而狭长，鳍肢有4趾。下颌至腹部有20条左右很宽的平行纵沟或棱纹，腹部具褶沟。通常身体的背面和胸鳍呈黑色，腹面呈白色。

分布于太平洋、大西洋及世界其他各海洋中。一般在寒带和热带之间的海域中洄游。以鳞虾为食，也吃小型鱼类等。雌兽每2年生育一次，怀孕期约为10个月，每胎产1仔。寿命为60-70年。

座头鲸

十九、鳍足目 PINNIPEDIA

鳍脚目动物是适应于在水中生活的一个食肉动物类群，最早的化石发现于北美洲中新世的地层中，但很可能在更早的年代就已经存在，或许是在始新世晚期，或者是在渐新世早期，但至今还没有发现过中新世以前的化石。根据它们解剖学上的特征，估计可能是起源于古食肉目动物中与熊和鼬相近的狗形类动物，所以也是较晚适应水中生活的一个动物类群。

鳍脚目动物的身体略呈纺锤形，体表密被短毛。头部圆，颈部短，背部可以向上弯曲。四肢短小，膝与肘均隐藏在体内，跖与掌变长，腕部的10块骨头中，中间有3块合并成1块。具有5趾，趾间被肥厚的蹼膜连成扁平的鳍状，适于水中游泳。前肢第1趾最长，后肢第1、5趾最长，趾端一般具爪。尾短小，上下扁平，夹于位于身体后部的两个后肢之间。眼睛较小，外耳壳很小或没有。鼻和耳孔有活动瓣膜，潜水时可关闭鼻孔和外耳道。口大，其周围颇多触毛。

它们头骨的眶间距狭，面部短宽。牙齿分化程度不高，所以大多整吞食物，不加咀嚼。犬齿大而发育良好，很像陆地上的食肉目动物，但犬齿后面的牙齿构造简单，近乎同形齿，没有裂齿对，即上颌最后一颗前臼齿与下颌第一颗臼齿变大，像剪刀一样可以切碎肉。泪骨上面没有孔，也没有锁骨。雄兽的睾丸位于腹腔内或体外的阴囊内，具有阴茎骨，通常发育良好。雌兽具有双角子宫，带状蜕膜性胎盘，乳头位于腹部，有一对或二对。肾脏分叶。

鳍脚类仅在交配（也有一些种类在水中交配）、产仔、哺乳、换毛、休息时才上岸，平时一直生活在海里。它们的身体构造很适于水中生活，如皮下脂肪很厚，可用以保持体温和增加浮力。四肢适于游泳，海豹在水中是借后肢的运动而前进，它的两后肢掌心相对，与鱼的垂直尾鳍运动方式相同。海狮主要靠较长的前肢运动前进。在陆地上，海狮可用四肢着地支持身体，海豹只能前肢着地。它们的听觉、视觉、嗅觉都很灵敏，在水下也有声通讯和回声定位的能力。潜水的时间可持续5-20分钟。它们在潜水期间心律一般都减缓，如海豹可从每分钟100次降到10次。这样可减少氧气消耗，保证对脑和心脏等重要器官的氧气供应。主要以鱼类为食，也吃软体动物或甲壳动物。配偶属于一雄多雌类型，雌兽生产之后很快就进行交配，但受精卵发育到一定程度后，便在子宫内停止发育，处于一种潜伏状态。一般每胎产1仔。不同的种类有不同距离的洄游。

鳍脚目动物主要栖息在世界上的寒带、温带以及零星的热带海域，包括沿岸、岛屿和浮冰上。

鳍脚目共有3个科，即：海狮科（Otariidae）、海豹科（Phocidae）和海象科（Odobenidae）。

南美海狮

南美海狮 *Otaria byronia* (Southern sea lion)

隶属于鳍足目海狮科。体长190-270厘米，体重144-522千克。雄兽的体形比雌兽大得多。吻部宽而略上翘。外耳壳较小。四肢裸露。枕部、胸部的毛略长。身体主要为褐色至棕褐色。

分布于南美洲巴西、秘鲁和福克兰群岛附近海域。栖息于浅海、岛屿和沿岸地带。喜欢集群。以乌贼、甲壳动物等为食。由一只雄兽和若干只雌兽及幼仔组成繁殖群体。怀孕期为330天。每胎产1仔。4-6岁时达到性成熟。

澳海狮 *Neophoca cinerea* (Australian sea lion)

隶属于鳍足目海狮科。体长150-200厘米，体重230-300千克。雄兽的体形比雌兽大得多。雄兽身体主要为暗黑褐色，肩部有长鬣毛，从眼到头后方有白色斑纹。雌兽身体背面主要为银灰色，腹面主要为乳黄色。

分布于澳大利亚西部、南部附近海域。栖息于浅海、岛屿和沿岸地带。喜欢集群。以头足类动物、鱼类等为食。由一只雄兽和数只或10余只雌兽及幼仔组成繁殖群体。10-12月发情交配。

澳海狮

新海狮

新海狮 *Phocarctos hookeri* (New Zealand sea lion)

隶属于鳍足目海狮科。体长180-240厘米，体重230-408千克。雄兽的体形比雌兽大得多。吻部较大。雄兽身体主要为暗黑褐色，肩部有长鬣毛。雌兽身体背面主要为银灰色，腹面主要为淡黄色。

分布于新西兰南部附近海域。栖息于浅海、岛屿和沿岸地带。喜欢集群。以头足类动物、甲壳动物、鱼类等为食。由一只雄兽和10余只雌兽及幼仔组成繁殖群体。11-12月发情交配。

北海狮 *Eumetopias jubatus*（Northern sea lion）

隶属于鳍足目海狮科。体长250-350厘米，体重300-1000千克。雄兽和雌兽的体形差异很大。雄兽的头顶略微凹陷，吻部较为细长，外耳壳很长，颈部生有鬃状的长毛。身体主要为黄褐色，胸部至腹部的颜色较深，雌兽的体色略淡。

分布于北太平洋的寒温带海域及沿岸和岛屿，包括白令海、鄂霍次克海、阿拉斯加、堪察加、阿留申群岛和北千岛等地。性情温和，喜欢集群。白天在海中捕食，也爬到岸上晒太阳，夜里则在岸上睡觉。以乌贼、蚌、海蛰和鱼类等为食。每年5-8月间一只雄兽和10-15只雌兽组成多雌群体。每胎产1仔。3-5岁时达到性成熟。寿命为20年。

北海狮

北海狗 *Callorhinus ursinus*（Northern fur seal）

隶属于鳍足目海狮科。体长145-240厘米，尾长8-10厘米，体重63-300千克。雄兽和雌兽体形差异很大。身体呈纺锤形，吻短，头圆，牙齿较小。眼睛较大。耳壳小。尾巴极小。体毛厚密，生有粗毛，而且被有短而致密的绒毛，皮下脂肪很厚。雄兽背部的体毛由灰紫褐色至黑棕色，肩部有一些灰色毛，腹部颜色稍淡；雌兽的颜色较浅，为灰褐色。四肢短，呈鳍状，前鳍肢长大。

分布于北太平洋的白令海、鄂霍次克海以及科曼多尔群岛、千岛、阿留申群岛等地的沿岸及岛屿。栖息于海洋中，有洄游习性。白天多在海水中活动，夜间到岸上睡眠。善长潜水，游速很快。以鲱鱼、沙丁鱼、青鱼等各种鱼类，以及乌贼等为食。每年3月初发情交配。3-5岁时达到性成熟。寿命为15-25年。

北海狗

南极海狗 *Arctocephalus gazella*（Antarctic fur seal）

隶属于鳍足目海狮科。体长129-183厘米，体重22-230千克。全身体色主要为银灰色。

分布于南大西洋、南印度洋海域。栖息于浅海、岛屿和沿岸地带。善于游泳和潜水，在陆地上行动笨拙。以鱼类、头足类等为食。11月至翌年1月发情交配。怀孕期为1年。每胎产1仔。

南极海狗

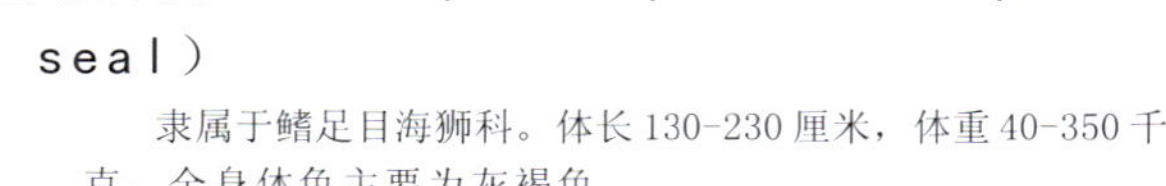

南非海狗 *Arctocephalus pusillus*（Cape fur seal）

隶属于鳍足目海狮科。体长130-230厘米，体重40-350千克。全身体色主要为灰褐色。

分布于非洲从安哥拉到南非一带的海域。栖息于浅海、岛屿和沿岸地带。善于游泳和潜水，在陆地上行动笨拙。以鱼类、头足类等为食。11月发情交配。每胎产1仔。

南非海狗

安岛海狗 *Arctocephalus tropicalis*（Amsterdam island fur seal）

隶属于鳍足目海狮科。体长130-230厘米，体重21-164千克。全身体色主要为暗灰褐色，脸部、喉部和胸部黄色。

分布于非洲安哥拉、南非以南，以及南极安姆斯特丹岛一带海域。栖息于浅海、岛屿和沿岸地带。结群活动。善于游泳和潜水，在陆地上行动笨拙。以鱼类、头足类等为食。11月发情交配。怀孕期为360天。每胎产1仔。

安岛海狗

环斑海豹 *Phoca hispida*（Ringed seal）

隶属于鳍足目海豹科。体长100-150厘米，体重45-107千克。身体肥壮而浑圆，呈仿锤型，全身生有细密的短毛。背部为暗灰色至黑色，并布有白色或浅灰色的环状斑点。腹面白色。

分布于北冰洋、白令海、波罗的海、北海、白海和芬兰内湖等地。栖息于沿岸、岛屿及其附近海域。善于游泳和潜水，在陆地上行动笨拙。以各种鱼类等海洋动物为食。雌兽的怀孕期约为9个月。每胎产1仔。一般在3-4月生产。性成熟的年龄为5-8岁。

环斑海豹

堪察加海豹 *Phoca largha*（Spotted seal）

隶属于鳍足目海豹科。体长140-170厘米，体重81-109千克。身体肥壮而浑圆，呈仿锤型，全身生有细密的短毛。背部为黄褐色，并密布不规则的暗色斑点。腹面较浅。

分布于楚科奇海、白令海、鄂霍茨克海、日本海、朝鲜海、黄海等地。善游泳和潜水，在陆地上行动笨拙。以各种鱼类等海洋动物为食。怀孕期约为10.5个月。每胎产1仔。一般在4-5月生产。性成熟的年龄为3-5岁。

堪察加海豹

斑海豹 *Phoca vitulina*（Common seal）

斑海豹

隶属于鳍足目海豹科。体长120-200厘米，体重100-150千克。身体肥壮而浑圆，呈仿锤型，全身生有细密的短毛，背部灰黑色并布有不规则的棕灰色或棕黑色的斑点，腹面乳白色，斑点稀少。头圆而平滑，眼大，吻短而宽，唇部触口须长而硬，呈念珠状。没有外耳廓，也没有明显的颈部。四肢短，前肢狭小，后肢较大而呈扇形。趾间有皮膜相连，似蹼状。趾端具有尖锐的爪。尾短小，夹于后肢之间，联成扇形。

分布于楚科奇海、白令海、鄂霍茨克海、日本海、朝鲜海和中国渤海、黄海等北太平洋海域。善于游泳和潜水，在陆地上行动笨拙。以鲱、玉筋鱼、小黄鱼、梭鱼、鳕、鲑等鱼类为食，也吃甲壳类、头足类等海洋动物。怀孕期约为8-10个月，每年2月产仔，每胎产1仔。性成熟的年龄为3-5岁。

髯海豹 *Erignathus barbatus*（Bearded seal）

髯海豹

隶属于鳍足目海豹科。体长200-280厘米，体重225-410千克。全身均为棕灰色或灰褐色，以背部中线附近的颜色最深，向腹面逐渐变淡，体表没有斑纹。头部的颜色略深，而且常有鲜明的小斑纹。额部高而呈圆突状，吻部较宽，密生着200多根笔直粗硬的感觉长毛。

分布于北冰洋、北大西洋、北太平洋等寒带海域，包括白令海、阿拉斯加、阿留申群岛、格陵兰、纽芬兰、库叶岛等地，洄游时到达中国东海和南海海域。栖息于沿岸、岛屿及其附近海域。善于游泳和潜水，在陆地上行动笨拙。集小群活动。以海洋中的底栖生物为食，包括虾、蟹、蛤蜊、乌贼、章鱼、海参以及鲆、鲽等底栖鱼类。每年5-7月份交配，雌兽的怀孕期大约为11个月，3-5月份在冰上产仔，每胎产1仔。

灰海豹 *Halichoerus grypus*（Grey seal）

隶属于鳍足目海豹科。体长160-310厘米，体重120-320千克。身体肥壮而浑圆，呈仿锤型，全身生有细密的短毛。背部为黑色或银灰色带有不规则的暗色斑块。腹面较浅。

分布于挪威、苏格兰、冰岛、格陵兰和加拿大东南部、美国东北部沿海。栖息于沿岸、岛屿及其附近海域。善于游泳和潜水，在陆地上行动笨拙。以各种鱼类等海洋动物为食。每胎产1仔。

灰海豹

夏威夷僧海豹

夏威夷僧海豹 *Monachus schauinslandi* (Hawaiian monk seal)

隶属于鳍足目海豹科。体长210-290厘米，体重170-250千克。身体肥壮而浑圆，呈仿锤型，头部圆，被细密的短毛。吻端较宽。全身生有稀疏的绒毛。身体主要为黑棕色或栗色，腹面较浅，无斑纹。

分布于夏威夷群岛附近海域。栖息于沿岸、岛屿及其附近海域。善于游泳和潜水，在陆地上行动笨拙。以鱼类、甲壳动物等为食。5岁达到性成熟。寿命为30年。

食蟹海豹 *Lobodon carcinophagus* (Crab-eater seal)

隶属于鳍足目海豹科。体长260-275厘米，体重225-240千克。身体背面主要为褐灰色，腹面为灰色。

分布于南极至澳大利亚、新西兰、南非之间的海域。栖息于浅海地带，特别是沿岸、岛屿的冰面上。善于游泳和潜水，在陆地上行动笨拙。以鱼类、头足类等海洋动物为食。每胎产1仔。一般在10月生产。

食蟹海豹

豹形海豹

豹形海豹 *Hydrurga leptonyx* (Leopard seal)

隶属于鳍足目海豹科。体长300-400厘米，体重300-450千克。身体背面主要为暗银灰色，有斑点，腹面为浅灰色。

分布于南极至澳大利亚、新西兰、南美洲南端和非洲南端之间的海域。栖息于浅海、沿岸、岛屿等地。单独活动。善于游泳和潜水，在陆地上行动笨拙。以鱼类、头足类等海洋动物为食。每胎产1仔。一般在10-11月生产。

韦德尔海豹 *Leptonychotes weddelli*（Weddell's seal）

隶属于鳍足目海豹科。体长300-330厘米，体重300-600千克。身体背面主要为暗褐灰色，有浅色斑点，腹面为浅灰色。

分布于南极至澳大利亚、新西兰、南美洲南端和非洲南端之间的海域。栖息于浅海、沿岸、岛屿等地。善于游泳和潜水，在陆地上行动笨拙。以鱼类、头足类等海洋动物为食。每胎产1仔。

韦德尔海豹

冠海豹 *Cystophora cristata*（Hooded seal）

隶属于鳍足目海豹科。体长220-350厘米，体重320-408千克。身体肥壮而浑圆。雄兽的鼻黏膜能翻出来，在吻部前面膨胀成囊状突起。身体主要为灰色，有黑色斑。

分布于北冰洋、北大西洋海域。栖息于浅海、沿岸、岛屿等地。结群生活。善于游泳和潜水，在陆地上行动笨拙。以海洋鱼类等为食。4岁达到性成熟。

冠海豹

北象海豹 *Mirounga angustirostris*（Northern elephant seal）

隶属于鳍足目海豹科。体长220-420厘米，体重400-2300千克。身体肥壮而浑圆。雄兽具有延长的鼻子。身体主要为褐色，有黄色斑。

分布于北太平洋东部一带，包括阿拉斯加南部、加拿大西部、美国西部和墨西哥西部海域。栖息于浅海、沿岸、岛屿等地。结群生活。善于游泳和潜水，在陆地上行动笨拙。以鱼类、头足类等海洋动物为食。每胎产1仔。4-6岁达到性成熟。寿命为18-20年。

北象海豹

南象海豹

南象海豹 *Mirounga leonina* （Southern elephant seal）

隶属于鳍足目海豹科。体长300-500厘米，体重800-3500千克。身体肥壮而浑圆。雄兽具有延长的鼻子。头部、颈部为褐色，身体主要为灰色。

分布于南极附近的圣乔治亚岛、克罗泽岛、克古冷岛、麦阔里岛等附近海域。栖息于浅海、沿岸、岛屿等地。结群生活。善于游泳和潜水，在陆地上行动笨拙。以鱼类、头足类等海洋动物为食。每胎产1仔。

海象 *Odobenus rosmarus*（Walrus）

隶属于鳍足目海象科。体长290-450厘米，体重600-3000千克。头部扁平，吻端较钝，上唇的周围长有一圈又长又硬的钢髯。眼睛很小。没有外耳壳。四肢为鳍脚。前肢较长，后肢能向前方折曲。尾巴很短，隐藏在臀部后面的皮肤中。雄兽上犬齿十分发达，垂直伸出嘴外，形成獠牙。

分布于北冰洋，以及大西洋和太平洋的最北部一带海域。栖息于海洋、沿岸及岛屿上。群栖，每群可从几十只、数百只到成千上万只。在陆地上大多数时间是睡觉和休息，用后肢来摇摇晃晃地行走。游泳速度很快。以瓣鳃类软体动物为食，也捕食乌贼、虾、蟹和蠕虫等。雌兽妊娠期为11-13个月，每胎产1仔。6-8岁性成熟。寿命为30-40年。

海　象

二十、海牛目 SIRENIA

海牛目动物的化石发现于非洲、欧洲、北美洲和西印度群岛等地的始新世地层，南美洲中新世及近代地层，北美洲更新世及近代地层，以及西非近代地层中。它们从前是生活在陆地上的动物，由于对自然变迁的适应，才又重新回到了海洋的怀抱。它们的外形略似鲸类，过去人们常常因为外形上的近似，误认为海牛目与鲸类有密切的亲缘关系，但事实上，海牛类与鲸类的亲缘关系疏远，而与陆生的马、牛等有蹄类动物有着密切的关系，尤其与长鼻目中的大象关系较近，两者在肋骨和横膈膜方面均十分相似。大约4000-5000万年前的始新世，生活在非洲的古有蹄类中，有一支和象亲缘关系较近的草食性动物，在热带地区的浅海中栖居。当地的温暖气候使得在水中生长的各种水生生物、水草非常繁茂，为这些动物提供了大量的食物来源和栖息场所。随着地球气候条件的变化，斗转星移，经过千万年之久的渐新世、中新世的地质年代，这一支朝向海洋栖居、草食性发展的动物，就成为了海牛目动物的祖先，并很快地向世界各地扩散。而古有蹄类中的另外一支则逐渐进化成现生的有蹄类动物。

海牛目动物的身体呈纺锤形。头圆。吻短。鼻部宽而钝，中央有一个垂直的沟，外鼻孔在头骨的较高处，鼻骨消失或仅留痕迹，外鼻孔的开口可达眼眶前缘的后方，上颌骨和下颌骨在嘴唇的前方急剧地下倾，吻端齐截。鼻内有瓣膜。体表有稀疏的刚毛。没有锁骨。颈部有缢纹，较短但能弯曲。眼小。没有外耳壳。犬齿和臼齿之间有长的齿间隙。臼齿有平坦的咀嚼面。颊齿一次仅长出5-6对，前齿磨平脱落后新牙才出现，并将旧颊齿的剩余部分向前推出而取代。前肢变为鳍状，有时有扁平的指甲。后肢退化，仅保留痕迹。没有背鳍。尾鳍宽大而呈水平状。胃由许多部分组成。肠很长。有2个乳头，位于腋下。

海牛目动物主要在浅水地带生活。在陆地上仍可呼吸，并能用前肢慢慢地移动身体。群居。行动缓慢。以植物性食物为食。分布于亚洲、非洲、大洋洲、北美洲和南美洲热带、亚热带沿岸海域和少数内陆水域。

海牛目共有2科，即：儒艮科（Dugongidae）和海牛科（Trichechidae）。

儒 艮

儒艮 *Dugong dugon*（Dugong）

隶属于海牛目儒艮科。体长205-318厘米，体重200-481千克。头平，吻部前伸，嘴向下张开，密生髭毛，雄性门牙突出口外，状如獠牙，上唇较厚，形成圆筒状，鼻孔位于头顶上。眼睛、耳朵都很小，没有耳壳，棕灰色的身体上只长着一些稀疏的硬毛，皮肤厚，褶皱很多。身体呈纺锤形，前肢呈鳍桨状，后肢已退化，与尾平行。

分布于中国广东、广西、台湾等地沿海，以及越南、菲律宾、新喀里多尼亚、西密克尼西亚、印度尼西亚、澳大利亚、印度、斯里兰卡至莫桑比克等地的海洋中。栖息于浅海地带。以水生植物为食。9-10岁达到性成熟，每胎产1仔，怀孕期为1年，哺乳期为1年。

无齿海牛 *Hydrodamalis gigas*（Steller's sea cow）

隶属于海牛目儒艮科。体长6-10米，体重5000-6400千克。头部较小，前端平，吻部前伸，嘴向下张开，密生髭毛，没有牙齿。眼、耳都很小，没有耳壳。身体为棕灰色，皮肤厚硬而坚实，褶皱很多，被毛稀少。背部常有贝类寄生。前肢很短，呈鳍状，端部残留有马蹄状的趾蹄。后肢退化，与尾平行。

曾分布于白令海峡一带。栖息于北太平洋冷水区域的浅海地带。性情温顺。成群活动。如同伴受困则大家都来帮助。善于用前肢划水游泳和在水底行走。以海带、海草等为食。怀孕期为1年以上。每胎产1仔。

无齿海牛的数量曾多达2000只以上，1741年首次被欧洲探险者发现。由于人们为了获得其优质的皮、肉、脂肪，而无节制地狂捕滥杀，终于1768年被赶尽杀绝。

无齿海牛

亚马逊海牛 *Trichechus inunguis*（Amazon manatee）

隶属于海牛目海牛科。体长250-300厘米，体重350-500千克。身体肥胖，耳朵、眼睛极小，嘴巴向下张开，上唇特厚，呈半月形的圆盘状，具有伸缩性，布满短粗的硬毛。身体呈圆柱形。前肢变为桨状鳍脚。后肢完全退化。皮肤布满褶皱。体色主要为铅灰色，腹面有粉红色斑。

分布于南美洲亚马孙河、奥里诺科河一带。栖息在浑浊的缓流河水中。以水草等为食。寿命为30年。

亚马逊海牛

美洲海牛 *Trichechus manatus* (American manatee)

美洲海牛

隶属于海牛目海牛科。体长275-370厘米，体重500-1650千克。身体肥胖，耳朵、眼睛极小，嘴巴向下张开，上唇特厚，呈半月形的圆盘状，具有伸缩性，布满短粗的硬毛。身体呈圆柱形。前肢变为桨状鳍脚。后肢完全退化。皮肤布满褶皱。背部体色深灰色，腹面颜色稍淡。

分布于大西洋中的热带海域沿岸，即西印度群岛、加勒比海、墨西哥湾和美国的东南部沿海。栖息在浅海或河口附近。性情温和。喜欢群居，最多达15-20只。白天大多休息、睡觉，但每隔5-15分钟便升出水面呼吸一次，进食多在夜间。以各种柔嫩多汁的水草、藻类和其他水生植物为食，也吃小的软体动物、甲壳类、小鱼虾等。雌兽的怀孕期为152-180天，每胎产1-2仔，产期集中在每年的3-4月。3-4岁性成熟。

中文名	学　　名	保护级别
单孔目	MONOTREMATA	
针鼹科	Tachyglossidae	
原针鼹属（所有种）	*Zaglossus* spp.	II
有袋目	MARSUPIALIA	
袋鼬科	Dasyuridae	
长尾狭足袋鼩	*Sminthopsis longicaudata*	I
沙丘狭足袋鼩	*Sminthopsis psammophila*	I
袋狼科	Thylacinidae	
袋狼	*Thylacinus cynocephalus* p. e.	I
袋狸科	Peramelidae	
豚足袋狸	*Chaeropus ecaudatus* p. e.	I
纹袋狸	*Perameles bougainville*	I
兔袋狸科	Thylacomyidae	
兔耳袋狸	*Macrotis lagotis*	I
小兔耳袋狸	*Macrotis leucura*	I
袋貂科	Phalangeridae	
斑袋貂	*Phalanger maculatus*	II
北灰袋貂	*Phalanger orientalis*	II
侏袋貂科	Burramyidae	
高山侏袋貂	*Burramys parvus*	II
袋熊科	Vombatidae	
昆士兰毛吻袋熊	*Lasiorhinus krefftii*	I
鼠袋鼠科	Potoroidae	
草原袋鼠属（所有种）	*Bettongia* spp.	I
荒漠袋鼠	*Caloprymnus campestris* p. e.	I

中文名	学　　名	保护级别
袋鼠科	Macropodidae	
蓬毛兔袋鼠	*Lagorchestes hirsutus*	I
纹兔袋鼠	*Lagostrophus fasciatus*	I
辔甲尾袋鼠	*Onychogalea fraenata*	I
新月甲尾袋鼠	*Onychogalea lunata*	I
暗色树袋鼠	*Dendrolagus bennettianus*	II
灰树袋鼠	*Dendrolagus inustus*	II
拉姆氏树袋鼠	*Dendrolagus lumholtzi*	II
拟熊树袋鼠	*Dendrolagus ursinus*	II
翼手目	CHIROPTERA	
狐蝠科	Pteropodidae	
鲁克狐蝠	*Pteropus insularis*	I
马里亚那狐蝠	*Pteropus mariannus*	I
东加罗林狐蝠	*Pteropus molossinus*	I
黑首狐蝠	*Pteropus phaeocephalus*	I
绒狐蝠	*Pteropus pilosus*	I
萨摩亚狐蝠	*Pteropus samoensis*	I
海岛狐蝠	*Pteropus tonganus*	I
利齿狐蝠属（所有种	*Acerodon* spp.	II
狐蝠属所有种	*Pteropus* spp.	II
叶口蝠科	Phyllostomatidae	
白线蝠	*Vampyrops lineatus*（乌拉圭）	III
灵长目所有种	PRIMATES spp.	II
狐猴科所有种	Lemuridae spp.	I
大狐猴科所有种	Indriidae spp.	I
指猴科	Daubentoniidae	
指猴	*Daubentonia madagascariensis*	I
狨科	Callitrichidae	
白耳狨	*Callithrix jacchus aurita*	I

中文名	学 名	保护级别
黄冠狨	*Callithrix jacchus flaviceps*	I
狮面狨属所有种	*Leontopithecus* spp.	I
黑白花狨	*Saguinus bicolor*	I
白足狨	*Saguinus leucopus*	I
棉顶狨	*Saguinus oedipus*	I
节尾狨	*Callimico goeldii*	I
悬猴科	Cebidae	
斗蓬吼猴	*Alouatta palliata*	I
黑眉蜘蛛猴	*Ateles geoffroyi frontatus*	I
赤蜘蛛猴	*Ateles geoffroyi panamensis*	I
绒毛蛛猴	*Brachyteles arachnoides*	I
秃猴属所有种	*Cacajao* spp.	I
白鼻僧面猴	*Chiropotes albinasus*	I
黄尾绒毛猴	*Lagothrix flavicauda*	I
红背松鼠猴	*Saimiri oerstedii*	I
猴科	Cercopithecidae	
敏白眉猴	*Cercocebus galeritus galeritus*	I
白须长尾猴	*Cercopithecus diana*	I
桑给巴尔疣猴	*Colobus pennantii kirki*	I
塔纳河红疣猴	*Colobus rufomitratus*	I
狮尾猴	*Macaca silenus*	I
长鼻猴属所有种	*Nasalis* spp.	I
鬼狒	*Mandrillus leucophaeus*	I
山魈	*Mandrillus sphinx*	I
长尾叶猴	*Presbytis entellus*	I
金叶猴	*Presbytis geei*	I
戴帽叶猴	*Presbytis pileata*	I
孟他维岛长尾叶猴	*Presbytis potenziani*	I
白臀叶猴属所有种	*Pygathrix* spp.	I
长臂猿科所有种	Hylobatidae spp.	I
猩猩科所有种	Pongidae spp.	I
贫齿目	EDENTATA	
食蚁兽科	Myrmecophagidae	
大食蚁兽	*Myrmecophaga tridactyla*	II

中文名	学　　名	保护级别
小食蚁兽	*Tamandua tetradactyla*（危地马拉）	Ⅲ
树懒科	Bradypodidae	
褐喉树懒	*Bradypus variegatus*	Ⅱ
霍氏树懒	*Choloepus hoffmanni*（哥斯达黎加）	Ⅲ
犰狳科	Dasypodidae	
大犰狳	*Priodontes maximus*	Ⅰ
五趾裸尾犰狳	*Cabassous centralis*（哥斯达黎加）	Ⅲ
阿根廷裸尾犰狳	*Cabassous tatouay*（乌拉圭）	Ⅲ
鳞甲目	PHOLIDOTA	
穿山甲科	Manidae	
南非穿山甲	*Manis temminckii*	Ⅰ
印度穿山甲	*Manis crassicaudata*	Ⅱ
马来穿山甲	*Manis javanica*	Ⅱ
穿山甲	*Manis pentadactyla*	Ⅱ
大穿山甲	*Manis gigantea*（加纳）	Ⅲ
长尾穿山甲	*Manis tetradactyla*（加纳）	Ⅲ
树穿山甲	*Manis tricuspis*（加纳）	Ⅲ
兔形目	LAGOMORPHA	
兔科	Leporidae	
阿萨密兔	*Caprolagus hispidus*	Ⅰ
火山兔	*Romerolagus diazi*	Ⅰ
啮齿目	RODENTIA	
松鼠科	Sciuridae	
墨西哥草原犬鼠	*Cynomys mexicanus*	Ⅰ
巨松鼠属所有种	*Ratufa* spp.	Ⅱ
非洲棕榈松鼠	*Epixerus ebii*（加纳）	Ⅲ
长尾旱獭	*Marmota caudata*（印度）	Ⅲ
喜马拉雅旱獭	*Marmota himalayana*（印度）	Ⅲ
德氏松鼠	*Sciurus deppei*（哥斯达黎加）	Ⅲ

中文名	学　　名	保护级别
鼠科	Muridae	
刺巢鼠	*Leporillus conditor*	I
鲨湾伪鼠	*Pseudomys praeconis*	I
伪沼鼠	*Xeromys myoides*	I
中澳白尾鼠	*Zyzomys pedunculatus*	I
绒鼠科	Chinchillidae	
毛丝鼠属所有种	*Chinchilla* spp.	I
鳞尾松鼠科	Anomaluridae	
西非鳞尾松鼠	*Anomalurus beecrofti*（加纳）	III
鳞尾松鼠	*Anomalurus derbianus*（加纳）	III
佩氏鳞尾松鼠	*Anomalurus peli*（加纳）	III
长耳鳞尾松鼠	*Idiurus macrotis*（加纳）	III
豪猪科	Hystricidae	
非洲冕豪猪	*Hystrix cristata*（加纳）	III
美洲豪猪科	Erethizontidae	
卷尾豪猪	*Coendou mexicanus*（洪都拉斯）	III
多刺卷尾豪猪	*Coendou spinosus*（乌拉圭）	III
鼠豚鼠科	Cuniculidae	
鼠豚鼠	*Cuniculus paca*（洪都拉斯）	III
毛臀刺鼠科	Dasyproctidae	
刺豚鼠	*Dasyprocta punctata*（洪都拉斯）	III
鲸目所有种	CETACEA spp.	II
河豚科	Platanistidae	
白鳍豚	*Lipotes vexillifer*	I
淡水豚属所有种	*Platanista* spp.	I
剑吻鲸科	Ziphiidae	
拜氏鲸属所有种	*Berardius* spp.	I

中文名	学　　名	保护级别
巨齿鲸属所有种	*Hyperoodon* spp.	I
抹香鲸科	**Physeteridae**	
抹香鲸	*Physeter macrocephalus*	I
海豚科	**Delphinidae**	
白海豚属所有种	*Sotalia* spp.	I
弓背海豚属所有种	*Sousa* spp.	I
鼠海豚科	**Phocoenidae**	
江豚	*Neophocaena phocaenoides*	I
海湾鼠海豚	*Phocoena sinus*	I
灰鲸科	**Eschrichtidae**	
灰鲸	*Eschrichtius robustus*	I
长须鲸科	**Balaenopteridae**	
小鳁鲸	*Balaenoptera acutorostrata*	I
鳁鲸	*Balaenoptera borealis*	I
拟大须鲸	*Balaenoptera edeni*	I
蓝鲸	*Balaenoptera musculus*	I
长须鲸	*Balaenoptera physalus*	I
座头鲸	*Megaptera novaeangliae*	I
露脊鲸科	**Balaenidae**	
北极露脊鲸属所有种	*Balaena* spp.	I
侏露脊鲸	*Caperea marginata*	I
食肉目	**CARNIVORA**	
犬科	**Canidae**	
狼	*Canis lupus*	I
薮犬	*Speothos venaticus*	I
鬃狼	*Chrysocyon brachyurus*	II
豺	*Cuon alpinus*	II
厄瓜多尔胡狼	*Dusicyon culpaeus*	II
阿根廷胡狼	*Dusicyon griseus*	II

中文名	学　　名	保护级别
巴拉圭胡狼	*Dusicyon gymnocercus*	II
食蟹胡狼	*Dusicyon thous*	II
阿富汗狐	*Vulpes cana*	II
耳廓狐	*Vulpes zerda*	II
亚洲胡狼	*Canis aureus* （印度）	III
孟加拉狐	*Vulpes bengalensis* （印度）	III
赤狐	*Vulpes vulpes griffithi* （印度）	III
赤狐	*Vulpes vulpes montana* （印度）	III
赤狐	*Vulpes vulpes pusilla* （印度）	III
熊科所有种	Ursidae spp.	II
马来熊	*Helarctos malayanus*	I
懒熊	*Melursus ursinus*	I
黑熊	*Selenarctos thibetanus*	I
眼镜熊	*Tremarctos ornatus*	I
棕熊	*Ursus arctos*	I
喜马拉雅棕熊	*Ursus arctos isabellinus*	I
大熊猫科	Ailuropodidae	
大熊猫	*Ailuropoda melanoleuca*	I
浣熊科	Procyonidae	
小熊猫	*Ailurus fulgens*	II
加氏犬浣熊	*Bassaricyon gabbi* （哥斯达黎加）	III
中美蓬尾浣熊	*Bassariscus sumichrasti* （哥斯达黎加）	III
南浣熊	*Nasua nasua* （洪都拉斯）	III
南巴西浣熊	*Nasua nasua solitaria* （乌拉圭）	III
蜜熊	*Potos flavus* （洪都拉斯）	III
鼬科	Mustelidae	
扎伊尔小爪水獭	*Aonyx congica*	I
海獭	*Enhydra lutris nereis*	I
秘鲁水獭	*Lutra felina*	I
长尾水獭	*Lutra longicaudis*	I
水獭	*Lutra lutra*	I
智利獭	*Lutra provocax*	I
黑足鼬	*Mustela nigripes*	I
大水獭	*Pteronura brasiliensis*	I

中文名	学　　名	保护级别
巴塔戈尼亚獾臭鼬	*Conepatus humboldtii*	II
水獭亚科所有种	Lutrinae spp.	II
狐鼬	*Eira barbara* （洪都拉斯）	III
南美鼬	*Galictis vittata* （哥斯达黎加）	III
黄喉貂	*Martes flavigula* （印度）	III
石貂	*Martes foina intermedia* （印度）	III
蜜獾	*Mellivora capensis* （博茨瓦纳），（加纳）	III
香鼬	*Mustela altaica* （印度）	III
白鼬	*Mustela erminea* （印度）	III
黄腹鼬	*Mustela kathiah* （印度）	III
黄鼬	*Mustela sibirica* （印度）	III
灵猫科	Viverridae	
斑林狸	*Prionodon pardicolor*	I
马岛獴	*Cryptoprocta ferox*	II
獭灵猫	*Cynogale bennettii*	II
尖吻灵猫	*Eupleres goudotii*	II
马岛缟狸	*Fossa fossa*	II
缟椰子猫	*Hemigalus derbyanus*	II
条纹林狸	*Prionodon linsang*	II
熊狸	*Arctictis binturong* （印度）	III
非洲灵猫	*Civettictis civetta* （博茨瓦纳）	III
果子狸	Paguma larvata （印度）	III
椰子猫	Paradoxurus hermaphroditus （印度）	III
杰氏椰子猫	Paradoxurus jerdoni （印度）	III
大斑灵猫	Viverra megaspila （印度）	III
大灵猫	Viverra zibetha （印度）	III
小灵猫	Viverricula indica （印度）	III
红颊獴	*Herpestes auropunctatus* （印度）	III
灰獴	*Herpestes edwardsi* （印度）	III
褐獴	*Herpestes fuscus* （印度）	III
赤獴	*Herpestes smithii* （印度）	III
食蟹獴	*Herpestes urva* （印度）	III
纹颈獴	*Herpestes vitticollis* （印度）	III
鬣狗科	Hyaenidae	
棕鬣狗	*Hyaena brunnea*	I
土狼	*Proteles cristatus* （博茨瓦纳）	III

中文名	学　　名	保护级别
猫科所有种	Felidae spp.	II
猎豹	*Acinonyx jubatus*	I
豹猫指名亚种	*Felis bengalensis bengalensis*	I
美洲狮佛罗里达亚种	*Felis concolor coryi*	I
美洲狮哥斯达黎加亚种	*Felis concolor costaricensis*	I
美洲狮东部亚种	*Felis concolor cougar*	I
南美林猫	*Felis geoffroyi*	I
安第斯山猫	*Felis jacobita*	I
云猫	*Felis marmorata*	I
黑足猫	*Felis nigripes*	I
虎猫	*Felis pardalis*	I
扁头猫	*Felis planiceps*	I
锈斑猫	*Felis rubiginosa*	I
金猫	*Felis temminckii*	I
小斑猫	*Felis tigrina*	I
长尾猫	*Felis wiedi*	I
细腰猫	*Felis yagouaroundi*	I
南欧猞猁	*Lynx pardina*	I
狞猫	*Lynx caracal*	I
云豹	*Neofelis nebulosa*	I
亚洲狮	*Panthera leo persica*	I
美洲豹	*Panthera onca*	I
豹	*Panthera pardus*	I
虎	*Panthera tigris*	I
雪豹	*Panthera uncia*	I
鳍足目	PINNIPEDIA	
海狮科	Otariidae	
北美毛皮海狮	*Arctocephalus towntendi*	I
毛皮海狮属所有种	*Arctocephalus* spp.	II
海豹科	Phocidae	
僧海豹属所有种	*Monachus* spp.	I
南象海豹	*Mirounga leonina*	II

中文名	学 名	保护级别
海象科	**Odobenidae**	
海象	*Odobenus rosmarus*（加拿大）	III
长鼻目	**PROBOSCIDEA**	
象科	**Elephantidae**	
亚洲象	*Elephas maximus*	I
非洲象	*Loxodonta africana*	I
海牛目	**SIRENIA**	
儒艮科	**Dugongiae**	
儒艮	*Dugong dugon*	I
海牛科	**Trichechidae**	
亚马孙海牛	*Trichechus inunguis*	I
美洲海牛	*Trichechus manatus*	I
非洲海牛	*Trichechus senegalensis*	II
奇蹄目	**PERISSODACTYLA**	
马科	**Equidae**	
非洲野驴	*Equus asinus*	I
格氏斑马	*Equus grevyi*	I
蒙古野驴	*Equus hemionus hemionus*	I
印度野驴	*Equus hemionus khur*	I
普氏野马	*Equus przewalskii*	I
山斑马指名亚种	*Equus zebra zebra*	I
亚洲野驴	*Equus hemionus*	II
山斑马哈氏亚种	*Equus zebra hartmannae*	II
貘科所有种	**Tapiridae spp.**	I
南美貘	*Tapirus terrestris*	II
犀牛科所有种	**Rhinocerotidae spp.**	I

中文名	学 名	保护级别
偶蹄目	ARTIODACTYLA	
猪科	Suidae	
鹿豚	*Babyrousa babyrussa*	I
小野猪	*Sus salvanius*	I
西貒科所有种	Tayassuidae spp.	II
草原西貒	*Catagonus wagneri*	I
河马科	Hippopotamidae	
倭河马	*Choeropsis liberiensis*	II
河马	*Hippopotamus amphibius* （加纳）	III
骆驼科	Camelidae	
骆马	*Vicugna vicugna*	I
原驼	*Lama guanicoe*	II
鼷鹿科	Tragulidae	
水鼷鹿	*Hyemoschus aquaticus* （加纳）	III
鹿科	Cervidae	
南美泽鹿	*Blastocerus dichotomus*	I
中东黇鹿	*Cervus mesopotamicus*	I
沼鹿	*Cervus duvauceli*	I
克什米尔马鹿	*Cervus elaphus hanglu*	I
泽鹿	*Cervus eldi*	I
豚鹿印支亚种	*Cervus porcinus annamiticus*	I
豚鹿卡拉棉亚种	*Cervus porcinus calamianensis*	I
豚鹿巴文亚种	*Cervus porcinus kuhli*	I
马驼鹿属所有种	*Hippocamelus* spp.	I
麝属所有种	*Moschus* spp.	I
黑鹿	*Muntiacus crinifrons*	I
南美草原鹿	*Ozotoceros bezoarticus*	I
普度鹿	*Pudu pudu*	I
马鹿巴克特利亚亚种	*Cervus elaphus bactrianus*	II
厄瓜多尔普度鹿	*Pudu mephistophiles*	II

中文名	学　　名	保护级别
马鹿巴巴利亚种	*Cervus elaphus barbarus*（突尼斯）	Ⅲ
哥斯达黎加赤短角鹿	*Mazama americana cerasina*（危地马拉）	Ⅲ
白尾鹿马耶亚种	*Odocoileus virginianus mayensis*（危地马拉）	Ⅲ
叉角羚科	Antilocapridae	
叉角羚	*Antilocapra americana*	Ⅰ
牛科	Bovidae	
旋角羚	*Addax nasomaculatus*	Ⅰ
美洲野牛	*Bison bison athabascae*	Ⅰ
白肢野牛	*Bos gaurus*	Ⅰ
野牦牛	*Bos mutus*	Ⅰ
柬埔寨野牛	*Bos sauveli*	Ⅰ
低地水牛	*Bubalus depressicornis*	Ⅰ
棉兰老水牛	*Bubalus mindorensis*	Ⅰ
山水牛	*Bubalus quarlesi*	Ⅰ
捻角山羊	*Capra falconeri*	Ⅰ
鬣羚	*Capricornis sumatraensis*	Ⅰ
詹氏小羚羊	*Cephalophus jentinki*	Ⅰ
苍羚	*Gazella dama*	Ⅰ
安哥拉黑马羚	*Hippotragus niger variani*	Ⅰ
斑羚	*Nemorhaedus goral*	Ⅰ
白长角羚	*Oryx dammah*	Ⅰ
阿拉伯长角羚	*Oryx leucoryx*	Ⅰ
盘羊西藏亚种	*Ovis ammon hodgsoni*	Ⅰ
东方盘羊塞浦路斯亚种	*Ovis orientalis ophion*	Ⅰ
维氏盘羊	*Ovis vignei*	Ⅰ
藏羚	*Pantholops hodgsoni*	Ⅰ
臆羚	*Rupicapra rupicapra ornata*	Ⅰ
蛮羊	*Ammotragus lervia*	Ⅱ
扭角羚	*Budorcas taxicolor*	Ⅱ
骝毛小羚羊	*Cephalophus dorsalis*	Ⅱ
蓝小羚羊	*Cephalophus monticola*	Ⅱ
奥氏小羚羊	*Cephalophus ogilbyi*	Ⅱ
黄背小羚羊	*Cephalophus sylvicultor*	Ⅱ
斑背小羚羊	*Cephalophus zebra*	Ⅱ
白脸牛羚指名亚种	*Damaliscus dorcas dorcas*	Ⅱ
驴羚	*Kobus leche*	Ⅱ

中文名	学 名	保护级别
盘羊	*Ovis ammon*	II
加拿大盘羊	*Ovis canadensis*	II
印度黑羚	*Antilope cervicapra* （尼泊尔）	II
肯尼亚林羚	*Boocercus eurycerus* （加纳）	III
印度水牛	*Bubalus bubalis* （尼泊尔）	III
转角牛羚	*Damaliscus lunatus* （加纳）	III
居氏瞪羚	*Gazella cuvieri* （突尼斯）	III
鹿羚	*Gazella dorcas* （突尼斯）	III
细角羚	*Gazella leptoceros* （突尼斯）	III
四角羚	*Tetracerus quadricornis* （尼泊尔）	III
林羚	*Tragelaphus spekei* （加纳）	III

中文名	学　　名	保护级别
灵长目	PRIMATES	
懒猴科	Lorisidae	
蜂猴所有种	*Nycticebus* spp.	I
猴科	Cercopithecidae	
短尾猴	*Macaca arctoides*	II
熊猴	*Macaca assamensis*	I
台湾猴	*Macaca cyclopis*	I
猕猴	*Macaca mulatta*	II
豚尾猴	*Macaca nemestrina*	I
藏酋猴	*Macaca thibetana*	II
叶猴所有种	*Presbytis* spp.	I
金丝猴所有种	*Rhinopithecus* spp.	I
长臂猿科	Hylobatidae	
长臂猿所有种	*Hylobates* spp.	I
鳞甲目	PHOLIDOTA	
穿山甲科	Manidae	
穿山甲	*Manis pentadactyla*	II
食肉目	CARNIVORA	
犬科	Canidae	
豺	*Cuon alpinus*	II
熊科	Ursidae	
黑熊	*Selenarctos thibetanus*	II
棕熊	*Ursus arctos*	II
马熊	*Ursus pruinosus*	II
马来熊	*Helarctos malayanus*	I
浣熊科	Procyonidae	
小熊猫	*Ailurus fulgens*	II

中文名	学　名	保护级别
大熊猫科	Ailuropodidae	
大熊猫	*Ailuropoda melanoleuca*	I
鼬科	Mustelidae	
石貂	*Martes foina*	II
紫貂	*Martes zibellina*	I
黄喉貂	*Martes flavigula*	II
貂熊	*Gulo gulo*	I
水獭所有种	*Lutra* spp.	II
小爪水獭	*Aonyx cinerea*	II
灵猫科	Viverridae	
斑林狸	*Prionodon pardicolor*	II
大灵猫	*Viverra zibetha*	II
小灵猫	*Viverricula indica*	II
熊狸	*Arctictis binturong*	I
猫科	Felidae	
草原斑猫	*Felis silvestris*	II
荒漠猫	*Felis bieti*	II
丛林猫	*Felis chaus*	II
兔狲	*Felis manul*	II
金猫	*Felis temminckii*	II
渔猫	*Felis viverrina*	II
猞猁	*Lynx lynx*	II
云豹	*Neofelis nebulosa*	I
豹	*Panthera pardus*	I
虎	*Panthera tigris*	I
雪豹	*Panthera uncia*	I
鳍足目所有种	PINNIPEDIA	II
海牛目	SIRENIA	
儒艮科	Dugongidae	
儒艮	*Dugong dugon*	I

中文名	学 名	保护级别
鲸目	CETACEA	
河豚科	Platanistidae	
白鳍豚	*Lipotes vexillifer*	I
海豚科	Delphinidae	
中华白海豚	*Sousa chinensis*	I
其它鲸类	(Cetacea)	II
长鼻目	PROBOSCIDEA	
象科	Elephantidae	
亚洲象	*Elephas maximus*	I
奇蹄目	PERISSODACTYLA	
马科	Equidae	
亚洲野驴	*Equus hemionus*	I
西藏野驴	*Equus kiang*	I
普氏野马	*Equus przewalskii*	I
偶蹄目	ARTIODACTYLA	
骆驼科	Camelidae	
野骆驼	*Camelus ferus*	I
鼷鹿科	Tragulidae	
小鼷鹿	*Tragulus javanicus*	I
鹿科	Cervidae	
麝所有种	*Moschus* spp.	II
河麂	*Hydropotes inermis*	II
黑麂	*Muntiacus crinifrons*	I
白唇鹿	*Cervus albirostris*	I

中文名	学　　名	保护级别
马鹿（包括白臀鹿）	*Cervus elaphus (C. e. macneilli)*	II
泽鹿	*Cervus eldi*	I
梅花鹿	*Cervus nippon*	I
豚鹿	*Cervus porcinus*	I
水鹿	*Cervus unicolor*	II
麋鹿	*Elaphurus davidianus*	I
驼鹿	*Alces alces*	II
牛科	Bovidae	
白肢野牛	*Bos gaurus*	I
野牦牛	*Bos mutus*	I
黄羊	*Procapra gutturosa*	II
普氏原羚	*Procapra przewalskii*	I
藏原羚	*Procapra picticaudata*	II
鹅喉羚	*Gazella subgutturosa*	II
藏羚	*Pantholops hodgsoni*	I
高鼻羚羊	*Saiga tatarica*	I
扭角羚	*Budorcas taxicolor*	I
鬣羚	*Capricornis sumatraensis*	II
日本鬣羚	*Capricornis crispus*	I
赤斑羚	*Nemorhaedus cranbrooki*	I
斑羚	*Nemorhaedus goral*	II
喜马拉雅塔尔羊	*Hemitragus jemlahicus*	I
北山羊	*Capra ibex*	I
岩羊	*Pseudois nayaur*	II
盘羊	*Ovis ammon*	II
兔形目	LAGOMORPHA	
兔科	Leporidae	
海南兔	*Lepus peguensis hainanus*	II
雪兔	*Lepus timidus*	II
塔里木兔	*Lepus yarkandensis*	II

中文名	学　名	保护级别
啮齿目	RODENTIA	
松鼠科	**Sciuridae**	
两色巨松鼠	*Ratufa bicolor*	Ⅱ
河狸科	**Castoridae**	
河狸	*Castor fiber*	Ⅰ

图书在版编目（CIP）数据

兽类博物馆 / 李湘涛著. —北京：时事出版社，2004
ISBN 978-7-80009-858-1

Ⅰ.兽...　Ⅱ.李...　Ⅲ.动物－普及读物　Ⅳ.Q95-49

中国版本图书馆CIP数据核字（2004）第132064号

出版发行：时事出版社
地　　址：北京市海淀区万寿寺甲2号
邮　　编：100081
发行热线：(010) 88547590　88547591
读者服务部：(010) 88547595
传　　真：(010) 68418647
电子邮箱：shishichubanshe@sina.com
网　　址：www.sspublish.com
印　　刷：北京恒智彩印有限公司

开本：787×1092　1/16　印张：24.625　字数：395千字
2005年1月第1版　2007年4月第2次印刷
定价：98.00元